# 民國建築工程期刊匯編

MINGUO JIANZHU GONGCHENG QIKAN HUIBIAN

63

《民國建築工程期刊匯編》編寫組 編

廣西師范大學出版社
GUANGXI NORMAL UNIVERSITY PRESS
·桂林·

# 第六十三册目録

# 中國營造學社彙刊

# 中國營造學社彙刊

婉猗

第一卷 第一冊

中華民國十九年七月

# 宋李明仲先生像

先生爲鄭州名族藏書滿家年二十餘以門廕官縣尉有能名中年累鳩僝功仕途平進博學多能上邀睿賞穎敏過人述作繁富享年雖不可考約計四十六七父享大年與兄同在朝列夫人偕老子女咸備中華民國十九年三月廿一爲先生八百二十週忌謹依相法追摹以誌景仰

武進陶洙

# 中國營造學社緣起

中國之營造學。在歷史上。在美術上。皆有歷刼不磨之價值。啓鈐自刊行宋李明仲營造法式。而海內同志。始有致力之塗轍。年來東西學者。項背相望。發皇國粹。靡然從風。方今世界大同。物質演進。茲事體大。非依科學的之眼光。作有系統之研究。不能與世界學術名家。公開討論。啓鈐無似。年事日增。深懼文物淪胥。傳述漸替。爰發起中國營造學社。糾合同志若而人。相與商略義例。分別部居。庶幾絕學大昌。羣材致用。

工藝經訣之書。非涉俚鄙。即苦艱深。良由學力不同。遂滋隔閡。李明仲以淹雅之材。身任將作。乃與造作工匠。詳悉講究。勒爲法式。一洗道器分塗。重士輕工之錮習。今宜將李書讀法用法。先事研窮。務使學者。融會貫通。再博采圖籍。編成工科實用之書。

營造所用名詞術語。或一物數名。或名隨時異。亟應逐一整比。附以圖釋。纂成營造辭彙。既宜導源訓詁。又期不悖於禮制。古人宮室制度之見於經史百家者。皆宜取證。并應注重實物。凡建築所用。一甓一椽。乃至塚墓遺文。伽藍舊蹟。經考古家。美術家。收藏家。所保存所記錄者。尤當徵作資料。希其援助。至古人界畫粉本—實寫眞形。近代圖樣模型影片。皆擬設法訪求。以供參證。

李書於制度功限料例。固已示營造之津梁。而北宋迄今。又逾千載。世運推遷。質文遞嬗。遼金元明之遺物。塔寺宮殿。碩果尚存。明清會典。及則例做法。令甲具在。由此推求。可明制度之因革。曩年於李書圖樣付印之際。就現存宮闕之間架結構。附撰今樣。一併印行。已見一斑。功限料例。爲民生物力。隆替所關。於時代性尤易表著。清代雍乾年間。工部物料價值。以及各省工料價値諸書。與內庭圓明園等工料則例。皆屬官書。居今稽古。不難推知傭値之高下。物力之變遷。蓋工部所營。如壇廟宮殿城垣及廨舍倉庫。崇庫有度。經制悉準典章。其內庭及圓明園所營。苑囿寺觀。及裝修陳設。窮奇侈巧。結構恢詭。然匠心所運。不踰規距。歷史象徵。固班班可考者也。

輓近以來。兵戈不戢。遺物摧毀。匠師篤老。薪火不傳。吾人析疑問奇。已感竭蹶。若再濡滯。不逮數年。闕失彌甚。曩因會典及工部工程做法。有法無圖。鳩集師匠。效梓人傳之畫墻。積成卷軸。正擬增輯圖史。廣徵文獻。又與二三同志。閉門冥索。致力雖劬。程功尙尠。刼運無常。吾爲此懼。亟欲喚起並世賢哲。共同討究。或以智識。相爲灌輸。或以財物。資其發展。就此巍然獨存之文物。作精確之標本。又不難推陳出新。衍繹成書。以貢獻於世界。

學社使命。不一而足。事屬草創。亦無先例之可循。顧所以自勵。及蘄望於社會衆者。厥有數端。誠知罣漏。姑舉一隅。

一屬於溝通儒匠。濬發智巧者。

講求李書讀法用法。加以演繹。節倂章句。釐定表例。廣羅各種營造專書。舉其正例變例。以爲李書之羽翼。

纂輯營造辭彙。於諸書所載。及口耳相傳。一切名詞術語。逐一求其理解。製圖攝影。以歸納方法。整理成書。期與世界各種科學辭典。有同一之效用。

輯錄古今中外營造圖譜。方式變化。具有時代性及地域關係。中外互通。東西文化滙合之源流。極有研究之價値。此種圖譜。一經考證。卽爲文化重要之史料。

編譯古今東西營造論著。及其軼聞。以科學方法整理文字。滙通東西學說。藉增世人營造之智源。

訪問大木匠師。各作名工。及工部老吏樣房算房專家。明清大工。畫圖估算。出於樣房算房。本爲世守之工。號稱專家。至今猶有存者。其餘北京四大廠商。所蓄匠師。系出冀州。諸作皆備。術語名詞。實物構造。非親與其人講習。不能剖晰。製作模型。燙樣傳彩。亦有專長。至廠商老吏。經驗宏富者。工料事例。可備諮詢。

二 屬於資料之徵集者。

實物。古今器物及遺物之全體。或抽象。凡有資於証明者。

圖樣。古今實寫及界畫粉本。式樣模型。

攝影。實物遺物之不易移動或剖析。及不能圖釋者。

金石拓本及紀載圖志。金石之有彫鏤花紋。及方志等書。紀載建築實事者。

遠征搜集。遠方異域。有可供參考之實物。委託專家。馳赴調查。用攝影及其他諸法。採集報告。以充資料。

古籍。考工記爾雅以降。經史百家。及域外佚存。舶來秘本。凡涉及營造事實。及可供參證者。

於前項工作。具有眉目時。卽可以一部分之成績品。提供於世界。此爲本學社最後一步之工作。姑就鄙人現有之資料。預擬總目如下。

甲部 釋名

辭彙

乙部 論著

制度沿革。各書舉證。各式舉證。收藏品之全景。遺物之標本。軼聞。

丙部　法式

大木作。斗科附。小木作。內外裝修附。雕作。旋作鋸作附。石作。瓦作。土作。油作。彩畫作。漆作。塑作。釋道相裝鑾附。磚作。坎鑿附。琉璃窯作。搭材作。銅作。鐵作。裱作。工料分析。物料價值攷。

丁部　諸例

內庭工程做法。圓明園內工諸作則例。萬壽山內工諸作則例。製造庫諸作則例。城垣工程。陵寢工程。河渠工程。河工。海塘。漕河。江防。橋梁。溝渠。

三　編輯進行之程序

成書假定以五年爲期。

第一年工作。搜集資料。整理故籍。商榷義例。擬定表式

第二年工作。審訂已有圖釋之名詞。先製卡片。以備社員之討論。逐漸引伸。

第三年工作。綜合資料。製圖撰說。審核體例。

第四年工作。分科編纂。訂正圖表。

第五年工作。撰擬總釋。序例。成爲有系統之學說。準備出版。

以上五期之中。或印行定期及單行之出版物。或彙集每期徵集之資料。公開展覽。

其辦法及程度。均依本會經濟之能力及社員公意行之。通藝之事。既重專攻。又貴在集思廣益。北平爲文化中心。亦卽營造學歷史美術之寶庫。自宜暫以北平爲社址。如能與中外專家。交換學識。尤所忻盼。所冀大雅閎達。不我遐棄。切磋孟晉。何幸如之。

紫江朱啓鈐

中華民國十八年三月二十四日。

# 中國營造學社開會演詞

今日本社。假初春勝日。與同志諸君。一相晤聚。荷蒙聯袂偕臨。寵幸何極。溯本社成立以經過情形。與今後從事旨趣。有應舉爲諸君告者。請得以自由之形式。略抒胸次所懷。惟諸君察焉。

啟鈐個人。問學無成。年事又衰。曷敢以專門之學相標尚。顧一生經歷。所以引起營造研究之興會。而居然忝竊識途老馬之虛名者。度亦諸君所欣然願聞者也。溯前清光緒末葉。創辦京師警察。於宮殿苑囿城闕衙署。一切有形無形之故蹟。一一周覽而謹識之。於時學術風氣未開。學士大夫所競競注意者。不過如日下舊聞攷。春明夢餘錄之所舉。流連景物而已。啟鈐則以司隸之官。兼將作之役。所與往還者。頗有坊巷編氓。匠師耆宿。聆其所說。實有學士大夫所不屑聞。古今載籍所不經覯。而此輩口耳相傳。轉更足珍者。於是蓄志旁搜。零聞片語。殘鱗斷爪。皆寶若拱璧。即見於文字而不甚爲時所重者。如工程則例之類。亦無不細讀而審詳之。啟鈐之學。不足以橫覽古今。然心知故書所存。尚有零墜晦蝕。待吾人之梳剔者。實自此始矣。民國以後。濫竽內部。兼督市政。稍稍有所憑借。則志欲舉歷朝建置。宏偉精麗之觀。恢張而顯示之。先後從事於殿壇之開放。古物陳列所之布置。正陽門及其他市街之改造。此時耳目所觸。愈有欲舉吾國營造之瓌寶。公之世界之意。然與一工舉一事。輙感載籍之間缺。咨訪之無從。以是蓄意。再求故書。博徵名匠。民國七年。過南京。入圖書館。瀏覽所及。得覩宋本營造法式一書。於是始知吾國營造名家。尚有李誡其人者。留書以諗世。顧其書若存若佚。將及千年。迄無人爲之表彰。遂使欲研究吾國建築美術者。莫知問津。啟鈐受而讀之。心欽其述作傳世之功。然亦未嘗不於書中生僻之名詞。詘奪之句讀。興望洋之歎也。於是一面集貲刊布。一面悉心校讀。幾經寒暑。至今所未能疏證者。猶有十之一二。然其大體。已可句讀。且觸類旁通。可與它書相印證者。往往而有。自得李氏此書。而啟鈐治營造學之趣味乃愈增。希望乃愈大。發見亦漸多。

向者已云營造學之精要。幾有不能求之書冊。而必須求之口耳相傳之技術者。然以歷來文學。與技術相離之遼遠。此兩界殆終不能相接觸。於是得其術者。不得其原。知其文字者。不知其形象。自李氏書出。吾人然後知尚有居乎兩端之中。爲之溝通媒介者在。然後知吾人平日。所得於工師。視爲若可解若不可解者。固猶有書冊可證。吾人幸獲有此憑藉。則宜舉今日口耳相傳。不可長恃者。一一勒之於書。使如留聲攝影之機。存其眞狀。以待後人之硏索。非然者。今日靈光僅存之工師。類已躑躅窮途。沈淪暮景。人

既不存。業將終墜。豈尚有公於世之一日哉

雖然猶有進者。李氏生當北宋。去有唐之遺風未遠。其所甄錄。固粗可代表唐代之藝術。由此以上溯秦漢。由此以下視近代。若者爲進化。若者爲退步。若者爲固有。若者爲輸入。此皆可以慧眼觀測而得者也。然史迹之層累。皆挾多方之勢力。積多種之原因而成。李氏書其鍵鑰也。恃此鍵鑰。可以啓無數之寶庫。然若抱此一書。而沾沾自足。則去吾曹所擬之正鵠猶遠也。故因李氏書。而發生尋求全部營造史之塗徑。因全部營造史之尋求。而益感於全部文化史之必須作一鳥瞰也。

夫所以爲研求營造學者。豈徒爲材木之輪奐。足以炫耀耳目而已哉。吾民族之文化進展。其一部分寄之於建築。建築於吾人生活最密切。自有建築。而後有社會組織。而後有聲名文物。其相輔以彰者。在在可以覘其時代。由此而文化進展之痕迹顯焉。晚近王國維先生。著古宮室考。於中霤一名辨其所在。爲禮記國主社稷而家主中霤一句。獲一確切不移之解。知中霤爲四宮之中央。則知明堂。爲古代建築通式。宜乎爲一切號令政教所從出也。知中霤爲一家之中心。則知五祀之所以爲民間普通信仰。而數千年來盤踞民衆心理者。其來有自也。循此以讀群書。將於古代政教風俗。社會信仰。社會組織。左右逢原。豁然貫通。無不如示諸掌。豈惟古代。數千年來之政教風俗。社會信仰。社會組織。亦奚不由此。以得其源流。以明其變遷推移之故。凡此種陳義。固今世治史學諸公所共喻。無俟繁徵曲譬。假若引其端而申論之。將窮日夜而不能罄。今玆立談之頃。更不暇多所引述。總之研求營造學。非通全部文化史不可。而欲通文化史。非研求實質之營造不可。啓鈐十年來粗知注意者。如此而已。

言及文化之進展。則知國家界限之觀念。不能亘置胸中。豈惟國家。卽民族界限之觀念。固亦早不能存在。吾中華民族者。具博大襟懷之民族。蓋自太古以來。早吸收外來民族之文化結晶。直至近代而未已也。凡建築本身。及其附麗之物。殆無一處不足見多數殊源之風格。混融變幻以構成之也。遠古不敢遽談。試觀漢以後之來自匈奴西域者。魏晉以後之來自佛教者。唐以後之來自波斯大食者。元明以後之來自南洋者。明季以後之來自遠西者。其風範格律。顯然可尋者。因不俟吾人之贅詞。至於來源隱伏。佚出史乘以外者。猶待疏通證明。使從其朔。然後不獨吾中國也。世界文化遷移分合之迹。皆將由此以彰。此則眞吾人今日所有事也。啓鈐於民國十年。歷游歐美。凡所目覩。足以證東西文化。交互往來之故者。實離盡記。往往因爲所見。而觸及平日熟誦之故書。頓覺有息息相通之意。一人之智識有限。未啓之閟奥實多。非合中外人士之有志者。及今舊迹未盡淪滅。奮力爲之不爲功。然須先爲中國營造史。闢一較可循尋之塗徑。使漫無歸東之零星材料。得一整比之方。否則終無下手處也。啓鈐之有志鳩合同志。從事整理。葢始於此矣。近數年來。披閱群書。分類鈔撮。其於營造有關之問題。若漆若絲若女紅、若歷代名工匠之事蹟。略已纂輯成稿。又訪購圖畫。摹製模型。亦頗有難得之品。曾於十七年春間。假中央公園陳列一次。嗣是以來。承中華文化基金委員會之贊助。撥給專欵。俾得立社北平。粗成一私人研究機關。草創之際。端緒甚紛。布置經月。始有眉目。今茲所擬剋期成功。首先奉獻於學術界者。是曰營造辭彙。是書之作。即以關於營造之名詞。或源流甚遠。或訓釋甚艱。不有詞典以御其繁。則徵書固難。考工亦不易。故擬廣據羣籍。兼訪工師。定其音訓。考其源流。圖畫以彰形式。繙譯以便援用。立例之初。所採頗廣。一年後當可具一長編。以奉教於當世專門學者。

然逆料是書之成。亦非易易。何也。古代名詞。經先儒之聚頌。久難論定。以同人之學識。即僅徵而不斷。固已舛漏堪虞。一也。專門術語。未必能一一傳之文字。文字所傳。亦未必盡與工師之解釋相符。二也。歷代文人用語。往往使實質與詞藻不分。辨其程限。殊難確鑿。三也。時代背景。有與工事有關。不能不亦加詮列者。然去取之間。難免疏略。四也。

顧啓鈐以爲不有椎輪。曷觀大輅。是書姑爲營造學索引而已。有此一編。不獨讀者。可以觸類旁通。卽同人編纂此書。亦於整比之餘。得以濬發新知。平日所視爲無足經意者。兩相比附。而一綫光明。突然呈露矣。同人今日原不能於此學。遽有貢獻。然甚望因此引起未來之貢獻也。

類乎此者之整比工作。則有各種工程則列之編訂。蓋攷工之書。人患難讀者。其字句無意義可尋也。平時連列盈架。展卷一視。則滿眼數字。讀之輒苦無味。檢之則又費時。此非就其原料。重加排比不可也。試以表格之式編之。則向之臭腐。悉化爲神奇矣。豈惟有助於所謂名詞之訓釋而已。凡工費之繁省。物價之盈縮。質料之種類來源。構造之形式才法。胥於此見之。由此而社會經濟之狀況。文化升降之比較。隨仁者智者所見之不同。盡有可研索者在也。

雖然平面之觀察未盡也。啓鈐所有志者。更爲一縱剖之工作。自有史以來。關於營造之史跡是也。初民生活之演進。在在與建築有關。試觀其移步換形。而一切躍然可見矣。周之明堂。爲其立國精神之所寄。託其始於何時邪。其創邪其因邪。孟子記齊宣王有毀明堂之議。其遺留迄於何時而後毀邪。後之繼起者。其規模有以異於其初邪。秦始皇併六國。然後有阿房宮之建。其以何因緣而成邪。出自何人之力邪。其創邪其因邪。其受影響何自邪。其遺留迄於何時。而後盡毀邪。其後有效之而繼起者邪。其規模有尚存於後代者邪。

凡此皆史乘上絕巨問題。卽其一而研求之。足以使吾人認識吾民族之文化。更深一層。是宜有一自上而下之表格。以顯明建築興廢之迹。

匪獨此也。一種工事之盛於某時代。某地域。其背景蓋無窮也。齊之絲業發達。自其始封時而已然。有周一代。惟齊衣被天下。齊之在周。正如曼徹司特之在今日。漢初猶有三服官。其後遂漸無聞。漢初繡業。盛於襄邑。而季漢以來。織錦盛於巴蜀。巴蜀之富。半亦以此。歷唐迄宋。莫不皆然。此後亦復無聞。近年樂浪漢墓中。掘出之髹器銘文。多云蜀西工及廣漢工官。始知漢之漆工。集中巴蜀。與金銀釦器。同一地域。（見漢書貢禹傳）而唐代漆器出產地。則移於襄州。試思此於社會經濟勢力之推遷關係爲何等邪。

更不獨此也。凡工匠之產生。亦與時代有關。名工師之生。有萃集於一時者。有亘數百年而閴然無聞者。契丹入晉。虜其工匠北遷。以達其北朝藝術。蒙古立國。亦屢徵天下名工。集之定州。其南方之工藝。則靖康南渡。名工集於吳下。洪武營南京。悉爲吳匠。吳匠聚於蘇州之香山。永樂營北京。復用北匠。聚於冀州。此其故皆不可不深察也。

故工匠之分配。亦縱斷之觀察。所不可不及也。

縱斷既竟。請言橫斷。吾國太古之文明。實與西方之交通。息息相關。近來治西北史地者。致力於是。已不少創獲之新解矣。凡一種文化。決非突然崛起。而爲一民族所私有。其左右前後。有相依倚者。有相因襲者。有相假貸者。有相緣飾者。縱橫重疊。莫可窮詰。爰以演成繁複奇幻之觀。學者循其委以竟其原。執其簡以御其變。而人類全體活動之痕迹。顯然可尋。此近代治民俗學者所有事。而亦治營造學者。所同當致力者也。有史以來。中外交通史迹之最顯著者。若穆天子傳爲一期。漢通西域爲一期。法顯爲一期。玄奘爲一期。蒙古帝國爲一期。鄭和下南洋爲一期。耶穌會敎士東來爲一期。試就循其往來之迹。此橫斷之法也。

有縱斷之法。以究時代之升降。有橫斷之法。以究地域之交通。綜斯二者以觀。而其全庶乎可窺矣。

綜以上諸說。本社胎孕之由。與今後進行之準則。差具梗概。抑有進者。啓鈐老矣。縱有一知半解。不爲當世賢達所鄙棄。亦豈能以桑榆之景。肩此重任。所以造端不憚宏大者。私願以識途老馬。作先驅之役。以待當世賢達之聞風興起耳。本社命名之初。本擬爲中國建築學社。顧以建築本身。雖爲吾人所欲研究者。最重要之一端。然若專限於建築本身。則其於全部文化之關係。仍不能彰顯。故打破此範圍。而名以營造學社。則凡屬實質的藝術。無不包括。由是以言。凡彩繪、彫塑、染織、髹漆、鑄冶、摶埴、一切玫工之事。皆本社所有之事。推而極之。凡信仰傳說儀文樂歌。一切無形之思想背景。屬於民俗學家之事。亦皆本社所應旁搜遠紹者。今日在座諸君。學有專長。興有獨寄。或精神上。得互助之益。或物質上。假參考之便。無論直接間接。皆本社最親切之友朋。即今日未惠臨。而多少與本社之事業有同情者。亦無不求其繼續贊助。且也學術愈進步。則大同觀念愈深。民族觀念愈淡。今更重言以申明之。曰中國營造學社者。全人類之學術。非吾一民族所私有。吾東鄰之友。幸爲我保存古代文物。并與吾人工作方向相同。吾西鄰之友。貽我以科學方法。且時以其新解。予我以策勵。此皆吾人所銘佩不忘。且日視其先我而成功者也。且東方人士。近多致力於南部諸國之玫索者。西方人士。多致力於中亞細亞之玫索者。吾人試由中國本部。同時努力前進。三面會合。而後豁然貫通。其結果或有不負所期者。啓鈐向固言之。學問固無止境。如此造端宏大之學術工作。更不知何日觀成。啓鈐終身不獲見焉。固其所矣。卽諸君窮日孳孳。亦未敢卽保其收穫。至何程度。然費一分氣力。卽深一層發現。但問耕耘。不計收穫。願以此與同人互勉焉耳。



31607

中華民國十九年二月十六日

## INAUGRAL ADDRESS

## THE SOCIETY FOR THE RESEARCH IN CHINESE ARCHITECTURE

February 16, 1930

This is the first meeting of the Society for the Research in Chinese Architecture. We are thankful that you have been able to come and we consider your presence as indication of your desire to help and as an expression of interest in our work. Although this is no formal meeting, it may be of interest to you to hear how the Society came into existence and what are the things it intends to accomplish at least in the near future.

The serious study of so immense a subject as Chinese architecture is beyond my ability, for various reasons, of which not the least is my age and the incompleteness of my general knowledge. However, most of my life has been spent in architectural pursuits and this gives me hope that I may be employed by my younger contemporaries as the old horse – known in the proverbs of the East and the West – who can find its way home when its master is lost.

Any study of Chinese building leads quickly to fascinating problems in the history of Chinese culture. A house is a living symbol; it is the focus of the aspirations – social and spiritual – of the people who made it. It shelters the family and it is here in courts of prescribed proportions, shaded by walls of prescribed heights, in its chambers for social intercourse in its chambers for religious meditation and ceremony and in its private chambers that occurs the slow elaboration of thought and ritual - social as well as religious—which constitutes the lore of the folk and gives a race the stability which is necessary if it is to maintain itself in competition with others. It was by a wise instinct that our forefathers deified the five parts of the house and called them sacred and offered to them daily worship. It is at these five places, the gate, the well, the central court, for example, that the struggle between the old and the new reaches intensity. Not only are houses symbols of the stability of a race, but they also record the struggles of a race. The procession of architectural styles, the fashions of ornaments which preserving the general design yet change with changing ages are records of the cultural ebb and flow. Thus it may be seen why the Society for Research in Chinese Architecture is led into the study of Chinese culture. Buildings are physical symbols; folklore is the spiritual foundation. The two must combine if either is to progress.

Some years ago, at a time when students of the history of Peking were still forced to draw their conclusions from literary sourcees, it was my duty—and at the same time my opportunity—to inspect the palaces, temples, walls, and other national buildings which were still not open to the public. I also came into contact with old residents and native artisans from whose lips I gained precious information unavaliable from other sources. These with official records and technical instructions whetted my appetite for more information.

While minister of the Interior and Director of the first Metropolitan Municipal Bureau, I formulated several schemes which looked toward reconstructing the old buildings and displaying the ancient relics. Some of these were not successful, but a few, fortunately, are being carried out to the present day. I have been constantly engaged in the work of opening the Three Palaces, Central Park, the Museum of Wu Yin, the reconstruction of Chen Yang Men, and the public roads. This work has increased my interest in our present project which is the careful investigation of the whole problem of Chinese technique, particularly in its historical development.

In 1918 I happened to read a Sung book, the "Ying Tsao Fa Shih (Methods of Architecture)" of which rare copy was in the Nanking Provincial Library. It was written on imperial order by Li Chieh. The author was an officer of the Imperial Board of Works but his biography is not recorded by the officicial historians. The book, though included in the "Ssu Ku Chuan Shu," has been almost forgotten by the reading public for a thousand years. It is substantial and laborious, an erudite book, and a great contribution to knowledge. At the same time that I recognised this, I was placed in difficulties by the numerous technical names, the frequent misprintings of characters and the confused order of the sentences. Several colleagues helped me to study it, checked it up with the Ssu Ku edition and enabled me to prepare a text which could be reprinted in better order and with colored illustrations of great precision. This work occupied several years, and even then ten to twenty per cent of the technical terms remain undecipherable; but apart from these passages, the work is now in fairly good shape and offers frequent suggestions on many problems of Chinese architecture.

The student of Chinese architecture, however, may not confine himself solely to the study of the texts. Many aspects of this art can be studied only from the old artisan. The distance between written sources and practical knowledge is so great that the extremities can hardly touch. Those who know the technique probably do not know its origins, those who know the words, probably do not recognise the thing described. Since Li's book has been made readable we are beginning to see that there is a middle road which links the extremes, that the information given by artisans supplements and is supplemented by written sources. Our great task to-day is to make a record of the various kinds of information handed from master to apprentice from generation to generation and we must do it before the company of aged, poverty-stricken workmen dies out entirely. We shall be fortunate if we capture snatches of information from these men and record them for the use of future students who will be able to use them.

Li lived in the Northern Sung dynasty, he died at 1110. At this time the traditions of the Tang dynasty—the Golden Age of Chinese culture were still alive. The architectural art which Li discusses may be considered as having been drawn from a period only a little earlier than his. This may be taken as a starting point and from it Chinese architecture may be traced backwards to the Han dynasty and forwards to our own times. With eyes fixed on this book we may see which art has been progressive and which has been reprogressive; which is ours and which has come from outside. History is made by forces which come from all directions. Li's book may be made to serve as a key which opens a part of the secret of history, and particularly the history of Chinese architecture; and as that history discloses itself, we feel the need, even more than before, of getting a view of the history of Chinese culture in general.

But the beauty of Chinese architecture is not our only reason for studying it. Architecture manifests the cultural evolution of the people. The late Professor Wang Kuo Wei's important thesis on the "Chung Liu" in which he proves that the "Chung Liu" is a central court rather than an opening in the roof of a mud hut, not only offers a new interpretation to a passage in the Li Chi (i. e. the sovereign of the country is the She and Chi while the sovereign of the house is the "Chung Liu") but it also throws important light on the early history and culture of the Chinese people, and the traditions and beliefs behind this culture, and from the earliest times of the present we feel the need of examining the customs, traditions, institutions—political and social—as they can be traced and explained in our buildings. The study of these problems is being carried on splendidly but I wish to emphasize here the importance of research into our material culture.

When we speak of the study of cultural evolution there is no place for nationalistic distinctions. The Chinese people has absorbed richly the achievements of other races, and one can see various foreign influences in all of our artistic "genres." The influence of the Huns and the Western countries since Han, of Buddhism since Wei and Tsin, of Persia and Arabia since Tang, of the Southern Seas since Ming and of the Far West since Chin is too obvious to need comment. But the work has just begun and there are still many sources of influence which the historians have overlooked.

When I visited many countries during my trip to Europe and America, though I did not understand western languages, I saw many things which suggested passages from our classical literature read in childhood; but the secret was so deeply hidden that it needed the combined efforts of the scholars of all nations if it is to be discovered. Then I felt more strongly than ever before the need of the classification and systematisation of vagrant data in the study of Chinese Architeture as the first step in any investigation.

The materials I have collected and arranged with the help of my colleagues during the last years fall generally under four chief groups: (1) Laquer, (2) Silk, (3) Women's Work, (4) The Lives of Famous Workmen.

Rough notes on some of these have been published; some are still in process of being collected. In addition there are various incomplete collections of paintings, photographs, models, and the like. A private exhibition was held in 1927 in the Central Park of Peking. Recently the China Foundation for the Promotion of Culture and Education has been very kind in lending financial assistance for further research.

At present we are beginning to work on an Encyclopedia of Chinese Architecture. We shall collect and explain architectual terms by literary and pictorial illustration and we hope to publish in Chinese and English. The encyclopedia will not be confined strictly to architecture but will contain also the names and description of costumes, vehicles, instruments, shoit biographies of famous workmen and bibliographies of books touching on these subjects.

There are many difficulties in this work. First, many Chinese names have been the subjects of discussion for thousands of years and we can not hope at this date to reach in these cases satisfactory solutions to the problems. Second, we will probably not find exact interpretation in literature of the more technical terms. Third, Chinese literary men have used words loosely and it is frequently difficult to distinguish technical term from a literary metaphor. Finally, names of institution and beliefs, particularly religious names and phrases may be very important in architectural studies. To include those which are necessary and reject those which are useless is difficult.

A parallel work is the recompilation of official regulations, prescriptions, and reports left by former dynasties. In their present form those records seem to be nothing but figures and names. When recompiled they will appear as graphs and tables and will be of value in the explanation not only of terms, but also of instructions for work, prices and wages, and sources of building materials.

A vertical and a cross section study of our entire culturel history seems to me essential. The Ming Tang is an example. We all know that the Ming Tang is the crystalization of the political and philosophical ideas of the Chou dynasty. Is it created by the Chou peoples, or did it, as some believe, exist long before the Chou's came into existence? The book of Mencious makes incidental mention of a proposal to destroy the Ming Tang. When did complete destruction take place? Is the Ming Tang of later ages still the same as the Ming Tang of the Chou dynasty?

Another good example is the Oh Fang palace of the Tsin period of which we are able to show a reproduction this afternoon. Was it the creation of a Tsin Emperor? It is the most magnificent building of history. When did the complete destruction take place? How did it influence other buildings? These are very big problems which await careful investigation. Therefore I intend to compile a chronological table of the constructions and destructions of various kinds of buildings.

Moreover, we must collect facts to show why certain works should have developed in certain regions at certain periods. For instance, the silk industry of Chi began at a very early date, Sze-ma Chien says that Chi furnished the Empire with clothes. Thus Chi of the Chou dynasty is like the Manchester of today. The silk embroidery of the Han period was made in Shiang-Yi (Honan). In the later Han the brockade and laquer ware of Szechuan were highly desired. These facts are found in the official histories and the last is interestingly confirmed by inscriptions recently taken from a Han tomb in Korea. Chronological and geographical tables of the distributions of different works are therefore earnestly desired.

In the past, the Chinese workmen were trained like an army and were kept stationed at given places for generations. The Chitai and Mongolian dynasties summoned expert workmen from all parts of the Empire and stationed them in the vicinity of Tin Chow (Hopei). During the first part of the Ming dynasty, workmen employed in public works came chiefly from Soochow and during the latter part of the dynasty, the emperors employed northern workmen who are even now to be found at Chi Chow in Hopei. Tables and graphs of the distribution of workmen are needed.

If we pass from the vertical to the horizontal, we observe that the culture of a people does not rise abruptly but is formed by many overlapping and complicated influences. Recent folklorists have proved this. We must join hands with them. Excluding the most ancient periods, we must note the influence of other peoples roughly in the periods of 1. the Mo Tien Tze Chuan, 2. Chang Chien, 3. Fa Hsien, 4. Huen Tsang, 5. The Mongolian Empire, 6. Cheng Ho, 7. The Jesuits. These have been studied and are still being studied. The folklorists, geologists, geographers and historians have opened for us a vast field of investigation.

In conclusion a few words must be said abut the name of our society. The Chinese name is 中國營造學社 and does not contain the term "architecture". The reason for this, is, though Chinese architecture is our chief interest, we feared that if we called ourselves a Society for the study of Architecture we would too strictly limit the scope of our work and thus be unable to carry on the investigations we plan into related fields. Moreover, the name we have chosen will keep before us the work of our venerable predecessor and master Li Chieh whose book is entitled "Methods of Yin Tsao". Thus we include within our range material arts: painting, sculpture—as used in decoration—, silk, lacquer, metal work, earthen wares; and when necessary in order to find explanations for our central problems, we will include the non-material culture: traditions, beliefs, rituals, music and dance.

The further we proceed, the more we feel that the study of Chinese architecture is not the private property of our own people. Our eastern neighbors have helped us in the preservation of old genres and in a strenuous research along the same lines; our western friends have helped us by offering the scientific method and discoveries in our own field.

To the scholers of all nationalities and all aims we express our sincere thanks and look forward in earnest hope for future contributions.

# 李明仲八百二十週忌之紀念

故書雅記所傳。其人能濬發巧思。以其飭材庀事前民利用之方。詔迪後世者。蓋不鮮矣。然工倕之輩。能制作而未嘗著書。張衡杜預之徒。能著書。而亦未嘗著專於工事之書。其究也。傳其人而不傳其學。傳其人之學而不能傳其所處時代之學。周禮攷工記。爲先秦古籍。殆無可疑。有此一篇。吾曹乃得稍稍窺見古人制作之精宏。與先哲立言之懿美。斯固弁冕羣籍。凌轢百家。言營造學者。所奉爲日星河嶽者也。亦越千有餘載。嗣響寂寥。然後得有宋李明仲先生。茂挺異才。紹揚絕緒。本其天授之魁奇。益以畢生之研討。上導源於舊籍之遺文。下折衷於目驗之時制。翕然成一家之言。褎然立一朝之典。蓋猶尼山六藝。待鄭君而訓故始定。待朱子而義理始明。不因遺緒之荒墜。不見掇拾董理之功。不有中天一柱之崔巍。亦不見洪河九曲之浩渺。先生實我營造學中之鄭君朱子矣。

顧修宋史者。不爲先生立傳。修四庫全書者。雖知先生有營造法式一書。而未能曲盡表章之力。於是先生之書。幾於佚而僅存。先生之事實。竟荒埋而不獲襮白。近十年間。同輩相將。刊布原書於前。搜獲先生墓志稿於後。雖遺蘊尚多。而大體已立。國中好古之士。以逮城外羣英。漸無不知有先生者。緬惟先生之沒。實當有宋大觀四年二月二十九日壬申。(一一一〇年三月二十一日)其旣於今。則八百二十年矣。中國營造學社。恭承先生之嘉惠。幸獲有所藉手。爰始爰謀。是則是傚。實惟先生之遺風。有以起導而振厲之。所願式憑靈爽。克濬新知。先生未竟之業。克光大於無垠。先生不朽之稱。益昭垂於來許。敢因此日。略次先生行誼。與先生之所以巍然天壤者。用諗當世。兼誌景行。

## 明仲之時代

我國文化。至唐而如日中天。迨至昭宗徙東都。梁晉兩朝復徙汴京。盜賊干戈。迄無寧歲。聲明文物。埽地盡矣。宋氏興於倉卒。其君相安於苟簡。其人民習於夸毗。無可大可久之志。其學術思想。則趨於空疏褊隘。亦無復前此精宏之觀。其於制作之事。宜乎不復措意。自其開國。凡五傳而得神宗。以桓桓之英辟。遇名世之賢輔。王荆公安石。實能貫穴今古。斟酌時宜。振舉國乘暮之精神。謀百度一新之制作。不幸朝野沓泄之風。積重難返。憚於興革。怨讟緐興。神宗甫沒。而元祐之治。復從其朔。然熙寧元豐之變法。成效固在。不能以黨見盡掩其功。於是又有紹聖崇寧兩朝之紹述。故有宋當十一二世紀之間。實爲急進保守兩黨。迭爲消長之會。其一種勢力。謀向上與對外之發展。以

31620

立長久之基。其他一種。則謀現狀之維持。而幸偸安之可恃。卒之崇寧以後。前者旣不能貫澈初衷。以精心達其蘄向。後者亦誤於恣意牽掣。以私見壞大局。中華大國之風。洎南渡以來。幾乎泯矣。

明仲先生之少也。及見熙豐之盛。其入仕之始。雖當元祐初元。而營造法式之成書。實萌芽於元豐。而成熟於元符。先生之躬典大役。又皆在元符崇寧之世。綜觀前後。先生之思想。必於熙豐爲近。而事業之成就。必受熙豐變法之影響。決無可疑。顧盛名所以雖美弗彰。則亦宋以來排抵熙豐變法。積非勝是之故也。熟知先生之時代背景。而先生之志事所以足重者可以了然矣。

## 明仲之家世及經歷

先生爲鄭州管城人。（今河南鄭縣）據墓誌。（見程俱北山小集中）其曾祖惟寅。故尙書虞部員外郞。祖惇裕。尙書祠部員外郞。父南公。生於眞宗之末。（據宋史三五五本傳。卒年八十三。又據墓誌。明仲以大觀初丁父憂。知當生於是時。）進士及第。歷浦陽令。提舉京西常平。提點京西河北刑獄。京西轉運副使。入爲屯田員外郞。再爲河北轉運副使。加直秘閣。知延安府。進直龍圖閣。擢寶文閣待制。知瀛州。拜戶部吏部侍郞。戶部尙書。歷知永興軍。成都眞定河南府。鄭州。擢龍圖閣直學士。

南公有子。知名者二人。長曰譓。附見南公傳中。亦第進士。知章邱縣。遷河東陝西轉運判官。建永泰陵。起復母喪。使京西。（建永泰陵是元符三年事。明仲是時。三十餘矣。）後命終制。以直龍圖閣。知熙州。後爲陝西轉運使。顯謨閣待制。歷數郡卒。次卽明仲先生也。名不見於宋史列傳。據四庫總目。陸友仁研北新志云。誡。字明仲。而書其名作誠字。然范氏天一閣影鈔本。及宋史藝文志。文獻通攷。俱作誡字。旣見程俱北山小集。有爲傅冲益作先生墓志。確爲誡字。

先生少年時事。不可考矣。據墓志。元豐八年。哲宗登大位。以父爲河北轉運副使。奉表致方物恩補郊社齋郎。按宋史職官志選舉志。大臣子弟蔭官。初試郊祀齋郎。年逾二十。始補官。準此言之。先生奉表入京。年在二十以外。由是調曹州濟陰縣尉。遷承務郎。元祐七年。以承奉郎爲將作監主簿。紹聖三年。以承事郎爲將作監丞。元符中。遷宣義郎。崇寧元年。以宣德郎爲將作少監。二年冬。以通直郎爲京西轉運判官。不數月。召入爲將作少監。辟雍成。遷將作監。再入將作。又五年。遷奉議郎。再遷承議郎。三遷朝奉郎。賜五品服。四遷朝奉大夫。五遷朝散大夫。六遷右朝議大夫。賜三品服。七遷中散大夫。大觀元年丁父憂。服除。知虢州。未幾疾作。遂不起。時大觀四年二月壬申也。註

（註一）按陳垣中西回史日曆。甲子表第十八。大觀四年二月壬申，爲二月二十九日。當西曆一千一百年三月二十一日。

## 明仲之建設

觀此上所述。則知先生畢生精力。萃於將作之工。試取汴京建置之沿革而攷之。向者已言朱梁石晉兩度遷汴。然當四郊多壘之際。其規模之急就。必遠遜唐代東西二京。固不待言。宋祖肇王。志在苟安。不遑遠略。觀其營築汴城。僅爲防限敵騎巷戰之計。卽知其無瞻言百里之概。（註二）故其宮室庳陋。雕飾簡略。宋人奉使入金。輒驚怪於其國宮闕臺殿之壯麗。歷來記乘。此類多矣。（註二）吾曹追較唐宋兩朝建築知識之程度。宜知盛唐之風。逮宋而絕。下及靖康降北。則累代僅存之法物重寶。名工世匠。一舉而移隸女眞。中國文化重心。久已不在南而在北矣。（註三）故論先生之身世。當知北宋汴京之建置制度。正當萎落之期。先生者。蓋天毓其人於不絕如縷之際。付以補苴張皇。守先待後之任者也。過此以往。亦非先生所及知。吾人固不敢謂先生所代表者。卽吾國文化之精萃也。

（注二）程史。『開寶戊辰。藝祖初修汴京。大其城址。曲而宛如蚓詘焉。耆老相傳。謂趙中令鳩工奏圖。初取方直。四面皆有門。坊市經緯其間。井井繩列。上覽而怒。自取筆塗之。命以幅紙作大圈。紆曲縱斜。旁注云。依此修築。故城卽當時遺蹟也。時人咸罔測。多病不宜於觀美。熙寧乙卯。神宗在位。遂欲改作。鑒苑中牧厩。及內作坊之事。卒不敢更。第增飾而已。及政和間。蔡京擅國。亟奏廣其規。以便宮室苑囿之奉。命宦侍董其役。凡周旋數十里。一撤而方之如矩。雉堞樓櫓。雖甚藻飾。而蕩然無異時之堅樸矣。一時迄功。第賞侈其事。至以表記兩命詞科之題。概可想見其張皇也。靖康戎馬南牧。粘罕幹离不。揚鞭城下。有得色。曰是易攻下。令砲四隅。隨方而擊之。城既引直。一砲所望。一壁皆不可立。竟以此失守。藝祖沉幾遠睹。至是始驗。」

（注三）攬轡錄。「循東西御廊北行。廊幾二百間。廊分三節。每節一門。將至宮城。廊即東轉。又百許間。其西亦然。亦有三門。出門中馳道甚闊。兩旁有溝。上植柳。廊脊皆以青琉璃瓦覆。宮闕門皆用之。遙望前後大殿屋崛起處甚多。制度不經。工巧無遺力。」

北行日錄。「又過龍津橋。二橋皆以石欄。分爲三道。中道限以護牵。國主所行也。龍津雄壯特甚。中道及扶欄四行。華表柱皆以燕石爲之。其色正白。而鐫鏤精巧。如圖畫然。」

海陵集。「燕京城內地。大半入宮禁。百姓絕少。其宮闕壯麗。延亘阡陌。上切霄漢。雖秦阿房漢建章。不過如是。」

又按日下舊聞考。引金圖經。「亮欲都燕。遣畫工寫京師宮室制度。闊狹修短。盡以授之左相張浩。」又攬轡錄「金朝北京營制宮殿。其屏扆牕牖。皆破汴都輦致於此。汴中宮匠。有名燕用者。制作精巧。凡所造。下刻其名。及用之於燕。而名已先兆。」是汴京制度。仍有存於金源者。

雖然。熙寧以還。視北宋初年。蓋差有進步矣。此蓋緣承平日久。物力亨豫。故一時風尙。漸趨於黼黻彫繢。歷史進化之自然。固應爾爾。昔之論史者。競藪罪於徽宗。謂其繼奢靡以致亡國。非探本之論也。營造法式之奉敕編修。以及其他興築之漸繁。其見端矣。綜先生一生所任之工役。條舉如次。繫以攷證。可覽觀焉。

（一）五王邸。

據墓誌云。元符中。建五王邸成。遷宣義郎。又云。其遷承議郎。以龍德宮棣華宅。

按棣華宅。爲哲宗諸弟而立。神宗十四子。弟六爲哲宗。以下佖偉佶俁似偲。雖有八人。而有早卒者。蓋元符中現存者。并徽宗共有五人。故曰五王。墓誌所謂棣華宅。及五王邸。及元符三年法式結銜所謂管修蓋皇弟外第者。皆是一事。特名稱不同耳。

（二）辟雍

據墓誌。辟雍成。遷將作監。

按宋東京考。「崇寧元年。命將作少監李誡。卽宮城南門外。營建外學。賜名辟雍。外圓內方。爲屋千八百七十二楹。」

（三）尙書省。

據墓志。其遷奉議郎。以尙書省。

按可談云。「元豐間移尙書省於大內西坊。近西角樓。人呼爲新省。崇寧間。又移於大內西南。』

又湧幢小品云。『靖康元年。尙書省火。延及各署。折省中石碑。擲火中。遂息。』

(四)龍德宮。

據墓誌。其遷承議郎。以龍德宮。

按楓窗小牘。『景龍江北。有龍德宮。初元符三年。以懿親宅潛邸爲之。及作景龍江夾岸。皆植奇花珍木。殿宇比比對峙。中途曰壺春堂。絕岸至龍德宮。歲時次第展拓。後盡都城一隅焉。名曰擷芳園。山水美秀。林麓暢茂。樓觀參差。猶艮嶽延福也。』

又按王氏畫苑。(宋東京考引。)『徽宗建龍德宮成。命待詔圖畫宮中屏壁。皆極一時之選。上來幸。一無稱。獨顧壺中殿前柱廊拱眼。斜枝月季花。問畫者爲誰。實少年新進。上喜賜緋。褒錫甚寵。皆莫測其故。近侍嘗請於上。上曰。月季鮮有能畫者。蓋四時朝暮。花蕊葉皆不同。此作時日中者。無豪髮差。故厚賞之。』

龍德宮蓋創始於哲宗元符三年。故列在棣華宅之前。至徽宗畫月季一事。則在展拓以後。

(五)朱雀門。

據墓誌。其遷朝奉郎賜五品服。以朱雀門。

按宋史地理志『朱雀門宋東京舊城南面之中門也。太平興國四年。始改今名。』又按墓誌嘗篡重修朱雀門記以篆書丹以進。有旨勒石朱雀門。

(六)景龍門九成殿

據墓誌。其遷朝奉大夫。以景龍門。九成殿。

按宋史地理志。『延福宮。東景龍門橋。西天波門橋。二橋之下。疊石爲固。引舟相通。而橋上人物。外自通行不覺也。名曰景龍江』。又按地理志。『政和五年。作上清寶籙宮。在景龍門東。對景輝門。又開景龍門城上。作複道。通寶籙宮。以便齋醮之路。徽宗數從複道上往來。是年十二月。始張燈於景龍門上下。』

以上所記。雖係李氏物故後之事。但由此可知景龍門工作。重要而繁複。

又按宋東京考。『九成殿。崇寧元年。方士魏漢津。請備百物之像。鑄九鼎。四年三月。九鼎成。詔於中太一宮南爲殿。以奉安九鼎。』此殿復拓爲宮。通鑑有帝幸九成宮。行酌獻禮之語。蓋初建時祇名爲殿。先生爲初建時工官也。

(七)開封府廨

據墓誌。其遷朝散大夫。以開封府廨。

按宋東京考。引秘笈新書。『崇寧三年。蔡京乞罷權知府。置牧尹各一員。專總府事



31627

。牧以皇子領。尹以文臣充。』意此時官制新改。故府廨有新建之事也。

東京考又云。『開封府治。在京城内浚儀街西北。卽唐舊汴州也。

又按圖書集成開封府部彙考元祐六年冬十二月開封府火。據此則崇寧之修廨亦以此也。

（八）太廟

據墓誌。其遷右朝議大夫。賜三品服。以修奉太廟。

按宋史一〇六禮志。『崇寧三年。禮部尙書徐鐸言。唐之獻祖中宗代宗。與本朝僖祖。皆嘗祧而復。今存宣祖於當祧之際。復翼祖於已祧之後。以備九廟。禮無不稱。乃命鐸爲修奉使。增太廟殿爲十室。四年十二月。復翼祖宣祖廟。行奉安禮。』

（九）欽慈太后佛寺。

據墓誌。其遷中散大夫。以欽慈太后佛寺。

按宋史后妃列傳。欽慈陳皇后。乃徽宗生母。卒年三十二。時徽宗尙未登極。其皇太后。乃徽宗初卽位。建中靖國元年所追册。時徽宗方二十歲。此佛寺蓋追慕所作。

（十）營房。

據營造法式結銜。有專一提舉修蓋班直諸軍營房等一語。知先生實總此役。

按宋史兵志。『禁兵者。天子之衞兵也。殿前侍衞。二司總之。其最親近扈從者。號諸班直。』此班直之由來也。

（十一）明堂

據楊仲良續資治通鑑長編紀事本末。『崇寧四年。七月二十七日。宰相蔡京等。進呈庫部員外郎姚舜仁。請即國丙巳之地。建明堂。繪圖以獻上。上曰。先帝嘗欲爲之。有圖見在禁中。然攷究未甚詳。仍令將作監李誡（誡亦誤誠）同舜仁上殿。八月十六日。李誡姚舜仁進明堂圖。』又據宋史一〇六禮志。『議上。詔依所定營建。明年以慧星出東方罷』是明堂之議。先生亦與聞之也。

## 營造法式之成書與其價值

據影宋本營造法式卷首。有先生請鏤版劄子一通云。『契勘熙寧中。敕令將作監。編修營造法式。至元祐六年方成書。準紹聖年十一月二日敕。以元祐營造法式。祇是料狀。別無變造用材制度。其間工料太寬。關防無術。三省同奉聖旨。著行重別編修。』詳究此段。知營造法式之奉敕編修。實在熙寧之歲。神宗臨御之初。臨川當國。百度維新。整飭庶官。修明大法。其注意考工。不遺一物如此。信非令主賢佐之遇合有時。不能有此。哲宗紹聖中。主張紹述。一反元祐之政。故不滿於元祐成書。而必令先生重修。攷先生入仕將作。在元祐七年。固知第一次營造法式之成。先生絕未與聞。而今本之成。

實全出先生之手也。

再觀劄子。奉勅重修。是紹聖四年事。其下繼云。『臣考究經史羣書。并勒人匠。逐一講說。編修海行營造法式。元符三年內成書。送所屬看詳。別無未盡。』是費時三年有奇。其博綜羣書。折衷時制。討論綴拾之勤。實事求是之意。概可見也。

先生撰書旨趣體例。見於看詳之末。其略曰。

『看詳先準朝旨。以營造法式舊文。祗是一定之法。及有營造位置。略皆不同。臨時不可攷據。徒爲空文。難以行用。先次更不施行。委臣重別編修。今編修到海行營造法式。總釋并總例。共二卷。制度一十五卷。功限一十卷。科例并工作等第共三卷。圖樣六卷。目錄一卷。總三十六卷。計三百五十七篇。共三千五百五十五條。內四十九篇。二百八十三條。係於經史等羣書中。檢尋攷究。至或制度與經傳相合。或一物而數名各異。已於前項逐門看詳立文外。其三百八篇。三千二百七十二條。係自來工作相傳。並是經久可以行用之法。與諸作諳會經歷。造作工匠。詳悉講究。規矩比較。諸作利害。隨物之大小。有增減之法。各於逐限制度。功限料例內。刱行修立。並不曾參用舊文。卽別無開具看詳。因依其逐作造作名件內。或有須於畫圖內。可見規矩者。皆別立圖樣。以明制度。』

又據進書表云。『臣攷閱舊章。稽參衆智。功分三等。第爲精粗之差。役辨四時。用度長短之晷。以至木議剛柔而理無不順。土評遠邇而力易以供。類例相從。條章具在。研精覃思。顧述者之非工。按牒披圖。或將來之有補。』

又據墓誌。『時公在將作且八年。其考工庀事。必究利害。堅窳之制。堂構之方。與繩墨之運。皆已了然於心。遂被旨著營造法式。書成。凡二十四卷。詔頒之天下。』

茲更舉逐卷所載。大致說明。

第一二卷。爲總釋。凡建築上之通名。羣書所恒用者。薈集而詮釋之。以求其正確。附總例。則以說明算術定例。及當時功限格令等。第三卷。爲壕寨及石作制度。第四五卷爲大木作制度。第六七八九十十一諸卷。爲小木作制度。凡屋宇之結構屬之大木作。凡門窗欄檻裝飾器用屬之小木作。第十二卷。爲彫作旋作鋸作竹作制度。第十三卷。爲瓦作泥作制度。第十四卷。爲彩畫作制度。第十五卷。爲塼作窰作制度。第十六至二十五卷。爲諸功限。第二十六至二十八卷。爲諸作料例。第二十九至三十四卷。爲諸作圖樣。

更總攝其大綱。則其第一步爲名例。第二步爲制度。第三步爲功限。第四步爲圖樣。程次井然。苞舉無賸。約舉其善。蓋有四焉。疏舉故書義訓。通以今釋。由名物之演嬗。

得古今之會通。一也。北宋故書。多有不傳於今者。本編所引。頗有佚文異說足資攷据。（注四）二也。凡一物之制作。必究宣其形式。尺度程序。咸使可尋。由此得與今制相較，而得其同異。三也。所用工材。雖無由得其價値。而良窳貴賤。固可約略而得。四也。程功之限。雇役之制。般運之價。兼得當時社會經濟狀況。五也。華紋形體若拂菻師子頻伽化生之類。得睹當時外族文化影響。六也。

（注四）張金吾影宋寫本營造法式闕筝道人跋。『右李誡營造法式三十四卷。看詳一卷。目錄一卷。小瑯環福地影宋寫本小瑯環主人之所藏也。周官攷工遺意具見於此。其中援引典籍。至爲賅博。頗足以資攷訂。即如看詳卷內引通俗文云屋上平曰陠必孤切。按臧鏞堂刊輯本通俗文。止舉御覽所引屋加椽曰橑一條。廣韻所引屋平曰廜廯一條。今當以屋上平曰陠一條增入。又看詳卷內引尙書大傳注云賁大也。言大牆正道直也。今本尙書大傳注云賁大也。牆謂之牆。大牆正直之牆。其文微異。當兩存之。又看詳卷內。引周髀算經云。矩出於九九八十一。萬物周事而圓方用焉。大匠造制而規矩設焉。或毀方而爲圓。或破圓而爲方。方中爲圓者。謂之圓方。圓中爲方者。謂之方圓也。今本周髀算經。九矩矩出於九九八十一之下無萬物周事至謂之方圓也四十九字。是則可補今本周髀之脫佚者矣。以上數端。若無李誠斯編。安所據以證明之。宜小瑯環主人之珍祕之也。』

不惟此也。吾曹讀營造法式。而知北宋建築之風格。有以異於其他時代也。第一。知北宋疆土削蹙。鮮域外之交，不能廣取瓌材。以成傑構。燕雲既不隸版圖。褒斜巴蜀之木。又罄於漢唐累代之擷取。海南異植。復艱於運致。材木之窘乏。殆無逾此時。觀法式卷四云。凡構屋之制。皆以材爲祖。材有八等。度屋之大小。因而用之。其第一等。不過廣九寸厚六寸。殿身九間至十一間。則用之。以此推之。其局促可想。不似有明能取海南之香木。有清能取遼東之黃松。地不愛寶。以成其鉅麗也。注五 第二。知宋代黃金竭乏。素有銷金之禁。故彩畫制度中。絕少金飾。觀法式全書。止於第十四卷中襯地之法。有貼眞金地一條。至裝金鏤錯乃絕未之及。至於珠璣瓊玉之飾。更無論矣。班孟堅賦。所謂雕玉瑱以居楹。裁金壁以飾璫。此風至宋而不復覩。卽金元以來。金碧瑩煌之象。彼時亦未之能及也。注六

(注五)容齋三筆。『眞宗以符瑞大興土木之役。—所用有秦隴岐同之松。嵐石汾陰之柏。潭衡道永鼎吉之梌柟櫧。溫台衢吉之檮。永澧處之槻樟。潭柳明越之杉』。觀此則知其取材之廣。不過於此矣。

(注六)宋史神宗紀。『熙寧元年。申嚴銷金銀飾。』

又孝宗紀。『隆興元年。申嚴鋪翠銷金之禁』

燕翼貽謀錄『八年(大中祥符)三月庚子又詔。自中宮以下衣服並不得以金爲飾。應銷金貼金縷金間金戧金圈金解金剔金撚金陷金明金泥金榜金背金影金闌金盤金織金金線皆不許造。然上之所好。終不可得而絕也。』

第三。知徽宗之崇尙花石。以園林山野之景。見其別裁雅調。亦爲吾國建築風格一大變革。法式成書。雖在大觀以前。然第二十七卷。已有壘石山泥假山盆山諸法。又觀彩畫圖樣。以淡雅爲宗。知風氣之有開必先也。注七

(注七)宋東京攷引宋史筆斷『既而作萬歲山。運四方花竹奇石。積累二十餘年。山林高深。千巖萬壑。麋鹿成群。樓觀臺殿。不可勝紀。又令苑囿爲白屋。不施五采。多爲村居野店之景。』

自攷工記以後。未見工書。更未見專言建築之工書。晁公武郡齋讀書志云。『世謂喻皓木經。極爲精詳。此書蓋過之。』。(四庫總目誤引爲陳振孫書錄解題。)木經既已久佚。(注八)則此書尤爲星鳳之僅存。當時宋氏君臣。固尙知愛護。據進書箚子稱『竊緣上件法式。係營造制度工限等。關防功料。最爲要切。內外皆合通行。臣今欲乞用小字鏤版。依海行勅令。頒降取進止。正月十八日。三省同奉聖旨依奏。』是爲崇寧刊本之由來。又據影寫本跋語云。平江府。今得紹聖營造法式舊本。并目錄看詳。共十四册。紹興十五年五月十一日校勘重刊。是爲紹興重刊本之由來。崇寧本必毀於靖康之亂。而紹興本。殆亦於宋元間散失殆盡。據焦竑經籍志。箸錄此書。知明萬歷間。明內府尙有現存之本。今之殘葉。似卽此本所出。四庫全書。據范氏天一閣藏本。著錄於政書類。復檢永樂大典。補其錯漏。稍成完璧。顧書藏天府。人間末由流布。道光辛已。張蓉鏡有手鈔一本。其跋云。營造法式。自宋槧既佚。世間傳本絕稀。相傳錢氏述古堂。有影宋鈔本。求之不得。庚辰歲。家月霄得影寫述古本。於郡城陶氏五柳居。假歸手自影寫云云。於是有清末季。江蘇圖書館。有張氏影宋本。其眞爲原影本與否。不可知。而今日尙能公諸人間者。惟此與四庫本而已。

（注八）按喻皓事。歷見歸田錄。楊文公談苑。玉壺淸話。後山叢談。夢谿筆談。佛祖統紀。等書。其名或作預皓。或作喻浩。或作喻皓。故事流傳。頗雜神話。歸田錄載其有木經三卷。行於世。今無傳本。

然此兩本。終未爲世人所屬目也。民國八年。啟鈐在南京圖書館。瞥見此書。驚異寶愛。亟以付之影印。傳播始漸廣。然舛誤頗甚。理董維艱。心知發揚之有待也。更越六年。爰又屬陶君湘。取文淵文溯文津三本。暨吳興蔣氏密韻樓藏舊本互勘。缺者補之。誤者正之。明知其誤。而無可依據者。則仍之。於是漸可繹讀。遂仿崇寧殘本板式精繕鋟木。復以大木作制度。最爲結構之主要。爰覓舊京承辦官工之耆匠賀新賡等。按原書第卅三卅一兩卷。大木作制度名目。繪今制圖樣。俾得對勘之便。又原書第三十三。三十四兩卷。爲彩畫作制度。僅注色名。無由張顯。亦爲按圖傅彩。以傳其疊暈相宣之制。全工既蕆。更益以歷來書目之攷證。與夫先生之墓誌。俾讀者怡然展卷。而先生之平生志事。著書旨趣。與是書之所以足重者。豁然心目。蓋自先生創稿之日。凡閱八百年。而其書褎版風行。徧於大地。著作傳世之不易。顯晦之有時。於此誠足動人深長思矣。

先生其他著作。不專屬於營造者。據墓誌。有續山海經十卷。續同姓名錄二卷。琵琶錄三卷。馬經三卷。六博經三卷。古篆說文十卷。（錢遵王讀書敏求記。陸友仁研北雜志同）則今皆無復傳本矣。

營造法式成書以後宋代官私營建蓋卽依爲準則。此觀周必大思陵錄所載脩奉及交割公文而可知也。然類此之書繼起者無聞焉。惟明焦竑經籍志。有營造正式六卷。梓人遺制八卷。列在李書之前。四庫存目中。有元內府宮殿制作一卷。是永樂大典本。提要誚其鄙俚。爲官府授受之書。然使得此一卷。以較量宋元建築之異同。寧非至可珍視之事。惜乎今不可復見矣。明清兩代會典。統攝諸工程營造則例。其詳過於李書。時代逾近。流傳逾多。乾隆以後。工部內府苑囿陵墓。工程做法則例之書。盈架累帙。散落人間。比於會典。倍爲周悉。故居今之世。雖工師耆宿。日見凋零。魯殿靈光。漸亡矩矱。猶能按其所載。想像存之。此又營造法式成書以後。之進化情形也。

自法式印行以後不及十年。中外學者不獨頓增研究營造之興趣。且多引用此書。以解決向來之疑問。如大村西厓氏之塑壁殘影以之研究甪直保聖寺。濱田耕作氏之研究日本法隆寺。以及伊東忠太伊東淸造中村達太郎諸氏。莫不轉相援引。奉爲準繩。歐美學者則如德密那維爾氏 M.P. Demieville 有評營造法式一篇。載於法國遠東學院雜誌 Bull de l'Ecole Française d,Extréme-orient XXV(1925)又如葉慈氏有論關於中國建築之書籍一篇。載於美國白林登雜誌，The Burlington Magazine March 1927 此又先生之書及於國外之影響也。

## 明仲之人格

先生席祖父之餘蔭。累代通顯。當少年時。殆全致力於學問。其博貫古今。亦固其所。若其專長藝事。剖析精微。蓋非天授專門之能。不辦也。法式看詳。列舉周髀九章。爲方圓經圍之準。則先生深於算法者也。測景望星。以正四方。則先生深於天文者也。書中圖樣。固非善畫者不能指導。據墓誌稱善畫。得古人筆法。上聞之。遣中貴人諭旨。公以五馬圖進。睿鑒稱善。則先生深於圖繪者也。墓誌又稱家藏書數萬卷。其手鈔者數千卷。工篆籀草隸。皆入能名。嘗篆重修朱雀門記。以小篆書丹以進。有旨勒石朱雀門下。則先生深於書法者也。墓誌又稱所著書。有琵琶錄。馬經。博經。則先生深於音樂藝事者也。墓誌又稱調曹州濟陰縣尉。濟陰故盜區。公至。則練卒除器。明購罰廣方略。得劇賊數十人。縣以清淨。又知虢州。獄有留繫彌年者。公以立談判。則先生深於吏事者也。墓誌又稱初正議疾病。公賜告歸。又許挾國醫以行。至是上特賜錢百萬。公曰教匠事。治具穿。力足以自竭。然上賜不敢辭。則以與浮屠氏。爲其所謂釋迦佛像者。則先生深於佛法者也。墓誌。又稱公資孝友。樂善赴義。喜周人之急。則先生深於情感者也。注九

（注九）先生墓誌。爲程俱代傅冲益所作。誌稱傅初爲鄭圃治中。始從公游。及代還京師。久困不得官。遇公

爲大匠。遂見取爲厲云云。墓志紀載翔實。其感德酬恩。溢於言外。則先生之深於情感可知。

至代作墓誌之程俱。北宋之末。曾官將作監丞。傅冲益亦久官將作。殆以同僚之雅。而丐之誌墓之文。程所著有麟台故事。北山小集諸書。此墓誌即載北山小集中。宋史稱其文典雅閎奧。爲世所稱。殆非溢美。

。式觀遺載追想先生爲人。則必聰明早達。好學篤古。以其餘暇。游於藝林。坦蕩恢宏。而不礙器局之凝鍊。溫恭孝友。而不墮動止之迂疏。異代蕭條。風徽未沫。輿言先正。心嚮往之。

紀念之意義

先生之書。重刊廣布。亦越十年。而中國營造學社。始克成立。社中同人。類皆於先生之書。治之勤而嗜之篤。慨念先生。篳路藍縷。以啟山林。雖類列未宏。而端緒已具。爲本社之職思。庶幾能探賾索隱。窮神知化。以発張我先哲之精神。故特取營造二字。爲本社之稱號。以志不忘導夫先路之人。奉茲典型。傳於勿替。

惟是先生遺著。旣別無傳本。手蹟書畫。亦均未見。殊不足以遂展慕之忱。所願海內宏達。同情本社之志業者。羣策羣力。搜採表揚。實不任翹企欣慕之至。

中華民國十九年三月二十一日

# 附錄一

## 李明仲畫像之意匠

先生一生經歷。略具程氏所撰墓誌中。然遺像不傳。本社陶君洙夙精相術。兼工寫眞。爰囑其隱括先生平生性行。參稽相書。追摹大概。庶幾心存目想。奕奕長存。雖無老成人。尙有典型。用慰景行之忱云爾。

陶洙按先生累代通顯。故擬爲頂平額闊。（相書云頂平額闊。必是世家。又云。額方而闊。初主榮華。

年二十餘。卽廕官。有能名。故擬爲天庭高聳。（相書云。天庭高聳。少年富貴可期。）

元祐七年。遷將作監主簿。由是累遷。仕途平進。是年先生約二十八歲。故擬爲印堂平滿。（相書云。二十八遇印堂平。少年得意發功名。）

博學多藝。上結主知。故擬爲疏眉秀目。（相書云。眉如初月。聰明超越。又云。眉秀高直。身當淸職。又云。目秀神淸。爲聰穎之士。洞中經云。眼睛大而端。黑白分明者。多攻藝業。異於衆人。

元祐中。丁母憂。是時年約三十五六。是以知爲眼角低陷。（按三十五行太陽部。三十六行太陰部。卽左右眼角。相書云。眼角低陷。主多淚。多淚者。謂有刑尅也。）

崇寧元年。約三十八。爲將作少監。二年。約三十九。外轉。三年再入將作。又五年。此數年皆在眼運中。故擬爲睛黑尾長。（相書云。睛黑尾長。必近君王。）

四年。約四十一。行山根運。以印堂證之。故擬爲端直。（相書云。山根不斷無偏欹。富貴榮華應壯期。按鼻梁上端。爲山根。）

大觀元年。約四十三。行光殿部。丁父喪。故擬爲低陷。（相書云。四十二歲行精舍部。四十三歲行光殿部。此兩部低陷。妨父母。云云。此兩部在山根之旁。緊連眼角之太陽太陰部。以行太陰部時。丁母憂。令行光殿部時。丁父喪。可證先生於此兩部位。低陷無疑也。

三年服除。知虢州。約四十五。行鼻部之壽上位。是以擬爲端直無節。（相書云。鼻爲財星。管中年之造化。又云鼻梁端直。上接山根。下連年壽。高隆不宜起節。）

四年卒於官。約四十六。正行兩顴運。大概先生中峯高聳。而左右兩顴不起。所謂三峯不齊。故擬爲兩顴有骨而無氣。以示終於位也。（相書云。兩顴無氣主凶咎。）

綜觀先生一生。衣祿無虧。可知三停平等。（相書云三停平等。一生衣祿無虧。）富於思想。才藝過人。故擬為額大鼻高。（相書云。聰明之士。額必大。有專門之藝者。額必高。）

孝友樂善。喜周人之急。是有忠厚篤實之風。儒雅端凝之度。鬢朗以示好學。口端以表淑性。夫人偕老。故魚尾無紋。子女皆全。故淚堂平滿也。（相書云。奸門魚尾紋多。一妻難偕老。又云。淚堂平滿子息多。）

上述相書係根據神相全編。圖書集成本柳莊相法。麻衣相法。相理衡眞諸書。

## 附錄二

### 祭文

惟中華民國十有九年三月二十一日後學朱啟鈐等謹以清酌庶羞之儀致祭於有宋明仲李先生之靈曰。於戲。先生華胄之光。天挺畸哲。般倕可方。窮神知化。出言有章。導源考工。剖析微茫。領官將作。垂制裔皇。赫赫有宋。濬哲維商。運集熙豐。百度更張。崇構奕奕。大風泱泱。椅桐梓漆。扂楔栭桷。創制顯庸。率秉有常。閱祀八百。積久彌昌。風徽長往。渠矱不忘。庶竭駑鈍。差遂扢揚。尙想神靈。下乎大荒。敢陳薄薦。式格馨香。尙饗。

# 附錄三

## 徵求宋李明仲逸書遺蹟啓事

宋李誡。字明仲。所著營造法式。業經本社刊行。攷李明仲。歿於宋大觀四年二月壬申。即西歷一千一百一十年。三月二十一日。今年恰值八百二十週忌。本社同人發起。即以是日爲李明仲紀念會。亟思蒐集李氏遺文。闡繹表章。以志景仰。惟宋史藝文志。著錄李誡新集木書一卷。程俱所撰李誡墓志。又稱李氏所著。尚有續山海經十卷。續同姓名錄二卷。琵琶錄三卷。馬經二卷。六博經二卷。古篆說文十卷諸書。又篆書勒石重修朱雀門記。均無傳本。海內外收藏家。如能以上述圖籍。及李氏所作書畫。墨蹟見示者。極所欣幸。如可割愛。不吝重酬。大雅閎達。庶幾鑒之。

# 李明仲先生墓誌銘

宋故中散大夫知虢州軍州管句學事兼管內勸農使賜紫金魚袋李公墓誌銘 為傅沖益作

大觀四年二月丁丑。今龍圖閣直學士李公譓。對垂拱。上問弟誡所在。龍圖言方以中散大夫知虢州。有旨趣召。後十日。龍圖復奏事殿中。旣以虢州不祿聞。上嗟惜久之。詔別官其一子。公之卒二月壬申也。越四月丙子。其孤葬公鄭州管城縣之梅山。從先尙書之塋。公諱誡字明仲。鄭州管城縣人。曾祖諱惟寅。故尙書虞部員外郎。贈金紫光祿大夫。祖諱惇裕。故尙書祠部員外郎。祕閣校理。贈司徒。父諱南公。故龍圖閣直學士。大中大夫。贈左正議大夫。元豐八年。哲宗登大位。正議時爲河北轉運副使。以公奉表致方物。恩補郊社齋郎。調曹州濟陰縣尉。濟陰、故盜區。公至。則練卒除器。明購罰、廣方略。得劇賊數十人。縣以清淨。遷承務郎。元祐七年。以承奉郎、爲將作監主簿。紹聖三年。以承事郎、爲將作監丞。元符中建五王邸成。遷宣義郎。時公在將作且八年。其考工庀事。必究利害堅窳之制。堂構之方。與繩墨之運。皆已了然於心。遂被旨著營造法式。書成、凡三十四卷。詔頒之天下。已而丁母安康郡夫人某氏喪。崇寧元年。以宣德郎、爲將作少監。二年冬、請外以便養。以通直郎、爲京西轉運判官。不數月。復召入將作爲少監。辟雍成。遷將作監。再入將作又五年。其遷奉議郎、以尙書省。其遷承議郎、以龍德宮、棣華宅。其遷朝奉郎、賜五品服。以朱雀門。其遷朝奉大夫。以景龍門、九成殿。其遷朝散大夫、以開封府廨。其遷右朝議大夫、賜三品服。以修奉太廟。其遷中散大夫。以欽慈太后佛寺成。大抵自承務郎、至中散大夫。凡十六等。其以吏部年格遷者。七官而已。大觀某年。丁正議公喪。初正議疾病。公賜告歸。又許挾國醫以行。至是上特賜錢百萬。公曰、敦匠事、治穿具。力足以自竭。然上賜不敢辭。則以與浮屠氏。爲其所謂釋迦佛像者。以侈上恩而報罔極云。服除、知虢州。獄有留繫彌年者。公以立談判。未幾疾作、遂不起。吏民懷之。如久被其澤者。蓋享年若干。公資性孝友。樂善赴義。喜周人之急。又博學多藝能。家藏書數萬卷。其手鈔者數千卷。工篆籀草隸。皆入能品。嘗纂重修朱雀門記。以小篆書丹以進。有旨勒石朱雀門下。善畫、得古人筆法。上聞之。遣中貴人諭旨。公以五馬圖進。睿鑒稱善。公喜著書。有續山海經十卷。續同姓名錄二卷。琵琶錄三卷。馬經三卷。六博經三卷。古篆說文十卷。公配王氏。封奉國郡君。子男若干人。女若干人云云。沖益觀虞舜命九官。而垂共工居其一。疇咨而後命之。蓋其愼且重如此。誠以授法庶工。使棟宇器用。不離於軌物。此豈小夫之所能知哉。及觀周之小雅斯干之詩。其言考室之盛。至於庭戶之端。楹椽之美。且又嗟詠鶱揚。奐散之狀。而實本宣王之德政。魯僖公能復周公之宇。作爲寢廟。是斷是度。是尋是尺。而奚斯實授法於庶工。方紹聖崇寧中。聖天子在上。政之流行。德之高遠。巍然沛然。與山川侔其大也。而後以先王之制。施之寢廟官寺棟宇之間。當是時、地不愛材。工獻其巧。而公獨膺垂奚斯之任者、十有三年。以結睿知。致顯位。所謂君子攸寧、孔曼且碩者。視宣王僖公之世爲甚陋。而公實尸其勞。可謂盛矣。沖益初爲鄭圃治中。始從公游。及代還京師。久困不得官。遇公領大匠。遂見取爲屬。寖以微勞竊賁秩。繄公德是賴。旣日夕後先。熟公治身臨政之美。泣而爲銘。銘曰。維仕慕君。不有其躬。何適非安。唯命之從。譬之庀材。唯匠之爲。爾極而極。爾楹而楹。亦譬在鎔。不謫而擇。爲利則斷。爲堅則擊。垂在九官。世載厥賢。曰汝共工。沒齒不遷。匪食之志。繄職則然。公爲一尉。羣盜斯得。公在將作。寢廟奕奕。爲垂奚斯。以爰帝績。仕無大小。必見其賢。無不自盡。以虔所天。帝以爲能。世以爲才。勞能實多。福祿具來。有生會終。公有貽懿。竊辭貞珉。盡力之勸。

右誌銘在程俱北山小集中。注稱爲傅沖益作。傅乃誡之屬吏。篇中於誡之諱字及傅自述稱名處、均書某。茲皆塡注。以便覽者。惟北山小集。宋刻以後。傳本絕希。此據歸安姚氏咫進齋所藏鈔本錄入。簽注影宋、訛字未敢臆改。惟紹聖誤寫紹興。學事誤寫學士。三十四卷誤寫二十四卷則改正焉。

# 李明仲先生補傳

李誡、字明仲。鄭州管城縣人。曾祖惟寅。尚書虞部員外郎。贈金紫光祿大夫。祖惇裕。尚書祠部員外郎。祕閣校理。贈司徒。父南公。（傅沖益李誡墓誌銘）字楚老。進士及第。神宗時、累官戶部尚書。歷知永興軍成都眞定河南府鄭州。擢龍圖閣直學士。爲吏六十年。幹局明銳。（宋史李南公傳）大觀□年。疾病。賜子誡告歸。許挾國醫以行。及卒、贈左正議大夫。兄譓。（墓誌銘）字智甫。紹聖間、知章邱縣。累任鄜延帥。徙永興。（宋史李南公傳）大觀四年二月。官龍圖閣直學士。對垂拱。（墓誌銘）後歷數郡卒。（宋史李南公傳）元豐八年。哲宗登大位。父南公、時爲河北轉運副使。遣誡奉表。致方物。恩補郊祀齋郎。（墓誌銘　宋史職官志及選舉志，大臣子弟。廕官。初試郊祀齋郎，年逾二十。始補官。）調曹州濟陰縣尉。濟陰故盜區。誡至則練卒除器。明賞罰。廣方略。得劇賊數十人。縣以淸淨。遷承務郎。元祐七年。以承奉郎、爲將作監主簿。紹聖三年。以承事郎爲將作監丞。元符中、建五王邸成。遷宣義郎。於是官將作者且八年。崇寧元年。以宣德郎爲將作少監。二年冬、請外、以便養。以通直郎、爲京西轉運判官。不數月、復召入將作。爲少監。辟雍成。遷將作監。再入將作者。又五年。其遷奉議郎、以尚書省。其遷承議郎、以龍德宮、棣華宅。其遷朝奉郎賜五品服。以朱雀門。其遷朝奉大夫。以景龍門、九成殿。其遷朝散大夫。以開封府廨。其遷右朝議大夫。賜三品服。以修奉太廟。其遷中散大夫。以欽慈太后佛寺成。大抵自承務郎。至中散大夫。凡十六等。其以吏部年格遷者。七官而已。元符中、官將作。建五王邸成。其考工庀事。必究利害堅窳之制。堂構之方。與繩墨之運。皆已了然於心。遂被旨著營造法式。書成、詔頒之天下。墓誌銘、營造法式看詳・紹聖四年十一月二日・奉敕以元祐營造法式・祇是料狀・別無變造用材制度・其間工料太寬・關防無術・敕誠重別編修・誠乃考究羣書・幷與人匠講說・分明類例・以元符三年成書奏上・崇寧四年七月二十七日。宰相蔡京等進呈。庫部員外郎姚舜仁。請卽國丙巳之地建明堂。繪圖獻上。上曰、先帝常欲爲之。有司見在禁中。然考究未甚詳。仍令將作監李誠。同舜仁上殿。八月十六日、誠與姚舜仁進明堂圖。楊仲良續資治通鑑長編紀事本末・誠性孝友。樂善赴義。喜周人之急。丁父喪。上賜錢百萬。誠曰、敦匠事治穿具。力足以自竭。然上賜不敢辭。則以與浮屠氏。爲其所謂釋迦佛像者。以侈上恩而報罔極。服除、以中散大夫知虢州。獄有留繫彌年者。誠以立談判。大觀四年二月壬申卒。吏民懷之。如久被其澤者。時方有旨趨召。其兄譓以上聞。徽宗嗟惜久之。詔別官其一子。葬於鄭州管城縣之梅山。誠博學多藝能。家藏書數萬卷。其手鈔者數千卷。工篆籀草隸。皆入能品。嘗纂重修朱雀門記。以小篆書丹以進。有旨勒石朱雀門下。善畫、得古人筆法。上聞之、遣中貴人諭旨。誠以五馬圖進。睿鑒稱善。喜著書。有續山海經十卷。續同姓名錄二卷。琵琶錄三卷。馬經三卷。六博經三卷。古篆說文十卷。墓誌銘

案李明仲起家門廕。官將作者十餘年。身立紹聖元符文物全盛之朝。營國建國。職思其憂。奉敕重修營造法式。鏤版海行。而絕學之延。遂能繼往開來。爲不朽之盛業。自餘所著。如續山海經等書。雖已亡佚。而覃精研思。亦可概見。夫薄技片長。一經繹。靡不有薪盡火傳之義。況審曲面埶。智創巧述。皆聖人之作士大夫之事乎。明仲遷官。悉以資勞年格。蓋一心營職。不屑詭隨。以希榮利。宋史囿於義例。斤斤於道器之分。不爲立傳。亦何所譏。彼梁師成朱勔之徒。長惡逢君。列名佞幸。更不可同年而語矣。方今科學昌明。各有條貫。明仲此書。類例相從。條章具在。官司用爲科律。匠作奉爲準繩。其事其人。皆有裨於考鏡。故刺取羣書所紀事蹟。彙而書之。論世知人。固不止懷鉛握槧者。心嚮往之也。乙丑十月。合肥闞鐸。

# A Chinese Treatise on Architecture

BY

W. PERCEVAL YETTS

[*From the* BULLETIN OF THE SCHOOL OF ORIENTAL STUDIES, LONDON INSTITUTION, *Vol. IV*, *Part III*, *1927*.]

[Reprinted from the BULLETIN OF THE SCHOOL OF ORIENTAL STUDIES. LONDON INSTITUTION, Vol. IV, Part III.]

# A CHINESE TREATISE ON ARCHITECTURE

By W. PERCEVAL YETTS

THE Chinese have held to the architectural standards of the past no less tenaciously than to other traditions of their ancient civilization. Buildings standing at the present day testify to this fact, and innumerable written records indicate a continuity of architectural practice lasting more than 2,000 years. The probability is that foreign importation has affected Chinese architecture least of all the arts. Buddhism introduced certain Indian forms: the cenotaph or reliquary, the pyramidal monastery, and perhaps the curved roof later. Numerous decorative motives from many parts of Eurasia have been turned to good account by Chinese interpreters. But the borrowings from abroad have done little more than to modify superficially, here and there, native methods of construction.

Written evidence shows that the erection of palaces and public buildings has always been a care of the State. Unfortunately, extant remains of governmental codes regulating architecture are much scantier than those concerned with other departments of the administration. Moreover, the art of building has not called forth scholarly treatises to the same extent as art expressed in portable objects which appeal to collectors, for instance: paintings, bronzes, and jades. And technical methods have been an oral tradition handed down through generations of practising craftsmen who are the real architects of China. Thus the literature of architecture is small; in fact, so small that the book which is the subject of this article is the sole surviving work of importance.

About A.D. 1070 the Emperor of the Northern Sung dynasty, reigning at K'ai-fêng, ordered the Inspector of the Board of Works to compile a treatise on architectural methods based on ancient tradition and information preserved in the official archives. The resultant work was finished in 1091, and it bore the title of *Ying tsao fa shih* 營造法式, that is, *Method of Architecture*. Six years later, Li Chieh 李誡, an Assistant 丞 of the Board, received the imperial command to revise the book. In 1100 the amended version under the same title was finished and presented to the throne. In 1103 it was printed, and copies were distributed among the Government offices in the capital.[1] The likelihood is that the blocks and many copies

[1] For sake of brevity, Li Chieh's treatise will be indicated thus: *YTFS*

were destroyed during the troubles of the ensuing years. In 1126, when K'ai-fêng was taken and pillaged by the Nü-chên Tartars, all the official buildings and their contents were destroyed. The reigning family fled to the south, and eventually established the court at Hang-chou. The Emperor Kao-tsung (1127–62) built a library, and offered rewards for contributions of books. An "old copy" of *YTFS* came into the hands of the officials at Su-chou, and from it in 1145 they had blocks cut and a new edition printed Manuscript copies of this 1145 edition are all that are known to survive at the present day of the *YTFS*, except one folio and a half, presumed to be relics of the first edition, as will be described later.

In 1919, a manuscript copy, kept in the Chiang-nan Library at Nanking, was examined by Mr. Chu Ch'i-ch'ien 朱啟鈐, who had been Minister of the Interior under the presidency of Yüan Shih-k'ai, and is now Director-General of the Chung-hsin Mining Company. After consulting Mr. Ch'i Yao-lin 齊耀琳, the Civil Governor of the province, Mr. Chu decided to publish it, and accordingly an edition was printed by photo-lithography. This was smaller in size than the manuscript; but afterwards, in 1920, a photo-lithographed facsimile of the manuscript was published by the Commercial Press at Shanghai. Not long before that, the Curator of Peking Metropolitan Library had found the two fragments which are presumed to have come from the first (1103) edition of *YTFS*. Recognizing the imperfections of the manuscript reproduced by photo-lithography, Mr. Chu conceived the project of reconstructing the first edition in the form indicated by the fragments. The work was entrusted to Mr. T'ao Hsiang 陶湘. It was published during 1925 in eight magnificent volumes which are triumphs of book-production.

The photo-lithographed edition, *YTFS* (1920), is the subject of an admirable review [1] by M. P. Demiéville, which is the most scholarly contribution yet made by a Western writer to the study of Chinese architecture.[2] M. Demiéville gives a summary of the text of *YTFS* as well as bibliographical data. The present article deals mainly with the history of the 1925 edition as set forth at the end of the last volume in an appendix and in an account written by Mr. T'ao Hsiang.

[1] *BEFEO*, xxv (1925), pp. 213–64. A much shorter review by Professor Naitō Torajiro 內藤虎次郎 appeared in *Shina-gaku* 支那學, i (1921), pp. 797–9. With the help of Professor Itō Chūta 伊藤忠太 the writer had in 1905 copied the MS. copy of *YTFS* in the *Ssŭ k'u* set at Moukden (*v. inf.*, pp. 480, 485, 488–9).

[2] An article by the present writer on literature relating to Chinese architecture appeared in the *Burlington Magazine* of March last.

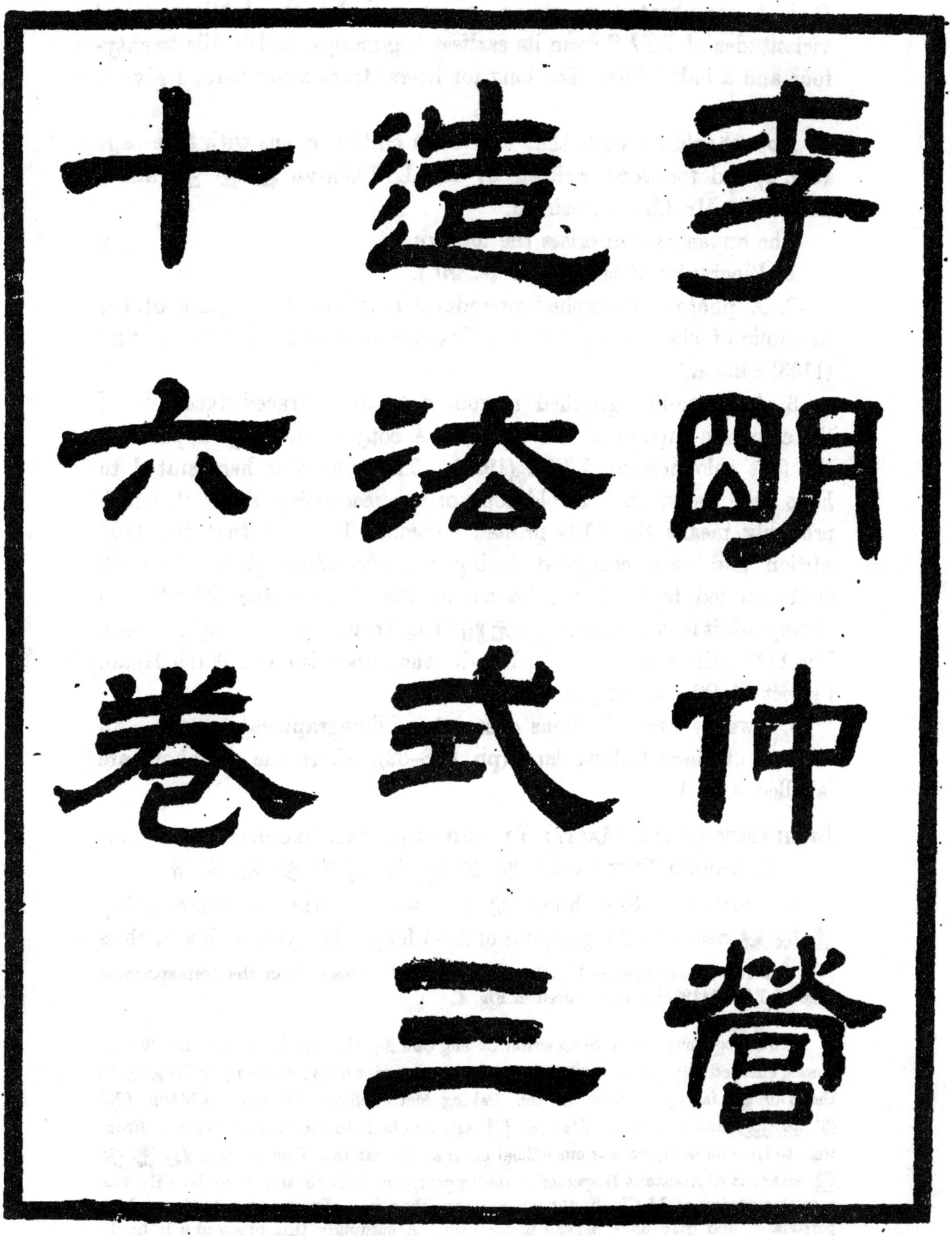
李朙仲營
造法式三
十六卷

FIG. 1.—Title-page, written by Mr. Lo Chên-yü, of *YTFS* (1925).
(Size of whole page is $13\frac{3}{8} \times 9\frac{3}{8}$ inches.)

It is a complicated narrative, which includes the bibliographical vicissitudes of *YTFS* from its earliest beginnings, and it fills twenty-four and a half folios. Too long for literal translation here, I give it in outline.

Note should be made that this 1925 edition opens with title-page (Fig. 1) and foreword written by Mr. Lo Chên-yü 羅振玉, and a preface by Mr. Chu Ch'i-ch'ien.

The appendix comprises the following:—

1. Biography of the author (*v. inf.*).

2. A photo-lithographed reproduction of the front page of the first folio of chapter eight of a *YTFS* believed to have been the first (1103) edition.[1]

3. A photo-lithographed reproduction of a traced facsimile of the colophon-page of *YTFS* (1145).[2] A copy of this page appears as the first colophon to *YTFS* (1920). The edition is here stated to have been based on "an old copy of the *shao-shêng YTFS*", which probably means the 1103 printed edition. The fact that the 1103 edition had been compiled during the *shao-shêng* period (1094–8) doubtless led to its being known as the "*shao-shêng YTFS*" to distinguish it from the *yüan-yu* 元祐 (1092) compilation (*v. inf.*, p. 482). The 1145 edition was published under the supervision of Wang Huan, Prefect of P'ing-chiang Fu (Su-chou).

4. Twenty-two colophons containing bibliographical matter. An account of these follows later (pp. 478–82), where the colophons are labelled A to V.

## Biography of the Master Li who held the Decoration of the Red-gold Fish-case[3] 賜紫金魚袋李公墓誌銘.

Li Chieh (*T.* Ming-chung 明仲) was a native of Kuan-ch'êng 管城縣 near the Sung capital of K'ai-fêng. The year of his birth is

[1] It is reproduced here as Fig. 3. Alongside it for comparison the corresponding page of *YTFS* (1925) is reproduced in Fig. 4.

[2] See Fig. 2.

[3] This biography, by the Sung writer Ch'êng Chü 程俱, is preserved in his collected works, entitled 北山小集, of which a manuscript copy, formerly belonging to the Yao 姚 family, is now in the Peking Metropolitan Library. Ch'êng Chü (*T.* 致道) was a native of K'ai-hua 開化, and he held the doctor's degree. From time to time he occupied various official posts at the capital. One of them 祕書少監 was that of Assistant Inspector in the Department of Seals and Records. He was a contemporary of Li Chieh, though younger than he. Presumably he knew him personally, and may have served under him. Accordingly this biography is likely to be trustworthy. A short account of Ch'êng Chü appears in 中國人名大辭典, p. 1186.

unknown. In 1085 he exercised the subordinate function of 郊社齋郎, an official concerned with the sacrificial ceremonies to Heaven and Earth. He was transferred from that to a post in the prefecture of Ts'ao-chou 曹州 in Shantung. In 1092 with the rank of 承奉郎 he became an archivist in the Board of Works 將作監主簿. Four years later he was promoted to the rank of 承事郎 and the post of Assistant 丞 at the Board of Works. About 1099 he supervised the building of the palace of the Emperor's brother, and when it was finished he received promotion to 宣義郎. Between 1097 and 1100 he wrote the treatise *YTFS*, but not till 1102 was he appointed an Assistant Inspector of the Board of Works with the rank of 宣德郎. At the end of 1103, in response to his petition for a post outside the capital, so that he might be near his father, he was appointed to duties connected with the transport of tribute, 京西轉運判官; but next year he was recalled to his former functions as Assistant Inspector of the Board of Works, where he remained for five years. When the building of the National Academy 辟雍 was finished, he was promoted to the post of Inspector.[1].

Before Li Chieh reached his highest rank of 中散大夫 (fifth grade of the first class) he had received sixteen steps in promotion, and of these nine were given in recognition of his work in supervising the construction of public buildings. The buildings which chiefly brought him distinction were:—

The offices of the administrative department 尚書省.
The apartments 棣華宅 of 龍德宮.
The 朱雀 Gate.
The hall 九成殿 of the 景龍 Gate.
The administrative offices 廨 of the metropolitan prefecture.
The ancestral temple 太廟 of the reigning dynasty.
A Buddhist temple built at the command of the Empress Dowager.

In 1108 Li Chieh retired on account of his father's death. During the latter's illness the Emperor granted him leave of absence, and showed a signal mark of favour by allowing the imperial physician to attend the sick man. The Emperor moreover contributed a sum of 1,000,000 cash for the funeral expenses. This Li Chieh accepted, but expended on Buddhist temples, since he was able himself to pay the cost of the funeral.

In 1110, while Li Chieh held the post of magistrate of Kuo Chou

[1] Thus M. Demiéville's surmise that Li Chieh never attained the post of Inspector (*loc. cit.*, p. 228) lacks support.

虢州 in Honan, the Emperor decided to recall him to the capital. He died, however, in the second month of that year, before the Emperor's summons reached him.

Li Chieh's character is described as generous and magnanimous. He was learned and skilled in many of the fine arts. His library contained several myriads of books, of which thousands were manuscript copies done with his own hand. He was noted as a caligraphist in all manner of script, and also as an artist. Indeed, the Emperor once asked him to paint a Picture of Five Horses. In addition to *YTFS* he was author of the following works:—

續山海經 in ten chapters.
續同姓名錄 in two chapters.
琵琶錄 in three chapters.
馬經 in three chapters.
六博經 in three chapters.
古篆說文 in ten chapters.

The twenty-two colophons are as follows:—

A. Extracts from 宋史.

"*Memoir concerning Officials* 職官志. The establishment of the Board of Works 將作監 included one Inspector 監 and one Assistant Inspector 少監. The Inspector supervised affairs connected with the construction of buildings, ramparts, bridges, shipping, and vehicles. The Assistant Inspector aided him in this work. . . . An imperial decree in 1092 caused to be distributed the *Ying tsao fa shih* which had been compiled by the Board of Works."

"*Memoir concerning Bibliography* 藝文志 (Category of ceremonial usages in the historical section 史部儀注類): 250 volumes 册 of a *Ying tsao fa shih*, compiled during the 元祐 period (1086–94) are mentioned, but the number of chapters is not specified. (Category of arts and crafts in the philosophical section 子部藝術類): A *New Book on Wood* [*Construction*] 新集木書 in one chapter by Li Chieh 李誡 is mentioned."

B. 續談助 by 晁載之.

This book[1] contains passages of *YTFS* which is here stated to have been finished in the first month of 1103. The author's name is given as Li Ch'êng[2] 李誠, and his official status as Assistant Inspector of

[1] A collection, dated 1106, of extracts from a number of books, many of which are now lost; *v.* Pelliot, *BEFEO*, ix (1909), pp. 236–45.

[2] This error in his name is discussed later, *v. inf.*, p. 488.

31656

the Board of Works (*v.* A) with the rank 通直郎 (fourth class of the sixth grade). Note is made that, though the author puts the number of chapters at thirty-six, the *YTFS* has actually only thirty-four.

C. 郡齋讀書誌 by 晁公武.

This book dates from the middle of the twelfth century. It states that "Li Chieh received the imperial command to revise a *Ying tsao fa shih* which the Board of Works had in the 熙寧 period (1068–77) been ordered by the Emperor to compile. He considered the book imperfect; so he searched the classical canons and dynastic annals, and also made inquiry among craftsmen and artisans in order to render it complete. His amended version was authorized to be distributed in the Government offices of the capital. The saying was current that the *Treatise on Wood* [*Construction*] 木經 by Yü Hao 喻皓 excelled most highly in detail, but this book [by Li Chieh] surpasses it."

D. 書錄解題 by 陳振孫.

A classified and annotated catalogue of books belonging to the 陳 family. It dates from the Sung period. The passage quoted here describes *YTFS* in thirty-four chapters, and a general summary 看詳 by Li Ch'êng, an Assistant Inspector of the Board of Works, who received the imperial command in 1097 to carry out a revision of the earlier work (*v.* C). His new version was finished in 1100, and the printing of it was authorized in 1103.

E. 研北雜誌 by 陸友仁.

Written in the first half of the fourteenth century. The passage quoted gives a list of seven works by Li Ch'êng, and among them the *YTFS* in thirty-four chapters. Except for a small discrepancy in the title 續同姓錄, these are the same as those specified in the Biography (*v. sup.*, p. 478).

F. 稗編 by 唐順之.

A collection of extracts from books of all periods and on various subjects. The author lived in the sixteenth century.

A section of the general summary of *YTFS* is here quoted. It is entitled *Counting Rooms by the Number of Pillars* 屋楹數. This section is absent from the extant text of *YTFS* (*v. inf.*, p. 484).

G. 讀書敏求記 by 錢曾.

The passage here quoted is the afterword written by the author Ch'ien Ts'êng to the manuscript copy of *YTFS* acquired by him in

1649. From this copy was copied the manuscript reproduced by photo-lithography in 1919–20 (*v.* J and pp. 484–5). A facsimile of the original afterword appears as the second colophon to *YTFS* (1920). Ch'ien Ts'êng mentions the destruction of the family library in 1650, when a printed copy of *YTFS* (? 1145) perished.

H. 四庫全書總目.

This is the great catalogue of the imperial library under the late Manchu dynasty. Eighteen years were spent in compiling it, and it was finished in 1790. At the time when the catalogue was being compiled, rare books were submitted from all parts of the empire, and certain were copied in their entirety and the copies added to the imperial collection (*v. inf.*, p. 488). One of these was a MS. copy of *YTFS* (1145), lent from the library 天一閣 of the Fan 范 family at Ning-po. It lacked the thirty-first chapter; therefore, when the copy was made for the imperial library, the great encyclopædia[1] 永樂大典 was drawn upon for the missing chapter, which consists mainly of illustrations.

I. 四庫全書簡明目錄.

This abridged version of the foregoing catalogue (H) contains a brief notice of *YTFS*.

J. 張蓉鏡跋.

This colophon, dated 1821, appears third in the last volume of *YTFS* (1920). The writer, Chang Yung-ching, at the age of 20, copied a manuscript *YTFS* as a memorial to his grandfather, who for twenty years had sought in vain to get a copy. The manuscript had been preserved by the Ch'ien 錢 family in their library 述古堂 at Ch'ang-shu 常熟 in Kiangsu. In 1820 the writer's kinsman Yüeh-hsiao 月霄 (Chang Chin-wu, *v.* K) bought the Ch'ien manuscript from a book-seller named T'ao 陶 at the Sign of the Five Willows[2] 五柳居 in Su-chou. The copying of the illustrations was done by the artist Wang Chün-mou 王君某, one of the best pupils of the painter Pi Chung-k'ai 畢仲愷.

[1] For notes on this vast collection *v.* Mayers, *China Rev.*, vi (1877–8), pp. 215–18; *BEFEO*, ix (1909), pp. 828–9; Aurousseau, *BEFEO*, xii (1912), No. 9, pp. 79–87. Originally there were more than 10,000 volumes of manuscript. The printing of it was attempted towards the end of the Ming period, but was soon abandoned. Some volumes had been lost before the burning by the Boxers in 1900. Several hundred volumes are now known to have survived the fire. Professor Hu Shih informs me that the rumours of a second manuscript copy are false.

[2] Reminiscent of his famous namesake T'ao Yüan-ming, near whose house stood five willow-trees. Hence the sobriquet 五柳先生 assumed by the poet.

K. 張金吾跋.

This is the eighth colophon to *YTFS* (1920). It is dated 1827. The writer is the kinsman of Yung-ching mentioned in J.

L. 孫原湘跋.

This colophon, dated 1820, is the fifth to *YTFS* (1920).

M. 黃丕烈跋.

This colophon, dated 1821, is the sixth to *YTFS* (1920).

N. 陳鑾跋.

This colophon, dated 1830, is the seventh to *YTFS* (1920).

O. 閒箏道人跋.

This colophon, dated 1826, is the eleventh to *YTFS* (1920).

P. 褚逢椿跋.

This colophon, dated 1828, is the fourth to *YTFS* (1920).

Q. 邵淵耀跋.

This colophon, dated 1828, is the ninth to *YTFS* (1920).

R. 錢泳跋.

This colophon, not dated, is the thirteenth to *YTFS* (1920).

S. 鐵琴銅劍樓書目 by 瞿鏞.

This is the catalogue of the Ch'ü 瞿 family library at Ch'ang-shu 常熟 (Kiangsu). It was compiled about the middle of the last century by Ch'ü Yung, but not published till many years later.[1]

Note is made that the manuscript copy of *YTFS* in this library was ultimately derived from *YTFS* (1145), but through several successive copies. It contains the colophon-page (Fig. 2). Internal evidence indicates that neither of the MSS. described in J was used in the making of it.

T. 藏書志 by 丁丙.

The full title of this library catalogue, dated 1901, is 善本書室藏書志. The entry here quoted refers to a *YTFS* in thirty-six chapters, which was acquired from the library of one 李伯雨, and is, in fact, the same MS. that appears in *YTFS* (1919–20) · *v.* J, K, and p. 485 below.

U. Preface by 齊耀琳 to the photo-lithographed 1920 edition, entitled 石印營造法式.

Dated 1919, it appears as the second preface to *YTFS* (1920) The writer, Mr. Ch'i Yao-lin, was Civil Governor of Kiangsu the year

1 *v.* Pelliot, *BEFEO*, ix (1909), pp. 212, 468, 813, and Aurousseau, *BEFEO*. xii (1912), No 9, p. 64.

that Mr. Chu Ch'i-ch'ien came to Nanking as chief of the Peace Delegation from North China. Together they visited the public library for which some ten years previously the Ting collection (*v.* T) had been bought by the viceroy Tuan-fang 端方 (*v. inf.*, p. 485). They saw there Chang Yung-ching's transcript (*v.* J), and the decision was made to publish it.

V. Preface by 朱啟鈐.

This is a copy of the first preface, undated, to *YTFS* (1920).

After the appendix comes an account 識語, nine pages long, by Mr. T'ao Hsiang, who signs it in the intercalary fourth month (22nd May to 20th June) of 1925. The writer is a native of Wu-chin 武進 (formerly 常州) in Kiangsu. He outlines the bibliographical history of *YTFS* derived from criteria assembled in the foregoing appendix, and to this he adds information concerning the production of the 1925 edition. In the following abridged translation the various items of the appendix are indicated by the letters of the alphabet used above to label them:—

The *YTFS* in thirty-six chapters by Li Chieh, an Assistant Inspector [1] of the Board of Works under the Sung, is a revised version of an earlier work compiled during the *hsi-ning* period (1068–77), and finished in 1091 (*v.* A, B, C, and D). The second version was undertaken in 1097, and it was finished in 1100. Authorization was given in 1103 for it to be cut and published. This is the *ch'ung-ning* (1102–6) edition. In 1145 Wang Huan 王晚, an official of P'ing-chiang Fu, obtained an "old copy of the *shao-chêng* period" (*v.* p. 476 and Fig. 2), and had it recut. This is the *shao-hsing* (1131–62) edition. B and Chuang Chi-yü 莊季裕 in his 雞肋編, dated 1106 and 1133 respectively, each refers to a copy of *YTFS*. The fact that these writers copied a number of passages from *YTFS* is evidence that the work was highly valued at the time. D mentions Li Chieh's [2] revised version of *YTFS* in thirty-four chapters, and one chapter containing the general summary, but omits to notice the table of contents. C puts the number of chapters at thirty-four without either table of contents or general summary. T'ao Tsung-i 陶宗儀 in his *Shuo fu* 說郛 refers to a *Method* with general summary and various sections, but he

[1] Strictly speaking, the author had not yet attained the post of Assistant Inspector when he wrote the treatise, since his promotion did not occur till 1102. See his Biography, p. 477.

[2] Actually D writes "Ch'êng" instead of "Chieh", as also do B and E. On this error, *v. inf.*, p. 488.

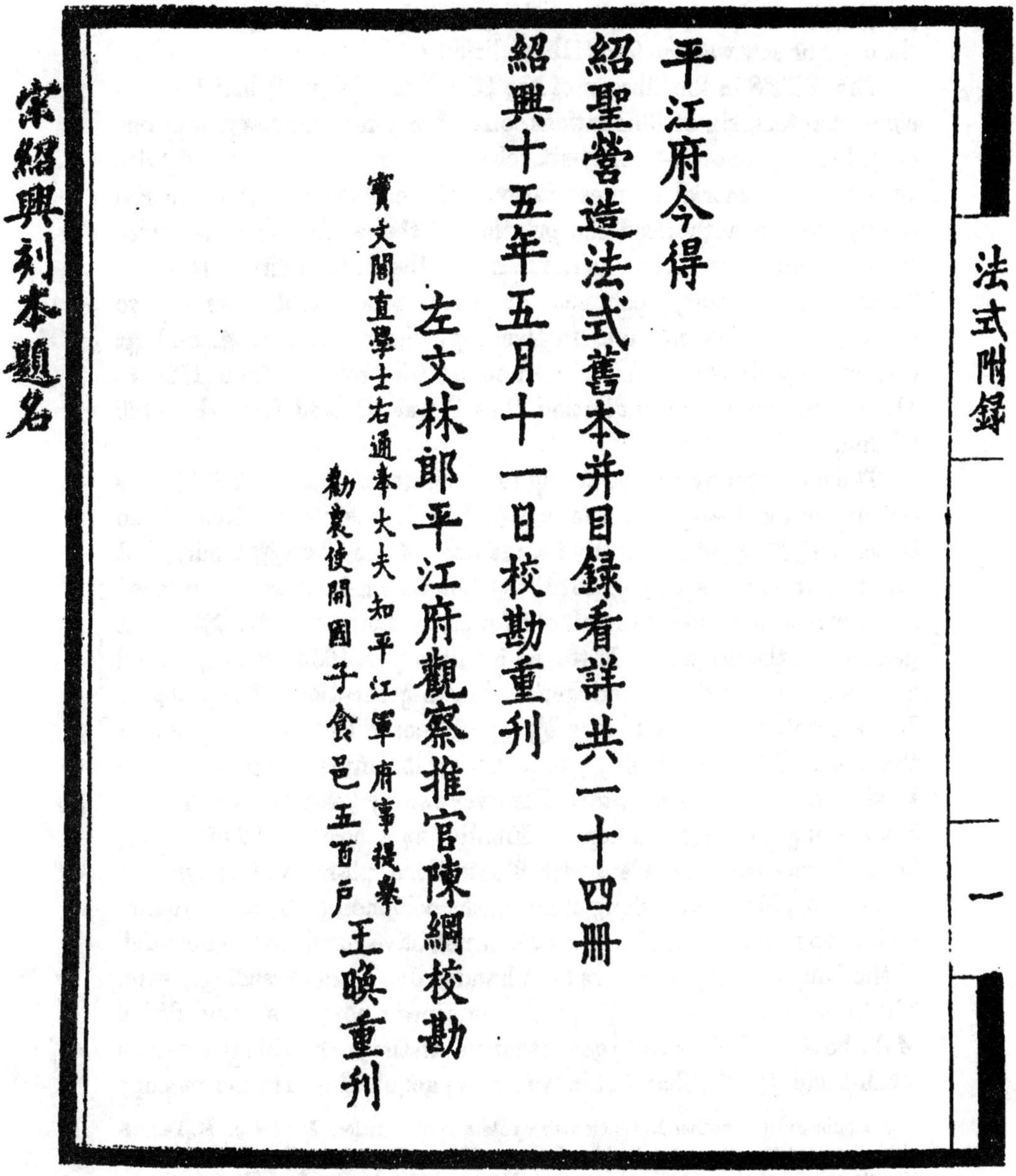

法式附録 一

平江府今得

紹聖營造法式舊本并目録看詳共一十四冊

紹興十五年五月十一日校勘重刊

左文林郎平江府觀察推官陳綱校勘

寳文閣直學士右通奉大夫知平江軍府事提舉

勸農使開國子食邑五百戸王㬇重刊

宋紹興刻本題名

FIG. 2.—Traced facsimile of the colophon-page of *YTFS* (1145), reproduced by photo-lithography in *LTFS* (1925).

calls it a *Treatise on Wood* [*Construction*] 木經 by Li Chieh.[1] F describes an edition of which the table of sections in the general summary has a section on *Counting Rooms by the Number of Pillars* 屋楹數 which is missing from the extant book. Is it possible that the copy he saw was the first (1103) edition ?

The *YTFS* in the library of the Ch'ien family (*v.* J) had twenty-eight chapters, six of illustrations, one of general summary, and one of table of contents—thirty-six chapters in all. It opened with Li Chieh's memorial of presentation, his preface and the imperial rescript which authorized the printing of the work. It ended with the colophon-page giving particulars of the 1145 edition (Fig. 2). There were twenty columns on each folio, and twenty-two characters to each column. In this copy the characters 桓 and 構 (names respectively of the two emperors who reigned from 1126 to 1162) were tabooed, an indication that it was derived from the 1145 edition.

The colophon by Ch'ien Ts'êng (*v.* G) states that the *YTFS* in the Ch'ien family library was the copy which his senior relative Ch'ien Ch'ien-i 錢謙益 obtained from a member of the Chao 趙 family, and sold to him in the spring of 1649. Ch'ien Ch'ien-i possessed a printed copy, which had come from an old family of Liang-ch'i 梁谿, but it perished in the fire which destroyed his library in 1650. The aforesaid copy was handed down from generation to generation. According to L the catalogue of the library 述古堂 (i.e. of Ch'ien Ts'êng) states that Chao Yüan-tu 趙元度 acquired an incomplete copy of *YTFS* lacking more than ten chapters. For over twenty years he wore himself out seeking to borrow a copy. Finally, at a cost of 50,000 cash, he made the book complete with illustrations, plans, and designs.

In 1821, Mr. Chang Yung-ching in the colophon (*v.* J) to his manuscript copy says: "Copies of *YTFS* which have survived the downfall of the Sung dynasty and have been handed down are exceedingly rare. The Ch'ien family library 述古堂 contained a copy of a Sung edition of the book, which I tried to get but failed. In the year 1820 my kinsman Yüeh-hsiao 月霄 (Chang Chin-wu; *v.* K) acquired a manuscript copy

[1] Doubt exists whether Li Chieh ever wrote a book entitled *Mu ching*. M. Demiéville discusses this subject fully, *loc. cit.*, pp. 220–2. The title, *New Book on Wood* [*Construction*], of the only work attributed to Li Chieh in the *Sung History* (*v.* A), presupposes an earlier treatise of the kind. Perhaps it was the *Mu ching* of the famous architect, Yü Hao (*v.* C). M. Demiéville identifies all the alleged extracts from a *Mu ching* of Li Chieh, as quoted in *Shuo fu*, with passages in *YTFS*. Perhaps these extracts were in fact derived from the *New Book on Wood* [*Construction*] which Li Chieh may have drawn upon when writing *YTFS*.

of this Ch'ien copy from a bookseller named T'ao at the Sign of the Five Willows in Su-chou (*v.* J). I borrowed it and copied the text, while Wang Chün-mou, pupil of Pi Chung-k'ai, copied the illustrations, plans, and designs."

Between 1907 and 1908 when Tuan-fang (*H.* T'ao-chai 匋齋), viceroy of Liang Chiang, founded the library [at Nanking], he acquired for it the library 嘉惠堂 which had belonged to the Ting family of Ch'ien-t'ang 錢唐 (Hang-chou). Among the Ting books was the transcript of *YTFS* made by Chang Yung-ching (*v.* T).

In 1919, Mr. Chu Ch'i-ch'ien (*H.* Kuei-hsin 桂辛), a native of 紫江 (formerly 開州) in Kueichou, came south and saw this book (*v.* U). He had it reproduced in a smaller size [by photo-lithography]. This was so favourably received that the Commercial Press of Shanghai followed it up with a facsimile reproduction of the original MS. According to evidence afforded by colophons L and M, we know that the Ting MS. was the one which Chang Yung-ching transcribed from the copy in the possession of Chang Chin-wu. It contains numerous errors of transcription.

The library 密韻樓 belonging to Mr Chiang Ju-tsao 蔣汝藻, a native of Wu-hsing 吳興 (formerly 湖州) in Chehkiang, contains a manuscript *YTFS* of which the text and illustrations are well executed and complete. By comparing the Ting MS. with it, dozens of errors in the former may be corrected. But it was not the MS. from which Chang Yung-ching's copy was made.

The library 鐵琴銅劍樓 of the Ch'ü family at Ch'ang-shu (*v.* S) has an old copy which also is based on *YTFS* (1145).

The *YTFS* contained in the collection of the Ch'ien-lung *Four Libraries* was transcribed from the copy which belonged to the T'ien-i Ko of the Fan family in Chehkiang. This copy lacked the thirty-first chapter, and the defect was made good from the *Yung-lo ta tien* (*v.* H).

According to 文淵閣書目 the imperial library under the Ming contained five sets of *YTFS*, but the catalogue omits bibliographical particulars. The catalogue of the imperial library under the Manchu dynasty, entitled 內閣書目, mentions two incomplete sets of *YTFS*, one with two and the other with five volumes. It notes that the book was compiled by Li Chieh at imperial command during the *ch'ung-ning* period, but that of its thirty-four chapters twelve were missing. Towards the close of the late dynasty the imperial library was moved from the Palace to the National Academy 國子監南學 [in the north of Peking]. During the first years of the

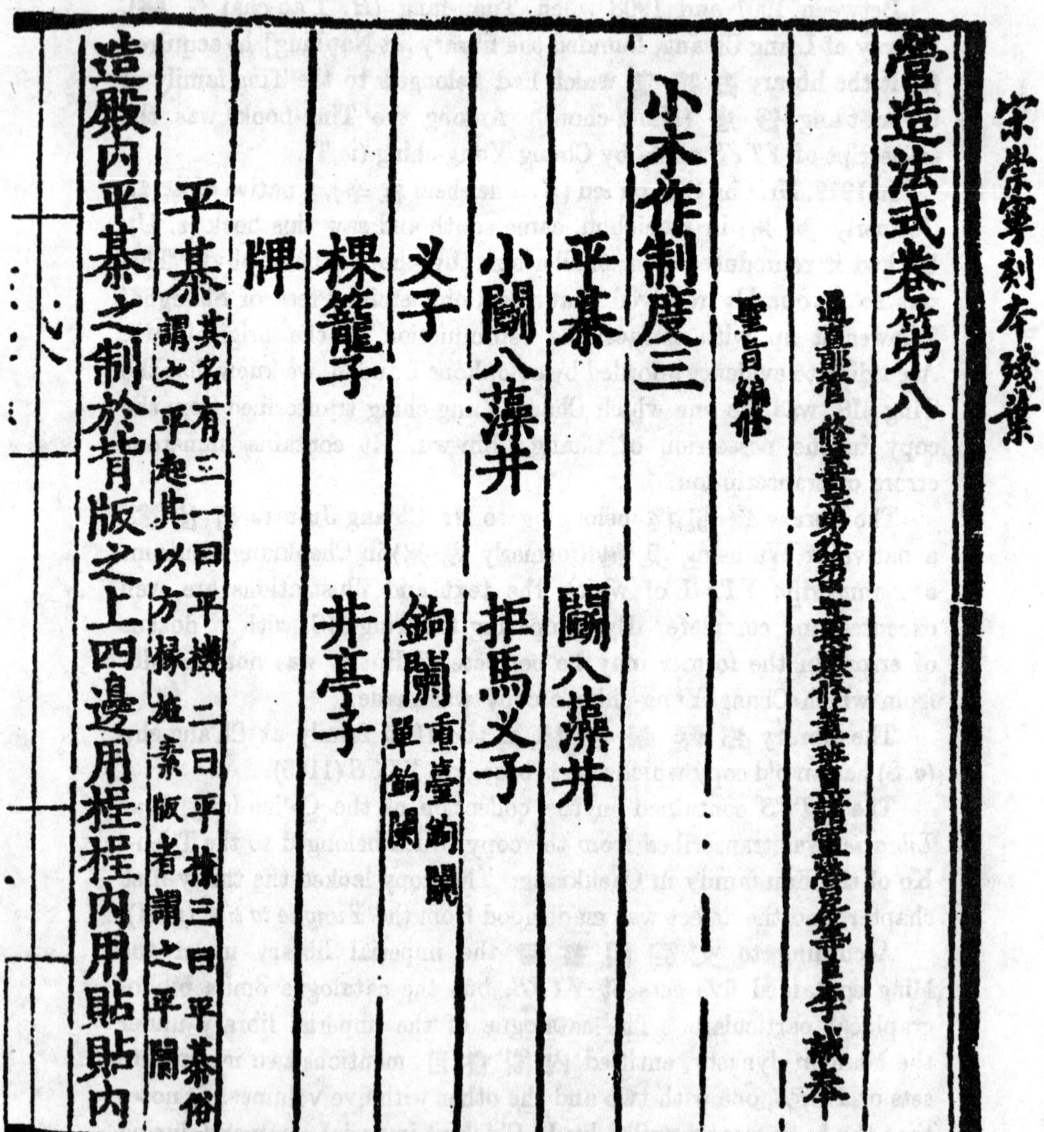

宋崇寧刻本殘葉

營造法式卷第八

通直郎管修蓋皇弟外第專一提舉修蓋班直諸軍營房等臣李誡奉

聖旨編修

小木作制度三

平棊　闘八藻井

小闘八藻井　拒馬义子

义子　鉤闌重臺鉤闌 單鉤闌

棵籠子　井亭子

牌

平棊 其名有三一曰平機二曰平撩三曰平棊俗謂之平起其以方椽施素版者謂之平闇

造殿内平棊之制於背版之上四邊用桯桯内用貼貼内

FIG. 3.—Front page of the first folio of chapter eight of a *YTFS* believed to have been the first (1103) edition. Reproduced by photo-lithography in *YTFS* (1925).

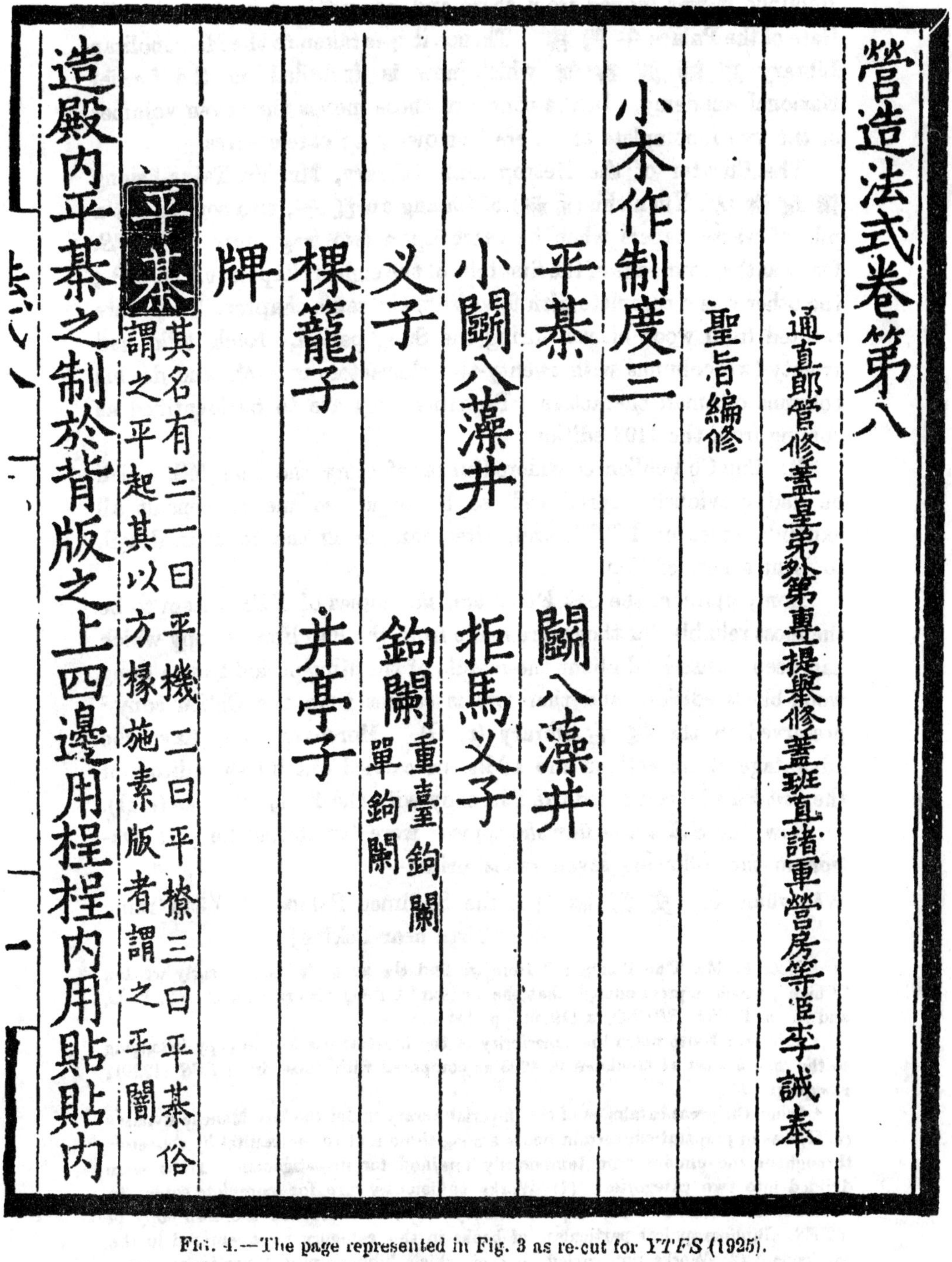
營造法式卷第八
通直郎管修蓋皇弟外第專一提舉修蓋班直諸軍營房等臣李誠奉
聖旨編修
小木作制度三
平棊　鬭八藻井
小鬭八藻井　拒馬义子
义子　鉤闌 重臺鉤闌 單鉤闌
棵籠子　井亭子
牌
平棊 其名有三一曰平機二曰平橑三曰平棊俗謂之平起其以方椽施素版者謂之平闇
造殿內平棊之制於背版之上四邊用桯桯內用貼貼內

FIG. 4.—The page represented in Fig. 3 as re-cut for *YTFS* (1925).

Republic it was moved from there and housed in a part of the Wu Gate of the Palace 午門樓. Thence it was taken to the Metropolitan Library 京師圖書館 which now is installed in the former National Academy. In the course of these moves the seven volumes of the two incomplete sets were lost owing to carelessness.

The Curator of the Metropolitan Library, Mr. Fu Tsêng-hsiang 傅增湘 (*H.* Yüan-shu 沅叔) of Chiang-an 江安, was sorting out a pile of waste papers when he came upon two fragments of *YTFS*. One was the front page of the first folio of the eighth chapter (*v.* Fig. 3) [1]; the other was a complete fifth folio from the same chapter. They were printed from wood-blocks during the Sung period. Each folio had twenty-two columns with twenty-two characters in each, and double columns of small characters. Probably they are to be identified as coming from the 1103 edition.

Mr. Chu Ch'i-ch'ien considered unsatisfactory the Ting MS. which he had previously reproduced, so he requested me to consult all existing copies of *YTFS*, and, after comparing the texts in detail, to print a new edition.

In my opinion, the *Ssŭ k'u ch'üan shu* copies of *YTFS* seem to be the most reliable, for they were made from the Fan library copy which had been transcribed about the middle of the Ming period from a Sung wood-block edition, and therefore is earlier than the Ch'ien copy [2] preserved in the 述古 library (*v.* G). Moreover, they have the advantage of corrections and additions carried out by the editors of the *Ssŭ k'u* who compared the Fan copy with the *Yung-lo ta tien* (*v.* H).

Now, the *Ssŭ k'u ch'üan shu* copies [3] were distributed for preservation in the following seven repositories:—

Wên yüan Ko 文源閣 [at the Summer Palace of Yüan ming Yüan near Peking]

[1] Note by Mr. T'ao Hsiang: "Here we find the author's name clearly written 'Chieh', which is proof enough that the version 'Ch'êng' is erroneous." Cf. B, D, and E. *v.* Pelliot, *BEFEO*, ix (1909), pp. 244–5.

[2] Professor Naitō notes the superiority of the illustrations in the copy belonging to the *Ssŭ k'u* set at Moukden in 1905 as compared with those in *YTFS* (1920); *v. sup.*, p. 474.

[3] When the great catalogue of the imperial library under the late Manchu dynasty (*v.* H) was in preparation, certain books among those sent to the capital by collectors throughout the empire were temporarily retained for investigation. These were divided into two categories: (1) Works sufficiently rare for complete copies to be made and added to the imperial library. One of these was the Fan copy of *YTFS*. Bibliographical particulars of books in this category were entered in the catalogue. (2) Works not copied, but of which bibliographical particulars were entered in the catalogue. *v.* Pelliot, *BEFEO*, vi (1906), pp. 415–16, and ix (1909), pp. 211–12.

| | | |
|---|---|---|
| Wên tsung Ko | 文宗閣 | [at Golden Island, Chinkiang]. |
| Wên hui Ko | 文滙閣 | [at Yang-chou 揚州]. |
| Wên lan Ko | 文瀾閣 | [at the Western Lake, Hang-chou]. |
| Wên yüan Ko | 文淵閣 | [in the Palace at Peking]. |
| Wên shuo Ko | 文溯閣 | [in the Palace at Moukden]. |
| Wên chin Ko | 文津閣 | [in the Palace at Jehol]. |

The first three sets have suffered destruction from the ravages and burnings of war.[1] Also, half of the Hang-chou set was destroyed.[2] The Peking Palace set is still there; the Moukden set is stored in the Hall of Assured Peace 保和殿 [in the Peking Palace]; and the Jehol set is in the Metropolitan Library.

These three are all that are now preserved intact. I have compared the texts of *YTFS* contained in all three, and also the extracts quoted by B, Chuang Chi-yü, T'ao Tsung-i and F. The old manuscript copy in the library of Mr. Chiang Ju-tsao has been examined besides.

After carefully comparing all these texts, the shortcomings of the Ting MS. have been made good; missing characters have been restored and errors of transcription corrected. Possibly some mistakes remain; but there is little probability that any passage is omitted. Several parts of the text are hard to understand; yet, when all texts agree as to the reading, I did not venture to alter them.

The *format* of this edition and the style of characters cut for it are made to imitate those of *YTFS* (1103) as represented by the two fragments recently discovered. The illustrations are based on those of *YTFS* (1145), and such that cannot be followed as to detail without difficulty have been redrawn twice the original size and afterwards reduced by photography to the scale of the originals.

One source of perplexity is the lack of originals wherewith to compare these much-copied illustrations. Decorative designs of stone carvings and the smaller wooden objects may likely have undergone minor modifications from time to time in accordance with current fashion. On the other hand, strict precision must have been maintained in plans for large wooden structures, because upon them depend all measurements and proportions, and even slight deviations from the originals would have resulted in loss of architectural integrity.

[1] The Yüan ming Yüan was destroyed by the Allied Army in 1860. The sets at Golden Island and Yang-chou were burnt by the T'ai-p'ing Rebels a few years earlier.

[2] Also by the T'ai-p'ing Rebels. Professor Hu Shih informs me that the loss has been repaired owing to the generosity of Mr. Ting Ping 丁丙 (*v.* T) and to the recent efforts of Mr. Chang Tsung-hsiang 張宗祥, formerly Commissioner of Education in Chehkiang.

To solve these problems we have had recourse to existing buildings and living architects. The present Palace at Peking, though actually built in the *yung-lo* period (1403–24), was designed in conformity with Sung standards which were an architectural heritage handed down for 800 years. Technical terms have varied with the times yet continuity of form may be traced by reference to the *Institutes of Government Administration* 會典 and the archives of the Board of Works 工部. Plans from the latter source have to some extent been lost, therefore we have asked the old master-builder Ho Hsin-kêng 賀新賡 and others, who for many years have been in charge of imperial and public works in Peking, to draw detailed illustrations on modern lines in accordance with data provided in the thirtieth and thirty-first chapters of *YTFS*, and to add to them modern terms. These additional illustrations [1] thus provide material for comparison with the originals, and the student is enabled to recognize differences, similarities, and correlations, and to obtain models for imitation as well as evidence concerning the evolution of nomenclature.

Chapters 33 and 34 contain coloured illustrations. Former editions of *YTFS* had the colours only indicated with labels giving the names and shades, and they had notes to show which was the front and which the back. Such methods of presentment gave but imperfect notions of the true colouration, so we have employed the services of the Kuo 郭 family of Ting-hsing 定興 which for five generations has been engaged in artistic colour-printing.[2] As many as four to ten printings have been necessary for some of the illustrations.[3]

The production of this book—textual criticism, redrawing of illustrations, making of modern designs for comparison, and colour-printing—has taken seven years, and the text has been revised ten times. The cutting of the blocks was started in 1919 and finished in 1925.

Though the foregoing account by Mr. T'ao Hsiang is as lucid

[1] They appear in two supplements: one of twenty-six folios at the end of chapter 30, and the other of twenty-four folios at the end of chapter 31. The new technical terms and explanatory notes are printed there in red ink.

[2] This craft has much advanced in recent years. Formerly foreign paper was used for lithographs done in China, but here in *YTFS* (1925) coloured prints for the first time have been made on Chinese paper. The paper comes from the province of Fukien.

[3] Several are reproduced in colour on Plate 1 of my article in the *Burlington Magazine* of March, 1927.

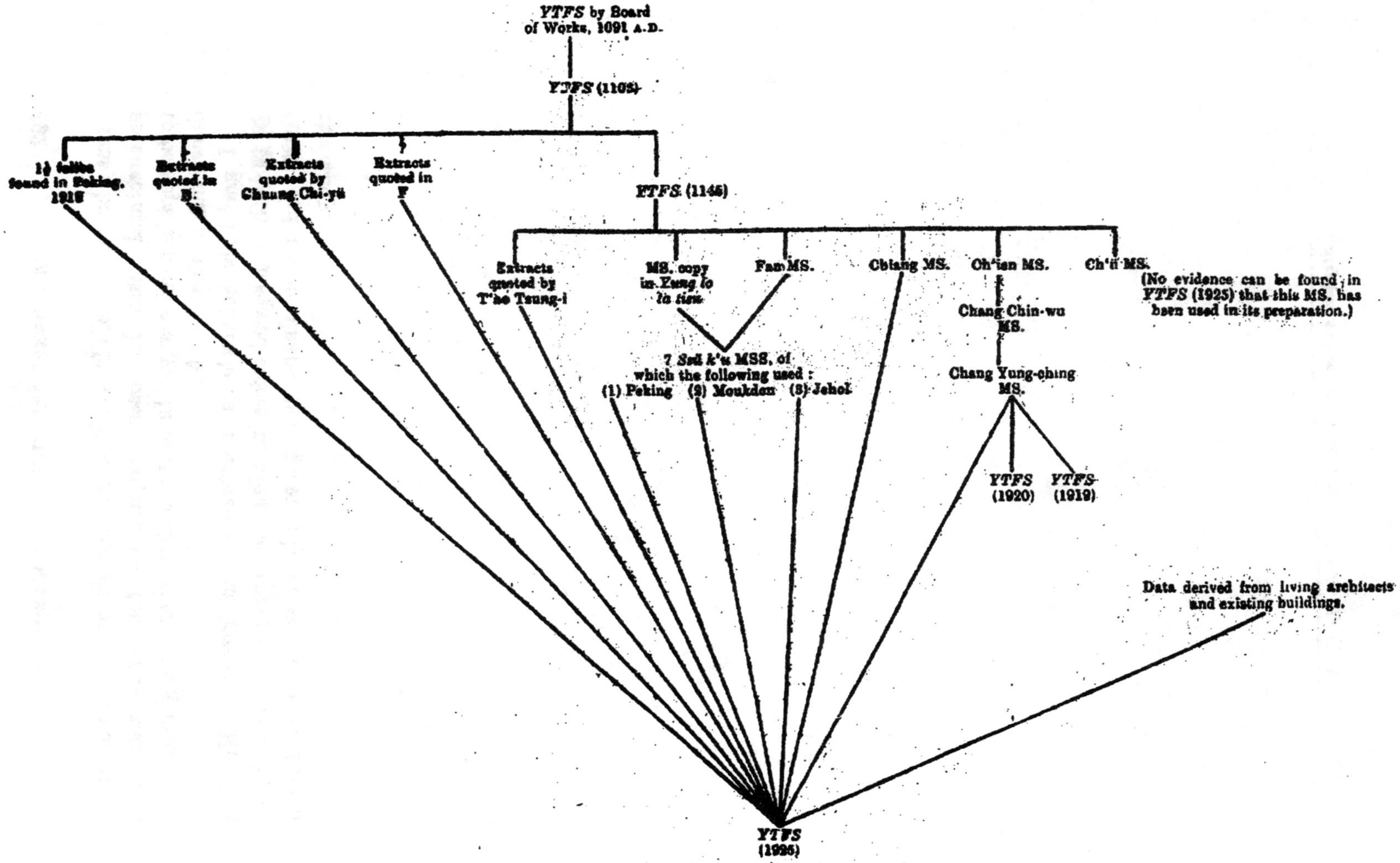


FIG. 5.—Plan to show the sources of *YTFS* (1925)

as may be, the sources from which the magnificent last edition of this architectural classic has been compiled are too many and varied to be kept in mind easily. In order to show them at a glance I have drawn out a plan (Fig. 5).

I gratefully acknowledge indebtedness to Professor Hu Shih 胡適 both for his good offices in aiding me to obtain a copy of *YTFS* (1925) and for invaluable help generously given in the writing of this study.

*Stephen Austin and Sons, Ltd., Printers, Hertford.*

# 英葉慈博士營造法式之評論

在古代文化中，中國人對於建築之制度，亦有深刻之研究。試觀今日存在之建築物，卽可證明。並有若干書籍將兩千年來建築之歷史，紀述無遺。但受外國之影響甚少，殊不若他種藝術也。由佛敎引入中國之印度建築形式，爲墓碑金字塔形之廟宇，及曲形屋頂等。又華人頗能將許多歐亞交界各處之建築原理，運用於本國建築之上，但亦不過影響本地建築之外表形式而已

據書籍所載中國向來注重宮殿或其他公共建築。堆今日存在之國家所定關於建築本體之則例，反較與建築有關係之其他規則爲少；且建築之術，又不若油漆，古銅，玉石，各種活動物品代表之藝術，可以使人視爲有文學上之價值。不止此也，各種專門手藝，惟賴歷代匠人之口傳，而匠人亦卽當時之建築師也。夫如是，則關於建築學之文字又焉能多。故本書所論之營造法式乃惟一之重要書籍

約西歷一〇七〇年北宋神宗皇帝敕令將作監，根據案卷中所記載之傳說，編纂營造法式一書。成於一〇九一年。踰六年，將作少監李誡奉敕修訂。一一〇〇年，修訂完畢，並經御覽，於一一〇三年（崇寧二年）付印。於是京外各官署中，均有此書。不幸一一二六年，開封爲女眞韃靼所佔據。官署旣焚，書亦隨之而盡。迨宋室南遷，建都杭州，

高宗（一一二七至一一六二年）乃創立書庫，並搜羅佳本。後知平江軍府事王喚得一營造法式刋本，即於一一四五年就該本刻木版翻印新書。此手寫本，除有頁半可斷其爲初版之殘餘外，其餘部份，與現在之營造法式相同，此節以後當再述之

一九一九年，前內務總長現任中興煤鑛公司總理朱啟鈐氏，得將江南圖書館所藏之鈔本，詳細察閱。朱君更與江蘇省長齊耀琳君商議，遂決定石印出版。所出版之書，惟面積稍小，其餘均畢肖。後商務印書館於一九二〇年亦依照鈔本重付石印。在此以前，北京圖書館館長曾覓得殘葉兩片，云係初版。朱君既知鈔本之不完善，乃根據殘葉重新校定，並委托陶湘君負責司其事。於一九二五年出版，名曰仿宋重刊李明仲營造法式計分八册，可稱佳構

德國德米維尼君 M. P. Demieville 所寫之評論，即係以此石印本爲背景。該項評論，可謂西方著作家對於中國建築學惟一有文學上價值之貢獻，因其所作之營造法式概論實能與文學史書並駕齊驅也。茲欲論者，乃根據一九二五年版之卷末附錄及陶湘君所題識語而研究該書之史蹟。因附錄及識語係述營造法式自始至今之變遷沿革甚爲繁雜，不得不由廿四頁半中取其要點分別譯述之

（附錄及識語原書具在茲從略不譯）

# 一九二五年版營造法式材料之來源及所引證之書籍圖表

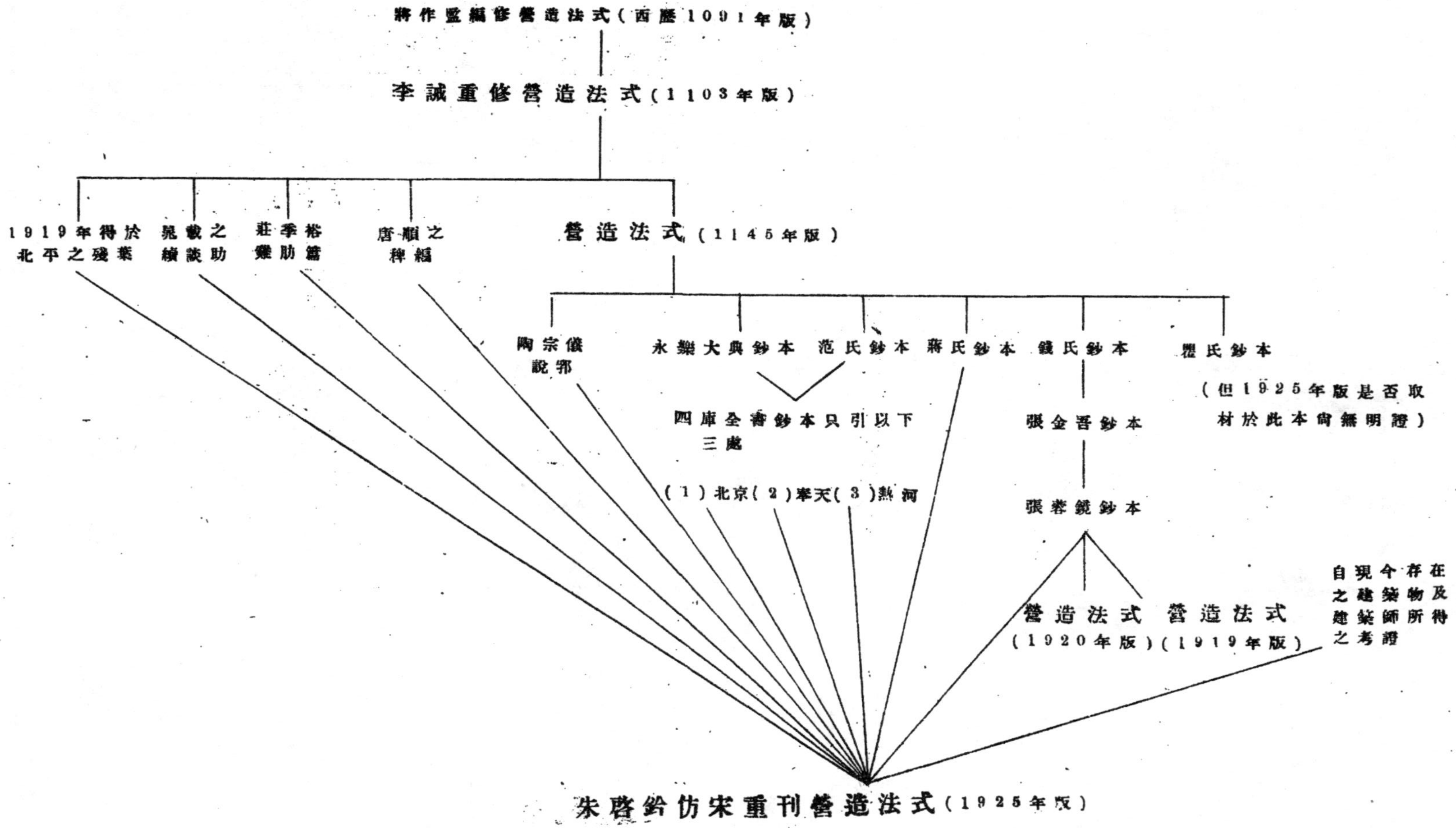

# WRITINGS ON CHINESE ARCHITECTURE

W. PERCEVAL YETTS

*Reprinted from* THE BURLINGTON MAGAZINE, *March*, 1927

*Reprinted from* THE BURLINGTON MAGAZINE, *March*, 1927.

# WRITINGS ON CHINESE ARCHITECTURE

## BY W. PERCEVAL YETTS

ABSENCE of old buildings may seem strange in a land where an advanced civilization has flourished continuously for 3,000 years and more. The explanation is that Chinese architects have followed the practice of depending on wood for structural integrity, in much the same way that we at the present day frame buildings in iron or steel. And this explains not only the ephemeral life of Chinese buildings, but other of their features to be discussed later. Their lack of durability is testified by the fact that few now standing go back earlier than the beginning of the last dynasty—three centuries ago, and very few earlier than the Ming who established themselves on the throne in A.D. 1368. Excepted from this generalization are, of course, walls and other structures built without wood, such as the rare "beamless" buildings and certain pagodas and bridges. Thus only comparatively modern examples persist of the more ambitious architectural enterprises, and for study of the art through the long ages of its practice we must turn to documents of various kinds. Those at present known are not numerous. They are tomb monuments in the provinces of Shan-tung, Ho-nan and Ssŭ-ch'uan dating from the Later Han (A.D. 25 to 221); models in pottery dug up from burial grounds of the Han and following periods; certain paintings and sculptures of the fifth to the tenth centuries (mostly belonging to Buddhist shrines); old Japanese buildings in the Chinese style; and, lastly, native books.

Objective and written evidence available from these sources supports belief that the conservative Chinese adhered as closely to their forefathers' notions of building as to other established traditions. Again and again the national annals and local chronicles detail the scrupulous care taken to conform to old standards when a capital was rebuilt or moved to another site, or when a newly-established dynasty laid one out afresh. The many foreign rulers of China seem to have observed this ideal no less attentively than native dynasties. For instance, when about the middle of the twelfth century the Nü-chên Tartars made Peking their central capital, they copied in detail the palace of K'ai-fêng, left by the retreated Sung, which originally had been modelled on that of the T'ang dynasty at Lo-yang. They even went so far as to dismantle much of the Sung woodwork and embody it in the new buildings at Peking Such instances indicate architectural continuity lasting for six hundred years; indeed, till a century before the rise of the Ming—in other words, up to the period from which date all but a few of the oldest wood-built buildings now standing in China. History of continuity may be traced back for eight centuries and a half beyond the T'ang to about 220 B.C. when the first Emperor of the Ch'in dynasty rebuilt his capital at Hsien-yang (Shensi) on such a vast and splendid scale that (if the historians lie not) it must have surpassed Nineveh at the height of its glory.

It is said to have extended east and west, on either side of the River Wei, for a hardly believable distance, and north and south of it for many miles.[1] The richest families throughout the empire, to the number of 120,000, were ordered to build mansions in the capital and dwell there with their belongings. Whenever the Emperor conquered a principality, he erected in his capital a replica of the royal palace destroyed, and adorned it with the captured treasures. Palaces and pavilions thus reproduced numbered 145; and 10,000 women, chosen for their beauty from all parts of the land, were distributed among them. Each palace, fully staffed and provisioned, was kept ready for the Emperor, should the whim take him to occupy it. Besides these, there was the chief imperial palace, most magnificent of all, on the north side of the river. Covered corridors, hung with silken fabrics, ran for miles connecting the various palaces; and bridging the river was a roofed structure of wood 280 yards long and 12 wide, with 68 bays, 850 columns, 212 cross-beams and a stone platform at either end. Not content, the Emperor built south of the river another palace in which to hold audiences. This stupendous structure, famed in history under the name O-p'ang Kung, had a hall measuring 500 yards from east to west and 100 yards in width. Its upper floor was large enough to seat 10,000 men, and the ceiling of the ground floor was high enough "to allow banners 10 yards tall to be held upright." More than 700,000 convicts, who had suffered the punishment of

[1] Details of these architectural enterprises are given by Tschepe, *Histoire du Royaume de Ts'in*, (Shanghai, 1909) pp. 291-298. I quote above some of his figures with reservation. He appears to have combined particulars taken from original texts and from later commentaries without distinguishing between them. For instance, he cites 800 *li* as the distance which the city extended east and west on either side of the Wei. At the lowest estimate, this is equivalent to 280 miles. As the Rev. A. C. Moule has kindly pointed out to me, this "800 *li*" is doubtless derived from the commentary (dated A.D. 736) to *Shih chi*. The historian Ssŭ-ma Ch'ien himself does not mention the figure. v. Chavannes, *Mém. hist.*, II (Paris, 1897), pp. 137-8.

castration, were employed to construct the new palace and a gigantic tomb for the Emperor.

The vast city of Hsien-yang was sacked and burned soon after the Emperor died. No remnant of it is now visible, unless perhaps some stone pedestals for pillars of the great audience hall. Excavation might disclose foundations, figured bricks and tiles, and sculptured stone fragments; but little of architectural moment is likely to have survived the destruction of buildings framed in wood. On the other hand, the written records do provide important information, even allowing for probable exaggeration, and three highly significant facts emerge: one that the first Ch'in Emperor, notorious as breaker of ancient tradition, did not attempt a revolution in architecture; another that any variant styles which may have existed in different localities were brought together at the capital; and another that the art had reached a high level of achievement by the third century B.C.

This Chinese Napoleon abolished feudalism while uniting the countless petty states into a huge homogeneous empire, and the surmise seems justified that his building megalomania unified the architectural standards of the country.

Chinese literature is peculiarly rich in poetry and local topographies. Many poems, notably the early *fu*, exalt in grandiloquent terms the splendours of palaces and temples; and the topographies contain information of a more precise sort. Here may be mentioned a book which scarcely comes within the latter category. As its title (*Lo-yang ch'ieh lan chi*) denotes, it is concerned with the monasteries at Lo-yang. It sets forth with wealth of detail the glories of Buddhist buildings which pious rulers of the Northern Wei dynasty had multiplied in their capital. In 547 a certain Yang Hsüan-chih revisited Lo-yang whence the Wei Court had been driven by rebels thirteen years earlier. Of its former 1,367 religious houses only 421 had survived the ruin, and, fearing lest their departed greatness might be lost to memory, he wrote a description of them. Among these Buddhist edifices was the great pagoda which I shall discuss later.

But books such as these lack the exact data sought by a student of architecture. Moreover, extant technical treatises on the subject are few and rare; therefore the recent reproductions of the *Method of Architecture* (*Ying tsao fa shih*) are specially welcome. This work was written and eventually printed about 1103, in compliance with imperial command, to supersede a handbook, under the same title, compiled by the Board of Works some seven years earlier. Its author is Li Chieh, an erudite and versatile official, who was a calligraphist and a writer of several works, including one on horses and another on music. The functions he exercised at the capital of the Northern Sung dynasty appear to have been chiefly architectural. In 1126, when K'ai-fêng was taken and pillaged by the Nü-chên Tartars, the official buildings and their contents were destroyed. Doubtless the blocks and nearly all copies of the *Method* perished with them. After the Sung court had been re-established at Hang-chou, great efforts were made again to get together an imperial library. A second edition of the *Method*, based on the first, was cut and printed at Su-chou in 1145. At the present time no copy of either edition is known to exist, but there are some six transcripts of the 1145 reprint. The text of one was in 1821 recopied by a youth of twenty, named Chang Yung-ching, and the illustrations by the artist Wang Chün-mou. This manuscript is now in the public library at Nanking. In 1919 Mr. Chu Ch'i-ch'ien, who had been Minister of the Interior under the presidency of Yüan Shih-k'ai, reproduced it by photo-lithography on a smaller scale than the original, and in the following year the Commercial Press at Shanghai published a photo-lithographed facsimile. Printed copies of the *Method* are known to have survived in the imperial libraries at Peking under the Ming and the Manchu dynasties. Unfortunately these were lost through carelessness during the several recent occasions when the library was moved; but about 1918 the Curator of the Peking Metropolitan Library, while sorting some waste papers, came upon a folio and a half of what is presumed to have been the 1103 edition. With these fragments as a basis, a reconstruction of the original treatise was carried out with infinite care under the supervision of Mr. T'ao Hsiang and at the initiative of Mr. Chu Ch'i-ch'ien. Existing manuscripts were compared in order to get the text free from error, and the illustrations were redrawn with the help of architectural experts. There were added two supplements containing modern versions of the drawings, elucidated with present-day terms, and also coloured versions of the decorative designs which originally had been represented in line with labels denoting the colourings. The resultant eight magnificent volumes, published in 1925, are triumphs of book-production.[2] They would be a credit to any press in respect of textual criticism, typo-

[2] The foregoing is but an incomplete summary of an extremely complex bibliographical history as set forth in the appendix to this edition. A full account by the present writer will appear in the forthcoming issue of the *Bull. of the School of Oriental Studies.*

graphic beauty and technical achievement in colour-printing.[3]

This production in China during the recent years of turmoil is significant. Apart from that, it has the outstanding importance of providing an exposition, intelligible to modern architects, of a treatise which sets forth technical data concerning Sung contemporary terms, methods of construction and use of materials. Many of these data doubtless perpetuate official standards handed down from ancient times for the guidance of those controlling the architecture of public buildings. Above all, the work has the merit, so rare in Chinese treatises, of being based on practical experience. The illustrations reproduced here [PLATE I, A and B] from the 1925 edition are chosen not merely as specimens of the admirable colour-printing but because polychrome decoration is and always has been an essential and prominent feature of Chinese architecture, which in this respect has points in common with ancient Greek usage.

M. P. Demiéville wrote a long detailed review[4] of the *Method of Architecture* as reproduced by photo-lithography in 1920. This review is the most scholarly of contributions yet made by Western writers to the study of Chinese architecture. Until recent years these contributions have been surprisingly meagre and uninformative when compared with our voluminous literature concerning other departments of Chinese culture. One of the earliest is a set of copper-plates issued in 1750-2 by the architects, William Halfpenny and his son. It is entitled *New Designs for Chinese Temples, Triumphal Arches, Garden Seats, Palings, etc.*, and it well exemplifies the travesties of things Chinese which were in vogue during the eighteenth century. The Halfpennys had the honesty to claim for their designs no more than that they were " in Chinese taste "; but in 1757 there appeared a pretentious folio which purported to give an authentic account of Chinese architecture illustrated with twenty-one engraved plates " by the Best Hands, from the Originals drawn in China by Mr. Chambers, Architect." It was " published for the Author, and sold by him next Door to Tom's coffee-house, Russel-street, Covent-Garden." Little can be said in praise of it except that it is less misleading than the earlier publication, notwithstanding that its aim, as avowed in the preface, was to put " a stop to the extravagances that daily appear under the name of Chinese, though most of them are mere inventions, the rest copies from the lame representations found on porcelain and paper hangings."

At the age of sixteen, William Chambers became a supercargo of the Swedish East India Company, and in that service made at least one voyage to Canton, where he collected the material for his book. Between 1757 and 1762 he erected in what we now know as Kew Gardens several exotic buildings including the pagoda which remains the most imposing relic in this country of the then-prevailing craze for *chinoiseries*. The chief work by which he is remembered is Somerset House. In 1771 the King of Sweden created him Knight of the Polar Star, and he was allowed by George III to assume in this country the style of " Sir William." He died in 1796, full of riches and honour, and was buried in the Poets' Corner of the Abbey.

For a hundred years after the appearance of Chambers' folio no Western writer attempted to discuss Chinese architecture seriously. Then in the *Transactions of the Royal Institute of British Architects* of 1866-7 an army surgeon, named Lamprey, published a paper on the subject, and he was followed in 1873 by W. Simpson and in 1894 by F. M. Grattan. The least unsatisfactory of these papers is by Simpson, who had travelled far and wide in China, visiting both Peking and Nanking. He was, at any rate, a trained architect, although he lacked an understanding of Chinese culture possessed by Joseph Edkins, the versatile sinologist, who wrote a diffuse and uninspired essay sixteen years later.[5] Another general survey of the subject is Prof. Itō's article in the *Encyclopædia of Religion and Ethics*,[6] and less thorough accounts are contained in the well-known handbooks of Chinese art by Paléologue, Bushell and Münsterberg. Noteworthy also are the sections devoted to China by A. Choisy[7] and F. Benoit.[8] Both contain errors, but the latter has the merits of a wide outlook and a dependence on the writings of specialists, such as Chavannes' great archæological survey to which I refer later (p. 7, n. 28). The continued publication of uninformative or actually misleading notices in cyclopædic works indicates our prevailing neglect of the subject. An example is to be found in Sir Banister Fletcher's *History of Architecture*.[9] Few of the illustrations represent typical Chinese buildings, and at least one

[3] Note should be made that the text is printed from wood-blocks cut with distinguished dexterity in the Sung style. The colour-printing is done by lithography on native paper by the Kuo family, of Ting-hsing, which for five generations has specialized in the craft.

[4] *Bull. de l'Ecole Française d'Extrême-orient*, XXV (1925) pp. 213-264.

[5] *Jour. China Branch Roy. Asiatic Soc.*, XXIV (1889-90), pp. 253-288.

[6] Vol. I (Edinburgh, 1908), 693-696.

[7] *Histoire de l'Architecture*. I (Paris, 1899) pp. 179-197.

[8] *L'Architecture l'Orient medieval et moderne* (Paris, 1912) pp. 334-360.

[9] 7th ed. (London, 1924) pp. 806-817.

appears to be the invention of an European artist. The scanty bibliography includes Allom's and Wright's compilation, entitled *China, its Scenery, Architecture, Social Habits, etc.* (*c.* 1843), which has had a large share in spreading erroneous notions, especially in respect of Chinese architecture.[10]

Concerning certain buildings and groups or types of buildings in China innumerable accounts have been published: some as separate works, some as articles in periodicals and some as passages in books of travel. To give a bare list of them here is out of the question, but mention must be made of the first attempt to treat the matter technically from the standpoint of a Western architect. So far as it goes, it is a thorough and well illustrated description of a famous Buddhist temple near Peking.[11] Its account of constructional detail, however, ignores native nomenclature and craftlore; and, indeed, these aspects of Chinese architecture have not yet been studied by any Western writer except M. Demiéville while reviewing Li Chieh's treatise.

Many have written about the capital, and probably Simpson is alone in his estimate that "Peking is only an extended village of dirty streets and crumbling walls." The truth is that Peking represents more fully than any other city at the present day the heritage of Chinese architectural achievement. Stress was laid early in this article on the care consistently taken to preserve tradition unchanged when capitals have been rebuilt or moved to fresh sites; and the belief seems justified that Peking is the direct descendant of a long succession of capitals stretching back to the earliest historical times. Indeed, the Peking of to-day probably has features resembling those of the Chou capital which are alleged to have called forth the words of admiration attributed to Confucius. And probably features most distinctive of a Chinese metropolis are to be found within the vast enclosures consecrated to the Son of Heaven, because among the palace buildings are the greatest architectural enterprises. That is why the book[12] by Prof. Sirén, now being published, is as important a contribution to the study of the subject as his recent *Walls and Gates of Peking* (London, 1924), of which this is the fitting complement. Besides providing permanent pictorial records of buildings which may soon be swept away, it contains an historical outline and also technical criteria of value to architects. Professor Sirén's photographs are distinguished by his happy sense of composition, and in range and comprehensiveness they are approached only by Japanese publications,[13] most of which are now hardly procurable. The rural environment of many of the palace buildings is admirably represented, and effort has been successfully made to record the interior decoration manifesting an architectural tradition of extreme antiquity. The labels in Chinese characters written on the plates are welcome additions. Many of the historical data have been translated by Miss A. G. Bowden-Smith from local chronicles, while others are derived from the report published in 1903 by the College of Engineering of Tōkyō Imperial University. From the latter source are taken ten of the architectural plans; three have been drawn by the Swedish architect, Mr. J. Albin Stark; and one is a German Army Map made in 1900-1.

The first important attempt to deal with this subject as a whole is by Dr. Ernst Boerschmann.[14] In 1906 Dr. Boerschmann was commissioned by the German Government to make "an investigation of Chinese architecture and its relation to Chinese culture," and for nearly three years he travelled through China, visiting fourteen of the eighteen provinces. Results of his explorations have appeared in several publications, of which the two-volume work, devoted to temple buildings, is the most notable.[15] The title *Chinesische Architektur*, given to the large book under review, is at first somewhat misleading, since it suggests a comprehensiveness which is lacking. But in

[10] This and other publications giving currency to fictitious presentments of Chinese life were discussed by the present writer in THE BURLINGTON MAGAZINE of March, 1926, p. 122.

[11] H. Hildebrand, *Der Temple Ta-chüeh-sy*. Berlin; 1897.

[12] *The Imperial Palaces of Peking*. Vol. I, pp. 75 + 72 plates + 14 plans. Vol. II, 104 plates. Vol. III, 98 plates + plan. Paris and Brussels (Van Oest). £8 8s.

[13] After the Boxer Outbreak, when Peking was occupied by the allied forces, an architectural commission was sent by Tōkyō Imperial University and the Imperial Museum of Tōkyō to study the palace buildings. It included Assistant Professor C. Itō, Mr. J. Tsuchija, Mr. T. Okuyama and the photographer, Mr. K. Ogawa. No. 4 of the *Scientific Reports* of the University College of Engineering contains the report by Professor Itō entitled *Shinkoku Peking Shikin-jō demnon no kenchiku* and the report by Mr. Tsuchija entitled *Shinkoku Peking Shikin-jō kenchiku chōsa hōkoku*, both in Japanese. In 1906 Mr. Ogawa published, under the auspices of the Imperial Museum. two large portfolios containing 172 plates of collotype reproductions of photographs and a book of explanatory notes by Professor Itō in Japanese, English and Chinese. This work, limited to 500 copies, is entitled *Photographs of Palace Buildings of Peking*. The same year there appeared as No. 7 of the *Scientific Reports* a portfolio containing notes and 80 plates of drawings, some of which are coloured, by Mr. Okuyama. It is entitled *Decoration of Palace Buildings of Peking*. Under the title *Shina Peking-jō kenchiku* a handier portfolio was published at Tōkyō in 1925, containing 102 plates, selected from the three huge portfolios published in 1906, with brief descriptions in Japanese by Professor Itō.

[14] *Chinesische Architektur*. 2 vols. 162 pp. + 346 pl. (6 coloured) + 39 illustrations and plans in text. Berlin (E. Wasmuth). £8.

[15] *Die Baukunst und religiöse Kultur der Chinesen*. Vol. I; *P'u t'o Shan*. Vol. II: *Gedächtnistempel*. Berlin: 1911 and 1914 respectively.

his preface the author corrects misconceptions which might be so caused, and announces that the scope does not include more than cursory references to history and evolution, methods of construction and effects of foreign influences. His main purpose is to provide pictures of representative buildings standing in China at the present day, and the comparatively scanty text is concerned mainly with grouping these under twenty categories according to style. He achieves his aim admirably with 591 excellent photographs and numerous architectural drawings. Permanent preservation of such graphic documents is of the highest value, especially now that civil war and the progress of Westernization are bringing destruction to relics of old China. Nevertheless, students cannot but regret that Dr. Boerschmann did not plan his book on more ambitious and comprehensive lines, and utilize his extensive knowledge and abundant material to give within the covers of one work a digest of all he had to say on the subject. Thus he would have provided a much-needed repertory of Chinese architecture. The text as it stands gives the impression of being a somewhat perfunctory accompaniment to the plates, and the reader's search for information on certain important topics has to be satisfied with references by the author to separate writings which he has published or is preparing to publish.

One of these topics is the pagoda. Many writings[16] have been devoted to these structures, of which some 2,000 still exist. The oldest now standing[17] is that at the foot of the T'ai-shih Hill on its western side.[18] The Hill belongs to the famous mountain group of Sung Shan in Honan, the central one of the Five Sacred Mountains which figure prominently in the most ancient religion of China—that of nature worship. This pagoda is part of the Sung-yüeh Ssŭ, a foundation dating back to a Wei dynasty palace built at the beginning of the sixth century. In 523 the palace was turned into a Buddhist temple, and then was built the present brick pagoda which, apart from evidence afforded by written records, exhibits characteristic Northern Wei design proclaiming its antiquity.

The pagoda is so signal a feature of Chinese landscapes that its form passes in the West as a sort of symbol for China. For many years before its destruction in the middle of the last century, the so-called Porcelain Pagoda[19] at Nanking was rated as one of the Wonders of the World, and the fact encouraged our popular acceptance of this style of structure as typical of Chinese architecture. Yet writers generally agree in tracing its origin solely to India, while crediting to Chinese invention minor modifications in its evolution. Dr. Boerschmann adopts the customary theory without advancing evidence to support it. The fact is that existing literature on the subject fails to convince one that the importation theory is wholly true. Our information concerning Buddhist beginnings in China is scanty and somewhat obscured with legendary accretions. We know that in 2 B.C. an Indoscythian envoy, or perhaps a Chinese returned from a mission to the Indoscyths, carried news of the religion to the Han capital. The traditional embassy sent by the Emperor Ming brought back in A.D. 67 two priests from the same country; and other missionaries of Buddhism followed during the second and third centuries. The Indoscyths were ardent Buddhists, and to Kānishka, their most famous king, who is now believed to have lived during the first century, is attributed the building of the magnificent stūpa at Peshawar.

Data concerning the sacred buildings in India were probably brought to China by many of the emissaries of Buddhism along with religious books and images. According to the legend,[20] he was a foreign monk who about the middle of the third century persuaded the reigning emperor to build a pagoda on the site, at Nanking, later occupied by the famous Porcelain Pagoda. Of fuller historical authenticity is the account of the monk Hui-shêng, who accompanied the mission sent to India in 518 by the pious Empress Dowager Hu of the Wei dynasty. He is said to have caused a native artist to fashion models in bronze (or

[16] The most important are: W. C. Milne, *Pagodas in China*, in *Trans. China Br. Roy. Asiatic Soc.*, Pt. V. (1855), pp. 17-63; Anon., *Chinese Pagodas*, in *Jour. N. China Br. Roy. Asiatic Soc.*, XLVI (1915), pp. 45-57; J. J. M. De Groot, *Der Thûpa*, No. 11 (1919) of *Abh. der Preuss. Akad. der Wissenschaften*; E. Boerschmann, *Eisen- und Bronsepagoden in China*, in *Jahrbuch der As. Kunst* (Leipzig, 1924) pp. 223-235 and *Pagoden der Sui- und frühen T'angzeit* in *Ostas. Zeitschrift* (1924), pp. 195-221; and D. Tokiwa and T. Sekino, *Shina bukkyō schiseki (Buddhist Monuments in China)*, 5 vols. of plates and 5 vols. of text. Tōkyō, 1925-7. The last work contains numerous fine photographs of pagodas. Many historical data cited in this article are derived from the valuable text.

[17] Dr. Boerschmann is mistaken in attributing (II, pp. 43 and 46) this distinction and the date, A.D. 500, to a pagoda (pl. 319) situate some 120 yards south-east of the White Horse Temple in Ho-nan Fu (Lo-yang). The first pagoda on this site was probably built more than four centuries later. It was a nine-storeyed tower of wood, and it suffered destruction in 1126. Fifty years after that the present brick pagoda of thirteen storeys was put up. Professor Itō also erroneously assigns priority to a pagoda of much later date than that of the Sung-yüeh Ssŭ. He describes the Wild-Goose Pagoda at Hsi-an (Ch'ang-an) as "the oldest now in existence." (*Enc. of Rel. and Ethics*, I, p. 695), although it was first built in 652, and it has been altered many times since (*v. inf.* p 7, and PLATE II, c).

[18] *v.* Tokiwa and Sekino, *op. cit.*, II pl. 140-1 and O. Sirén, *Chinese Sculpture* (London, 1925), II, pls. 187, 188, A.

[19] Described in *Chinese Repository*, I (1832-3) pp. 257-8, XIII (1844) pp. 361-5.

[20] *v.* Milne, *loc. cit.*, pp. 56-7.

brass) of Kanishka's stûpa and of four other great stûpas in Northern India. Furthermore, surviving fragments of a journal written about the middle of the fifth century by the Chinese pilgrim Tao-yo during his travels in India show that he recorded the exact dimensions of the stûpa at Peshawar. The foregoing are cited as indications that architectural notions came to China from the cradle of Buddhism early in our era. The incidents connected with Kanishka's stûpa appear in the book on the Lo-yang monasteries mentioned above (p. 2). Its last chapter is almost entirely occupied with the narrative[21] of the Empress' mission led by Sung Yün, and it contains a description of Kanishka's stûpa. There are other descriptions[22] by Chinese pilgrims, but unfortunately none informs us as to the shape of this most famous and resplendent of ancient Buddhist buildings in India. Probably it followed the lines proper to the cenotaph or reliquary stûpa, which was ultimately derived from the funeral monument.[23] Professor P. Pelliot cites[24] the brief account of a Buddhist temple erected in China as early as the second century. The builder "piled up metal discs at the top, and multiplied the storeys below. In addition, the buildings constructed all around could hold 3,000 persons. . . ." The tower, surrounded with accessory temple halls, may have been based on an Indian model, or it may have been of the Chinese pagoda type, which I shall define later. The passage clearly proves, as Professor Pelliot remarks, that there were actual Buddhist temples in China under the Han, and that devotees of the new religion were not always content with buildings formerly used for secular purposes.

The book on the monasteries of Lo-yang (*Lo-yang ch'ieh lan chi*) contains in its first chapter an account[25] of a magnificent wooden pagoda of nine storeys built in 516 by the Empress Hu. Judged by the prominence and detailed notice given to it by the author, the building must have been deemed one of the chief glories of the capital. Its total height is said to have been 1,000 feet, and it could be seen from a distance of about thirty miles. At the top was a mast of 100 feet carrying thirty superimposed gilt bowl-shaped discs below its finial in the form of a gilt flask (*kalasa*). The discs, the iron chains which tied the mast to the four corners of the tower, and other parts of the building were hung with gilt bells to the number of more than 5,000. When the pagoda was burnt down in 534, great were the lamentations of the populace, and three monks were moved to throw themselves into the flames. The fire was still burning three months later and the foundations continued to smoulder for a year. Even allowing for much exaggeration, the account seems to indicate that pagoda building had advanced far at the beginning of the sixth century, and nothing in the description seems inconsistent with a type generally looked upon as distinctively Chinese. This is the tower of several storeys, each being only slightly smaller than the one below and having an encircling pent roof or a projecting cornice which looks almost like a roof. Sometimes there is a balcony round the base of each storey. Whether built with bricks or stone, it has features pointing to a wooden prototype. Probably the most ancient notable example of this style is the handsome, though dilapidated, stone monument [PLATE II, B] at the foot of Shê Shan (commonly called Ch'i-hsia Shan) near the station of Ku-shu Ts'un on the Nanking-Shanghai railway, some fifteen miles north-east of Nanking. Tradition assigns it to the beginning of the seventh century as one of eighty-three Buddhist reliquaries built in various parts of the country by Emperor Wên (589-604) of the Sui dynasty.[26]

The question is whether towers of this type ever existed in India. Available evidence seems to indicate that they did not, though a surmise has been made that the wooden pagodas of Nepal are direct descendants of an ancient and now forgotten Indian structure which disappeared early in our era.[27] More plausible is the tracing of what I would venture to term the Chinese type (as exhibited on

[21] The last and best translation is by Chavannes in *Bull. de l'Ecole Française d'Extrême-orient*, III (1903) pp. 388-429.

[22] These are assembled by Chavannes as notes to the same article, *loc. cit.*, pp. 420-427.

[23] *v.* A. Foucher, *L'Art Gréco-bouddhique du Gandhâra*, I (Paris, 1905), pp. 45-98.

[24] *Bull. de l'Ecole Française d'Extrême-orient*, VI (1906), p. 395.

[25] Passages are translated by De Groot, *op. cit.*, pp. 14-16.

[26] A passage to this effect occurs in *T'ung chih Shang Chiang liang hsien chih*, III, 27. In 1909 I spent several days at Shê Shan examining the Buddhist remains which include rock-sculptures said to date from the first half of the sixth century. To aid my search for written records, Mrs. Ayscough was good enough in 1911 to get into touch with the learned Father Mathias Tchang, S.J., who was known to have made a study of the locality. Father Tchang most courteously caused an extract to be made from the rare topography quoted above, and I have also his letter in which he subscribes to the date there assigned to the stone pagoda. Excellent photographs, showing the sculptured designs adorning the plinth and lowest of the five storeys, are published by Professor Sirén, *Chinese Sculpture*, IV, pls. 593-9. A modelled reconstruction of this important monument appears as an illustration to Dr. Boerschmann's previously-mentioned article in *Ostasiatische Zeitschrift* (1924), pl. 18, fig. 10, and on p. 211 Father Beck, S.J., is quoted to state that the monument was erected in A.D. 617, by the Emperor who succeeded Wên Ti. About the middle of the eighteenth century a copy was erected on a hill near the Summer Palace at Peking. It is represented on pl. 316 of *Chinesische Architektur*.

[27] S. Lévi, *Le Népal*, II (Paris, 1905), pp. 10-12. See also pictures of these structures in G. Le Bon, *Les Civilisations de l'Inde* (Paris, 1887), figs. 12, 282, 284, 290 and pl. facing p. 626

PLATE II, B) to native sources, though upholders of the indigenous theory must admit the possibility of ultimate Mesopotamian origin. Chinese classical accounts of storeyed and terraced towers, classed as *t'ai*, are numerous. Some *t'ai* are said to have been as high as 300 feet, and the extravagant wealth lavished on them by emperors often aroused popular resentment. Another ancient category of storeyed towers is the *lou*. Apart from written records, the only reliable clues to the structures of these towers in early times are Han pottery models and sculptured tomb monuments of the same period.[28] Essential elements of construction, as there exhibited, have persisted during the last 2,000 years and are manifest in many remaining pagodas as also in other Far Eastern buildings.[29] Of the *lou* no more picturesque example could be found than the Yellow Crane Tower which formerly stood[30] at Wu-ch'ang [PLATE II, D]. Many poets and artists have made it their theme, and many times has the Yellow Crane Tower been renewed[31] since the first was built at the beginning of the sixth century on the bluff overlooking the Yangtse. It derives its name from the legend of a Taoist adept who from this height soared to heaven on the back of a yellow crane.

The foregoing is a very superficial attempt to account for the varied forms of pagodas in China by tracing some to the Indian stūpa type, which was essentially a cenotaph or reliquary, and some to the ancient native tradition of tower-building. There still remain many which are hardly explainable under either heading. They may be classed generally as pyramidal, and thus they follow the lines of the most primitive kind of tower built by man. Perhaps they owe their origin partly to the *t'ai* and *lou;* but the likelihood is that they are a direct outcome of foreign importation. Their immediate prototypes may be the ancient Indian Vishnu shrine and the pyramidal many-storeyed monastery, and so they may share with the *t'ai* a remote Mesopotamian ancestry. The best extant example of ancient Indian pyramidal structures is the famous temple of Bodh-Gayā, which may be hundreds of years older than the sixth-century date assigned to it by Fergusson.[32] Hsüan Tsang, the great Chinese pilgrim, visited Bodh-Gayā and wrote a description of the temple.[33] On his return, he wished that a stone pagoda, 300 feet high, should be built at Ch'ang-an as a repository for the sūtras and other sacred things which he had brought back. The Emperor agreed in 652 to erect a square five-storeyed brick tower 180 feet high, each side of the lowest storey to be 140 feet long. The account expressly states that it was designed on foreign lines, not in accordance with ancient Chinese standards (*Tz'ŭ-ên ch'uan*, VII). Many restorations and alterations have from time to time been carried out, but there seems no reason to doubt that the present seven-storeyed structure [PLATE II, C] is substantially the same as the one which Hsüan Tsang helped to build with his own hands. Hint of an Indian model is conveyed by its name, the Wild-Goose Pagoda[34]; and perhaps its actual prototype was the nine-storeyed temple at Bodh-Gayā which excited the pilgrim's admiration. It has a more broken and angular contour, but the main construction may be recognized as a simplified version of the pyramidal mass of Bodh-Gayā.

28 This is too big a topic to be considered here beyond giving references to the following works: B. Laufer, *Chinese Pottery of the Han Dyn.* (Leiden, 1909), pp. 51 *seq. et passim;* R. L. Hobson, *Geo. Eumorfopoulos Coll. Cat.*, I (London, 1925), pls. 5, 7 and 18; E. Chavannes, *Miss. arch. dans la Chine sept.* (Paris, 1909), pls. 1-199, etc.; V. Segalen, G. de Voisins and J. Lartigue, *Miss. arch. en Chine*, Atlas I (Paris, 1923), pls. 14-49.

29 In *Shinagaku ronso* (Tōkyō, 1926), published in honour of Professor Naito's sixtieth birthday, is an article (pp. 93-116) by Professor K. Hamada in which he compares Chinese architecture under the Han and Six Dynasties with that of Hōryū-ji, the oldest temple in Japan, dating from the beginning of the eighth century or earlier. He finds parallels among the Han relics, fifth and sixth century sculptures at Yün Kang and wall-paintings and pillars in Corean tombs, and sixth and seventh century sculptures at T'ien-lung Shan. On Pl. 7 fig. I is reproduced from the Freer Collection a Han pottery "fowling tower" which has marked points of resemblance to the Chinese type of pagoda.

30 Dr. Boerschmann calls it (I, p. 46) "a landmark visible for miles," as if it still existed. It was, however, burnt down in September of 1884, a little less than 20 years after it was built. The present Yellow Crane Tower preserves the ancient tradition unworthily; for it is an ugly brick structure in Western style, looking like a badly designed church. It certainly is a landmark, and an unpleasing one. In his recent article *K'ueising-Türme u. Fengshui-Säulen* in *Asia Major*, II (1925) pp. 503-530 Dr. Boerschmann notes the fact that the Tower of Plate II, D no longer exists. He is mistaken (p. 524) in associating the legend of the yellow crane with Lü Tsu, a Taoist adept who is supposed to have lived no earlier than the T'ang period. According to the topography *Hu Kuang t'ung chih*, the immortal who rode the crane was either Tou Tzŭ-an or Fei Wên-wei.

31 In the middle of the last century the then-existing Yellow Crane Tower was demolished by the T'ai-p'ing Rebels, and I cannot say how closely the Tower of Plate II resembled it. An album, published in 1922 at Shanghai, contains collotype reproductions of paintings, and opens with a Yellow Crane Tower of a different style. The album's title, *T'ien-lai ko chiu ts'ang Sung jên hua ts'ê*, claims the pictures therein as the work of Sung artists. Possibly the first does truly represent the Yellow Crane Tower of that period, and it together with other pictures of buildings in the album might be accepted as valuable architectural documents, if we could be sure first that they were painted under the Sung, and secondly that the artists made faithful drawings of actual buildings. Experience discourages belief in either premise.

32 *History of Indian and Eastern Architecture* (London, 1876) p. 70. On this subject *v.* E. B. Havell, *Ancient and Medieval Architecture of India* (London, 1915) pp. 94-100.

33 S. Julien, *Mém. sur les Contrées occ.*, I (Paris, 1857), pp. 464-470.

34 For an explanation of this name *v.* T. Watters, *On Yuan Chwang's Travels in India* II (London, 1905), pp. 173-5.

The Chinese roof, because of the upward curve at the eaves and the lavish decoration, impresses foreigners next after the pagoda as something strange and fantastic. The curve has called forth many speculations, generally ill-founded. The least plausible is one that has been most often repeated, and it survives in spite of obvious absurdity. It explains the curve as a memento of a supposed far-off period when the Chinese were nomads and abode in tents. Evidence is lacking that the early forefathers of the race were nomads, nor is there likelihood that their tents would have been shaped like ours, had they used tents. Moreover, the curved roof did not appear in China till comparatively late—probably about the middle of the first millennium after Christ. Almost as fanciful is the theory advanced by Surgeon Lamprey (*loc. cit.*, p. 164). He suggests "some connexion with that graceful curve we notice in the branches of fir trees, and the little dog-like figures sitting on the upper margin may be intended to represent squirrels running along or sitting on the branch." Dr. Boerschmann seems to hold somewhat similar views; for he says (I, p. 74): "The impulse which drove the Chinese to use these curving forms came from their desire to express the movement of life." And again (II, p. 49): "By the curving of the roof, buildings are made to approach as nearly as possible the forms of nature—the varied outlines of rocks, trees, etc." Other theories give the prosaic explanation that climatic conditions demanded a high-pitched roof with projecting eaves both to carry off heavy rains and to afford protection from the sun. There is also the reasonable supposition that changes in the technique of roof construction led to development of the curve. In short, this problem of the Chinese roof has not yet been solved. We do not even know the actual period when the curve first appeared in China. Without citing evidence, Dr. Boerschmann declares not till the T'ang dynasty; but that covers a long stretch of three centuries, starting from A.D. 618. At the present state of our knowledge we must fall back on the theory of an Indian origin as the most acceptable. So far as I know, Edkins was the first to hint at this hypothesis (*loc. cit.*, p. 259). Certainly curved roofs existed in India at an early date[35]; they appear, for instance, in the bas-reliefs at Sāñchi[36] and in the Ajantā wall-paintings.[37]

The inventive ingenuity expended on roof ornamentation, which to a large extent is occasioned by the Chinese instinct for symbolic expression, cannot be discussed here. Dr. Boerschmann gives many excellent illustrations. This and the history of tiles are subjects not yet fully explored.[38] The *Ying tsao fa shih* devotes much space to roofs. and, incidentally, specifies the ingredients of a green glaze for tiles.

Other than the types represented on PLATE II, there is none more characteristic of Chinese architecture than the memorial arch, called *p'ai-lou* or *p'ai-fang*. Space does not admit here a consideration of the evolution and significance of this structure, which is part of the social fabric of the nation. Pictures on PLATE III must suffice to show some stages of its development, and the reader is referred to the chapter on the subject in the second volume of Dr. Boerschmann's work (pp. 30-42) and the numerous accompanying plates.[39]

In this land of rivers and canals the bridge is a frequent feature, and often it is beautiful and accomplished. Chinese bridges may not now arouse the admiration of Western travellers to the same degree as they did Marco Polo six centuries and a half ago, yet the subject is worthy of study, and surprise is occasioned that Dr. Boerschmann ignores it in a general work such as *Chinesische Architektur*.

---

[35] *v.* L. de Beylié, *L'Architecture hindoue en Extrême-orient* (Paris, 1907), pp. 38-49.

[36] *v.* F. C. Maisey, *Sânchi and its Remains* (London, 1892), pls. V, VIII, IX and XX.

[37] *v.* J. Griffiths, *The Paintings in the Buddhist Cave-Temples of Ajantâ* (London, 1896), pls. 11, 13, 16, 27, 28, 46, 58, 60, 67 and 86.

[38] A poor attempt, full of errors, to give an account of glazed roof tiles dating from the fifteenth to eighteenth centuries is that by E. Fuchs, entitled *Dachreiter* (Munich, 1924).

[39] *v.* also J. J. M. De Groot, *Rel. Sys. of China*, II (Leyden, 1894), pp. 769-794 and A. Volpert, *Die Ehrenpforten in China* in *Or. Archiv*, I (1910-11), pp. 140-8, 190-5.

A—

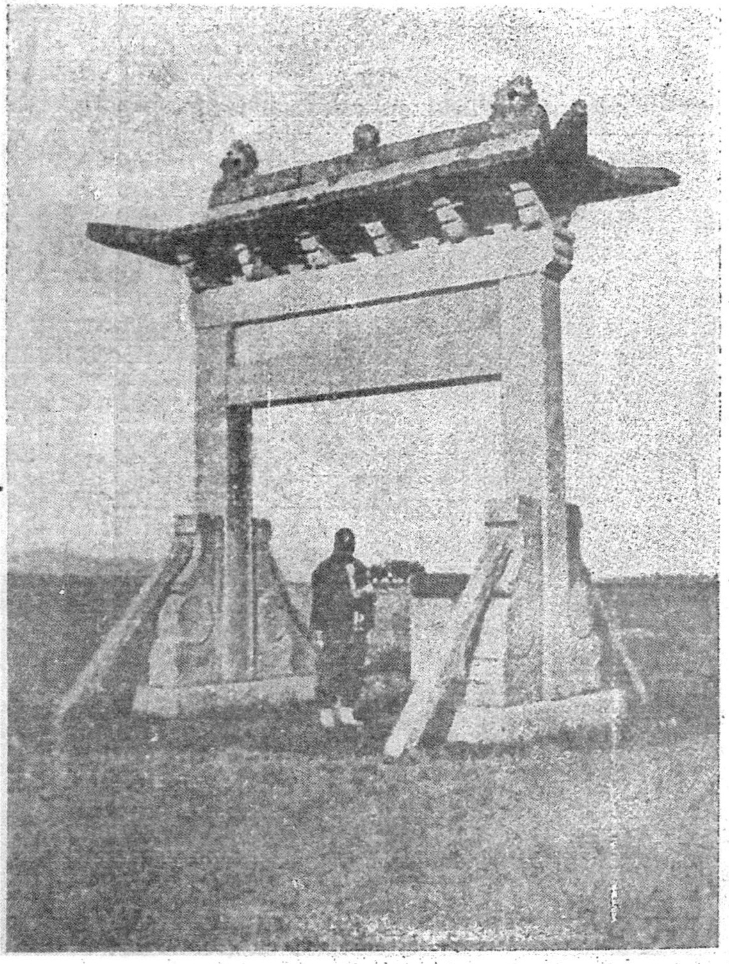

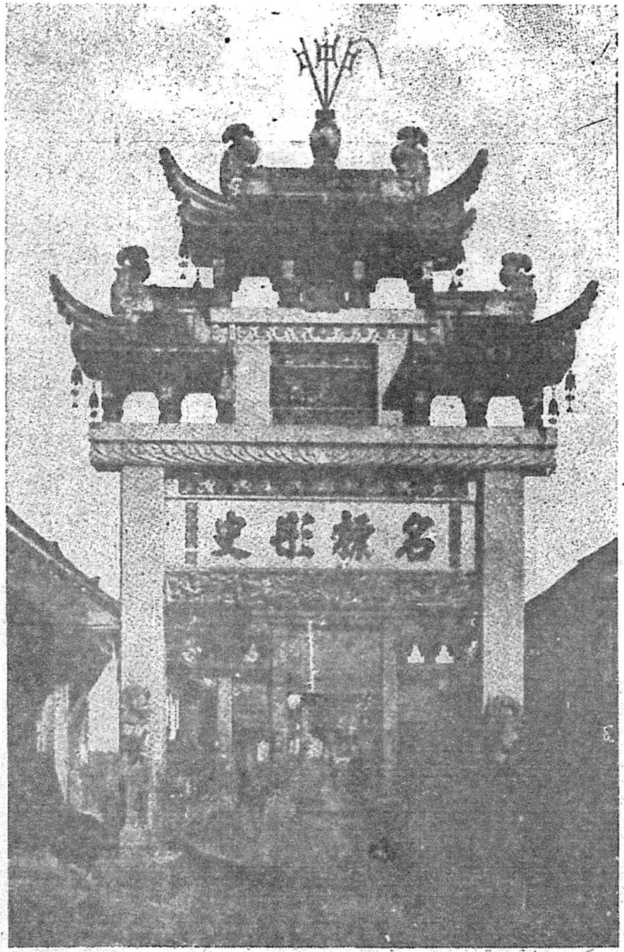


—B

**Memorial arches (*p'ai-lou*) from *Chinesische Architektur* A—Near T'ai-an (Shantung) · B—In a street of Kao-mi (Shantung) · The inscription may be translated: "Her fame is recorded in the annals of wifely devotion."**

C—

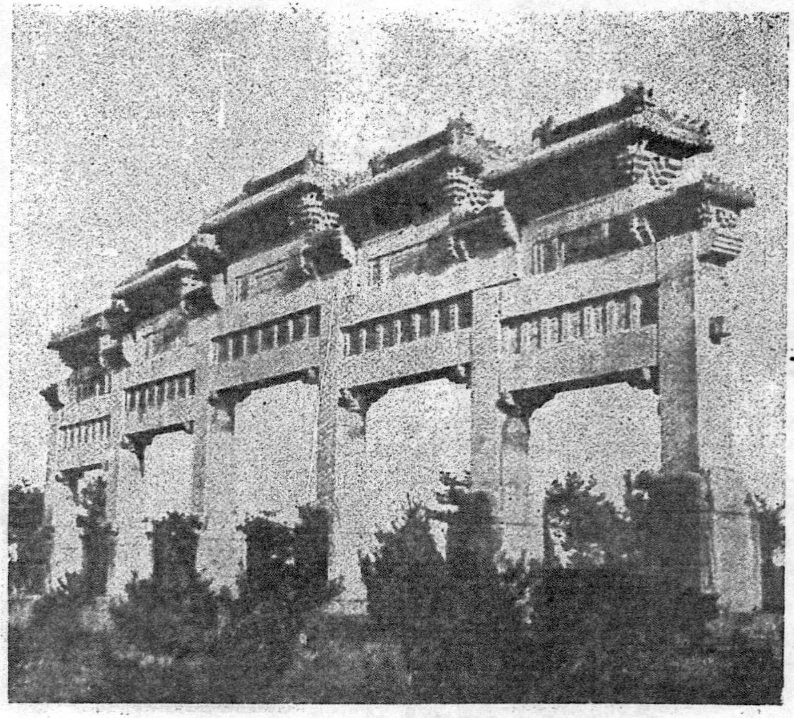
—D

C—At Ning-yang (Shantung). D—At entrance to tombs of the early emperors of the Manchu dynasty, 80 miles east of Peking. White marble. Built 1650

31686

A—

—B

A—Octagonal Pagoda at Sung Shan (Honan). Brick. Built A. D. 523, and restored. From photograph by Prof. T. Sekino in Prof. Sirén's *Chinese Sculture*, pl. 187. B—Octagonal Reliquary at Shê Shan (Kiang su) in pagoda form. White stone. Height about 40 ft. Attributed to about A. D. 600. From photograph by Mr. Perceval Yetts

C—   —D

C—Wild-Goose Pagoda at Hsi-an (Shensi) Four-sided and sveen-storeyed. Brick. Built A. D. 625, but since restored and altered. From *Chinesische Architektur*, pl.309. D—Yellow Crane Tower formerly at Wu-ch'ang (Hupeh). Roofs of green-glazed tiles; body of painted woodwork. Built about 1870; burnt down 1884. From *Chinesische Architektur* pl.60

# 英葉慈博士論中國建築

譯白利登雜誌（一九二七年三月號）

## 內有涉及營造法式之批評

有三千年文化歷史之中國。而無古建築物。豈非奇事。蓋中國昔日之建築師。以木爲惟一材料。非若吾人今日之用鋼鐵可比。故所造屋宇不能久存也。茲欲論者，除中國建築本身。有不能耐久原因外。其他有關係之點。亦將依次述之。試觀當今存在之建築有三百年歷史者甚尠。明代以前尤屬罕見。（明洪武初年爲西歷一三六八年）其不能經久，即此足以證明矣。至於無木料之建築，如牆壁橋塔之類，則不在此例。夫年代旣久，吾人欲深加研究，必須參考古時紀載方爲可靠。然此種紀載，爲數不多。可考者惟山東河南四川之後漢墓碑。漢及後漢之自墓地掘出之陶器模型。自五世紀至十世紀之油漆暨雕刻記載。（多屬於佛龕之類）中國式之日本古建築圖形及各省志書而已。

由以上所述物體及文字之證明，可見中國人守舊心理之一斑。其對於建築一事必根據祖先方法，正如他事之遵守遺訓也。國家史籍並各地方志。關於都城之改造遷移。或朝代更替時。京城之重建。均極力摹仿古時之制度方法。言之甚詳。在華之外人亦頗關心此事。例如十二世紀中葉。女眞韃靼建都於北京。宮殿式樣。悉取諸開封宋代宮殿。

而宋宮殿。又係仿倣洛陽唐朝宮殿者也。韃靼非特仿宋宮殿之形式。且將宮中之木料。運至北京。而以之建造新殿宇焉。綜觀前例。可知中國之建築。在六百年以內者尙可考。（卽明朝前一百年）換言之，六百年前之木料建築。今日猶存在者。實屬罕覯。若專研究建築之歷史。則可上推至唐朝前八百五十年。是時秦始皇正建都咸陽。其規模之宏大壯麗。實遠勝於巴比倫之尼尼微城。

據歷史云，咸陽引伸至渭水東西若干里。其南北面積亦頗廣闊。全國富戶有十二萬家。均須造宅邸於城內。而携其所有財物以居焉。當君王克復一地也。乃將所毀宮殿之形式。重新建築一宮於京城。更以所獲財寶置於宮內。此類建築。計有一百四十五處。妃嬪萬人。卽分散住之。每宮均隨時準備。以冀帝駕臨幸也。此外尙有一最大皇宮。在河之北。莊嚴宏大。爲各宮冠。宮中廊廡。滿懸絲製織物。蔓延若干里，與各殿銜接。橋樑之形式。類似屋頂，係用木造成。長爲二八〇碼，寬爲一二碼，有六十八垛。八五〇柱。二一二橫樑。及兩頭石臺各一。雖然，如此尙不足以愜始皇之意。故於河之南又建一宮。此宮工程之偉大。久已盛傳於歷史。卽阿房宮是也。中有一殿。東西五百碼。寬百碼。上層能容萬人。下層由地至頂之高。足可將十碼長之旗竿直舉。其大可想而知矣。有七十餘萬罪人應定死罪者。均罰之建此新宮。及皇帝之陵寢焉。

夫咸陽城可謂極宏大繁華矣。然轉瞬之間，竟成焦土。除少數石柱外，均付之一炬，毫無存者。縱使掘地，亦只可覓得帶文字花紋之磚瓦石片等物。木料建築。終不可考。是故文字記載。雖有時不免過甚其詞。關於各種要點。或不致與事實相差太遠。吾人讀秦朝歷史。有三種事實。最爲明顯。一，秦始皇爲燒詩書之人。而未嘗改革固有之建築法式。二，各種宮殿形式。均搜羅建築於都城。三，紀元前三百年時。中國藝術。已達到最高程度。

秦始皇可稱中國拿破崙。廢除封建制度。而併吞各小國。成一大帝國。因其事業之偉大。世人遂公認統一中國建築制度。爲秦始皇之功也。

中國文學。惟詩賦與地志。材料最爲豐富。多數韻文。如古時之賦。用誇張名詞華麗字句。以描寫宮殿或廟宇。至於志書。則係記載某地之重要事實。殊爲可信。茲欲研究之書。爲「洛陽伽藍記」。此類之書。在今日異常稀少。觀其題目。卽知與洛陽之寺院有關。此書推行極廣，因書中詳述關於佛教建築之光華。在北魏時。該項建築。已增加不少於京都。五四七年。(西魏大統十三年梁太淸元年)有名楊衒之者。重詣洛陽。是時距魏朝被叛逆逐出洛陽已十三載矣。以前共有一三六七佛殿，而存者不過四二一。因恐日久湮沒無存，渠乃手寫誌記。以待後人觀感。在諸佛教建築之中，更有一巨塔，



31691

余以後將細述之。

此種誌記之缺點。卽無正確之年代。且無專門之條款。故現今翻印之「營造法」式一書。極爲研究建築學者所珍貴。該書於一一〇三年發表。然在前七年。將作監已奉敕將書之材料搜集編訂。蓋後來所發表者。卽代此而起者也。原書著者爲宋李誡。一博學多才之官吏。旣精書法。著述亦豐。（如論音樂論馬等書）在北宋時。其所司職務。多關係於建築者。一一二六年。女眞韃靼佔領開封。官署悉被焚燬。而各種建築圖案。亦隨之變成灰燼無疑矣。迨宋朝改都杭州。遂又苦心搜羅。成一皇家圖書館。更根據原來定則重新翻印於蘇州。（蘇州在宋爲平江府）時爲一一四五年。（紹興十五年）但在今日一無存者。惟餘一一四五年本之鈔寫本六册而已。其中一部爲一廿歲少年名張蓉鏡於一八二一年，（道光元年）手錄，並附藝術家王君謨之手繪。該册現置於南京國立圖書館，在一九一九年（民國八年）前內務總長朱啓鈐君用石印將其印出。惟面積較原來者稍小耳。次年商務印書館又用石印照原本尺寸將其翻印。據聞宋刊印本。尙存於北京皇宮。不幸此等貴重書册。當圖書館遷移時。竟致遺失。但一九一八年。北京圖書館館長，傅增湘又得殘缺不全之頁。據云，卽一一〇三年之本。以此項殘缺書頁爲根據。乃得將原來體例。依次查出。重新編校。此事係由朱啓鈐君總其成。陶湘君司其事。煞費苦心。乃底於成。殊非容易。此書與鈔本曾經對照。尚無錯誤。內中說明。亦經建築專家改正。書後並有附錄兩種。一為近代圖畫之說明。一為彩畫之解述。此八卷巨册。印於一九二五年，(民國十四年)為著書之集大成者。此書因印刷之精。製訂之美。及批評之佳。故得風行一時也。

在中國近年紛擾之中。有此成就。良可注意。而所以有此成就。蓋因研究建築學者。鑒於該書。關於宋代名詞。及當時建造之方法。材料之採用。記載甚詳。但必須加以註釋。現代建築家。方能切實明瞭故也。書中所論。除普通建築外。官舍亦包括在內。是以有許多制度。係以歷朝傳下之官訂標準為原則。雖然，其能根據事實。不涉虛張。在中國古書中。已屬可貴者矣。本篇所列之第一圖。(A與B)(從略)係自第一九二五年版翻印者。著者之用意。非欲顯示顏料之精采。乃因此種五色花紋。在中國建築中。佔重要部份。且與古時希臘建築相似。故選此圖而加以註解焉。

法國之德米維尼君 M. P. Demieville 曾著營造法式評論一書，該書可謂為歐美著作家。對於中國建築學。最有價值之貢獻。然直到今日。此種關於建築之著述。較之關於他種中國學術者。量質均遠不能及。出版最早為一七五〇至一七五二年(乾隆十五年至十七年) 建築家哈佛片尼 Willam Halfpenny 父子所集之雕刻銅版圖册。名曰中國廟宇等新圖樣。版權卽為該氏所有。至一七五七年，（乾隆二十二年）又有建築家常博思 Mr. Chambers 著，關於中國建築一書。並附雕刻版圖畫廿一頁以資說明。圖畫乃中國畫師對原形繪出者。該書之優點甚多。最顯者為較他書少有錯誤是也。

常博思君。十六歲時卽在東印度瑞典公司任押貨員。遂得機會常到廣東。其著作之材料。多係於是時搜集者。當一七五七至一七六二年（乾隆二十二至二十七年），渠在丘氏園中 Kew Yardens。創造中國式建築數處。如寶塔等。至今猶遺有威嚴景象也。最大之工程為 Somerset House。而常君之名亦與之永垂不朽。至一七七一年（乾隆三十六年）瑞典王任渠為武士。佐治第三George III。更錫以爵位。令人稱之曰威廉爵士。卒於一七九六年（乾隆六十年。嘉慶元年之間）

常君旣歿百年之內。西人竟無繼續研究建築學者。直至一八六六年（同治五年）始有一軍醫官。名蘭勃銳Lamprey 者。在英國建築學社論文中。有關於此題之一文發表。繼之者，一八七三年（同治十二年）有辛博森，W. Simpson。一八九四年（光緒二十年）有顧銳坦。F. M. Grattan。其中以辛博森之論著。最令人滿意。蓋因彼曾遍遊中國故也。又伊東Pto教授。在宗教與倫理學叢書 Erycloјsadia of Aelifion and Ethics 中。亦有相似之論文。此外伯利羅哥 Paleologue。布施 Burhall。滿斯特白格 Munsterberg。三人合編之『中國藝術。』及屈愛西 A. Choiry 畢羅艾 F. Benoit 所著藝術史等書中。亦涉及此題也。雖兩書均不免有外誤之處，但後者係參考專門家之著作。(例如夏萬尼 Chavannes 所著藝術考。余將詳論於後)寫成。立論之眼光較遠。至後來出版物。如福來止爵士 Sir Bunister Fletcher 著之藝術史。則錯謬更多。所舉圖例。皆係揣度之形。而不能代表中國建築之式樣。

關於中國之建築。或建築形式之出版物甚多。或爲專著。或爲雜誌。或爲遊記。若一一列舉。不勝其繁。亦出乎本題範圍之外。但可注意者，卽吾人必須用西方建築學家之眼光。以研究此種專門學問。故欲明瞭中國之建築。莫善於參考德國赫德博現 H. Hildbrand 所著。「北京大覺寺構造說明」。因該書所載。旣無本地土語。亦少有匠人之行話故也。按余所知中國建築學。除德米維尼 M. Demieville 在讀李誡所著營造法式時。稍有所得外。其他西方著作家。尙無研究者。

多數西方著者。對於中國都城。(北京)均有批評。獨辛博森君謂『北京不過一墻垣殘缺。街道汚穢之鄉鎭耳。』此種論調。不免過偏。其實北京乃保存古代建築最多之城也。雖經過改造遷都等變遷。各種古蹟。尙能保全。且吾人亦相信北京。自古卽爲建都之地。今日之形狀。更與周之都城相同。考孔子之言。卽可證明矣。因宮中建築之大。冠於全國。故每論及京城。卽在天子範圍之內。是與他國不同之點。席倫教授 Prof Siren。所著「北京宮殿考」The Jmpcrial Palaees of Peking。與彼近著之「北京城垣城門考」Walls and Gates of Peking。同等重要。亦此故也。該書不但能將建築圖型。留之永遠。且有歷史背景。而所載營造制度。對於建築學家。價值尤大。席君手攝影片。在其書中。分晰頗詳。在日人所著「北京皇城」。暨「北京宮殿建築修飾」等書中。則將其總括論之。但此等書多已無存者。至於郊外之行宮。書中極爲稱讚。關於古時對宮內裝飾之傳說。引證更詳。然極費苦心矣。

能將本題提綱挈領。總括評論。首推德國之白希曼博士。Dr Enst Boerschmann。一九〇六年(光緒三十二年)白君奉德政府命。來華考察建築事業。及中國建築與文化之關係。在華三年(光緒三十四年宣統元年之間)。遊遍十四省。結果將其所得著書數册。貢獻國人。論中國廟宇建築者。計有兩卷。名「中國之建築。」Chinesche Architelctur 初稿不免稍有錯誤，但著者在序文中。已一一更正。並聲明所引證關於建造方法。歷史變遷各點。多從簡略。因編是册之目的。祇在將今日中國之建築。用圖畫表彰而已。是以册中。依建築之形式。分爲二十類。共有極精美之照片五百九十一種。尚有許多圖畫。未計在內。今日中國內有戰爭之摧殘。外受西方文明之影響。古蹟日漸淪亡。此册誠有永久保藏之價値。且此册雖文字材料不甚豐富。讀者不可以爲白君未多致力。蓋渠關於建築之著作。不止於此也。渠更積極編著「中國建築學文庫」。包羅甚廣。類別亦多。有已出版者。有未印就者。苟學者研究某種重要問題。參考此書。必能十分滿意也。

建築學文庫中之一種。專論古塔。(其他西人論塔之著作。亦不少。)總計古塔之數。約有二千。現今存在者。以太室山之塔爲最古。太室山者。嵩山之分脈也。該塔屬嵩嶽寺範圍以內，建於六百年前。原址爲魏代之宮殿。在五二三年時被焚。改建佛廟。該塔係同時建成者。

寶塔，在中國爲點綴風景之物。而西方則用爲紀念中國之象徵。在十九世紀中年。南京瓷塔未破壞以前。該塔列爲世界奇蹟之一。此吾人承認最足代表中國建築者。然而著作家。多半以爲其源起於印度。而中國之發明。不過在其進化中。佔小部份而已。白氏採納此種理論。而未嘗提出證據。以證明之。其實按之事實。則現今所存之文字。不足以證明此說。爲全可信也。吾人所得關於佛教在中國初期之歷史。殊屬稀少。而往往爲神話奇說所隱晦。吾人知紀元前二年。有天竺使者。或中國人自天竺歸者。始携佛教而入漢京。據傳說，明帝使者。於西曆六十七年。偕兩胡僧自該國同來。其他佛教徒。在第二三世紀之間。相繼而至。天竺人爲最熱烈之佛信徒。其名丁干尼希卡 Kaniahka



31697

。蓋生於第一世紀。其藏骨之所。卽爲比斯哈哇 Beshauar 之宏大寶塔也。

關於印度聖殿之記載。係佛教使者。連同佛經佛像帶到中國。據佛教之傳記云。在三世紀中葉。有一外國僧人。勸當時皇帝。建一寶塔於南京。後人就其原址。改建瓷塔。較爲可靠之歷史記載乃北魏惠生所寫。因五一八年（魏神龜元年梁天監十七年）時。彼曾被胡太后派遣。携帶信徒。前往印度實地考察之故。或云，渠更令印度匠人。將干尼希卡。以及印度北部之大塔。用銅鑄成模型。又在五世紀時。有一中國信徒。名道岳者。往印度遊歷。在其遊記中。將比斯哈哇寶塔之面積，丈尺。記述甚詳。但此遊記。雖然存在。殊殘缺不全耳。以上所述。係表明佛教最初傳入中國時之建築思想。同時該書所記干尼希卡寶塔。又與本書討論之「洛陽伽藍記」。（見前）互有關係也。書之末章。除干尼希卡塔之解釋外。皆係述宋雲所領太后遣派之使者之傳記。此外中國信徒之著述亦不少。惟皆未能將印度建築之形式。指示吾人。斯爲可惜。法國裴利阿 Jrofessor J. Jelliot 教授。曾寫一短篇記載中國二世紀時。所建之佛廟。據云，頂上以圓形之金屬堆成。下層用塼砌成若干級。內中能容三千人。四圍環以廟宇。此種制度。或爲根據印度之風俗。或卽爲中國寶塔之形式。余將解述於後焉。裴君又引證在漢時中國有眞正之佛廟。而此項廟宇表明虔誠之信仰，並非常存於建築之中也。

「洛陽伽藍記」第一章。係述一木質寶塔。共有九級。五一六年時熙平元年。胡后勅建者。據著者之描寫此塔。必係都城內最精華之建築。高達一千尺。可於三十里外望見之。塔上有一百尺高之桅檣(原文作金刹)上挂三十碗形之金質圓物。最高之處。則爲罇形金頂。桅檣與塔之四角。以鐵練繫之。更以五千四百鍍金鈴鐺。懸滿全塔。當五三四年(永熙三年)此塔被焚時。人民歎息。自不待言。且有三僧以身殉難。三月之後。火猶未息。塔基餘燼延燒一年。工程之浩大。可想見矣。此塔雖係建於六世紀以前。但構造形式。與今日之塔。無甚差異。

塔階面積。愈上愈小。每階之邊。環以欄杆。或綴以飛簷，視之頗似屋頂。有時階上亦繞以較矮欄杆。不論是磚或石造成。其模型固與木塔無異。例如最古最華麗之攝山石塔。(在滬寧路某站。距南京約十五里。)是也。(參考第二圖)據傳說，此塔爲十七世紀初年。隋文帝在國中所建，八十三塔之一。

今欲討論之問題。卽爲印度之塔究屬何種。係木質。抑係塼石造成。雖有人謂尼波nepal木塔之構造。係自古時傳下者。但印度之建築既無存者。又無記載。故難證明。不如旁證中國之塔。較爲可信。余欲詳解中國之塔形。乃不得不搜集各處材料。及賴本地人之幫助。中國之塔。共爲兩種。一種稱「臺」。此種塔爲數最多。高約三百尺。國君往往浪費金錢以爲塔之裝飾。人民不免報怨也。另一種爲「樓」。除書籍記述外。可考者爲漢代之瓦塔。二千年來建築之原則。在古塔及東方古建築中。可以顯示吾人。樓塔之例。如武昌之黃鶴樓。許多詩人。及美術家。以此爲題目。而且自六世紀初年。此樓初建於揚子磯頭之後。屢經修建。其命名之意義。乃由道教之傳說。謂曾有仙人跨鶴飛昇也。

由此言之。塔之起源。蓋爲墓碑。或盛骨之匣。抑或爲中國固有之樓觀建築。仍有以上兩種解說。不能包括者。或可列爲金字塔一類。是爲人類所築最粗陋之一種。其源皆有一部份。出於臺或樓，但容亦爲外國所輸入。其表範蓋爲印度之 Viahnu Shrine。及多級金塔字之寺院。故與臺同爲含有米索波利亞之遺傳性者也。古代印度金字塔式之建築存於現在者，莫如著名之佛陀伽耶根本大塔 Bodh-yaya 寺。據福開森君之說。爲六世紀之物。或更早數百年。中國大旅行家玄奘。曾謁此寺，并爲之記述。及其歸國。乃發願建三百尺高之石塔於長安。以貯藏其所携歸之經典及聖物。在六五二年（永徽三年）皇帝允許建一四方五層之塼塔。高一八〇尺。而每方最低之一級。長一四〇尺。書中特述其爲依外國風範而築。非依中國舊標準也。（慈恩傳卷七）此項建築，歷來經過許多修善。但今日所存之七層建築。爲當日玄奘親手所成。蓋無疑也。卽以雁塔之名而思之。

必爲出於印度。其實在之表範。殆爲佛陀伽耶 Bodh-yaya 九級之廟。雁塔之外形。頗有參差不齊之處。但其主要部份。仍可視爲佛陀伽耶 Bodh-yaya 之風範。

次於塔者，則中式之屋頂也。其飛簷之曲折。其豐富之裝飾。予外人以奇異之感想。由此而得甚多之解說。多半毫無根據。就中如謂『源於中國之遊牧先民所用之帳幕』。然中國之先民。可謂遊牧民族乎。縱使如此。其所用之帳幕。卽爲吾人所見者乎。不獨此也。飛簷式，直至紀元後五百年，始出現也。尤以藍樸雷 SurqeonKomprey 氏所說爲最可笑。其意曰：『飛簷似松樹之虬枝。而簷端之走獸。似松鼠也。』白希曼博士 Dr. Boeschmann 則曰。『華人之用飛簷。蓋欲表示人生之動作。且以象種種巖巒樹木之形。』更有人謂：『由於特殊之氣候情形。不得不用高凸之屋頂。以洩霖雨蔽烈日也。』總之，此問題尙未得相當解決。亦不知飛簷究起於何時。據白氏之說，非起於唐。然唐代包括三百年之久。其說亦殊模稜也。

因吾人現在對建築學之知識有限。故不得不根據古代印度之一說。但對此最有研究者。惟愛迪京君 Edkins 一人而已。古時印度之曲形屋頂。於 Sanchi 之雕刻。及 Ajanta 之牆壁油漆。均可見其大概也。

屋頂之裝飾。在中國更形複雜。蓋均有用意。此處姑略之不細述。白希曼君舉例雖多。而於塼瓦及屋頂之裝飾瓦。則不甚詳。惟營造法式。論屋頂之處頗多。尤注重有綠釉之瓦。

除本書第二圖之寶塔外。能表現中國建築藝術者。則爲第三圖之牌樓或牌坊。雖未能將其意義與構造。一一解述。但觀第三圖之四種形式。亦可知其進步之程序矣。讀者如能參閱白氏之著作。當不無補益。

中國河流既多。橋樑自亦不少。且橋之形式。亦殊美觀。惟較六百五十年前之馬哥孛羅 Marco Polo 橋。(盧溝橋)則相差遠甚。故不能引起西人之注意。雖然，此種建築。實有研究之價值。白氏在其「中國建築學」書中。竟致忽略。人皆異之也。

# 仿宋重刊營造法式校記

民國乙丑　重刊營造法式　曾由武進陶君湘　以石印丁氏鈔本　與文淵文溯文津三本互勘　復以晁莊陶唐摘刊本　蔣氏密韻樓鈔本對校　補缺正誤　其各本相同者　明知爲誤　不敢臆改　疑以傳疑　誠哉愼之又愼　頃承　紫江朱先生之命　講求李書讀法　乃以仿宋刊本　與四庫校本及丁本重校一過　斧落徽引　爬羅剔抉　於當日檢校疏漏者　一一標出　引用之書　證以原本　本書前後互見者　參酌訂正　間有疑義　折衷圖算　其字體不同　如閒之爲間　叚之爲段　徧之爲遍之類　人所習知　一目瞭然者　仍不列舉　又陶君附錄　於焦竑經籍志周亮工書影二事　未及采錄　今爲補述　宋史藝文志著錄李氏新集木經　曾以本書互校　茲并附錄於後　民國十九年四月合肥闞鐸

## 甲　校記

劄子　第一頁第八行第三格　着當作差

依四庫本丁本改

看詳　第一頁第十行第十七格　垂當作懸

立者中垂　考工記垂作懸　此是避宋始祖玄朗之諱　見紹興禮部韻略　所載紹興重修

文書式　此字之諱　蓋自紹興始　亦足證丁本之根據紹興本也　其桓構等字　原本皆缺文　內塡淵聖御名等字者　今俱已改正　下條皆同

又　第十三行第二十一二格　第十四行第一字　衡以水　三字衍　所引墨子　爲法儀篇文　直以繩之下　無衡以水三字　今據刪

又　第十四行第四格　垂當作懸

又　第二十一行第一格　韓下奪非字

又　第十四五格　班亦當作王爾　所引韓子　爲韓非子卷四姦刼弑臣第十四文　原文雖王爾不能以成方圓　王爾四庫本丁本皆誤作班亦　今據改　蓋迻寫時　因班字從王　爾之古文爲尒　省作尔　與行書亦字相似　以此致誤

又　第二頁第二行小注　隋當作墮　依四庫本改

又　第三頁第十七行第一格考上奪周官二字

又　第七格　垂當作懸

又　第四頁第二行第一格　刊當作匡

又　第三格　證當作正

匡謬正俗　唐顏師古撰　四庫總目　稱宋人諸家書目　多作刋謬正俗　或作糾謬正俗

蓋避太祖之諱　證乃正之誤　下文舉折條　總釋取正條　皆已改

又　第五頁第五行第十三格　垂當作懸

又　第六行第三格　垂當作懸

又　第五頁第十六行第六格　禮當作官

又　第八頁第四行第一格　刊當作匡

又　第十一頁第二行小注　撐當作樘

又　第十七行小注　落當作⿱⺮洛

後文法式六　露籬小注　落　四庫本作⿱⺮洛　今據改

法式目　第六頁第八行第二格　瓦作當作宽作

又　第九行第四格　結瓦當作結宽

四庫本丁本　瓦作　結瓦　用瓦　㡧瓦　瓦畢　施瓦之瓦　皆作⿸广瓦　玉篇　宽　五化

切　泥瓦屋也　按⿸广瓦爲宽之俗字　李書瓦作　結瓦　施瓦　瓦畢　皆應依四庫及丁本

作宽　餘仍作瓦　下同

又　第十一頁第五行第三格　瓦作當作窰作

又　第十二行第十三格　瓦作當作窰作

法式一　第一頁第十七行　標目奪總釋上三字

又　第一頁第二十一行第二格　禮下奪記字　儒下奪行儒有三字

所引爲禮記儒行之文　依他條之例　應據改

又　第二頁第四行第九格　名當作民

又　第五行第十一格　爲下奪宮室爲三字

又　第十七格　宮字衍

又　第六行第二格　旁當作邊

所引墨子爲辭過第六之文　而與原文小異　原文爲古之民未知爲宮　時就陵阜而居
穴而處　下潤濕傷民　故聖王作爲宮室　爲宮室之法　曰高足以辟潤濕　邊足以圉
風寒　上足以待霜雪雨露　宮牆之高　足以別男女之禮　丁本及四庫本　民誤作名
作爲宮室爲宮室之法　奪宮室爲三字　曰宮之宮字衍　邊誤旁

又　第二十一行第二格　官當作禮

又　第二十二行　禮天子諸侯臺門天子外闕兩觀諸侯內闕一觀

又　所引爲公羊昭二十五年傳何休解詁文　禮記禮器　有天子諸侯臺門　無下二句

第三頁第十四行小注　曰當作日

木板字畫脫落

又　第十五行第十九格　商當作殷

殷改爲商　係避宋太祖父弘殷之諱　下同　今改正

又　第四頁第十三行第八格　亭當作停

又　第五頁第十一行第一格　禮字衍

又　第十三行第六格　越字衍

依四庫本改

又　第七頁第五行第四格　准當作準

又　第十行第七格　垂當作懸

又　第十五行第一格　刊當作匡

又　第二十行小注　椽當作掾

所引漢書爲百官公卿表文　將作少府　景帝中六年　更名將作大匠　屬官有石庫東園主章　左右前後中校七令丞　如淳曰　章謂大材也　舊將作大匠主材吏　名章曹掾

師古曰　令所謂木鍾者　蓋章聲之轉耳　東園主章　掌大材以供東園大匠也　又主章長丞　師古曰掌凡大木也　武帝太初元年　更名東園主章爲木工　章曹掾之掾　四庫本亦不從木　今據改

又　第八頁第一行小注　亖當作至　木板點畫脫落

又　第十五行第四格　角落當作各落　文選原文　及下文鋪作條引　角俱作各　今據改

又　第九頁第一行第一格　語上奪論字

又　第四行第三格　盧當作櫨

又　第二十二格　上下奪員字　據釋名改

又　第七行第八九格　礧硊　宋淳熙本文選　礧硊作磥垝　按磥礧同字　硊訓重累　又訓支柱　上林賦連卷欐佹　垝訓毀　垣墉圮壞曰垝　詩衛風　乘彼垝垣　又訓坫　爾雅釋宮　垝謂之坫　似與賦意不合　仍以作硊爲是　意李氏當日所見之本　或是如此　今仍之

又　第九頁第十行第九格　櫰當作枅

又　第十二行第十二格　嬌當作蟜

據文選原文改

又　第十八行第四格　都當作京

又　第十頁第二行第十一格　之當作以

又　第三行第二格　都當作京

又　第五行第一二格　何晏二字當删

總釋引書之書名　多先詳後略　如班固西都賦　王延壽魯靈光殿賦等　第二次　即不書人名　皆其例　何晏字　再見　應删　下同

又　第十八行第一二格　何晏二字當删

又　第六格　商當作殷

又　小注　柱當作注

又　第十一頁第一行第一二格　何晏二字當删

又　第二行第九格　以當作而

又　第六行第一格　語上奪論字

又　第七行第八格　梲當作棳
據爾雅原文改

又　第九行第四字第六格　棳字也字衍
據釋名釋宮室第十七原文改

又　第十三行第九格　撐當作樘
樘　文選作撐　注字林曰　撐　柱也　樘　唐韻　集韻　韻會　同橕　徐鍇曰　俗作撐非　橕　音瞠　橕之言定也　無從手橕字　四庫本作　撐非　丁本引長門賦　說文魯靈光殿賦　及注　皆從木　不誤

又　第十五行第十一格　牾當作㹳
丁本　梧　牾　皆作迕　釋名　兩字皆作牾　按上一字　當作梧　下一字　當作㹳
漢書王莽傳　亡所牾意　後漢書　桓典傳　牾宦官　皆作㹳　俗刻作牾非　今據改

法式二　第二頁第一行小注　庋當作庪
所引儀禮爲鄉射禮文鄭注　庋作庪　文淵閣本亦同　今據改

又　第六行第九格　桶當作楴

又　第九行小注　榜當作櫋

依四庫本　及本書諸作異名改

又　第十一行小注　相正當當作正相當

小注所引　係爾雅郭注原文　相正當作正相當　四庫本亦同　今據改

又　第十五行第四格　干當作于

干　丁本及四庫本皆作于　所引爲儀禮士冠禮原文　亦作于　今據改

又　第三頁第二十行第一格　禮下奪記明堂位四字

又　第三頁第二十行第三格　廇當作廟

據禮記原文改

又　第五頁第十七行第五格　也下奪在外二字

又　第六格　爲下奪人所二字

又　第八格　幕當作摸也

釋名釋宮室第十七　門捫也在外爲人所捫摸也　障衛也　此條引作捫幕障衛　誤　今

依原文改

又　第六頁第一行第六格　博當作塼

依四庫本改

又　第十三行第十二格　如下奪和字
第十四格　人字衍
所引爲漢書尹賞傳注文　今據改

又　第二十一行小注　者云當作也

又　第二十二行第七格　披當作邳
據文選改

又　第八頁第十行小注　邸後版也謂後版屏風與染羽象鳳凰羽色以爲之
小注所引爲周禮天官掌次職設皇邸鄭司農注原文　而四庫本作邸後版也其屏風邸染羽
象鳳凰以爲飾　丁本與鄭注合　今仍之

又　第十四行第四格　屏下奪言字

又　第六格　以下奪屏字
釋名釋牀帳第十八　屏風言可以屏障風也　今據改

又　第九頁第十七行第二格　官當作禮
五代會要　乾祐元年閏五月　國子監奏雕印四經　內有周禮　又宋人所記五代監本
及北宋監本目亦同　本書宅處亦作禮　今據改

又　第十頁第四行小注　乎當作胡
又　第十四格　懮當作⿰忄要
又　第十七格　瀍當作漄
又　第六行第十一格　瀍當作漄
依四庫本改
又　第八行第二格　官當作禮
又　第十一行第二格　都當作京
又　第十一頁第一行第三格　堦當作階
又　第十二頁第三行第十格　一當作二
依看詳取徑圍　及四庫本改
法式三　第三頁第十八行第十一格　蹋當作躡
木板點畫脫落下四條同
又　第七頁第十行小注　丁當作下
又　第十八行小注　穾當作空
又　第二十二行小注　桂當作柱

法式四　第二頁第十三行第六格　五當作四

又　第四頁第八行第二格　僈當作慢

木板點畫脫落

又　小注　面當作兩

又　第六頁第十八行第十四格　栔下奪小注其騎料栱與六鋪作同九字

依四庫本補

又　第七頁第九行小注　蜉當作蜳

又　第八頁第四行小注　訛角料　角下奪箱字

據大木作圖樣絞割鋪作栱昂料等所用卯口第五圖注增

又　第十一頁第四行小注　邊字衍

法式五　第二頁第十八行第二十一二格　背上當作上背

依四庫本及前條乙轉

法式六　第四頁第十四行小注　扇當作版

依四庫本及總目改

又　第九頁第十二行小注　落當作絡

依四庫本改　落訓籬落

法式七　第一頁第十二行小注　眼格當作格眼

依四庫本及總目與下文他作乙轉

又　第二頁第十行小注　量攤擘扇數宜隨宜加減當作量攤擘數扇隨宜加減

上宜字衍

依四庫本及次頁槫柱頰條小注改

又　第十一頁第一行第十一格　者字衍

法式九　第一頁第十三行第十一格　下當作上

丁本四庫本皆作脚上　蓋佛道帳之名件　從最下之龜脚爲始　前條有自坐下龜脚至鴟尾　共高二丈九尺云云　卽自下而上之證

又　第四頁第一行第七格　幌當作榥

又　第五頁第八行第七格　結瓦當作結宽

又　第七頁第四行第二十格　結瓦當作結宽

又　第十五行小注　結瓦當作結宽

法式十　第五頁第八行第九格　結瓦當作結宽

又　第七頁第二十二行第十一格　結瓦當作結宼
法式十一　第十二頁第三行第二十一格　結瓦當作結宼
法式十三　第一頁第十三行第二格　瓦作當作宼作
又　第十四行第五格　結瓦當作結宼
又　第十五行第二格　結瓦當作結宼
又　第十六行第十八格　結瓦當作結宼
此條本文結瓦字　丁本多不作瓦　與標題不同　似爲筆誤　今依他條之例　改正　下同
又　第二頁第一行小注　結瓦當作結宼
又　第一行第十九格　瓦畢當作宼畢
又　第三行第十九格　結瓦當作結宼
又　第七行第三格　結瓦當作結宼
又　第三頁第七行小注　結瓦當作結宼
又　第十三行第十三格　施瓦當作施宼
又　小注　結瓦當作結宼

又 第十四行小注 施瓦當作施宽

又 小注前行 結瓦當作結宽

又 後行 結瓦當作結宽

又 第四頁第十五行第一格 結瓦當作結宽

又 第八頁第十六行第九格 之字衍

又 第十頁第十四行 隨宜減之卷殺瓣柱當作隨宜減之卷殺䔉瓣柱

䔉當作蒜

又 四庫本 卷殺瓣柱 作殺䔉瓣柱 玉篇 䔉 俗蒜字 此文當是蒜瓣柱 而俗寫作䔉

應改爲隨宜減之 卷殺䔉瓣柱

又 第十七行小注 獅當作猊

依四庫本改 他處師子 亦不作獅

又 第六頁第七行第三四格 閤當作閣 至字衍

殿閣廳堂亭榭 見下塼作制度用塼條 今據改

又 第七頁第八行第八格 閤當作閣

依四庫本改

又　第十頁第二十行第五格　項當作項

依四庫本及前條改

又　第十二頁第一行第十九至二十二格　以青石灰四字衍

又　第二行第六格　靑下奪石字

法式十四　第一頁第十九行小注　狗當作狼　硏當作砑

又　第二頁第一行小注　茶當作荼

又　第五頁第十行第十二格　羫當作羚

又　第十二行小注　羫當作羚

又　第六頁第十八行第二十二格　一當作或

又　第七頁第二十行小注　王當作玉

木板點畫脫落

又　第九頁第三行第十一格　用當作刷

依四庫本改

法式十五　第六頁第十一行小注　甍當作㼬

㼬　四庫本作㼬　與看詳諸作異名同　玉篇　㼬　坯也　廣韻集韻訓瓦器　其與瓦異

名　蓋一爲成品　一爲坯材　至甍則訓瓦棟　左傳襄二十八年　猶援廟桷動於甍　而釋名訓爲瓦脊　在上覆蒙屋也　殆指以瓦結成之屋脊而言　與甍不同　今據改

又　第六頁第十六行第十三格　八當作六
依四庫本改

又　第九頁第六行小注　露當作窰
依四庫本及下文改

又　第八行第十一十二格　火候當作候火
依四庫本改

法式十六　第二頁第十三行第一格　工當作上
依四庫本改

又　第三頁第四行第二十二格　每一當作每二
依四庫本改

又　第六頁第十三行標題　彫鐫功下奪小注其彫鐫功並於素盆所得功上加之十五字
依四庫本改

又　第九頁第二十一行第二十二格　欆當作㰕
依四庫本改
法式十七　第七頁第二十行小注　一鋪作當作六鋪作
依四庫本改
法式二十　第九頁第十七行小注　榑當作槏
依四庫本及下條改
法式二十二　第二頁第十六行第三格　褁當作裹
依四庫本改
又　第十一頁第三行第十七格　幌當作榥
依四庫本改
法式二十三　第十頁第十九行　拼行廊屋當作拼挾屋行廊
丁本四庫本　殿身條行廊下　均有屋字　角樓條行廊下　無屋字　有等字　按之小木
作制度及功限所列　此條應作拼挾屋行廊　與前兩條一律
法式二十五　第三頁第二十一行小注　縳當作縛
依四庫本改

法式二十七　第八頁第十八行第五格　十當作百

依下條五一百口例改

又　第二十行第六格　丈當作尺

依塼作諸條改

法式二十八　第一頁第十八行小注　欅當作欂

依四庫本改

又　第六頁第六行小注　二尺當作一尺

依四庫本改

又　第八頁第九行第二格　應下奪使字

又　第十二頁第四行第十格　蜒當作蜓

依四庫本改

法式三十　第五頁　大角梁下小注　辨當作瓣

又　鷹觜駝峯三辦　兩辦駝峯　辨均當作瓣

又　第六頁　杪均當作抄

法式三十一　第一頁第五行第十三格　第一之一當作十

又　依目錄改　第五頁　殿堂下奪等字
依目錄增　又　第六頁小注　八鋪作當作六鋪作
法式三十二　第十頁　第三之三當作二一
依目錄改　法式三十三　第四頁　團科寶照團科柿蔕　科當作科附彩圖同
又　第十二頁　䕰當作羚　附彩圖同
又　第十六頁　科當作科　附彩圖同
依丁本改　又　第二十一頁　團科　科皆當作科　附彩圖同
法式附錄　墓誌銘第一頁第一行第十六格　士當作事
又　第十八行第十七格　二當作三
法式後序　第一頁第十四行第十三格　姓當作名

補遺

法式三　第十二頁　第六行　第十四格　壘澁當作疊澁

壘澁　丁本四庫本同　惟法式十六笏頭碣功限　及本卷角柱殿階基　皆作疊澁　今據改

## 乙　補諸書記載二事

明焦竑經籍志　史官記注篇職官類之末　有營造法式三十四卷　小注曰宋李誡　其序文言以當代之書　統於四部　又言宣德以來　世際昇平　篤意文雅　廣寒清暑二殿　及東西瓊島　遊觀所至　悉置墳典云云

按明史藝文志　謂宣宗嘗臨視文淵閣　親披閱經史　是時祕閣貯書　約二萬餘部　近百萬卷　刻本十三　鈔本十七　正統間楊士奇等言　以文淵閣書籍　向貯左順門北廊者　今移於文淵閣東閣　臣等逐一點勘　編成書目云云　焦氏據歷代現存之書　編爲志目　蓋即此類　可爲李書宋刋原本　至明萬歷間尙存之證　此較明文淵閣書目之箸錄而未詳卷數　內閣書目箸錄而明言不全者　更爲可貴

周亮工書影卷一　近人著述　凡博古賞鑒飲食器具之類　皆有成書　獨無言及營造者宋人李誡之　有營造法式三十卷　皆徽廟宮室制度　如艮岳華陽諸宮法式也　聞海虞毛子晉家有此書　凡六册　皆有圖　欵識高妙　界畫精工　竟有劉松年等筆法　字畫亦得

歐虞之體　紙板黑白之分明　近世所不能及　予晉翻刻宋人秘本甚多　惜不使此書一流布也

按周氏所紀　似指宋刊本　其言界畫　與讀書敏求記合　但書影賴古堂原刻本　李誠作李誠之　三十四卷作三十卷　又與四庫提要所稱研北雜志所誤相似　實爲傳寫之訛

至謂有艮嶽法式云云　望文生義　殆亦聞所聞而來者

## 丙　以宋李誡木經與營造法式互校

宋史藝文志雜藝類著錄　李誡新集木書一卷　近代未見傳本　每疑木書卽木經　已包含於營造法式之內　古今圖書集成經濟彙編考工典　第十一卷規矩準繩部彙考　第三十五卷宮室總部彙考　兩引木經　而卷數在後之宮室總部彙考　且標題曰宋李誡木經　然則編圖書集成之當日　猶及見木經傳本耶　惟考工典第七卷木工部彙考　又引宋李誡營造法式　諸條之中　有定平舉折兩條　與所引木經之文　全然相同　特法式係屬看詳　援引經訓　益加詳晰耳　法式晚出　木經被其包含　於此益信　今以圖書集成考工典　所引木經　以同典所引之法式　與之讎較　欵式如舊　上下互列　異同瞭然　再以重刊本法式　爲之勘正如左

## 木經　定平　圖書集成考工典規矩準繩部引

定平之制　既正四方　據其位置於四角
各立一表　當心安水平　其水平長二
尺四寸　廣二寸五分　高二寸　下施立
椿長四尺　注 安鐏在內 此四字法式重刊本作小注同
上面橫坐水平　兩頭各開池　方一寸七
分　深一寸三分　注 或中心更開池者
方深同 此十字法式重刊本作小注同
身內開槽子　廣深各五分　令水通過於
兩頭　池子內各用水浮子一枚　注 用三
池者　水浮子或亦用三枚 此十二字法式重刊本作小注同
方一寸五分　高一寸二分　刻上頭令側
薄　其厚一分　浮於池內　望兩頭水浮
椿子之首　遙對立表處　於表身內畫記
卽知地之高下　注 若槽內如有不可用

---

## 宋李誡營造法式 又木工部引

定平之制　既正四方　據其位置於四角
各立一表　當心安水平　其水平長二
尺四寸　廣二寸五分　高二寸　下施立
椿長四尺　安鐏在內
上面橫坐水平　兩頭各開池　方一寸七
分　深一寸三分　或中心更開池者　方
深同
身內開槽子　廣深各五分　令水通過於
兩頭　池子內各用水浮子一枚　用三池
者　水浮子或亦用三枚
方一寸五分　高一寸二分　刻上頭令側
薄　其厚一分　浮於池內　望兩頭水浮
子之首　遙對立表處　於表身內畫記
卽知地之高下

水處即於椿子當心施墨線一道 上垂繩墜下 令繩對墨線心 則上槽自平 與用水同 其槽底與墨線兩邊 用曲尺較令方正（此五十六字法式重刊本作小注又水浮椿子椿字衍）

凡定柱礎取平 須更用貞尺較之 其貞尺 長一丈八尺 廣四寸 厚二寸五分 當心上立表 高四尺 注 廣厚同上（此四字法式重刊本作小注同又貞尺作眞尺）於立表當心 自上至下 施墨線一道 垂繩墜下 令繩對墨線心 則其地面自平 注 其眞尺身上平處 與立表上墨線兩邊 亦用曲尺較令方正（此二十三字木工部引無此文法式重刊本作小注又木工部引地面自平上多一下字）

宋李誡木經舉折（圖書集成考工典宮室總部引）

舉折之制 先以尺爲丈 以寸爲尺 以

---

凡定柱礎取平 須更用貞尺較之 其貞尺長一丈八尺 廣四寸 厚二寸五分 當心上立表 高四尺 廣厚同上 於立表當心 自上至下 施墨線一道 垂繩墜下 令繩對墨線心 則其下地面自平

舉折之制 先以尺爲丈 以寸爲尺 以

分爲寸　以釐爲分　以毫爲釐　側畫所
建之屋　於平正壁上　定其舉之峻慢
折之圜和　然後可見屋內梁柱之高下
卯眼之遠近　注今俗謂之定側樣　亦曰
點草架此十二字木工部引無此文法式重刊本作小注又峻慢作峭慢
舉屋之法　如殿閣樓臺　先量前後橑檐
方心　相去遠近　分爲三分　注若餘屋
柱頭作　或不出跳者　則用前後檐橑心此十八字法式重刊本作小注同
從橑檐方脊至脊槫背　舉起一分　注如
屋深三尺　即舉起一丈之類此十二字木工部引無此文法式重刊本作小注同又方脊作方背如作者
如甋瓦廳堂　即四分中舉起一分　又通
以四分得丈尺　每一尺加八分　若甋瓦
廊屋　及瓪瓦廳堂　每一尺加五分　或

---

分爲寸　以釐爲分　以毫爲釐　側畫所
建之屋　於平正壁上　定其舉之峭慢
折之圜和　然後可見屋內梁柱之高下
卯眼之遠近法式重刊本峭慢作峻慢正與木經合然庯峭亦作庯峻此二字本相通
舉屋之法　如殿閣樓臺　先量前後橑檐
方心　相去遠近　分爲三分　若餘屋柱
頭作　或不出跳者　則用前後檐柱心
從橑檐方背　至脊槫背舉起一分
如甋瓦廳堂　即四分中舉起一分　又通
以四分所得丈尺　每一尺加八分　若甋
瓦廊屋　及甋瓦廳堂　每一尺加五分

瓪瓦廊屋之數　每一尺加三分注若兩椽
屋不加　其副階或纏腰　並二分中舉一
分此十九字法式重刊本作小注同

折屋

折屋之法　以舉高尺丈　每尺折一寸
每架自上遞減半爲法　如舉高二丈　卽
先從脊槫背上取平　下至橑檐方背　其
上第一縫折二尺　又從上第一縫槫背取
平　下至橑檐方背　於第二縫折一尺
若椽數多　卽逐縫取平　皆下至橑檐方
背　每縫並減上縫之半　注如第一縫二
尺　第二縫一尺　第三縫五寸　第四縫
二寸五分之類此二十五字木工部引無此文法式重刊本作小注同

簇角梁

簇角梁之法　用三折　先從大角背自橑

---



或瓪瓦廊屋之數　每一尺加三分　若兩
椽屋不加　其副階或纏腰　並二分中舉
一分

折屋之法　以舉高尺丈　每尺折一寸
每架自上遞減半爲法　如舉高二丈　卽
先從脊槫背上取平　下至橑檐方背　其
上第一縫折二尺　又從上第一縫槫背取
平　下至橑檐方背　於第二縫折一尺
若椽數多　卽逐縫取平　皆下至橑檐方
背　每縫並減上縫之半

簇角梁之法　用三折　先從大角背自橑

檐方心　量向上　至帳桿卯心　取大角
梁背一半　並上折簇梁　斜向棖桿舉分
盡處　注 其簇角梁上下　並出卯中下折
簇梁同 此十五字法式重刊本作小注同
次從上折簇梁盡處　量至橑檐方心　取
大角梁背　一半立中折簇梁斜向上　折
簇梁當心之下　又次從橑檐方心　下立
折簇梁　斜向中折簇梁　當心近下　注
令中折簇角梁上一半　與上折簇梁一半
之長同 此十九字法式重刊本作小注同
其折分並同折屋之制　注 唯量折　以曲
尺　於弦上取方量之　用瓪瓦者同 此十八字法式重刊本作小注同

檐方心　量向上　至棖桿卯心　取大角
梁背一半　並上折簇梁　斜向棖桿舉分
盡處　其簇角梁上下　並出卯中下折簇
梁同
次從上折簇梁盡處　量至橑檐方心　取
大角梁背　一半立中折簇梁斜向上　折
簇梁當心之下　又次從橑檐方心　立下
折簇梁　斜向中折簇梁　當心近下　令
中折簇角梁上一半　與上折簇角梁一半
之長同
其折分並同折屋之制　唯量折　以曲尺
於弦上取方量之　用瓪瓦者同

按宋世木經　有預浩李誡二種　宋史藝文志　稱李撰爲新集木經　殆示與預撰並存之意　預撰三卷　自宋初相傳　至治平四年　歐陽修撰歸田錄時　猶有今行於世者是也

之語　想已親見其書　沈括夢溪筆談所引　營舍之法　謂之木經云云　疑卽預經之文

沈氏之生　後於歐陽氏二十三年　而熙寧中法式之敕編　元祐中法式之成書　皆在紹聖元年沈氏卒以前　且法式敕刋海行　沈氏不應未見　如營舍法　出自李撰木經或見諸法式舊本　以沈氏之淹貫　何至仍疑爲預撰　況遍檢法式　並無營舍三分之語　而圖書集成所引李經　又適與法式看詳相合　於是預經與李經之不同　益有明徵　惟歐沈相距　僅二十年　又俱在太平之世　歐陽氏所見之書　沈氏竟不敢定爲誰氏所撰　殊爲可異　至說郛剌取法式看詳　刋作木經　而妄以筆談論預經一段　刋作跋語　蓋不知木經有預李之分　强並爲一　遂滋紕繆耳

# 徵求營造佚存圖籍啓事

本社前經徵求李明仲先生著述已佚諸書。諒蒙鑒及。現因研究營造考古學。如海內外收藏家。藏有後列各種書籍。或有類此之孤本。不論書籍圖樣。鈔本刻本。均祈逕函敝社。商榷辦法。謀其流通。如可割愛。不吝重酬。倘荷賜教。不勝厚幸。

**營造正式六卷**　焦竑經籍志職官著錄

**梓人遺制八卷**　焦竑經籍志職官著錄

按以上二種。焦志列於李氏營造法式之前。又焦志自序。有以當代現存之目。統於四部之語。則此書在明萬歷間。倘存。

**元內府宮殿制作一卷**　永樂大典本　四庫存目著錄

按四庫總目八十四。史部政書類存目二。元內府宮殿制作一卷。永樂大典本。不著撰人名氏。所記元代門廊宮殿制作甚詳。而其辭鄙俚冗贅。不類文士之所爲。疑當時營繕曹司。私相傳授之本也。

**造磚圖說一卷**　明張向之撰　四庫存目著錄

按四庫總目八十四。史部政書類存目二。浙江巡撫採進本。明張問之撰。問之、慶雲人。嘉靖癸未進士。官至工部郎中。自明永樂中。始造甎於蘇州。責其役於長洲窯戶六十三家。甎長二尺二寸。徑一尺七寸。其土必取城東北陸墓所產。乾黃作金銀色者。掘而運。運而晒。晒而椎。椎而舂。舂而磨。磨而篩。凡七轉而後得土。復澄以三級之池。濾以三重之羅。築地以晾之。布瓦以晞之。勒以鐵弦。踏以人足。凡六轉而後成泥。揉以手。承以托版。砑以石輪。椎以木掌。避風避日。置之陰室。而日日輕築之。閱八月而後成坯。其入窯也。防驟火激烈。先以糠草薰一月。乃以片柴燒一月。又以柴棵燒一月。又以松枝柴燒四十日。凡百三十日。而後窨水出窯。或三五而選一。或數十而選一。必面背四旁。色盡純白。無燥紋無墜角。叩之聲震而清者。乃爲入格。其費不貲。嘉靖中。營建宮殿。問之往督其役。凡需甎五萬。而造製三年有餘。乃成。窯戶有不勝其累而自殺者。乃以採煉燒造之艱。每事繪圖貼說。進之於朝。冀以感悟。亦鄭俠繪流民意也。其書成於嘉靖甲午。而明之弊政。已至於此。蓋其法度陵夷。民生塗炭。不待至萬歷之末矣。

## 西槎彙草一卷　明龔輝撰　四庫存目著錄

按四庫總目八十四。史部政書類存目二。西槎彙草一卷。浙江范懋柱家天一閣藏本。明龔輝撰。輝有全陝政要略。已著錄。嘉靖時。營仁壽宮。輝以營繕司主事。奉使督木四川。得大木五千餘株。版枋如之。部劄欲再倍其數。公私俱困。民情洶洶。煇乃繪山川險惡。轉運艱苦等狀。爲十五圖。前後各作圖說。具奏。竟得旨停止。後列劄子三篇。又附載詩文數首。其曰西槎彙草者。煇嘗使浙東。故此名西槎。以別之也。其圖說劄子。皆剴切酸楚。使人感動。與張問之造甎圖說相等。自當以採木圖說爲名。不當更贅附詩文。名以彙草。其編次殊無體例。且詩文寥寥數首。又皆不工。益爲無謂矣。今仍著錄政書中。從所重也。

## 南船紀四卷 明沈啓撰 四庫存目著錄

按四庫總目八十四。史部政書類存目二。南船紀四卷。江蘇巡撫採進本。明沈啓撰。，有吳江水利考。已著錄。是編乃啓嘉靖中。以南工部營繕司主事。監督龍江提舉司時所撰。案明史兵志。太祖於新江口。設船四百。永樂初。又命鎮江各府衛。造海風船。皆江船也。又職官志所載各船。有黃船。遮洋船。淺船。馬船。風快船。備倭戰船諸名。內惟遮洋備倭二種。爲海中所用。故啓不之及。其餘各船圖形工料數目。暨因革典司諸例。無不詳悉備載。國朝江甯府。設同知一員。專管督造戰船。今昔宜異。其制已不盡合。然參考推益。未始非船政之權輿也。

## 水部備考十卷 明周夢暘撰 四庫存目著錄

按四庫總目八十四。史部政書類存目二。水部備考十卷。浙江巡撫採進本。明周夢暘撰。夢暘、字啟明。南漳人。萬歷甲戌進士。官至工部都水司郎中。以工曹職掌冗雜。又前後多所更革。難於稽考。因檢校案牘。以類編次。各立綱目。分爲職官、河渠、橋道、舟車、織造、器用、權量、徵輸、供億、叢事、凡十考。末附吏典承行事件。書成於萬歷丁亥。

# 營造法式印行消息

本社創立以來中外同志紛紛以購求營造法式相屬苦無以應頃者上海商務印書館發表廣告並印行營造法式緣起及發售簡章附印樣本茲特轉錄如左

## 甲　印行緣起

營造法式三十六卷宋將作少監李誡奉勅編書分總釋總例制度功限料例等第並圖樣等總三十六卷計三百五十七篇內四十九篇誠從經史羣書中檢尋考究其三百八篇根據歷來工師相傳法式及在官經歷詳悉講究而成在崇寧二年奏請鏤板者爲崇寧本南渡後知平江府事王喚重刊者爲紹興本皆官爲刋傳民間流播絕鮮前明中葉傳世已無完帙以范氏天一閣蓄聚之富搜訪影摹猶有殘闕今四庫影宋補配大典本卽從此出近世故家抄藏大都傳自愛日精廬爲錢氏述古堂影宋再傳本輾轉影寫頗多譌脫而錢張兩本世亦不傳良以吾國積習輕藝士夫弗講遂使專門絕學不顯於世此本廣徵諸家藏本借勘三閣官書依崇寧本行字校寫鋟木準紹興本注色圖樣摹繪十五色套彩石板以實測科學方法校訂翻傳繩墨規矩絲毫不爽較宋槧尤爲精善其校字圖繪製板並出中外學者之手歷時七載而后觀成蓋於存古之中並寓闡明吾國古代建築學之意原爲武進陶氏家刋民國十四年書成曾一度印行流布有限歐美學者嘗加以詳密研究著爲評論引起世界工學家注意李氏生於八百年前而編纂此書類例淸晰舉凡壕寨石作

大小木作雕旋鋸竹瓦泥彩畫塼窰剧飾諸匠作名詞完備具有今世科學條理吾國數千年來工師不傳之祕鑰藉此以存與一般諸子百家詳於理論略於實質者不同板權今歸本館茲照原板印行以廣流傳誠營造家至有價值之圖籍也

乙 發售簡章

（一）全書六百十五葉（内單色圖一百二十七葉雙色圖四十六葉彩色圖四十五葉）分訂八册合裝一函用上等璐版紙木版石版精印

（二）每部定價七十六元

（三）每部郵費包紮費如下

各行省一元二角 日本一元五角 新疆蒙古郵會各國四元

（四）書價及郵費包紮費等均照上海通用現大洋計算

（五）欲索閱樣本者函示卽寄但須附郵票四分

# 社事紀要

民國十八年春。中美文化方面。時以完成中國營造學之研究。來相勸勉。爾時爲環境所限。恐未能專心致力。卻不敢承。顧以平生志學所存。內外知交屬望之切。亟應及時組織團體。自勵互助。乃發表中國營造學社緣起一通。并於三月下旬。在北平中山公園董事會。展覽圖籍。及營造學之參考品。固應同志之要求。亦以頻年以來。編摩及採集所得之成品。及其資料。堆積縑牒。不得不加整理。且一經披露。中外朋好。聲應氣求。更各出所藏。或以所知所見相助。裨益亦多。六月初。始以繼續研究中國營造學計畫之大概。提出於中華教育文化基金董事會。至六月之杪。經該會第五次年會議決補助費用。併訂明將來研究所得結果。及編繪成式之一切書籍圖畫。應與所收之材料。一併交北海圖書館。七月五日具函見告。適因旅遊遼瀋。未克卽時到平。迭次函商。迄於年歲杪。始租定北平寶珠子胡同七號一屋。由津移住。於十九年一月一日。開始工作。所有與中美文化關繫之經過。今節錄往還書牘如左。

(1)十八年六月三日致中華教育文化基金董事會函

敬啟者夙聞　貴會對於科學文化極力提倡甚深佩仰鄙人研究中國營造學已二十餘年近因環境關係無力完成倘擬繼續進行甚願　貴會格外設法予以協助玆特以研究計畫之大

概送請　察及如荷　同意不勝感幸（下略）

附計畫大概一通。圖樣目錄參考書目錄各一册（略）圖樣樣本紙（略）

繼續研究中國營造學計畫之大概

中國之營造學在歷史上在美術上皆有歷刧不磨之價值鄙人自刊行宋李明仲營造法式而海內同志始有致力之塗轍年來東西學者項背相望發皇國粹靡然從風方今世界大同物質演進玆事體大非依科學的之眼光作有系統之研究不能與世界學術名家公開討論鄙人無似年事日增深懼文物淪胥傳述漸替糾合同志及助手匠師相與商略義例分別部居庶絕學大昌群材致用

李書於制度功限料例固已示營造之津梁而北宋迄今又逾千載世運推遷質文遞嬗遼金元明之遺物塔寺宮殿碩果尙存明淸會典及則例做法令甲具在由此推求可明制度之因革變年於李書圖樣付印之際就現存宮闕之間架結構附撰今樣一併印行已見一班

晚近以來兵戈不戢遺物摧毀匠師篤老薪火不傳吾人析疑問奇已感竭蹶若再濡滯不逮數年闕失彌甚爰因會典及工部工程做法有法無圖鳩集師匠效梓人傳之畫堵積成卷軸（目錄如別册）

過去二十餘年中余爲個人趣味所驅使稍有暇晷輒從事於此又得同志數人及美術師匠之

助年來所成就者蓋亦不尠近歲以還環境更變此項工作幾將中輟一簣未成可勝扼腕而同志及從事諸君多勸余以此舉商之中華教育文化基金董事會爲科學文化研究之協助者蓋營造學實包括美術科學及文化三者而文化委員會實負有扶持發育之使命鄙人昌明絕學闡揚國光慨念世界之大同重違同仁之公意用特具函貴會商請協助預計完成中國營造學之專門箸述期以五年此五年中其前三年經費年約需萬八千元後二年或須稍增如荷贊同擬照下列各條爲工作進行之程序

一屬於溝通儒匠　濬發智巧者

講求李書讀法用法　加以演繹

纂輯營造辭彙

輯錄古今中外營造圖譜

編譯古今東西營造論箸　及其軼聞

訪問大木匠師　各作名工　及工部老吏樣房算房專家

二屬於資料之徵集者

實物　圖樣　撮影　金石拓本及紀載圖志　遠征搜集　古籍

於前項工作具有眉目時卽可以一部分之成績品提供於世界姑就鄙人現有之資料預擬

總目如下

甲部　釋名

辭彙

乙部　論箸

制度沿革　各書舉證　各式舉證　收藏品之全景　遺物之標本　軼聞

丙部　法式

本石　油　漆　彩畫　琉璃窯　銅　鐵　裱　搭材及諸作

工料分析　物料價値考

丁部　諸例

內庭工程做法　圓明園內工諸作則例　製造庫諸作則例　城垣工程　陵寢工程

河渠工程　河工　海塘　淸河　江防　橋梁　溝渠

三編輯進行之程序　成書假定以五年爲期

第一年工作　整理故籍　擬定表式

第二年工作　審訂已有圖釋之名詞

第三年工作　製圖撰說

第四年工作　分科編纂
第五年工作　編成正式全稿

此項工作係屬團體事業鄙人自揣若僅以個人心力或恐未必能勝鉅任但以平昔篤好與歷年研究所得更參以知好之輔助暨現存實物及文獻之參考自信當能使前此所苦心探索之各種材料終成爲一有統系之著述承先啓後可以公諸世界矣唯上述之應用經費實已不能再減至於鄙人前後所完成之作品皆願貢獻社會爲學術界研究之資倘得署名書尾爲幸多矣

(2)同年七月五日中華教育文化基金董事會覆函

桂莘先生台鑒逕啓者敝會於六月三十日在津舉行第五次年會議決補助台端研究中國營造學費用每年最多壹萬伍仟元暫以三年爲限至將來研究所得結果及編繪成式之一切書籍圖畫應與所收集之材料一併交北海圖書館收存等因相應函達卽希查照迅將預算暨計畫書檢寄過會以憑審核發款爲荷(下略)

(3)同年八月九日致中華教育文化基金董事會函

敬啓者接奉七月五日大函祗悉對於鄙人提出研究中國營造學聲請書得荷貴會議決每年補助費用壹萬五千元暫以三年爲限并以將來研究所得結果及編繪成式之一切書籍圖畫暨其他材料一併交北海圖書館收存等因鄙人耆志所存今幸貴會熱心贊助無任欣感



31741

自應依照　貴會議案積極進行鄙人現因私務旅遊遼甯一俟摒擋就緒卽行回平着手組織繼續工作先此覆布敬祈查照(下略)

(4)同年十月三十一日中華教育文化基金董事會來函

逕啓者查關於敝會議決補助　執事研究中國營造學費用一事前於七月五日函達請將預算暨計畫書送會審核嗣准八月九日　台函對於敝會議案表示同意並稱願依照該案積極進行惟因事須旅游遼寧事竣卽回平工作各等因聆悉之餘良用欣慰惟接奉此函以後瞬已多時本年度各受補助機關補助費均已先後發出兩期而　尊處預算暨計畫書迄未寄來以致應發之補助費久懸未決實切系念現在本年度已逾四月此款實有從速處理之必要用特專函奉達務請　迅予見復以資辦理至爲企盼(下略)

(5)同年十一月十日致中華教育文化基金董事會函

敬啓者頃奉十月三十一日　台緘敬承一是鄙人研究中國營造學費用擬自十九年一月起照所編預算按季支用玆將預算單隨函附上以備　審核至所有計畫仍照本年六月間所提出之計畫大概內容辦理應請查照(下略)

敬再啓者鄙人研究營造學爲平生志願所存重以　貴會扶持之雅年事日增期成尤切但數月以來遠遊遼瀋原擬摒擋私計早日就緒卽當排除俗累移居來平安定身心集合同志專致

力於工作乃以時局影響家計課畫多沮未能如願遷延日久此爲總因然個人旅行中之踏查遼金遺物及同志分担之採集資料於事實上精神上之進行固未嘗或輟至提出預算一事初擬在北平覓屋須近故宮三海且與相類之文化機關往還便利而設備較省租價較廉爲宜迭經託人尋覓久未合式而住居未定一切組織皆難著手鄙人久寓津門圖籍器物一旦移平勞費甚鉅願得永久之住居爲安全之處置經費有限尤不得不慎重出之現正積極覓屋移居在此期內必要用費爲事實上所不可少所有本年度之補助費可否提出一部份作爲另單之臨時支出以便早爲設備著手工作并祈審核見復爲幸(下略)

(6)同年十一月十九日中華教育文化基金董事會覆函

逕復者准十一月十日 台函稱擬自十九年一月起開始研究中國營造學同時依照所編預算按季支用補助費擬請准由本年度補助費內開支移居及設備等項費用並附修正預算及臨時開支預算各一份等因俱經領悉查研究處所及設備爲從事研究所必須 執事於工作之進行款項之支配籌畫周詳實深佩慰所有請將臨時開支由本年度補助費內支付一節敝會可表贊同惟開辦各費仍希撙節支用將來如有餘額仍須移入經常費內開支以符原案除俟動用臨時款項再行發放外茲先將補助費登記及稽核辦法一本隨函附奉用備查參統希鑒察爲荷(下略)

工作開始。中國營造學社同時成立。藉羣力之助。攻他山之錯。所謂是斷是度。是尋是尺。如切如磋。如琢如磨也。乃延訂左列諸君。爲本社常務。及名譽各職。

（1）常務

編纂兼日文譯述闞鐸　編纂兼英文譯述瞿兌之　編纂兼測繪工程司劉南策　編纂兼庶務陶洙　收掌兼會計朱湘筠　測繪助理員宋麟徵

（2）名譽

評議華南圭　周詒春　郭葆昌　關冕鈞　孟錫珏　徐世章　吳延清　張文孚　馬世杰　張萬祿　林行規　溫德　翟孟生　李慶芳

校理陳垣　袁同禮　葉瀚　胡玉縉　馬衡　任鳳苞　葉恭綽　江紹杰　陶湘　孫壯　盧毅　荒木清三

參校梁思成　林徽音　陳植　松崎鶴雄　橋川時雄

# 中國營造學社彙刊

婉漪題

第一卷 第二冊

中華民國十九年十二月

社址
北平東城寶珠子胡同七號
電話東局九百五十九號

霍初先生有道前日奉
手教敬承一切頃由郵局遞到 朱桂老贈 弟新刊
營造法式一部此書自宋以後久絕開板今得此精刊精印
令人不復貴宋刊矣附錄數卷尤有功於此學屬承 遠
賜感荷殊深 晤 桂老時祈 代達謝意並 致拳、愉
歉、此書目係張君寅恪入都當詳詢奉告 專肅敬候
起居不宣 弟王國維頓首 十一月四日

王觀堂先生涉及營造法式之遺札

# 紹興重刊營造法式者之歷史與旁證

遐厂

營造法式宋紹興重刊本末葉結銜爲寶文閣直學士右通奉大夫知平江府事王㬇按明王鏊姑蘇志卷三九王㬇字顯道華陽人太師岐國公珪之孫也爲秦檜妻之兄（或云妻弟）紹興中知郡事時兵火之餘公署學校廨不興葺又餘入城小舟出必載瓦礫以培塘人以爲便石之碎者積而焚之以泥官舍不賦於民而用有餘其規爲多可取者光緒蘇州府志卷六四稱㬇以紹興十四年三月任此書重刊於十五年五月蓋知郡事之次年王志亟稱其興葺及規爲可見其人於營造夙有專長而利用餘材又爲明仲法式之要義其重刊法式適非尋常刊行官書毫無心得者可比即謂自崇寧鏤版海行以後以王氏爲最近傳統亦無不可

又按王㬇於紹興十三年正月未任平江府以前在臨安府任曾建郊邱及齋宮亦足爲長於營造之證顧炎武宅京記十七引方回南渡後郊邱考曰紹興十三年正月以禮部太常寺申請命殿前都指揮使楊存中知臨安府王㬇依國朝禮制建郊邱於國之東南及建青城齋宮在嘉會門外南四里龍華寺西爲壇四成上成從廣七丈再成十二丈三成十七丈四成二十二丈分十二陛陛七十二級壇及內壝七百九十步中外壝通二十五步燎壇方一丈高一丈二尺在壇南二十步內地餘四十步以列仗衛惟青城齋宮及望祭殿詔勿營臨事則爲幕屋略倣汴京制度大殿曰端誠便殿爲熙成其外爲泰禋門

# 元大都宮苑圖考目錄

# 元大都宮苑圖考

紫江朱先生　設中國營造學社於北平　從事於清故宮之研究　復以北平建都　雖不始於元代　而宮闕之制　實至元而大備　近年以來　海內外學者　於北平之歷史及地理　乃至風土軼事　考索不爲不詳　獨於營造遺物　及其文獻　求其有藝術上之貢獻　尚不多得　因取陶氏輟耕錄所述　元代宮闕制度之文　就其方位尺度　手自摹繪　加以推定　講貫討論　不間昕夕　既具崖略　乃以授鐸　俾於所得資料　加以比次　並屬宋君麟徵製圖　閱兩月而告蕆　中華民國十九年七月　闞鐸謹記

## 第一節　緒論

凡考一時代之建築遺物　必先注重於文獻　而審其特性及其背景　北京之爲都城　雖云肇自遼金　而營建宮闕　實大備於元之大都　中經明清之改作　規制至今　尚可稽考　故研究北京宮殿　必自元大都宮苑始

吾人今日　得於元大都之宮苑　從事實體之研究者、賴有元陶宗儀輟耕錄二十一之宮闕制度（下稱陶錄）及明蕭洵之故宮遺錄（下稱蕭錄）兩書陶錄不過四千四百餘言　據後幅所載　史官虞集跋語　知本於經世大典將作所疏宮闕制度之文　而大典工典(注一)第一曰宮苑(注二)次二曰官府與陶錄合　特以經世大典久佚　顧炎武歷代宅京記所引　即據輟耕錄然陶錄出自大典　尺度井然　遠出蕭錄之上　此外可供參考之書　元史之外　有元內府宮殿制作一卷　見四庫存目著錄永樂大典本　似亦係官書惜已久佚　其他如禁扁元氏掖庭記　皆無尺度

經世大典　成於至順二年　已見道園學古錄五　而元史九十七食貨志　有前志據經世大典爲之目九十有七　天歷以前　載之詳矣云云　似大典中之賦典　即截至天歷爲止　然天歷元年與天順二年之間　相隔僅四年耳　將作所疏宮闕制度　以元史考之　最晚者有泰定四年之棕毛盝頂殿　泰定四年　先於天歷改元僅二年　然則經世大典工典所收　殆將作隨時紀事之作

其非世祖初立宮城時之最初狀態　可以徵信紀宮闕而詳尺度　非出自將作不可　元宮闕制度之外　有周必大思陵錄下所載宋高宗永思陵修奉及交割公文　於間架結構　尺度做法　較元宮闕

制度尤爲詳密　以是知將作所疏之可貴尙　此外殆無其匹
經世大典所紀營造物　其詳尺度者　不止宮苑一門　文道希學士　從永樂大典輯出之大元官制雜記　屬於經世大典之治典　於大司農司　修內司永福普慶昭孝三營繕司　翊正司之公廨　均詳記其間架之廣深高　並疏列所用工料　又大元倉庫記　屬於經世大典之工典　於在京通州河南務　上都宣德府及各路倉廒　亦詳記其間數容積　而於京倉　亦疏列工料
此外私家著作　惟有元陳隨應南渡行宮記　於垂拱殿及簷屋　記其間架修短之數　宋史地理志因之　但不及其他　陶陳二氏　俱係元人　其留心營造　洵不可及
向來學者　輕視工程　尤於宮庭神秘　不敢命筆　如日下舊聞　春明夢餘錄諸書　數陳掌故　搜采軼聞　求如蕭錄之詳具該載　已不可得　若再上規陶錄　更屬無能爲役　蕭氏在洪武初元　易代之際　以新朝郎吏　奉使北來　職在摧毀　爾時陶錄　甫經編定　尙未版行　故蕭氏未及見　重以兵火之餘　客旅之地　不睹故牘　全憑記憶　作爲遺錄　周覽全局　於脈

絡貫注　殆同鳥瞰　匪特用心良苦　抑可想見涉筆之難　比之陶錄　雖於實物之尺度狀態　以及譯名術語　間有缺誤　當日文士　缺乏工程智識　誠不足爲蕭氏詬病　而於陶錄　確有補苴輔翼之功　絕非尋常紀述　感歎形容　無從徵信者　所可同日而語

秦每破諸侯　寫放其宮室　作之咸陽　所得美人鐘鼓　以充入之　金海陵欲遷都於燕　先遣畫工　寫汴京宮室制度　至於闊狹修短　曲盡其數　此爲專制帝王　侵略夸張之故智　金破汴都　遷其重器　乃至屏扆窗牖　皆爲營燕都之資料　又爲燕都摹倣汴都之實證　所可異者　元氏以武力入主中原　乃於宮闕制度　不惜犧牲其宗國固有之廬帳　而醉心於漢制　按元史一百二十五高智耀傳　西北藩王　遣使入朝　謂本朝舊俗　與漢法異今留漢地建都邑城郭　儀文制度　遵用漢法　其故何如　又溧水亭雜誌萬松老人語耶律文正王曰　以儒治國　以佛治心　王亟稱之　此元代開國方略也　也黑迭兒以大食國人　規畫宮城　制度結構　取法汴京　一洗朔漠穹廬之陋　試觀其配置　悉不謬於禮經　即以宮殿額名徵之　亦與汴宮

同其泰半　所不同者　宋世制度簡質　禁中多具山林風味　元宮專尚華縟
(注三)　金碧燦爛　內部裝修　以及陳設　且有取材異國　侈詭過甚者　畫
家南北分派　即其焦點　此固種族問題　而國力之强弱　亦其背景之一
元人宮闕　採取漢法　不獨燕都爲然　世祖在開平上都潛邸時　即已如是
此足證元人醉心漢法之心理　不自營燕都始　虞集道園學古錄五　跋大
安閣圖　謂世祖皇帝在藩　以開平爲分地　即爲城郭宮室　取宋熙春閣材
於汴　稍損益之　以爲此閣　名曰大安　既登大寶　以開平爲上都　宮城
之內　不作正衙　此閣巋然　遂爲前殿矣　規制尊穩秀傑　後世誠無以加
也云云　大都宮城　雖創自西域工師也黑迭兒之手　而規畫制度　悉不背
於禮經　然襲金源之後　所有宮殿形狀　以及內部　未嘗不因此而受影響
或利用故物　或摹仿遺製　皆所不免　試觀元史一一四后妃傳　世祖以
宋府庫故物　各聚置殿庭上　召順聖皇后視之　徧視即去云云　再舉此證
可見元人華化之實迹　至於正殿設后位　及諸王百寮怯薛官侍宴坐牀
又他宮殿　多有從臣坐牀　可見元代內外天澤之別　不甚嚴重　此爲華化

未澈底之點

遼金故城　在今城西南　至元代而遷拓東北　分十一門(注四)　至明乃大殺其北面　稍拓其南面　即今之九門　然吾人所研究者　宮闕更較都市爲急　故應就陶蕭兩錄所紀之元故宮　先爲之整理　更取證史籍　使之瞭如指掌　方與遺趾實物　得以參互考證

洪武初元之毀元(注五—七)　舊都至何程度　不得其詳　今日所可考者　西部廣寒殿　確未被毀　所謂縮北拓南　乃係改造都市　並非專指大內　然遍檢尋籍　並無一炬焦土之證　至明代京城　人但知其收縮北面　不知一切規模　均視元人爲狹隘　即如太廟太社　本在齊化平則兩門之內　與宮城幾成鼎足　明人收入承天門左右　不過占一小部分之地位　其他以此類推　可以隅反　若從萬壽山太液池與西部宮苑　以求元宮之遺址故蹟　當有蹤影之可尋　至於材料花樣裝修陳設之遺留仿造　更無論矣

元宮之圖樣　據道園學古錄十九　王知州墓誌銘　知有大明殿圖(注八)　惜已不傳　馬可孛羅遊記所載略圖　即本輟耕錄諸書所作　今用(注九)折法

依陶錄尺度　繪立總分各圖

陶錄分爲八節　一曰京城宮城　二曰大明殿及延春閣　是爲大內之正衙　三曰玉德殿　在正衙之西側　四曰萬壽山及太液池　在大內西北　五曰興聖宮及延華閣　六曰隆福宮　在大內之西　興聖宮之前　七曰隆福宮西御苑　在隆福宮西　八曰御苑　在厚載門北　今略依原文段落　分別部居　適宋君麟徵　製成平面配置總分各圖　乃以宮苑額名尺度制度分列爲表　其蕭錄及元史禁扁掖庭記軼名　依類附列　加以識別　並於摘要　記所從出　緯以附注　逐條取證　紕漏之愆　尙蘄匡正

注一　虞集道園學古錄五　經世大典序錄　六官之職　工居一焉　國財民力　不可不愼　作工典第十

注二　圖書集成考工總部總論　引元經世大典工典總叙　一曰宮苑　朝廷崇高　正名定分　苑囿之作　以宴以怡

注三　元史一百四十四荅里麻傳　除大都留守　帝命修七星堂　先是修繕　必用赤綠金銀　荅里麻獨務樸素　令畫工圖山林景物　左右年少皆不然　是歲秋車駕自上京還

入覲之。乃大喜。以手撫壁歎曰。有心哉。留守也。賜白金五十兩。錦衣一襲。按達爾瑪。梵語法也。舊作荅里麻。今譯改。

注四　元大內東部逼仄。明代因之。湧幢小品。東華門之外。逼近民居。喧囂之聲。至徹禁禦。宣德七年。始加恢擴。移東華門於河東。遷民居於灰廠西隙地。又春明夢餘錄。初燕邸因元故宮。卽今之西苑。開朝門於前。元人重佛。門外有大慈恩寺。卽今之射所。東爲灰廠。中有夾道。故皇牆西南一角獨缺。太宗登極後。卽故宮建奉天三殿。以備巡幸受朝。至十五年。改建皇城於東。去舊宮可一里許。悉如金陵之制。

注五　春明夢餘錄。洪武元年八月。大將軍徐達。遣指揮張煥。計度元皇城。周圍一千二十六丈。將宮殿拆毀。

注六　明英宗實錄。天順四年。作西苑亭軒成。蓬萊山頂。有廣寒殿。金所築也。西南有小山。亦建殿其上。規制尤巧。元所築也。光緒順天府志十三坊巷。引此。謂蓬萊山卽萬歲山西南之小山。疑卽兎兒山。明時爲重九登高之地。

注七　圖書集成宮殿部雜錄八。引西元集。瓊島在太液池中。從承光殿北。度梁島上。有巖洞窈窅。磴道行折。皆疊石爲之。其巓古殿。結構翔起。周廻綺牖玉檻。重階而上。榜曰廣寒之殿。相傳遼太后梳粧台。今欄檻殘壞。內金刻雲物猶彌覆榱棟間。下

31758

布以文石，傍一榻　亦前朝物　舊有四亭　曰瀛洲方壺玉虹金露　今惟遺址耳　按此可爲瓊島明初未毀之證

注八　虞集道園學古錄一九　永嘉王振鵬　嘗爲大明宮圖以獻　世稱爲絕　按王又爲開平大安閣圖　甚稱上意　見學古錄卷十　又研北雜志　稱其妙在界畫　運筆和墨毫分縷析，左右高下　俯仰曲折　方圓平直　曲盡其體　而神氣飛動　不爲法拘

注九　宋史地理志　建隆三年　命有司畫洛陽宮殿圖　按圖修之　又雲麓漫鈔　宋元豐三年　呂大防檢定長安圖　以隨都成大明宮　並以二寸折一里　城外取容　不用折法　大率以舊圖及韋述西京記爲本　參以諸書及遺迹　考定太極大明興慶三宮　用折地法　不能盡容諸殿　又爲別圖

---

## 宋人作園合於木經

洛陽名園記劉氏園劉給事園凉堂高卑制度適愜可人意有知木經者見之且云近世建造率務峻立故居者不便而易壞惟此堂正與法合西南有台一區尤工緻方十許丈地而樓橫堂列廊廡回繚欄楯周接木映花承無不妍穩洛人目爲劉氏小景合析爲二不能與他園爭矣

## 明大內宮殿基址用臨清塼木料用楠木

繆荃蓀雲自在龕筆記康熙二十九年大內發出前明宮殿樓亭門名摺又宮中所用銀兩及金花舖墊並各宮老媼數目摺子令王大臣等察閱又查故明宮殿樓亭門名共七百八十六座今以本朝宮殿數目較之不及前明十分之一考故明各宮殿九層基址墻垣俱用臨清塼木料俱用楠木今禁中脩造房屋出於斷不可已凡一切基址墻垣俱用尋常塼料木植皆用松木而已

## 宋人之地質學

沈括夢溪筆談三十四予奉使河北邊太行而北山崖之間往往銜螺蚌殼及石子如鳥卵者横亘石壁如帶此乃昔之海濱今東距海已近千里所謂大陸者皆濁泥所湮耳堯殛鯀於羽山舊說在東海中今乃在平陸凡大河漳水滹沱涿水桑乾之類悉是濁流今關陝以西水行地中不減百餘尺其泥歲東流皆為大陸之土此理必然

# 元京城圖

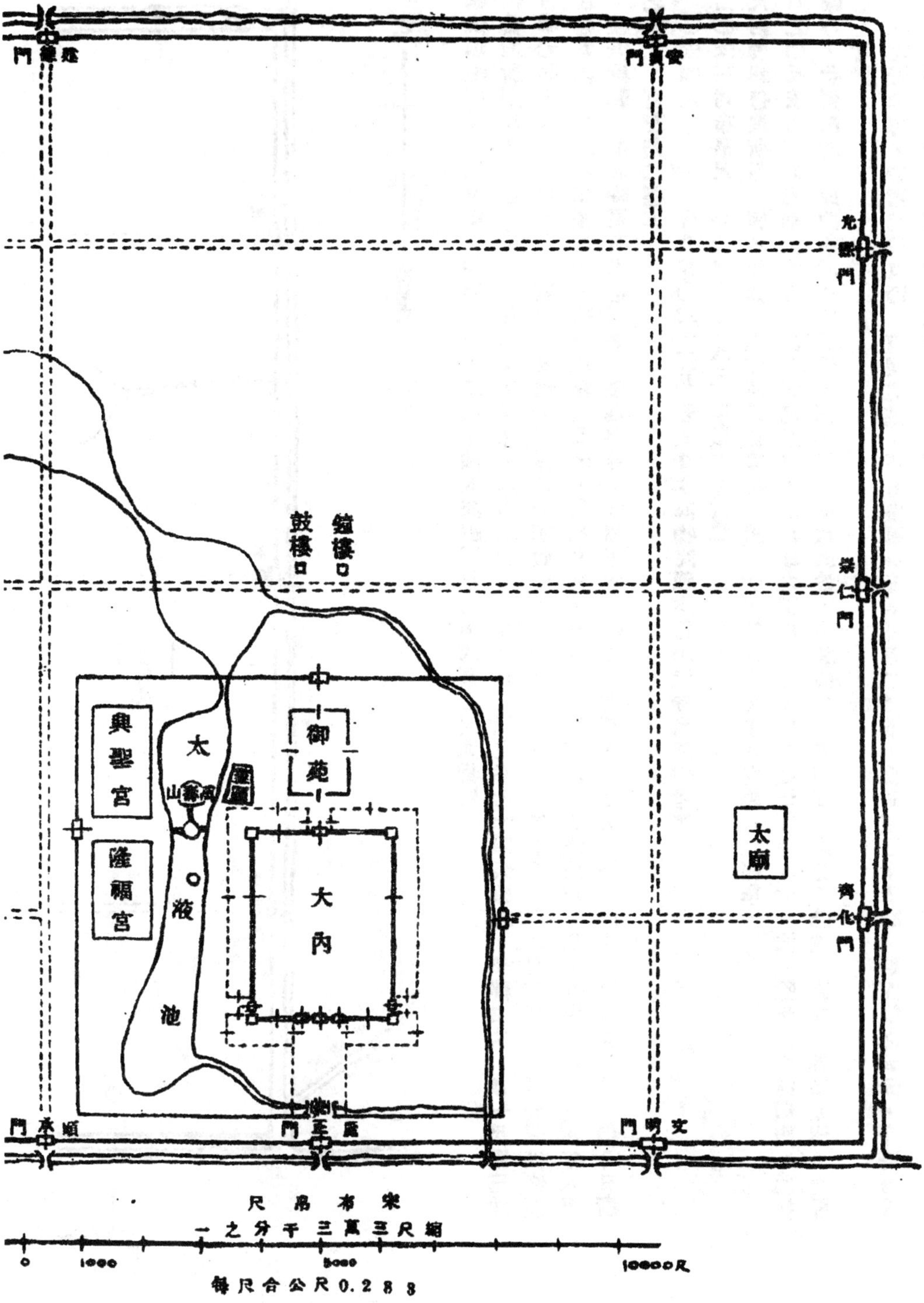


城方六十里里二百四十步步五尺

高密 宋麟徵繪

31761

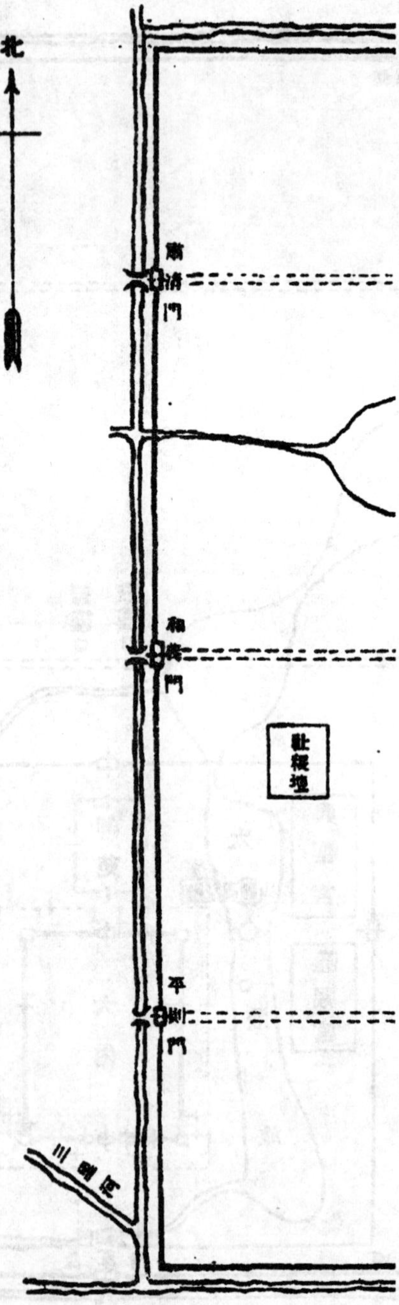


本圖依陶錄所紀方位尺度，幷參以一九二八年法人郝禮德北京第六頁之元大都圖，

元代營造所用尺度，已不可考，金元文化草昧，如有改制，史家必書，元史卷七十四祭祀志，有神主趺，方一尺厚三寸，皆準元祐古尺圖之語，又三朝北盟會編，引張棣金虜圖經，謂完顏亮欲都燕，遣畫工寫京師宮室制度，至於闊狹修短，曲盡其數，授之左相張浩輩，按圖以修之云云，是燕都宮室制度，來自汴京，既係曲盡其數，按圖以修，其用宋人尺度，益無疑義，況彼時更有搬運材瓦，遷地移建，如開平大安閣者，所有間架結構，勢非仍用原來尺度不可，但今日所存之宋尺，有左列二種，

(一)宋銅尺　合公尺〇、三一五、五（日本博物院藏據藤田元春尺度綜考）

(二)宋三司布帛尺　合公尺〇、二八三（據朱子家禮）

二尺何者爲營造所用，固不能知，但布帛尺係官製，於元祐尺爲近，今暫用爲縮尺之標準，

今日之西長安街，爲元都城之最南線，元鐘鼓樓，居都城之正中，迄今尚有遺址可考，十一門，除光熙肅清兩門，明初被縮外，北面兩門，原與南面文明順承兩門相對，明代改建，各移向中，遂使四門南北不能成一直線，其餘九門，均可見元人遺制，

元一統志析津志，皆謂元城京師，有司定基，正直慶壽寺海雲可庵二師塔，敕命遠三十步許，環而築之云云，今雙塔寺尚在，足爲元城西南角與寺距離之證，

# 第二節　宮闕制度

## 甲　京城及宮城

元之大都　爲古冀州唐幽州范陽故地　右擁太行　左注滄海撫中原　正南面　枕居庸　奠朔方　峙萬壽山　浚太液池　派玉泉　通金水　世祖就燕京路總管大興府　遷金故都城之東北　建城遷都　改爲大都　城方六十里　分十二門　置宮城於西南　築鐘鼓樓於城之中央　明代因之　縮其北而拓其南　於是東北之光熙西北之肅清兩門　皆在縮北五里之內　而鐘鼓樓遂偏於城之北部　元麗正門　當今之天安門　自此以南　皆明代所展拓

| 名稱 | 位置 | 楹數 | 廣(東西) | 深 | 高 | 形式 | 年月 | 摘要 | 注 |
| --- | --- | --- | --- | --- | --- | --- | --- | --- | --- |
| 京師城 | | 十一門 | 方六十里 | | | | 至元四年八月<br>至元九年　月 | | 一〇<br>一一 |
| 麗正門 | 正南 | | | | | | | | 一二 |
| 順承門 | 南之右 | | | | | | | | |
| 文明門 | 南之左 | | | | | | | | |
| 安貞門 | 北之東 | | | | | | | | |

| | | | | | | | | | |
|---|---|---|---|---|---|---|---|---|---|
| 健德門 | 北之西 | | | | | | | | |
| 崇仁門 | 正東 | | | | | | | | |
| 齊化門 | 東之右 | | | | | | | | |
| 光熙門 | 東之左 | | | | | | | | |
| 和義門 | 正西 | | | | | | | | 一三 |
| 肅清門 | 西之右 | | | | | | | | 一四 一五 |
| 平則門 | 西之左 | | | | | | | | 一六 |
| 甕○城 | 十一門 | | | | | | | 元史 | 一七 |
| 吊○橋 | | | | | | | | 凡非陶錄所載者以○別之並記所據書名於此 | |
| 宮城 | | 六門 | 四百八十步 周回九里三十步 | 六百五十步 | 三十五尺 | 甎甃 | 至元八年八月十七日動土明年三月十五日即工 | | 一八 |
| 崇天門 | 正南 | 十二間五門 | 百八十七尺 | 五十五尺 | 八十五尺 | | | | 一九 二〇 |
| 左趓樓 | | | | | | | | | |
| 右趓樓 | | | | | | | | | |

| | | | | | | | | | |
|---|---|---|---|---|---|---|---|---|---|
| 登門兩斜廡 | | 十間 | | | | | | | |
| 闕上兩觀三趓樓 | | | | | | | | | |
| 連趓樓東西廡 | | 各五間 | | | | | | | |
| 塗金銅旛竿 | | | | | | | | | 二一 |
| 宿衛直廬 | 西趓樓之西、附宮城南面 | | | | | | 至元二八年八月 | | 二二 |
| 星拱門 | 崇天之左 | 三間一門 | 五十五尺 | 四十五尺 | 五十尺 | | | | |
| 雲從門 | 崇天之右 | 三間一門 | 五十五尺 | 四十五尺 | 五十尺 | | | | |
| 東華門 | 東 | 七間三門 | 百十尺 | 四十五尺 | 八十尺 | | 至元九年五月 | | |
| 西華門 | 西 | 又 | 又 | 又 | 又 | | | | 二三 |
| 厚載門 | 北 | 五間一門 | 八十七尺 | 四十五尺 | 八十尺 | | | | |
| 角樓 | 據宮城之四隅 | 四 | | | | 三趓樓琉璃瓦飾簷脊 | 至元二年四月 | | 二四 二五 |
| 白玉石橋 | 直崇天門 | 三虹 | | | | 上分三道中為御道 | | | 二六 二七 |
| 御膳亭 | 星拱南 | | | | | | | | |
| 拱辰堂 | 御膳亭東 | | | | | | | | |
| 生料庫 | 東南角樓東差北 | | | | | | | 百官會集之所 | 二八 |
| 柴場 | 生料庫東 | | | | | | | | |

| | | | |
|---|---|---|---|
| 羊圈 | 夾垣東北隅 | | 二九 |
| 留守司 | 西南角樓南紅門外 | | 三〇 |
| 儀鸞局 | 西華門南 | | 三一 |
| 鷹房 | 西華門西 | | 三二 |
| 御苑 | 厚載北 | | 三三 |
| 外周垣紅門 | | 十五門 | 三五 |
| 內苑紅門 | | 五門 | |
| 御苑紅門 | | 四門 | |

注一〇　元史七世祖紀　至元四年　始於中都之東北　置今城而遷都焉　九年　改名大都

注一一　陶錄有里步之數　無每步若干尺之數　按元王禎農書十一區田　舊說區田一畝　闊一十五步　每步五尺　計七十五步

注一二　蕭錄　南麗正門內　曰千步廊

注一三　元史九十百官志　光熙門窰場　至元二十五年置

注一四　和義門之義　明版陶錄作美　今據禁扁及元史地理志改

注一五　元史八十五百官志　至元二十四年　京師改置庫者三　曰光熙曰文明曰順承

因城門之名爲額　二十六年又置三庫　曰健德曰和義曰崇仁　並因城門以爲名　按此即輟耕錄二十一公宇　戶部所屬之各門行用庫

注一六　寰宇通志　洪武初　改大都路爲北平府　縮其城之北五里　廢東西之北光熙肅清二門　其九門俱仍舊　按此卽北京九門之始

注一七　元史四十五順帝紀　至正十九年十月庚申朔　詔京師十一門　皆築甕城造吊橋

注一八　元史六世祖紀　至元三年十二月丁亥　詔安肅侯張柔行工部尚書段天佑等同行工部事　脩築宮城　又四年四月甲子　新築宮城　又五年十月　宮城成　又八年二月丁酉　發中都眞定順天河間平灤民二萬八千餘人　築宮城

注一九　蕭錄　崇天門分爲五　總建闕樓　其上翼爲回廊　低連兩觀　傍出爲十字角樓　高下三級　兩傍各去午門百餘步　有掖門皆崇高閣　按此即陶錄所謂左右趓樓二趓樓登門兩斜廡十間（原作門今改正）　闕上兩觀皆三趓樓　東西廡各五間云云　較爲易解　午門二字　陶錄未見　殆卽指崇天而言　觀蕭錄下文　由午門內可數十步爲大明門　益信

注二〇　元史七十四祭祀志　車駕出宮　祀前一日　所司備法駕鹵簿　於崇天門外

元故宮考 宋褧崇天門唱名詩云 三月吉日當十三 紫霧氤氲閶闔南 天子龍飛坐霄漢 儒生鵠立耀冠簪 黃麾仗內清風細 丹鳳樓頭曉日酣 獨愛玉階階下草 解將袍色染成藍 薩都拉丁卯及第謝恩崇天門詩云 禁柳青青白玉橋 無端春色上宮袍 卿雲五彩中天見 聖澤千年此日遙 虎榜姓名書敕旨 羽林冠帶豎旌旄 承恩朝罷頻回首 午漏花深紫殿高 據此元旦放榜謝恩 亦於崇天門外云

注二一 大元畫塑記 皇慶二年十一月廿二日 留守伯帖木兒等 奏萬壽山幡竿 二十餘年 皆已朽腐 宜依皇城五門幡竿制 以銅鑄之 制可 造銅幡竿一 長一百尺 大頭徑九寸 小頭徑五寸 帶鐵索 按銅旛竿五門皆有之 陶錄僅記其一 且初建非銅鑄 於此可證

注二二 元史十六世祖紀 至元二十八年二月丁亥 營建宮城南面周廬 以居宿衞之士

注二三 元史七世祖紀 至元九年五月辛巳 敕脩築都城 乙酉初建東西華左右掖門

注二四 元史二十二武宗紀 至大二年夏四月壬午 詔中都創皇城角樓 中書省臣言 今農事正殷 蝗蝝徧野 百姓艱食 乞依前旨罷其役 帝曰 皇城若無角樓 何以壯觀 先畢其功 餘者緩之 按此雖屬中都 而元代重視角樓 於此可見

注二五　角樓　蕭錄謂爲十字形高下三級　蓋卽陶錄所謂三趓樓者

注二六　蕭錄　麗正門内曰千步廊　可七百步　建靈星門　門建蕭墻　周廻可二十里　俗呼紅門闌馬墻　門內數十步許　有河　河上建白石橋三座　名周橋　皆琢龍鳳祥雲　明瑩如玉　橋下有四白石龍　擎戴水中　甚壯　繞橋盡高柳　鬱鬱萬株　遠與內城西宮海子相望　度橋可二百步　爲崇天門　按陶錄略於外城　故於千步廊靈星門蕭牆周橋皆不之及　但於直崇天門之白玉石橋　謂爲三虹　上分三道　中爲御道　鐫百花蟠龍云云　橋以虹計　至今猶然　蕭錄謂之曰座　不如虹之適當　又蕭錄於千步廊以三段出之　欲合千數　似未覈實

注二七　元史九十九兵志　元貞二年十月　議各城門以蒙古軍列衛　及於周橋南置戍樓　以警昏旦　從之　順天府志三　引析津志　周橋義或本於造舟爲梁　故曰周橋

注二八　元史四十順帝紀　至正元年　賜文臣宴於拱辰堂

注二九　元史七十七祭祀志　國俗舊禮　上都祭祀　用羖羊八　又九月十二月　於燒飯院中用羊三　又十二月　用白黑羊毛爲線　帝后及太子自頂至手足　皆用羊毛線纏繫之　按元人尙羊　故宮中亦有羊圈

注二九　輟耕錄一　留守司　在宮城西南角樓之南　專掌宮禁工役者

注三〇　元史九十百官志　大都留守司　掌守衛宮闕都城　調度本路供億諸務　兼理營繕內府諸邸都宮原廟　尙方車服　殿廡供帳　內苑花木　及行幸湯沐宴游之所　門禁關鑰啓閉之事

注三一　元史六十七禮樂志　上尊號受朝賀儀　前期二日　儀鸞司設大次於大明門外

注三二　元史九十百官志　儀鸞局　掌殿庭燈燭張設之事　及殿閣浴室　門戶鎖鑰苑中龍舟　圈檻珍異禽獸　給用內府諸宮太廟等處　祭祀庭燎　縫製簾帷　灑埽掖庭

注三三　輟耕錄一　昔寶赤　鷹房之執役者　每歲以所養海青獲頭鵝者　賞黃金一錠　頭鵝　天鵝也　以首得之　又重過三十餘斤　且以進御膳　故曰頭鵝

注三四　元史二二武宗紀　至大元年二月　立鷹坊爲仁虞院

注三五　日下舊聞攷三十　引經世大典序錄　國制自御位及諸王皆有錫寶齊　蓋鷹人也　及一天下　又設捕獵戶　俾致鮮食　以薦宗廟　供天庖　齒革羽毛以備用　而立制加詳　地有禁　取有時　違者罪之　冬春之交　天子或親幸近郊　縱鷹隼搏擊　以爲游豫之度　曰飛放　仁廟以穀不熟民困　曰朕不飛放　且勅諸王位錫寶齊　皆不聽出　按錫寶齊　蒙古語　養禽鳥人也　舊作昔寶赤今譯改

# 元大內圖

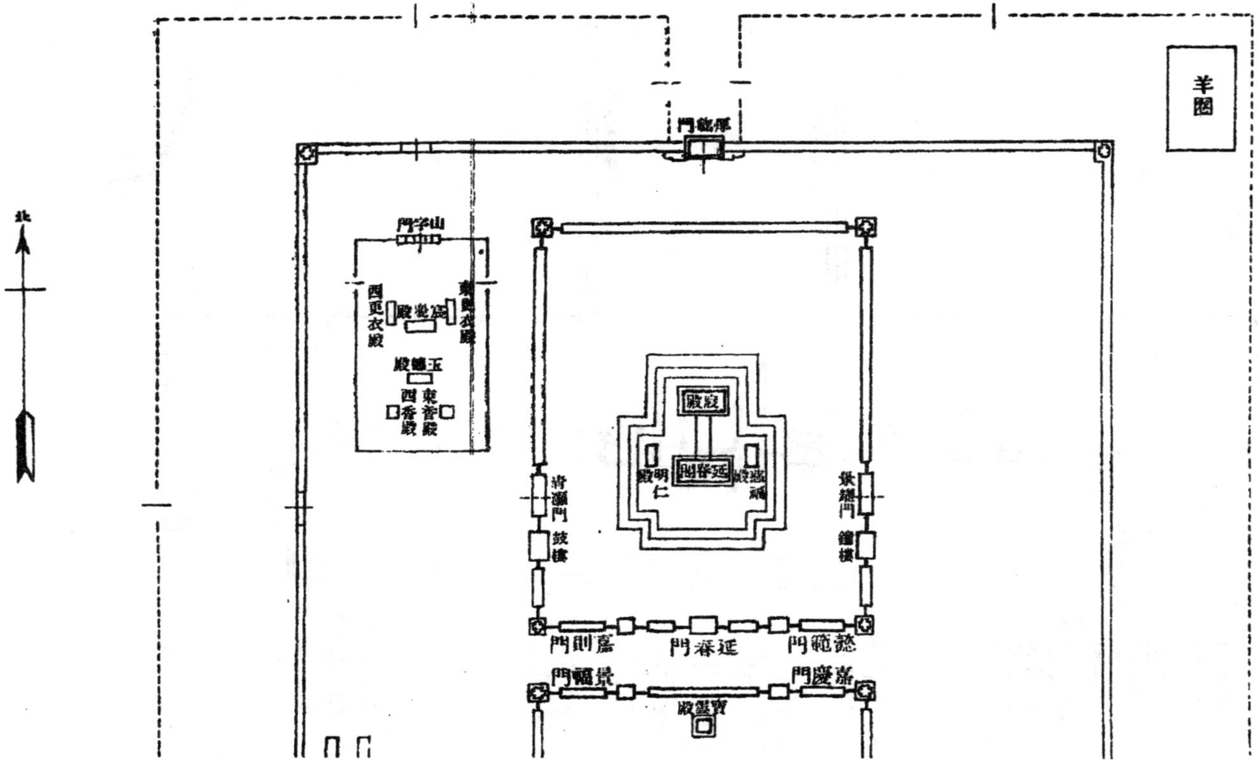


宮城周圍九里三十步東西四百八十步南北六百十五步

大內宮苑，但有局部之尺度，而無各間之距離，今按諸故蹟處皆是，

元大明殿與淸太和殿，尺度全同，(東西二百尺，深一百一百四十尺，但元深四十四尺，淸深六十尺，)

延春門外，及其他之馳道，皆從略，

玉德殿，陶錄但言在淸灝外，而又有紅門山字門等，非別

31771

宮實物及法式原理，姑爲推定，圖內如內外垣紅門，及內藏庫

二十尺，）元大明門，與清太和門，尺度略異，（元清東西均

立院落不可，今推定在大內西北，適爲清瀕外方，

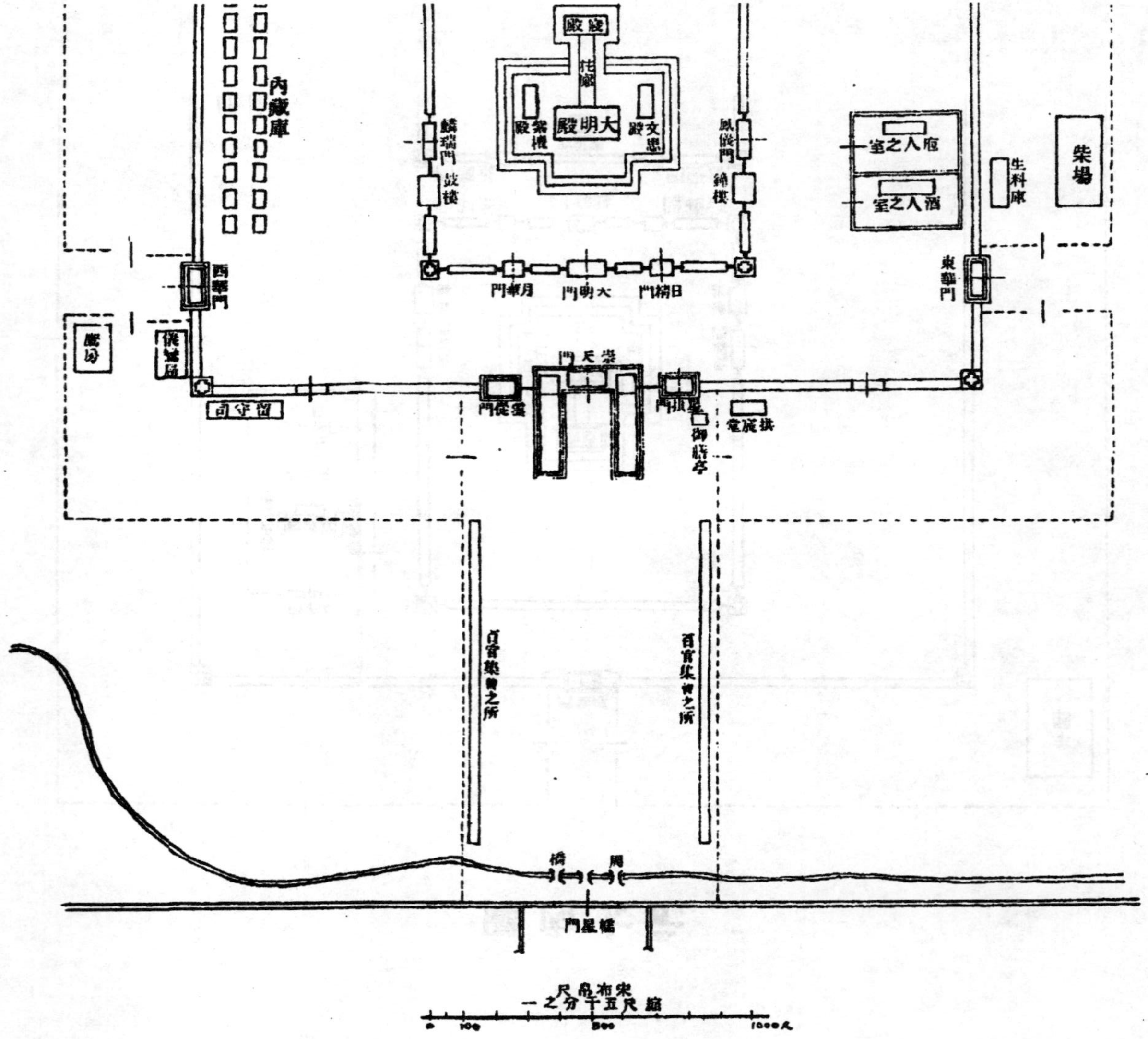


高密　宋闕復給

31772

## 乙　大明殿及延春閣

大內正衙　分前後兩部　周廡角樓悉具　庫庖及留守司儀鑾局　亦附麗焉

以今地考之　南至天安門　北至神武門　東華西華兩門之間皆是

| 名稱 | 位置 | 楹數 | 廣(東西) | 深 | 高 | 形式 | 年月 | 摘要 | 注 |
|---|---|---|---|---|---|---|---|---|---|
| 大明門 | 崇天門內大明殿正門 | 七間三門 | 百二十尺 | 四十四尺 | | 凡諸宮門皆金鋪朱戶丹楹藻繪彤壁琉璃瓦飾簷脊 | 至元十八年二月 | | |
| 日精門 | 大明門左 | 三間一門 | | | | | | | 三六 |
| 月華門 | 大明門右 | 又 | | | | | | | 三七 |
| 大明殿 | 正衙 | 十一間 | 二百尺 | 百二十尺 | 九十尺 | 凡諸宮殿皆丹楹朱瑣窗金藻繪簷脊皆飾琉璃瓦 | | 登極正旦壽節會朝之御 | 三八 四〇 |
| 柱廊 | 大明殿後 | 七間 | 四十四尺 | 二百四十尺 | 五十尺 | | | | 四一 |
| 寢室(大明寢殿) | | 五間 | 一百四十尺 | | | | 至元十年十月 | | 四二 四三 |
| 東西夾 | | 六間 | | 五十尺 | 七十尺 | | | | |
| 香閣 | 寢室後 | 三間 | | | | | 至元十年十月 | | 四四 |
| 文思殿 | 寢殿東 | 三間前後軒 | 三十五尺 | 七十二尺 | | | | 紫檀香木 | 四五 |

| | | | | | | | | | |
|---|---|---|---|---|---|---|---|---|---|
| 紫檀殿 | 寢殿西 | 又 | 又 | 又 | 三十尺 | | 至元二十八年三月 | 紫檀香木爲之 | 四六—五一 |
| 寶雲殿 | 寢殿後 | 五間 | 五十六尺 | 六十三尺 | 六十尺 | | | | |
| 鳳儀門 | 東廡中 | 三間一門 | 百尺 | 六十尺 | 又 | | | | |
| 麟瑞門 | 西廡中 | 又 | 又 | 又 | | | | | |
| 庖人室 | 鳳儀門外 | | | | | | | | |
| 酒人室 | 庖人室稍南 | | | | | | | | |
| 內藏庫 | 麟瑞門外 | 二十所所七間 | | | | | | | |
| 鐘樓（文樓） | 鳳儀門南 | 五間 | | | 七十五尺 | | | | |
| 鼓樓（武樓） | 麟瑞門南 | 又 | | | 又 | | | | 五三 |
| 嘉慶門 | 後寶雲殿東廡 | 三間一門 | | | | | | | |
| 景福門 | 後寶雲殿西廡 | 又 | | | | | | | 五四 |
| 周廡 | | 百二十間 | | | 三十五尺 | 凡諸宮周廡皆丹楹彤壁藻繪琉璃瓦飾簷脊 | 至元十年十月 | | |
| 四隅角樓 | | 四間 | | | | 重簷 | | | |
| 延春門 | 寶雲殿後延春閣之正門 | 五間三門 | 七十七尺 | | | 重簷 | | | 五五 |

| | | | | | | | | |
|---|---|---|---|---|---|---|---|---|
| 懿範門 | 延春門左 | 三間一門 | | | | | | 五六 |
| 嘉則門 | 延春門右 | 又 | | | | | | 五七 |
| 延春閣 | | 九間 | 百五十尺 | 九十尺 | 百尺 | 三簷重屋 | 禁扁 輟耕錄 | 五八 五九 |
| 咸寧殿 | 延春閣後 | | | | | | | 六〇 六一 |
| 柱廊 | | 七間 | 四十五尺 | 百四十尺 | 五十尺 | | | |
| 寢殿 | | 七間 | | | | | | |
| 東西夾 | | 四間 | 百四十尺 | 七十五尺 | 七十五尺 | 重簷 | | 六二 |
| 後香閣 | | 一間 | | | | | | 六三 六六 |
| 慈福殿(東煖殿) | 寢殿東 | 三間(前後軒) | 三十五尺 | 七十二尺 | | | | |
| 明仁殿(西煖殿) | 寢殿西 | 又 | 又 | 又 | | | | |
| 景耀門 | 左廡中 | 三間一門 | | | 三十尺 | | | |
| 清灝門 | 右廡中 | 又 | | | 又 | | | |
| 鐘樓 | 景耀門南 | | | | 七十五尺 | | | |
| 鼓樓 | 清灝門南 | | | | 又 | | | |
| 周廡 | | 百七十二間 | | | | | | 六七 |
| 四隅角樓 | | 四間 | | | | | | 六八 |

注三六　蕭錄，於大明門左右　不言有日精月華兩門　而云仍旁建掖門

注三七　元史六十七禮樂志　元正受朝儀　尙引引殿前班　皆公服　分左右入日精月華門，就起居位

注三八　元史十三世祖紀　至元二十一年正月　帝御大明殿　右丞相和禮霍孫　率百官奉玉册玉寶上尊號

注三九　元史十一世祖紀　至元十八年二月戊辰　發侍衛軍四千　完正殿

注四〇　虞集道園學古錄三　有進講後侍宴大明殿和伯庸贊善韻詩

注四一　蕭錄　主廊　大明殿及廣寒殿兩處　皆謂十二楹　而陶錄於兩處　皆謂七間　兩者之間楹同數　已可證實　而蕭於廣寒殿謂內外有一十二楹　益爲明徵

注四二　柱廊　宋洛陽宮室已有之　在兩殿或兩門之間　爲南北行　如今之穿廊　宋史八五地理志　洛陽宮室　垂拱殿北有通天門　柱廊北有明福門　門內有天福殿　殿北有寢殿　又石林燕語　紫宸殿在大慶殿之後少西　其次又爲垂拱殿　自大慶後紫宸垂拱之兩間　有柱廊相通　每月視朝　則御文德　所謂過殿也　東西閣門皆在殿之兩旁，月朔不過殿　則御紫宸　所謂入閤也　又王佐格古要論　引宋史　柱廊作主廊與蕭錄合

注四三　蕭錄金屏障後卽寢宮　深止十尺　俗呼爲弩頭殿　殿前宮　東西仍相向　爲寢宮　按陶錄不言東西相向　蕭錄深止十尺　十字上似有脫字　止字或係某數字之訛待考　弩或作拿　似誤

注四四　元史六十八禮樂志　至元十六年冬十月　大樂令完顏椿等　以樂工見於香閣

注四五　元史九十百官志　器物局所屬雕木局　掌宮殿香閣營繕之事　至元十一年置

注四六　元史一六世祖紀　至元二十八年三月　發侍衛兵營紫檀殿　又至元三十一年正月癸酉　帝崩於紫檀殿

注四七　元史二十八英宗紀　至治二年閏月壬子　作紫檀殿

注四八　元氏掖庭記　紫檀殿　以紫檀香木爲之

注四九　順天府志三　日下舊聞考云　文思紫檀二殿　輟耕錄在大明寢殿之東西　昭儉錄所載　與輟耕錄同　惟蕭洵故宮遺錄　謂在延春閣後　與二書不合　攷禁扁注大明西曰紫檀　東曰文思　北曰寶雲　四殿爲大內前位　當以輟耕錄爲是　大都宮殿考　則沿故宮遺錄之誤也　蓋輟耕錄載延春閣（閣當作門）在寶雲殿後爲延春閣之正門　寶雲殿南卽大明殿　東西卽文思紫檀二殿　四殿相去不遠　長廊複道　本自相通故宮遺錄以爲在延春宮後　與輟耕錄所載　其詞雖殊　推其方位自合

注五〇 按陶錄文思紫檀兩殿 皆以紫檀香木爲之 然兩殿之中 一殿以用材爲名 誠爲特例 蕭錄紫檀殿 謂在延春閣 遂滋後人之惑 謂蕭氏誤記 惟元史之書紫檀殿凡兩見 一爲至元二十八年 一爲至治二年 相隔三十一年 曰營曰作 皆非重脩 意爾時於兩地皆用此材 各建一殿 陶蕭各記其一 遂滋疑問也

注五一 禁扁 以大明紫檀文思寶雲爲大內前位 尤足證蕭錄列作延春寢殿後之非

注五二 元史八十輿服志 殿上執事 酒人凡六十人 主酒（國語曰答剌赤）二十人 主湩（國語曰部剌赤）二十人 主膳（國語曰博思赤）二十人 冠唐帽 同司香酒海直漏南 酒人北面立酒海南

注五三 蕭錄之文武樓謂在大明門掖門左右 此謂在鳳儀麟瑞之南 蓋蕭錄自南而北 陶錄自北而南也 惟蕭錄有樓與廡相連一語 可補陶錄所不及

注五四 禁扁 嘉慶寶雲東北向 景福寶雲西北向 已上大內前宮 按陶錄不言北向

注五五 蕭錄 廡後橫亘長道 中爲延春門

注五六 禁扁 懿範左南對嘉慶 嘉則右南對景福

注五七 元史二十二武宗紀 大德十一年十二月 命留守司 以來歲正月十五日 起燈山於大明殿後延春閣前

注五八 蕭錄 延春閣梯級由東隅而升 長短凡三折而後登 雖至幽暗 闌楯皆塗黃

金雲龍　又云闌干凭望　至爲雄傑　冒以丹青絹素　按陶錄所謂三簷重屋　全係術語
蕭以書生記之　轉較詳悉　而梯級方向及層折　足補陶錄

注五九　輟耕錄三　至正二年壬午春三月十四日　上御咸寧殿　中書右丞相脫脫等
奉命史臣纂脩宋遼金三史

注六〇　蕭錄　殿右連爲主廊十二楹　四周瑣窗　連建後宮　廣可三十步　深入半之
不顯楹楪　四壁立至爲高曠　按主廊　陶錄作柱廊十二楹　陶錄作七間　廣深尺度
亦似從側面計　故與陶錄相反　而殿右連爲主廊一語　無可證合　意殿右或爲殿后
之訛

注六一　蕭錄　宮後仍爲主廊　后宮寢宮　大略如前　廊東有文思小殿　西有紫檀小
殿　按蕭錄延春閣後　但云有柱廊七間　寢殿東西有兩暖殿　而文思紫檀兩殿　却在
大明寢殿之東西　殊不可解　然陶錄爲將作所疏　不至舛誤如此之甚　意蕭氏誤以兩
煖殿當文思紫檀　惟廊分東西一語　足爲主廊在中間如今穿堂之證　前注殿右主廊之
右當爲后　益可無疑也

注六二　元史一百七十八王結傳　元統二年　王結召拜翰林學士　中宮命僧尼於慈福
殿作佛事　已而殿災　結言僧尼褻瀆　當坐罪

注六三　禁扁　慈福明仁二殿　大內後位

注六四　蕭錄　與聖牁東　出便門　步隧河上　入明仁殿　主廊後宮　亦如前宮　後爲延華閣

按明仁爲延春閣寢殿之西煖殿　蕭氏記事　不按院落　故易淆亂

注六五　元南台備要永樂大典本　至正十二年閏三月十六日　咬咬怯薛第三日　明仁殿裏有時分

注六六　秘書志五　至正元年九月二十二日　也可怯薛第一日　明仁殿後宣文閣裏有時分

注六七　元史八世祖紀　至元十年十月乙卯　初建正殿寢殿香閣周廡兩翼室

注六八　蕭錄　宮後連抱長廡　以通前門　又云廡後橫亘長道　中爲延春堂　又云門廡殿制　大略如前　又云其上爲延春閣　按第一段連抱長廡　爲大明殿之周廡　第二段延春堂之堂　似爲門之誤　第三段門廡制度如前者　亦謂延春閣另有周廡　與陶錄周廡百七十二間四隅角樓四間相合　又蕭錄於延春上下　分閣與堂爲二　似非誤記

足補陶錄

## 丙　玉德殿

玉德殿、在大內右側爲正衙之便殿　以奉佛爲主　有時亦兼聽政　北近厚載門

| 名稱 | 位置 | 楹數 | 廣（東西） | 深 | 高 | 形式 | 年月 | 摘要 | 注 |
|---|---|---|---|---|---|---|---|---|---|
| 玉德殿 | 清灝門外 | 七間 | 百尺 | 四十九尺 | 四十尺 | | | | 六九—七一 |
| 東香殿 | 玉德殿東 | | | | | | | | |
| 西香殿 | 玉德殿西 | | | | | | | | |
| 宸慶殿 | 玉德殿後 | 九間 | 百三十尺 | 四十尺 | 四十尺 | | | | 七二 七三 |
| 紅門 | 宸慶殿左右 | 二 | | | | | | | |
| 後山字門 | | 三間 | | | | | | | |
| 東更衣殿 | 宸慶殿東 | 五間 | | | 三十尺 | | 至元二二年七月 | 禁扁 | |
| 西更衣殿 | 宸慶殿西 | 五間 | | | 三十尺 | | 至元二二年七月 | 蕭錄 | 七四 |
| 宣文殿 | 玉德殿東 | | | | | | 至正元年 | 殿亦作閣 | |
| 秘密室 | 宣文殿旁 | | | | | | | 蕭錄 | |
| 鹿頂小殿 | | | | | | | | 又 | |
| 便門 | 宣文殿後 | | | | | | | 又 | 七五 |
| 清寧宮 | 宣文殿後 | | | | | | 至正十三年十二月 | 又 | 七六 |
| 長廡 | 宮後 | | | | | | | 又 | 七七 |
| 厚載門上高閣 | | | | | | | | 又 | 七八 |
| 飛橋 | | | | | | | | 又 | |

| | | | | | | | | |
|---|---|---|---|---|---|---|---|---|
| 舞臺 | | | | | | | 又 | |
| 觀星臺 | 舞臺東 | | | | | | 又 | 七九 |
| 內浴室 | 臺西 | | | | | | 又 | |
| 小殿 | 浴室前 | | | | | | 又 | |

注六九　蕭錄　謂玉德殿在紫檀小殿之後東　而陶錄則謂在清灝外　似有位置錯亂之疑　然清灝與紫檀殿　均在西側　玉德在清灝外　又在紫檀之東　似以蕭錄爲更明晰

注七〇　秘書志四　大德七年五月初二日　秘書郎呈奉秘書府指揮　當年三月三十日也可怯薛第一日　玉德殿內有時分

注七一　輟耕錄十八　至元六年二月二十五日　上御玉德殿　命史臣楊前草詔　黜謫太師伯顏

注七二　禁扁　玉德殿清灝門西　宸慶後　二殿　大內後位

注七三　秘書志　至大二年十一月初五日　也可怯薛第一日　宸慶殿西耳房內有時分

注七四　元史十三世祖紀　至元二十二年秋七月　造更衣殿

注七五　蕭錄　玉德殿又東爲宣文殿　旁有秘密室　西有鹿頂小殿　前後散爲便門高下分引　而彩闌翠閣　間植花卉　松檜與別殿飛甍凡數座　按日下舊聞攷三十一

環谷集　順帝至正元年　制作宣文閣於大明殿之西北　按此閣　作於元之末造　故陶錄不及　蕭錄　閣誤作殿

注七六　蕭錄　宣文殿又後爲清寧宮　宮制大略亦如前　宮後引抱長廡　遠連延春宮　其中皆以處嬖幸也　外護金紅闌檻　各植花卉異石　又後重繞長廡　前虛御道　再護雕闌　又以處嬪嬙也　又後爲厚載門　按遠抱長廡遠連延春宮者　似仍在延春閣周廡可七十二間之內　至又後重繞長廡云云　亦非別有周廡　以上一殿一宮　名不見於陶錄　而陶錄之宸慶殿及東西更衣殿　蕭亦未及　按日下舊聞攷三十　引草木子　至正十一年正月京師清寧殿災　焚寶玩萬計　由宦官薰鼠故也　元史四十三順帝紀　至正十三年十二月丁巳　造清寧殿前山子月宮諸殿宇　又引元史英宗紀　仁宗延祐七年十二月　作延春閣後殿　按蕭錄所紀宣文殿清寧宮　皆在延春閣後　陶錄所缺　或卽此歟　然元史順帝紀　皇太子常坐清寧殿　分布長席　列坐西番高麗諸僧　今以禁扁攷之　則在上都　與大都無涉

注七七　蕭錄　上建高閣飛橋舞臺於前　回闌引翼　每幸閣上　天魔歌舞於臺　繁吹導之　自飛橋西升　市人聞之　如在霄漢　按陶錄　但云北曰厚載　五間一門　又云厚載北爲御苑　蕭錄所記在厚載門之南　似爲後世所增築　按元氏掖庭記　帝在位久

怠於政事　荒於游宴　以宮女一十六人按舞　名爲天魔舞　首垂髮數辮　戴象牙冠　身披纓絡　大紅銷金長裙襖　各執加巴剌般之器　又宮女十一練槌髻　勒帕　常服　或用唐巾窄衫　所奏樂　用龍頭笛管　小鼓　筝　纂　琵琶　胡琴　響板　每宮中讚佛　則按舞奏樂

注七八　蕭錄　臺東百步　有觀星臺　旁有雪柳萬株甚雅　臺西爲內浴室　有小殿在前　由浴室西　出內城臨海子　按元史十世祖紀　至元十六年二月癸未　建司天臺於大都　儀象圭表皆銅爲之　又十九年敕給駙馬昌吉印　脩宮城太廟司天臺　此云觀星臺　蓋同實異名

注七九　秘書志七　司天監　至元十年閏六月十八日　太保傳奉聖旨　回回漢兒兩個司天台　都交密書監管者　至元十一年十月初七日　太保大司農奏過事內一件　欽奏回回漢兒司天台　合併做一台呵　怎生奉聖旨那般者　欽此

# 元萬壽山圖

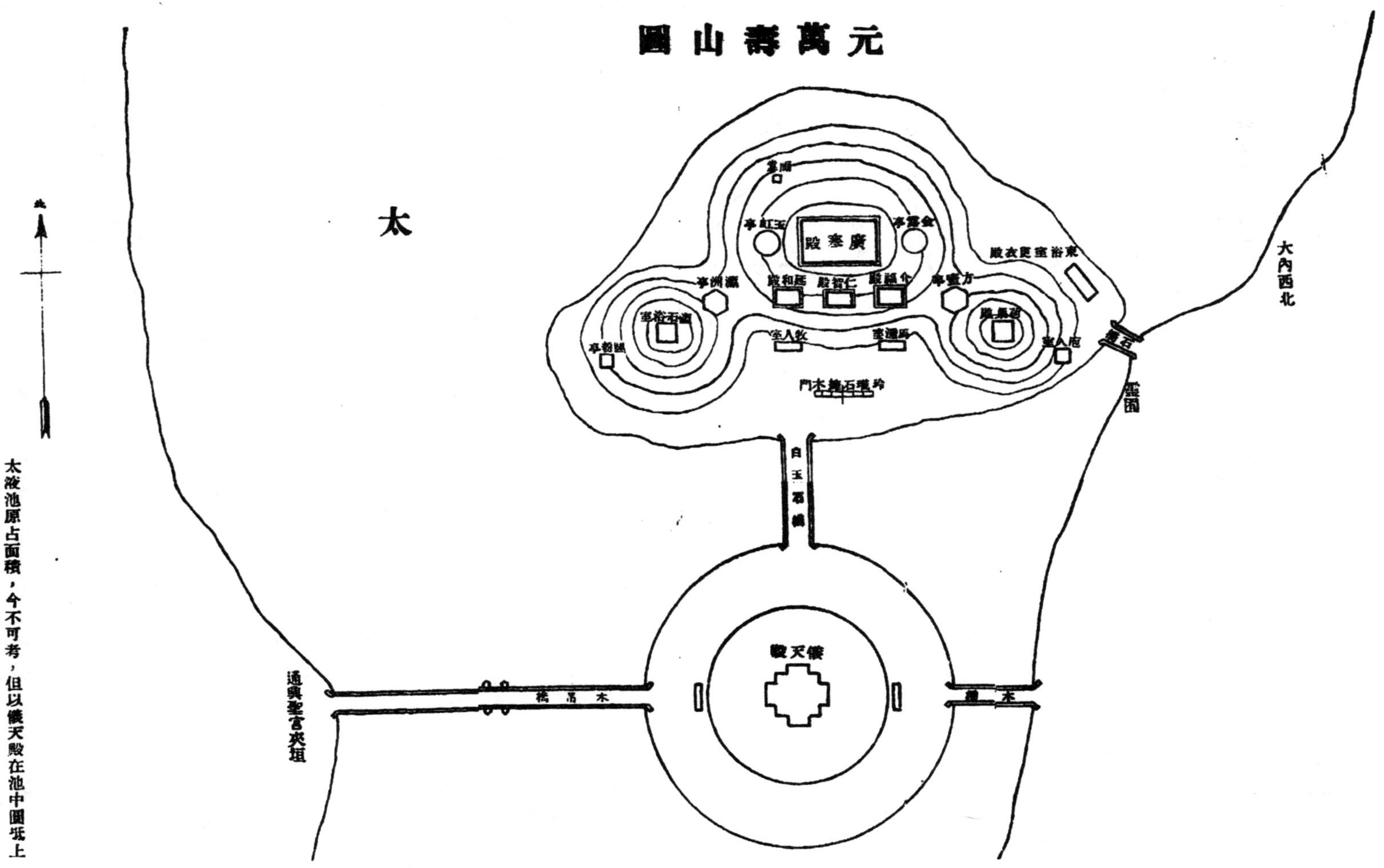


太液池原占面積，今不可考，但以儀天殿在池中圓坻上推定，幷以今日中北兩海之水綫，約略製圖，閱者可推

一語，與今圖城位置相印證，則池水區域，今昔懸殊，今依陶錄想當日水陸之界限，

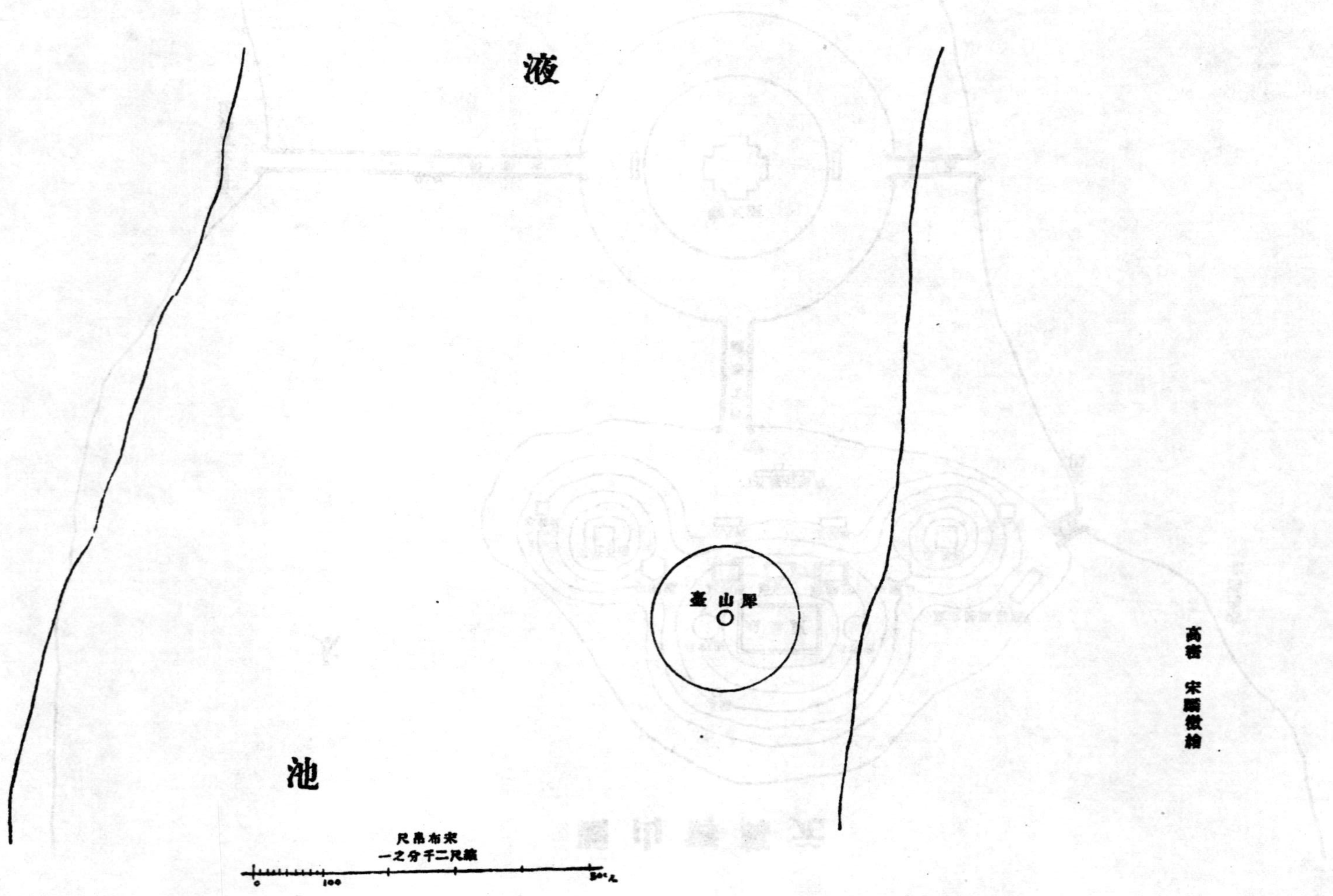


31786

## 丁　萬壽山

萬壽山及太液池　介乎大內與西內之間　在遼金即爲禁苑　但儀天殿犀山臺　在水中央　與瓊華島　南北一貫　積水潭固在城內　與海通波　明初始截而爲二　承光殿在明　已爲團城　東部似已塡爲陸地　又金鰲玉蝀在元時尙是木橋　固便徼廬之警衛　亦足爲水勢浩淼之徵　今就海子現狀作圖　而推定陶錄所紀之建築物　於是海子流域之今昔　更可瞭然

| 名稱 | 位置 | 楹數 | 廣(東西) | 深 | 高 | 形式 | 年月 | 摘要 | 注 |
|---|---|---|---|---|---|---|---|---|---|
| 萬壽山 | 大內西北太液池之陽 | | | | | | 至元八年 | | 八〇—八三 |
| 白玉石橋 | 山前瀛儀天殿後 | | | 長二百餘尺 | | | | | |
| 木門 | 橋北玲瓏石擁 | 五 | | | | | | 皆爲石色 | |
| 日月石 | 木門內隙地 | | | | | | | | |
| 石棋枰 | 日月石西 | | | | | | | | |
| 石坐牀 | 日月石東 | | | | | | | | |
| 左右登山徑洞府 | | | | | | | | | |
| 石橋 | 山之東 | | 四十一尺 | 長七十六尺 | | | | 半爲石渠以載金水 | |

| | | | | | | | | | |
|---|---|---|---|---|---|---|---|---|---|
| | | | | | | | | 流於山後 | |
| 靈圃 | 石橋之東 | | | | | | | 奇獸珍禽在焉 | |
| 廣寒殿 | 在山頂 | 七間 | 百二十尺 | 六十二尺 | 五十尺 | 重阿藻井 | | | 八四—八八 |
| 小玉殿 | 廣寒殿中 | | | | | | | | 八九 |
| 小石笋 | 廣寒殿後內山石龍首以噀所引金水 | | | | | | | | |
| 廁堂 | 西北 | 一間 | | | | | | | |
| 仁智殿 | 山之半 | 三間 | | | 三十尺 | | | | |
| 金露亭 | 廣寒殿東 | | | | 二十四尺 | 圓形九柱尖頂上置琉璃珠 | | | 九〇 |
| 銅幨竿 | 金露亭後 | | | | | | | | 九一 |
| 玉虹亭 | 廣寒殿西 | | | | 二十四尺 | 與金露亭同 | | | |
| 方壺亭(線珠亭) | 荷葉殿後 | | | | 三十尺 | 重屋八面重屋無梯自金露亭複道登焉 | | | 九二 |
| 瀛洲亭(線珠亭) | 溫石浴室後 | | | | 三十尺 | 重屋八面重屋無梯自玉虹亭前仍有登屋複道 | | | 九三 |
| 荷葉殿 | 方壺前仁智東北 | 三間 | | | 三十尺 | 方頂中置琉璃珠 | | | |
| 溫石浴室 | 瀛洲亭前仁智殿西北 | 三間 | | | 二十三尺 | 方頂中置塗金寶瓶 | 至元二十二年七月 | | 九四—九八 |

| | | | | | | | | | |
|---|---|---|---|---|---|---|---|---|---|
| 圓亭（臙粉亭） | 荷葉殿稍西 | | | | | | | 后妃添妝之所 | |
| 八面介福殿 | 仁智東差北 | 三間 | 四十一尺 | | 二十五尺 | | | | |
| 延和殿 | 仁智西北 | 三間 | 四十一尺 | | 二十五尺 | 如介福 | | | |
| 馬湩室 | 介福前 | 三間 | | | | | | | 九九 |
| 牧人室 | 延和前 | 三間 | | | | | | | |
| 庖室 | 馬湩前東 | | | | | | | | |
| 浴室 更衣殿 | 山東平地 | 三間兩夾 | | | | | | | |
| 太液池 | 大內西 | | 周回若干里 | | | | | 植芙蓉 | 一〇〇 |
| 儀天殿 | 在池中圓坻上當萬壽山 | 十一楹 | 圍七十尺 | | 三十五尺 | 重簷圓蓋頂圓 | | | |
| 東西門 | | 各一間 | | | | | | | |
| 塼龕 | 臺西向列甃 | | | | | | | 以居宿衛之士 | 一〇一 |
| 木橋 | 臺之東通大內夾垣 | | 闊二十二尺 | 長百二十尺 | | | | | 一〇二 |
| 木吊橋 | 臺之西中闕之立柱架梁於二舟以當其空〇通興聖宮之夾垣 | | 闊二十二尺 | 長四百七十尺 | | | | | 一〇三 |
| 犀山臺 | 儀天殿前水中 | | | | | | | 植木芍藥 | |
| 萬安宮 | 太液池 | | | | | | | 日下舊聞考 | 一〇四 |

注八〇　輟耕錄一　萬歲山在大內西北　太液池之陽　金人名瓊花島　中統三年脩繕之　其山皆以玲瓏石疊壘　峰巒隱映　松檜隆鬱　秀若天成　引金水河至其後　轉機運㪺　汲水至山頂　出石龍口　注方池　伏流至仁智殿後　有石刻蟠龍　昂首噴水仰出　然後東西流入于太液池　山上有廣寒殿七間　仁智殿則在山半　爲屋三間　山前白玉石橋　長二百尺　直儀天殿後　殿在太液池中圓坻上　十一楹　正對萬歲山　山之東也　爲靈囿　奇獸珍禽在焉　車駕歲巡上都　先宴百官于此　浙省參政赤德爾嘗云　向任留守司都事　時聞故老言　國家起朔漠日　塞上有一山　形勢雄偉　金人望氣者　謂此山有王氣　非我之利　金人謀欲厭勝之　計無所出　時國已多事　乃求通好入貢　既而曰　他無所冀　願得某山　以鎭壓我土耳　衆皆鄙笑而許之　金人乃大發卒　鑿掘輦運至幽州城北　積累成山　因開挑海子　栽植花木　營搆宮殿　以爲遊幸之所　未幾金亡　世皇徙都之　至元四年　興築宮城　山適在禁中　遂賜今名　又卷二十七　萬壽山在大內西北太液池之陽　金人名瓊花島　中統三年脩繕之　至元八年　賜今名　按此爲先名萬歲山　改名萬壽山之證

注八一　虞集道園學古錄三　有次韻杜德常博士萬歲山詩　又卷十八蔡國張公墓誌銘　侍宴萬壽山　又特有玉帶之賜

注八二　元史五世祖紀　中統四年春三月庚子　也黑迭兒請脩瓊華島不從　又卷六至元元年春二月壬子　脩瓊華島

注八三　明王直記略　山皆奇石疊成　相傳金人取宋艮嶽石爲之　至元增飾　加結構焉

注八四　王國維長春眞人西游記注下　元好問遺山先生文集九　出都詩注　瓊華島絕頂廣寒殿　近爲黃冠所撤　此詩作於壬寅癸卯間　則撤殿事　或在長春死後　按長春之死　爲丁亥七月　壬寅去丁亥十五年　所謂近也　餘詳注一六三

注八五　明宣宗廣寒殿記　略謂嘗侍皇祖太宗文皇帝　燕遊於此　今顧視殿宇　歲久而圮　命工脩葺　宣德八年四月丁亥

注八六　張居正太岳集十一雜著　皇城北苑中有廣寒殿　瓦甓已壞　榱桷猶存　相傳以爲遼蕭后梳粧樓　成祖定鼎燕京　命勿毀　以垂鑒戒　詞人題咏甚多　至萬歷七年五月四日　忽自傾圮　其梁上有金錢百二十文　蓋鎭物也　上以四文賜余　其文曰至元通寶　按至元乃元世祖紀年　則殿刱於元世祖時　非遼時物也　以此見世所傳古蹟　訛誤者多　而信耳者　往往據以爲眞　殊可笑也　鐸按江陵不知金代毀廣寒殿固無足怪　萬歷七年傾圮以後　未聞重建　清高宗白塔山東面記　謂白塔建自順治八

年辛卯，蓋即廢殿爲寺之時

注八七　李賢賜遊西苑記　其頂有殿當中　棟宇宏偉　簷楹翬飛　高揷於層霄之上　殿內清虛　寒氣逼人　雖盛夏亭午　暑氣不到　殊覺曠蕩蕭爽　與人境異　曰廣寒

注八八　野獲編　大內北苑中　有廣寒殿者　舊聞爲耶律后梳粧樓　成祖命留之　爲後世鑒戒　宣宗曾爲之記

注八九　元史六世祖紀　至元四年九月壬辰　作玉殿於廣寒殿中

注九〇　程文海雪樓集九　旃檀佛像記　至元十二年乙亥　遣大臣孛羅等　備法仗羽駕音伎四衆奉迎　居於萬壽山仁智殿　丁丑　建大聖壽萬安寺　二十六年己丑　自仁智奉迎於寺之後殿焉

注九一　蕭錄．旁有鐵竿數丈　上置金葫蘆三　引鐵練以繫之　乃金章宗所立　以鎮其下龍潭

注九二　禁扁　方壺作方壼　元人已如此作　無怪蕭錄之作壼矣

注九三　明宣宗實錄　兩紀登萬歲山　又於廣寒淸暑二殿置書籍　據楊士奇李賢韓雍諸人　賜遊西苑記所述　則廣寒仁智介福延和諸殿　及瀛洲方壺玉虹金露諸亭　均尙在　又嚴嵩賜遊廣寒殿詩序　並有堆雲積翠坊　然則太岳集　所謂圮壞者　亦不過隆

萬間事耳
注九四　元史十三世祖紀　至元二十二年秋七月　造溫石浴室　按明韓雍賜遊西苑記
瀛洲之西　湯池之後　有萬丈井　深不可測　此湯池　似即溫石浴室　更可證至明
中葉尚無恙
注九五　元氏掖庭記　漾碧池旁　一潭曰香泉潭　至上巳日　則積香水以注於池　池
中又置溫玉狻猊　白晶鹿　紅石馬等物　嬪妃浴澡之餘　則騎以爲戲　或執蘭蕙　或
擊球筑　謂之水上迎祥之樂　惟小娥體白而紅　著水如桃花含露　愈增妍美　帝曰
此夭桃女也　因呼爲賽桃夫人　寵愛有加焉
注九六　蕭錄　山左數十步萬柳中　有浴室　前有小殿　由殿後左右而入　爲室凡九
皆極明透　交爲窟穴　至迷所出路　中穴有盤龍　左底卬首而吐吞一丸於上　注以
溫泉　九室交湧　香霧從龍口中出　奇巧莫辨
注九七　秘書志一　至元十年九月十八日　秘書監札馬剌丁　於萬壽山浴堂根底愛薛
作怯里馬赤
注九八　光緒曲陽縣志工藝傳　楊瓊　曲陽石工　元世祖至元九年　建朝閣大殿等
於近畿撥戶五千　命瓊督之　省官錢五十萬緡　生平所營建　如兩都及察罕腦兒宮殿

凉亭　石門　石浴堂等工　不可枚舉

注九九　元史七十七祭祀志　國俗舊禮　每歲九月內及十二月十六日以後　於燒飯院中用馬一　羊三　馬湩酒醴　織金幣　及裹絹各三疋　命蒙古達官一員　偕蒙古巫覡掘地爲坎以燎肉　仍以酒醴馬湩雜燒之　巫覡以國語　呼累朝御名而祭焉

注一〇〇　元氏掖庭記　己酉仲秋之夜　武宗與諸嬪妃　泛月於禁苑太液池中　月色射波　池光映天　綠荷含香　魚鳥羣集　於是畫鷁中流　蓮舟夾持　往來便捷　帝乃開宴張樂　令宮女披羅曳縠　前爲八展舞　歌賀新凉一曲　按己酉　爲至大二年

注一〇一　蕭錄　海子廣可五六里　駕飛橋於海中西渡半起　按此卽陶錄之木橋　但蕭從大內西行　陶從萬壽山東望耳

注一〇二　日下舊聞考　引昭儉錄　儀天殿西爲木橋　長百七十尺　通興聖宮之垣

注一〇三　順天府志三　析津志　元儀天殿西木弔橋　在萬壽山之南　興聖宮之東瓊華島之北

注一〇四　日下舊聞攷云　元世祖曾命邱處機　居太液池之萬安宮　今據補　按長春眞人西遊記　每齋畢　出遊故苑瓊華之上　又道人王志明　至自秦州　傳旨改北宮仙島爲萬安宮　自瓊島爲道院　樵薪捕魚者絕迹　數年園池中禽魚蕃育　歲時遊人　往

來不絕　六月二十有一日　師浴於宮之東溪　二十有三日　太液池之南岸崩裂　水入東湖　聲聞數十里　錢大昕謂邱與元太祖　同是丁亥年七月卒　是年宋寶慶三年　金正大四年　在中統三年脩瓊華島三十五年以前　元遺山詩注　謂爲黃冠所撤　其詩作於壬寅癸卯間　當宋淳祐二三年　金已亡　仍在中統三年十九年以前　然則邱死以後廣寒殿被撤　闊二三十年　始有也黑迭兒請脩瓊華島　雖未允行　而中統三年仍重修之　至至元間　始重脩廣寒殿　可以證明

宋世模枋之可貴

齊東野語梓人掄材往往截長爲短斲大爲小略無顧惜之意心每惡之因觀建隆遺事載太祖時以寢殿梁損須大木換易三司奏聞恐他木不堪乞以模枋一條截用上批曰截你爺頭截你娘頭別尋進來于是止嘉祐中修三司勅內一項云敢以大截小長截短並以違制論即此勅也大哉王言室區區靳一木哉是亦用人之術耳元豐中趙伯山爲將作監太后出金帛建上清儲祥宮內侍陳衍主其役請輟將作鎮庫模枋截充殿梁伯山執不與且援引建隆詔旨惟大慶文德殿換梁方許用乃已

按李明仲法式仍恪守此旨可見宋人家法

## 木圍計算法

宋王得臣麈史卷中凡言木之巨細者始曰拱把大曰圍引而增之曰合抱盖拱把之間纔數寸耳圍則尺也合抱則五尺也莊子曰櫟社木其木蔽牛絜之百圍疏云以繩束之圍麤百尺是也今人以兩手指合而環之適用一尺杜子美武侯廟柏詩云霜皮溜雨四十圍黛色參天二千尺是大四丈沈存中內翰云四十圍乃是徑七尺無乃太細長也然沈精於算數者不知何法以準之若徑七尺則圍當二丈一尺傳曰孔子身大十圍夫以其大也故記之如沈之言纔今之三尺七寸有畸耳何足以爲異耶周之尺當今之七寸五分

## 木材防腐

明季蒯祓庵漫筆一梁棟注油工部修太廟梁棟皆豎立於廠每根頭鑿一竅以滾桐油注之逐水且牢

按此即近日注射防腐劑之祖

# 元興聖宮圖

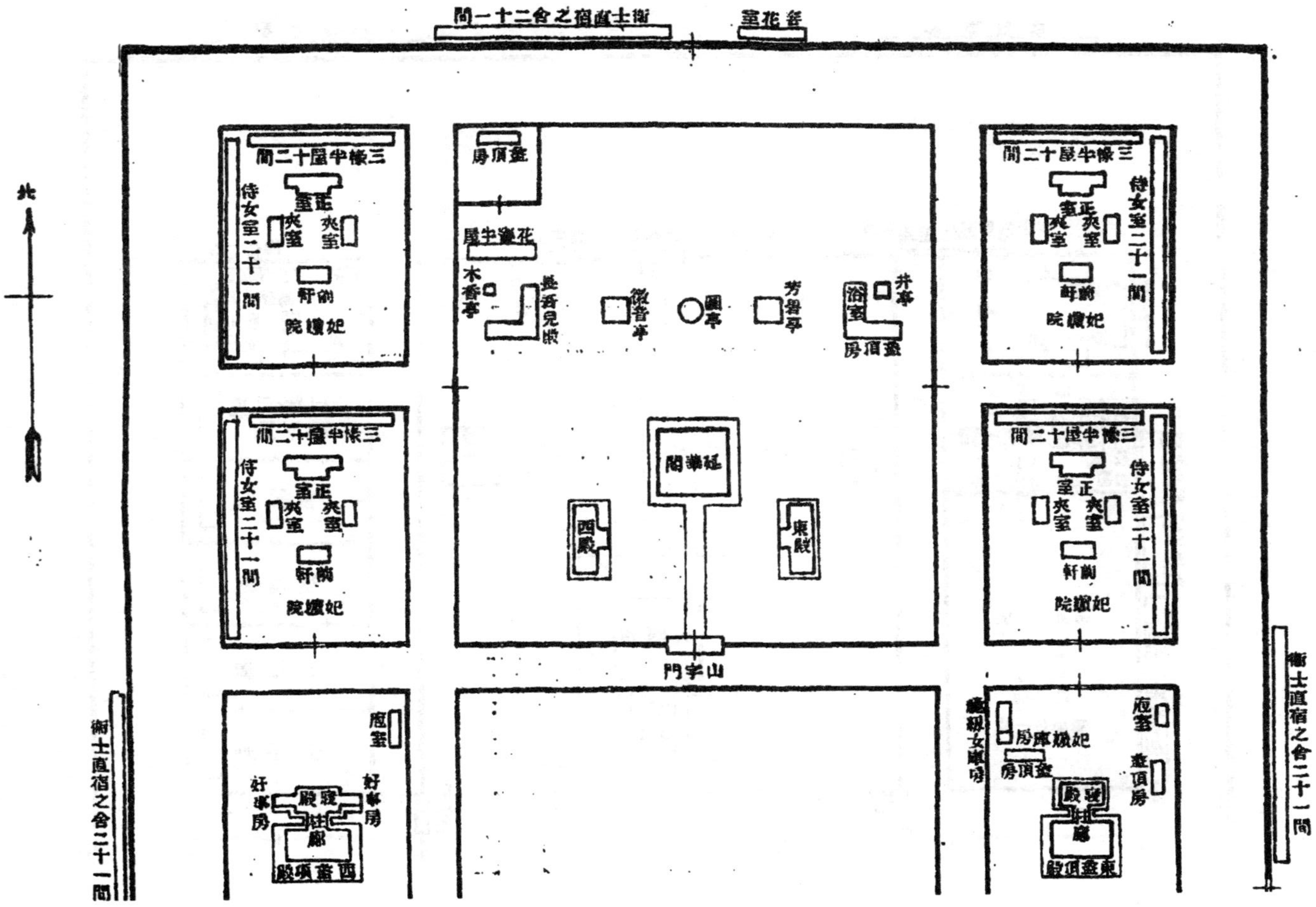


興聖宮延華閣紅板垣，無尺度，畏吾兒殿，有間數，無尺度，東西□三處，姑爲推定，

31797

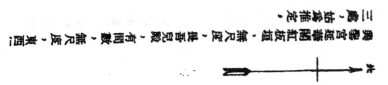

妃嬪院四所，但言東西各二，未詳位置及方向，以上

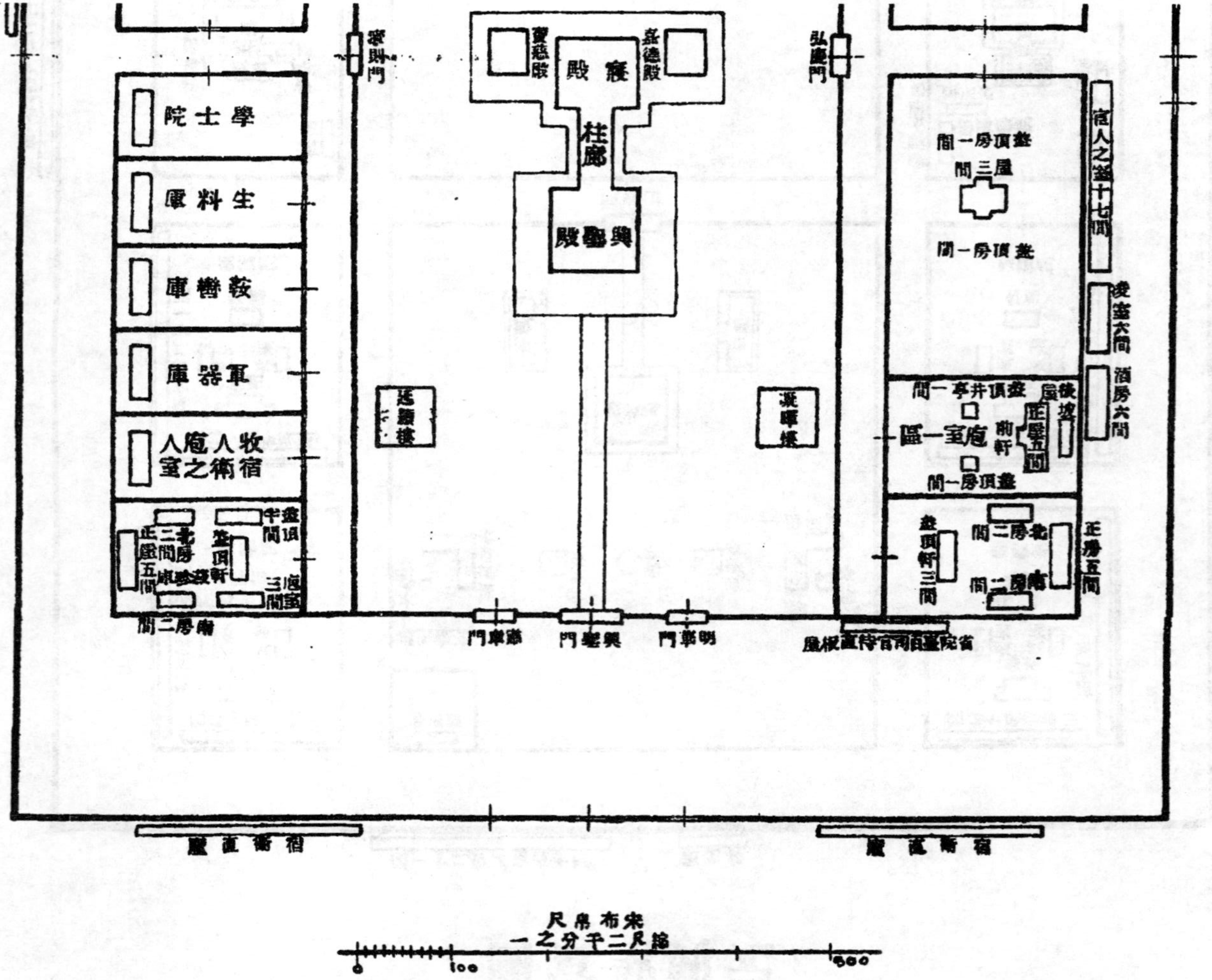


高密　宋麟徵繪

## 戊　興聖宮

興聖隆福兩宮　位於宮城西部　與大內正衙　有太液池之隔　大內室廬較少　嬪御無地可容　故興聖正殿之外　多建別院　乃至侍女宦人之室　庖廚湢浴　無一不備　又設周廬板屋　以備宿衛　規制極爲明備　非若正衙專爲朝會之用　故明成祖入燕　即改爲燕邸　其地在今北海西岸　及集靈囿一帶皆是　至其用途　殆與淸大內之六宮及五所相類　特元人規模宏闊　遠隔海子　恍若離宮耳

| 名稱 | 位置 | 楹數 | 廣(東西) | 深 | 高 | 形式 | 年月 | 摘要 | 注 |
| --- | --- | --- | --- | --- | --- | --- | --- | --- | --- |
| 興聖宮 | 大內西北萬壽山正西 | | | | | | 至大二年四月 | | 一〇五—一〇七 |
| 塼垣 | | | | | | | | | |
| 南紅門 | | 三 | | | | | | | |
| 東紅門 | | 一 | | | | | | | |
| 西紅門 | | 一 | | | | | | | |
| 北紅門 | | 一 | | | | | | | |
| 宿衛直廬 | 南紅門外兩傍附垣 | 四十間 | | | | | | | |
| 宿衛直廬 | 東紅門外附垣 | 三間 | | | | | | | |
| 宿衛直廬 | 西紅門外附垣 | 三間 | | | | | | | |

| | | | | | | | | |
|---|---|---|---|---|---|---|---|---|
| 省院臺百司官侍直板屋 | 南門前夾垣內 | | | | | | | |
| 鬻花室 | 北門外 | 五間 | | | | | | |
| 宦人之室 | 東夾垣外 | 十七間 | | | | | | |
| 凌室 | 又 | 六間 | | | | | | |
| 酒房 | 又 | 又 | | | | | | |
| 衛士直宿之舍 | 南北西門外棊置 | 二十一間 | | | | | | 一〇八 |
| 外夾垣 | | | | | | | | |
| 東紅門 | 直儀天殿吊橋 | 三 | | | | | | |
| 西紅門 | 達徽政院 | 一 | | | | | | |
| 徽政院 | 由西紅門 | | | | | | | 一〇九 一一〇 |
| 盝頂房 | 西紅門內差北 | 二所各三間 | | | | | | |
| 屋 | 盝頂房北 | 二所各三間 | | | | | | |
| 庫 | 盝頂房差南 | 一所及屋三間 | | | | | | |
| 臨衛門(夾垣北門) | 北紅門外 | 一所三間 | | | | | | |
| 興聖門 | 興聖殿正門 | 五間三門 | 七十四尺 | | 重簷 | | | |
| 明華門 | 興聖門左 | 三間一門 | | | | | | |

| | | | | | | | | | |
|---|---|---|---|---|---|---|---|---|---|
| 肅章門 | 興聖門右 | 又 | | | | | | | |
| 興聖殿 | | 七間 | 百尺 | 九十七尺 | | | | | 一一二 |
| 柱廊 | | 六間 | | 九十四尺 | | | | | |
| 寢殿 | | 五間 | | | | | | | |
| 兩夾 | | 各三間 | | 七十七尺 | | | | | |
| 後香閣 | | 三間 | | | | | | | |
| 弘慶門 | 東廡中 | 三間一門 | | | | | | | |
| 宣則門 | 西廡中 | 又 | | | | | | | |
| 奎章閣 | | 三間 | | | | | | 輟耕錄 | 一一六 一二一 |
| 凝暉樓 | 弘慶門南 | 五間 | 六十七尺 | | | | | | |
| 延顥樓 | 宣則門南 | 又 | 又 | | | | | | 一一七 |
| 嘉德殿 | 寢殿東 | 三間 | | | | 重簷 | | | |
| 前後軒 | | 各三間 | | | | | | | |
| 寶慈殿 | 寢殿西 | 三間 | | | | 重簷 | | | 一一八 |
| 前後軒 | | 各三間 | | | | | | | |
| 徽儀殿 | 興聖後 | | | | | | | 禁扁 | 一一九 |
| 山字門 | 興聖宮後延華閣正門 | 一間一門 | | | | | | | |

| | | | | | | | |
|---|---|---|---|---|---|---|---|
| 兩夾 | | 各一間 | | | | | |
| 獨脚門 | | 二 | | | | | 一二〇 |
| 周閣紅板垣 | | | | | | | |
| 延華閣 | | 五間、 | 方七十九尺二寸 | | 重阿十字脊 | | 一二一 |
| 東西殿 | 延華閣左右 | 各五間前軒一間 | | | | | |
| 圓亭 | 延華閣後 | | | | | | |
| 芳碧亭 | 圓亭東 | 三間 | | | 重簷十字脊 | | 一二三 |
| 徽青亭 | 圓亭西 | 又 | | | 又 | | 一二四 |
| 咸寧殿 | 延華閣後 | | | | | 元史禁扁 | 一二五 一二六 |
| 浴室 | 延華閣東南隅東殿後 | | | | | | |
| 盝頂井亭 | 浴室旁 | 二間 | | | | | |
| 盝頂房 | | 三間 | | | | | |
| 畏吾兒殿 | 延華閣右 | 六間 | | | | | 一二七 |
| 窨花半屋 | 畏吾兒殿旁 | 八間 | | | | | |
| 木香亭 | 畏吾兒殿後 | | | | | | |
| 東板垣 | 延華閣左 | | | | | | |

| | | | | | | | | | |
|---|---|---|---|---|---|---|---|---|---|
| 東盝頂殿 | 延華殿東板垣外 | 正殿五間前軒三間 | 六十五尺 | 三十九尺 | | | | | 一二八 |
| 柱廊 | | 二間 | 二十六尺 | | | | | | |
| 寢殿 | | 三間 | 四十八尺 | | | | | | |
| 花朱闌 | 寢殿前宛轉置 | 八十五扇 | | | | | | | |
| 妃嬪東院 | 東盝頂殿後 | 二所 | | | | | | | |
| 正室 | | 各三間 | | | | | | | |
| 東西夾 | | 各四間 | | | | | | | |
| 前軒 | | 各三間 | | | | | | | |
| 三椽半屋 | | 二間 | | | | | | | |
| 侍女室 | 院左西向 | 四十二間 | | | | | | | |
| 三椽半屋 | 室後 | 十二間 | | | | | | | |
| 盝頂房 | 寢殿旁 | 三間 | | | | | | | |
| 庖室 | 又 | 二間 | | | | | | | |
| 面陽盝頂房 | 又 | 三間 | | | | | | | |
| 妃嬪庫房 | 又 | 一間 | | | | | | | |
| 縫紉女庫房 | 又 | 三間 | | | | | | | |

| | | | | |
|---|---|---|---|---|
| 紅門 | | 一 | | |
| 屋 | 東盝頂殿紅門外 | 三間 | | |
| 盝頂軒 | | 一間 | | |
| 盝頂房 | | 一間 | | |
| 西板垣 | 延華閣右 | | | |
| 西盝頂殿 | 延華閣西板垣外 | 三間 | 六十五尺 | 三十九尺 |
| 柱廊 | | 二間 | 二十六尺 | |
| 寢殿 | | 三間 | 四十八尺 | |
| 花朱闌 | 寢殿前宛轉置西盝頂殿後 | 八十五扇 | | |
| 妃嬪西院 | | 二、所 | | |
| 正室 | | 各三間 | | |
| 東西夾 | | 各四間 | | |
| 前軒 | | 各三間 | | |
| 三椽半屋 | | 二間 | | |
| 侍女室 | 院右東向 | 四十二間 | | |
| 三椽半屋 | 室後 | 十二間 | | |
| 庵室 | 西殿旁 | 三間 | | |

| | | |
|---|---|---|
| 好事房 | 又 | 二所各三間 |
| 獨脚門 | | 二 |
| 紅門 | | 一 |
| 庖室 | 凝暉樓後 | 一區 |
| 正屋 | | 五間 |
| 前軒 | | 一間 |
| 後披屋 | | 三間 |
| 盝頂房 | | 一間 |
| 盝頂井亭 | | 一間 |
| 土垣 | 周庖室 | |
| 紅門 | 庖室前 | 一 |
| 酒房 | 宮垣東南隅庖室南 | |
| 正屋 | | 五間 |
| 前盝頂軒 | | 三間 |
| 南北房 | | 各三間 |
| 盝頂房 | 西北隅 | 三間 |
| 紅門 | 酒房前 | 一 |

| 名稱 | 位置 | 規模 | | | | | | 出處 | 注 |
|---|---|---|---|---|---|---|---|---|---|
| 土垣 | 周酒房 | | | | | | | 制度如酒房 | |
| 學士院 | 延華閣後西盝頂殿門外西偏 | 三間 | | | | | | | |
| 生料庫 | 學士院南 | | | | | | | 又 | 一二九 |
| 鞍轡庫 | 生料庫南 | | | | | | | 又 | |
| 軍器庫 | 鞍轡庫南 | | | | | | | 又 | |
| 庖人牧人宿衛之室 | | 三間 | | | | | | 又 | |
| 藏珍庫 | 宮垣西南隅 | | | | | | | 又 | 一三〇 |
| 盝頂半屋 | 藏珍庫內 | 三間 | | | | | | | |
| 庖室 | 又 | 又 | | | | | | | |
| 禮天臺 | 彩樓後 | | | | | | | 蕭錄 | 一三一 |
| 端本堂 | 延華閣花苑東 | | | | | | | 又 | 一三二 一三四 |
| 慈仁殿 | 延華閣少西出掖門 | | | | | | | 又 | 一三五 一三六 |
| 慈德殿 | | | | | | | | 禁扁 | 一三七 |
| 龍光殿 | | | | | | | | 圭齋文集 | 一三八 一三九 |

注一〇五 元史二十二武宗紀 至大元年春三月 建興聖宮 又二年夏四月辛酉 立興聖宮 五月丁亥 以通政院使憨剌令兒知樞密院事 董建興聖宮 令大都留守養安

等督其工

注一〇六　虞集道園學古錄十六　楊襄愍公神道碑　武宗皇帝方賓天　皇太后在興聖宮　以帖木迭而爲丞相

注一〇七　元史二十二武宗紀　至大元年二月　建興聖宮　爲皇太后所居

注一〇八　日下舊聞考三十　引元史兵志　至治元年八月在內皇城建宿衞室二十五楹命五衞內　摘軍二百五十人居之　以備禁衞　按陶錄惟此處有二十一間　雖楹數不符　此外更無大於此者　姑附注於此　一或爲五之誤

注一〇九　元史十八成宗紀　至元三十一年五月　改詹事院爲徽政院

注一一〇　輟耕錄二十一公宇　徽政院　有宮正司　掌謁司　掌醫署　掌膳署　內宰司　備用庫　藏珍庫　掌儀署　文成庫　供須庫　儀從庫　衞候司　右都威衞使司左都威衞使司　延慶司　隨路諸色人匠都總管府　瑪瑙玉局　大都等路諸色民匠提舉司　織染雜造人匠總管府　綾錦局　織染局　文綺局　諸路怯憐口民匠都總管府　大護國仁王寺財用規運都總管府　按藏珍文成兩庫所在地　均別見　文成即文宸　但禁扁亦作文成

注一一一　秘書志六　天歷二年十一月二十六日　照得當年三月二十一日　闊徹伯怯

薛第二日　興聖殿後穿廊裏有時分
注一一二　禁扁　宣則北門曰奎章閣
注一一三　順天府志三　昭儉錄　奎章閣　在興聖殿西廡　宣則門北
注一一四　輟耕錄二　天歷初建奎章閣于西宮興聖殿之西廊　爲屋三間　高明敞爽　南間以藏物　中間諸官入直所　北間南嚮設御座　左右列珍玩　命羣玉內司掌之　閣官署銜　初名奎章閣　階正三品　隸東宮屬官　後文宗復位　乃陞爲奎章閣學士院　階正二品　置大學士五員　並知經筵事　侍書學士二員　承制學士二員　供奉學士二員　並兼經筵官幕職　置參書二員　典籤二員並兼經筵參贊官　照磨一員　內掾四名　內二名　兼檢討　宣使四名　知印二名　譯史二名　典書四名　屬官　則有羣玉內司　階正三品　置監　羣玉內司一員　司尉一員　亞尉二員　僉司二員　典簿一員　令史二名　典吏二名　司鑰二名　司膳四名　給使八名　專掌秘玩古物　藝文監　階正三品　置太監兼檢校書籍事二員　少監同檢校書籍事二員　監丞參檢校書籍事二員　或有兼經筵官者　典簿一員　照磨一員　令史四名　典吏二名　專掌書籍鑒書博士司　階正五品　置博士兼經筵參贊官二員　書吏一名　專一鑒辨書畫　授經郎　階正七品　置授經郎兼經筵譯文官二員　專一訓教怯薛官大臣子孫　藝林庫　階從六品　置

提點一員　大使一員　副使一員　司吏二名　庫子一名　專一收貯書籍　廣成局　階
從七品　置大使一員　副使一員　直長二員　司吏二名　專一印行祖宗聖訓　及國制
等書　特恩頒製象齒小牌五十　上書奎章閣三字　一面篆字　一面蒙古字　與畏吾兒
字　分散各官懸佩　出入宮門無禁　學士院　凡與諸司往復　惟劄送參書廳行移而已
命侍講學士虞集撰記　御書刻石閣中　今上皇帝　改奎章曰宣文

注一一五　虞集奎章閣記　天曆二年三月　作奎章之閣　備燕閒之居　將以淵潛遐思
緝熙典學　乃置學士　俾頌乎祖宗之成訓　毋忘乎創業之艱難　而守成之不易也
又俾陳夫內聖外王之道　興亡得失之故　而以自儆焉　其爲閣也　因便殿之西廡　擇
高明而有容　不加飾乎采斲　不重勞於土木　不過啟戶牖以順清燠　樹庋閣以棲圖書
而已　至於器玩之陳　非古制作中法度者　不得在列　其爲處也　跬步戶庭之間　而
清嚴邃密　非有朝會祠享時巡之事　幾無一日而不御於斯　於是宰輔有所奏請　宥密
有所圖維　諍臣有所繩糾　侍臣有所獻替　以次入對　從容密勿　蓋終日焉　而聲色
狗馬　不軌不物者　無因而至前矣　（中略）至順辛未孟春二日記

注一一六　元史百八十七周伯琦傳　至正元年　改奎章閣爲宣文閣

注一一七　蕭錄　又後爲興聖宮　丹墀皆萬年枝　殿制比大明殿小　殿東西分道爲閣

門　東西翼爲仙橋　中抱彩樓　按東西閣門　似即弘慶宣則兩門　彩樓　似即凝輝延顥兩樓

注一一八　元史三十二文宗紀　天歷元年十一月　命高昌僧作佛事於寶慈殿

注一一九　順天府志三　禁扁云　興聖宮　西曰寶慈　東曰嘉德　興聖殿後曰徽儀其北曰延華　其東西日月殿　或卽寶慈嘉德　而其後徽儀延華二殿　輟耕錄　大都宮殿考　故宮遺錄　皆不及載　按延華殿　卽延華閣　茲僅補徽儀一殿

注一二〇　蕭錄　壁間來往多便門　有莫能窮云云　似卽指獨脚門

注一二一　蕭錄　入明仁殿　主廊後宮　亦如前制　宮後爲延華閣　規制高爽　與延春閣相望　按陶錄不言延華在何殿之後　但云方七十九尺二寸　全文無言方者　以規制高爽　與延春閣相望二語衡之　方當作高　蓋延春高一百尺也

注一二二　順天府志三　禁扁　延春閣後曰咸寧堂之扁　曰芳潤　曰拱辰　亭之扁曰碧芳　按碧芳　爲禁扁徽青之注　延春或延華之誤

注一二三　元史二十九泰定帝紀　至治三年十二月　塑馬哈吃剌佛像於延春閣之徽清亭　延春　當作延華　元史誤

注一二四　大元畫塑記　延華閣西徽青亭門內　又塑帶伴繞馬哈哥佛像　以石砌淨台

而復製木淨台於兩旁
注一二五　順天府志三　日下舊聞攷云　徽清亭　據禁扁註在延華閣　昭儉錄　延華閣在興聖宮後　徽清亭在延華閣後　圓亭之東　與芳碧亭相對　析津志　繡女房牆外南牆內是圓殿一直板房前　即延華閣　西有婆羅樹　徽清之清　輟耕錄禁扁畫塑記皆作青　從之
注一二六　輟耕錄三　至正二年壬午春三月十有四日　上御咸寧殿　中書右丞相脫脫等　奏命史臣纂修宋遼金三史
注一二七　元史語解三　部族　輝和爾　回部名　元史卷一百九十五　作畏吾兒
注一二八　元南台備要　至正元年正月初七日　篤憐帖木兒怯薛第二日　興聖殿東鹿頂殿有時分　又十二年三月二十四日　興聖東鹿頂有時分
注一二九　輟耕錄二十一公宇　宣徽院所屬　有生料庫
注一三〇　輟耕錄二十一公宇　徽政院所屬　有藏珍庫
注一三一　蕭錄　彩樓後有禮天臺　高跨宮上　碧瓦飛甍　皆非常制　盻望上下　無不流輝　不覺奪目　按此臺　陶錄不載　或亦後來添建
注一三二　輟耕錄二　端本堂　今上皇太子之正位東宮也　設諭德　置端本堂　以處

太子講讀　又皇太子方在端本堂讀書　近侍之嘗以飛放從者　輒臂鷹至廊廡間　喧呼馳逐　以惑亂之

注一三三　蕭錄　延華閣四向皆臨花苑　苑東爲端本堂　上通冒青紵絲

注一三四　元王褘有端本堂頌

注一三五　蕭錄　延華閣少西出掖門爲慈仁殿　按興聖宮有寶慈殿　在興聖殿寢殿西如自北而南　出獨脚門亦可　至寶慈殿　此慈仁殿　或係更名　或爲訛字　俟考

注一三六　元詩選周伯溫近光集天馬行應制作　歐陽玄圭齋文集卷一天馬頌　吳師送禮部集十一天馬贊序　皆紀至正二年七月十八日御慈仁殿　受佛郞國獻天馬事　而吳師送禮部集　獨有上在灤京一語　按禁扁　慈仁龍光慈德三殿　注幷伯亦幹耳朵　又在上都五殿之後　然則蕭錄之慈仁殿　尙應存疑

注一三七　順天府志三　日下舊聞考云　龍光殿　輟耕錄不載　見王氏禁扁　又有慈仁慈德二殿　注云　三殿並巴延鄂爾多　考元史　太祖后妃　有四鄂爾多　四十餘人世祖鄂爾多四　武宗鄂爾多一　蓋后妃分居之地也

注一三八　續文獻通攷　至正八年　永寧禪師入覲　說法於龍光殿

注一三九　歐陽玄圭齋文集十　至正二年壬午七月十八日丁亥　皇帝御慈仁殿・拂郞國進天馬　二十一日庚寅　自龍光殿　勑周郞貌以爲圖

# 元隆福宮及西御苑圖

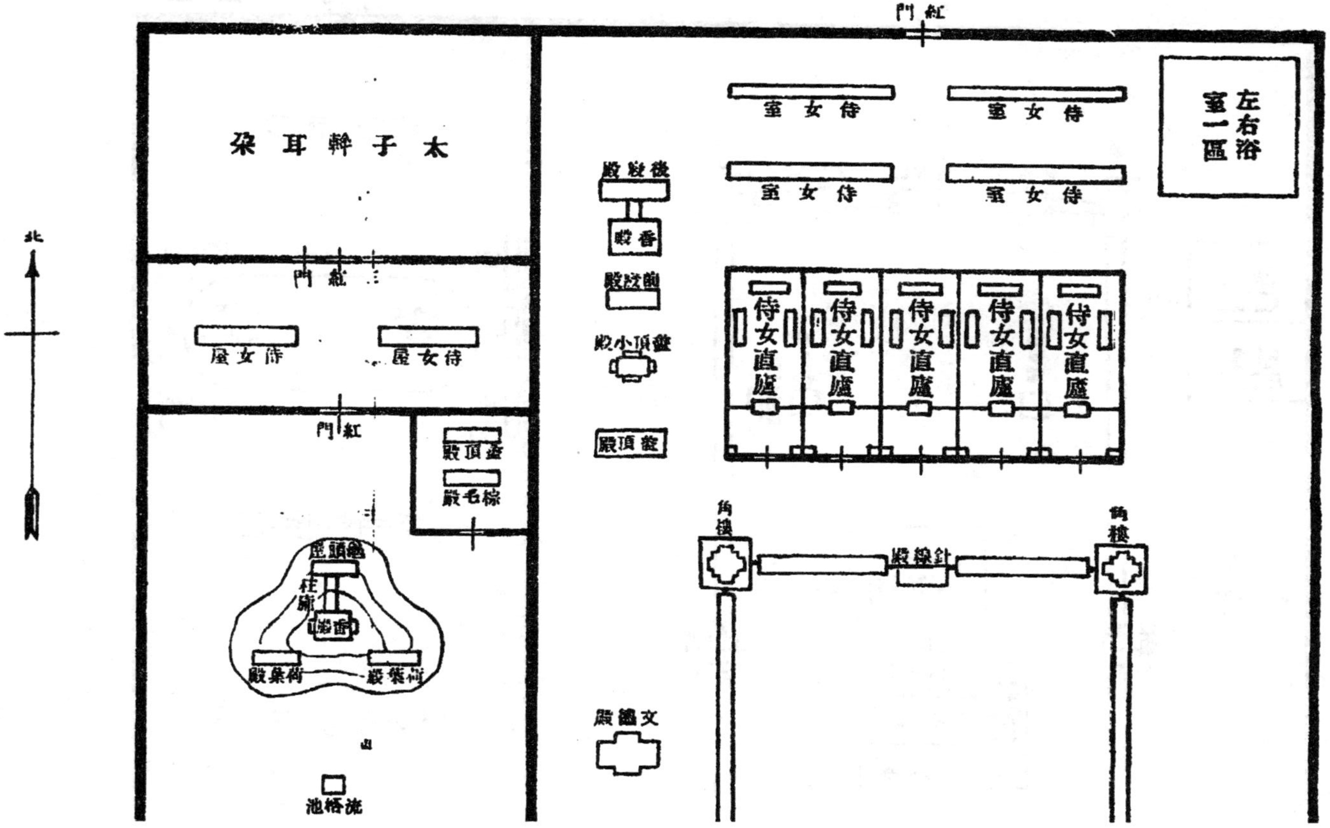


隆福宮及西御苑，面積大小不可考，今姑照興聖宮地盤，略分東西上，或不如圖列之整齊，姑爲推定，其部位如此，

太子斡耳朵，但言在三紅門外，未詳制度，今爲推定如圖，

收入宿衛之室，應在驂龍樓後，今推定在樓之北，然以方向論，或

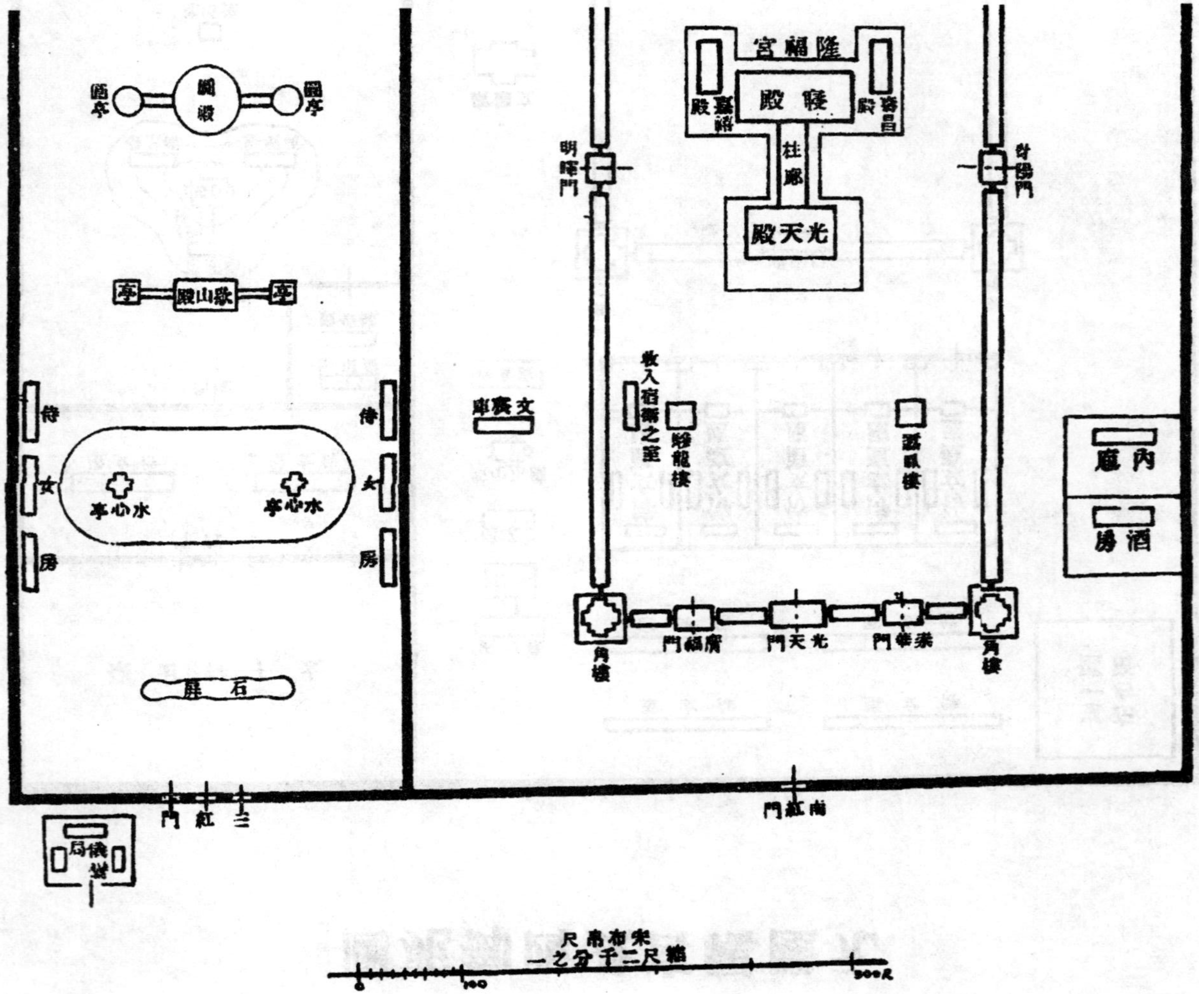


高密　宋晞微繪

二部，以符陶錄，但西御苑假山亭池之配置，在事實應在樓之西，而作東向，亦可謂之樓後，

## 己　隆福宮

隆福專爲崇養太后之地　故侍女直廬　及侍女室獨多　針線殿亦爲他處所無　香殿所以奉佛　至一切規制　略殺於興聖　而配殿周廡　角樓宿衛亦無不具　盝雖是便殿　從前本爲太子府　太后有時亦御以聽政也　地分見上興聖宮條

| 名稱 | 位置 | 楹數 | 廣(東西) | 深 | 高 | 形式 | 年月 | 摘要 | 注 |
|---|---|---|---|---|---|---|---|---|---|
| 隆福宮 | 大內西興聖之前 | | | | | | 至元三一年 | 以舊太子府改 | 一四〇 一四三 |
| 南紅門 | | 三 | | | | | | | |
| 東紅門 | | 一 | | | | | | | |
| 西紅門 | | | | | | | | | |
| 磚垣 | | | | | | | | | |
| 南紅門 | | 一 | | | | | | | |
| 東紅門 | | 一 | | | | | | | |
| 後紅門 | | 一 | | | | | | | |
| 先天門 | 光天殿正門 | 五間三門 | | | 三十尺 | 重簷 | | | |

| | | | | | | | | | |
|---|---|---|---|---|---|---|---|---|---|
| 崇華門 | 光天門左、 | 三間一門 | | | | | | | |
| 膺福門 | 光天門右 | 三間一門 | | | | | | | |
| 光天殿 | | 七間 | 九十八尺 | 五十五尺 | 七十尺 | | 至正七年三月 | | 一四四 一四五 |
| 柱殿 | | 七間 | | 九十八尺 | 五十尺 | | | | |
| 寢殿 | | 五間 | 百三十尺（寢殿兩夾） | | 五十八尺五寸 | 重簷藻井 | | | 一四六 |
| 兩夾 | | 四間 | | | | | | | 一四八 |
| 青陽門 | 左廡中 | 三間一門 | | | | | | | |
| 明暉門 | 右廡中 | 又 | | | | | | | |
| 翥鳳樓 | 青陽門南 | 三間 | | | 四十五尺 | | | | |
| 騶龍樓 | 明暉門南 | 又 | | | 又 | | | | |
| 牧人宿衞之室 | 騶龍樓後 | | | | | | | | |
| 壽昌殿（東煖閣） | 寢殿東 | 三間前後軒 | | | | 重簷 | | | 一四九 |
| 沈香殿 | 又 | | | | | | | 蕭錄 | 一五〇 |
| 嘉禧殿（西煖閣） | 寢殿西 | 又 | | | | 重簷 | | | 一五一 一五四 |
| 寶殿 | 又 | | | | | | | 蕭錄 | |
| 針線殿 | 寢殿後 | | | | | | | | |
| 周廡 | | 百七十二間 | | | | | | | 一五五 |

| | | | | | |
|---|---|---|---|---|---|
| 四隅角樓 | | 四間 | | | 一五六 |
| 侍女直廬 | 針線殿後 | 五所 | | | |
| 侍女室 | 直廬後 | 七十二間 | | | 一五七 |
| 左右浴室 | 宮垣東北隅 | 一區 | | | |
| 文德殿（楠木殿） | 明暉門外 | 前三間後一間軒 | 泰定元年七月 | | 一五八 |
| 睿安殿 | | | | 禁扁 | 一五九 |
| 盝頂殿 | 光天殿西北角樓西 | 五間 | 延祐五年二月 | | 一六〇 |
| 盝頂小殿 | 盝頂殿後 | | | | 一六二 |
| 香殿 | 宮垣西北隅 | 前三間一間軒 | | | 一六三 |
| 前寢殿 | | 三間 | | | |
| 柱廊 | | 三間 | | | |
| 後寢殿 | | 三間 | | | |
| 東夾 | | 二間 | | | |
| 西夾 | | 二間 | | | |
| 文宸庫 | 宮垣西南隅 | | 至元二八年五月 | | |
| 酒房 | 宮垣東南隅 | | | | |

內庵　酒房北

注一四〇　元史一八成宗紀　至元三十一年五月　改皇太后所居舊太子府　爲隆福宮

注一四一　虞集道園學古錄十七　張忠獻公神道碑　世祖崩　成宗卽位　裕宗册母后爲皇后　后卽東宮爲隆福宮以奉之　又十八　蔡國張公墓誌銘　仁宗將卽位　廷臣用皇太后旨　行大禮於隆福宮　公曰　隆福太后之宮也　舍大明弗御　天子果卽何位乎

注一四二　禁扁　於大明延春　謂之大內前後宮　其他　則稱興聖宮隆福宮等名

注一四三　順天府志三　楊仲宏集　謂皇太后命改隆福宮　趙孟頫擬光天二字　似光天殿　舊爲隆福宮　然攷禁扁、隆福宮光天等殿　皆在興聖之前　輟耕錄　亦曰隆福殿在興聖前　則隆福宮之卽爲隆福殿無疑　特宮殿皆可通稱耳　且元史言隆福宮爲皇太后所居　舊太子府所改　則隆福宮　與光天殿固一名也　今從禁扁輟耕錄元史爲正

注一四四　元史二十七英宗紀　延祐七年十一月丁亥　作佛事於光天殿　按仁宗紀崩於光天宮　蓋宮殿互稱也

注一四五　元史四十一順帝紀　至正七年三月　脩光天殿

注一四六　蕭錄　中爲光天殿　殿後主廊如前　但廊後高起爲隆福宮　按陶錄　以隆福宮爲總名　如興聖　而此則專指寢宮

注一四七　元南台備要　至正十一年正月十一月　也可怯薛第二日　光天殿後寢殿有時分

注一四八　蕭錄　廊後高起爲隆福宮　左右後三向皆爲寢宮　大略亦如前制　按陶錄但有寢宮五間　兩夾四間　此云三向　或係後來添建

注一四九　元史二十九泰定帝紀　泰定元年三月癸亥　脩佛事於壽昌殿

注一五〇　蕭錄　寢宮東有沈香殿　西有寶殿　按此卽陶錄之東西二煖殿　但額名不同

注一五一　趙孟頫宮詞　殿西小殿號嘉禧　玉座中央靜不移　讀罷經書香一炷　太平天子政無爲

注一五二　元南台備要　至正十三年閏三月二十五日　也可怯薛第三日　嘉禧殿裏有時分

注一五三　秘書志五　延祐二年七月十六日　集賢院劄付　當年四月二十三日　木剌忽怯薛第二日　嘉禧殿內有時分　又延祐三年三月二十一日　木剌忽怯薛第一日　嘉禧殿內有時分

注一五四　虞集道園學古錄五　送孛完赴建德總管序　延祐初元之三月　近臣以君入

晃嘉禧殿

注一五五　蕭錄　又繞紅牆可二十步許　爲光天門　仍闢左右掖門而繞長廡（中略）長廡四抱　與別殿重闌　曲折掩映　尙多莫名　按所謂別殿　卽針線殿之類

注一五六　順天府志三　昭儉錄　光天殿之周廡四隅　皆有角樓四間　而其西廡中爲明暉門　門外卽文德殿　其所載西北角樓西後有鹿頂小殿　蓋卽延祐所建　其地正當西位　文德殿之後　與東位睿安殿後五間相配也

注一五七　元史十六世祖紀　至元二十八年五月　宮城中建蒲萄酒室　及女工室　按女工室　或卽針線殿後之侍女直廬及侍女室　以其有五所七十二間之多　故史氏特書歟

注一五八　元史二十九泰定帝紀　泰定元年七月　作楠木殿

注一五九　順天府志三禁扁注　光天殿西位爲文德　東位爲睿安　今攷諸書　祇詳文德　而睿安缺載　特據禁扁補錄

注一六〇　元史二十六仁宗紀　延祐五年二月　建鹿頂殿於文德殿後

注一六一　盝頂之盝　元史　元氏掖庭記　大元氈罽記　禁扁　元南台備要　故宮遺錄　格古要論等書　均作鹿　惟陶錄作盝　兼附訓釋　又秘書志五　有興聖宮東鹿頂

樓子上之語　則盝頂樓子　亦是一式

注一六二　秘書志五　延祐六年九月初一日　也先帖木兒怯薛第二日　文德殿後鹿頂殿內有時分

注一六三　秘書志七　至元二十四年十一月初八日　也可怯薛第一日　香殿裏有時分

## 庚　隆福宮西御苑

隆福宮之西　別有御苑　蕭錄謂爲先后妃所居　苑內有太子斡耳朶可證　隆福先爲太子府　後改爲太后所居　與此性質位置　無不宜者　苑中流杯池水心亭等　似與太液池　脈絡貫注　與元史河渠志合(詳見注二四七)　元初海子流域甚廣　亦可證合(一六四)

| 名稱 | 位置 | 楹數 | 廣(東西) | 深 | 高 | 形式 | 年月 | 摘要 | 注 |
|---|---|---|---|---|---|---|---|---|---|
| 隆福宮西御苑 | 隆福宮西 | | | | | | | 先后妃多居焉 | 一六四 |
| 香殿 | 在石假山上 | 三間 | | | | 丹楹瑣窗間金藻繪玉石礎琉璃瓦 | | | 一六五 |
| 西夾 | | 二間 | | | | | | | |
| 柱廊 | | 三間 | | | | | | | |

| | | | | | | | | | |
|---|---|---|---|---|---|---|---|---|---|
| 龜頭屋 | | 三間 | | | | | | | |
| 石臺 | 香殿後 | | | | | | | | |
| 紅門 | 山後 | | | | | | | | |
| 侍女室 | 紅門外南向並列 | 二所 | | | | | | | |
| 紅門 | 侍女室後 | 三門 | | | | | | | |
| 太子斡耳朶荷葉殿 | 三紅門外香殿左右 | 二所三間所 | | | | | | | 一六六—一六九 |
| 圓殿 | 山前 | | | | | 圓頂上置塗金寶珠重簷 | | | |
| 流杯池 | 圓殿後池東西流水 | | | | | | | | 一七〇 |
| 圓亭 | 圓殿有廡以連之 | 二 | | | | | | | |
| 歇山殿 | 圓殿前 | 五間 | | | | | | | |
| 柱廊 | | 各二三間 | | | | | | | |
| 東亭 | 歇山後之左 | | | | | 十字脊 | | | |
| 西亭 | 歇山後之右 | | | | | 又 | | | |
| 東水心亭 | 歇山殿池中直東西亭之南 | | | | | 九柱重簷 | | | |
| 西水心亭 | 又 | | | | | 又 | | | |
| 侍女房 | 水心亭後東向 | 三所三間所 | | | | | | | |

| | | | | | | | | |
|---|---|---|---|---|---|---|---|---|
| 侍女房 | 又西向 | 又 | | | | | | |
| 紅門 | | 三 | | | | | | |
| 石屏 | 紅門內 | | | | | | 以屏內外 | |
| 周垣 | | 四圍 | | | | | | |
| 棕毛殿 | 假山東偏 | 三間 | | | | 泰定四年四月 | | 一七一，一七四 |
| 盝頂殿 | 棕毛殿後 | 三間 | | | | 同上 | | |
| 紅門 | 棕毛殿前 | | | | | | | |
| 垣 | | | | | | | 以區分之 | |
| 儀鸞局 | 三紅門外西南隅 | | | | | 至元十一年二月 | | 一七五 |
| 正屋 | | 三間 | | | | | | |
| 東屋 | | 三間 | | | | | | |
| 西屋 | | 三間 | | | | | | |
| 門 | 前面 | 一 | | | | | | |
| ●西前苑 | 沿海子導金水河步遶河南行 | | | | | | 蕭錄 | 一七六 |
| ●新殿 | 苑前半臨遶河 | | | | | | 又 | 一七六 |
| ●水晶圓殿 | | | | | | | | 一七六 |

| | | | |
|---|---|---|---|
| 又 | | 又 | 一七六 |
| 長橋 | | | 一七六 |
| 脩衢 | | 又 | 一七六 |
| 二石 | 闊尺餘　高可二丈 | 又 | 一七六 |
| 懿德殿 | | 又 | 一七六 |

注一六四　元史六十四河渠志　隆福宮前河　其水與太液池通　英宗至治二年五月奉勅云　昔在世祖時　金水河濯手有禁　今則洗馬者有之　比至秋疏滌　禁諸人毋得汚穢

注一六五　陶錄有兩御苑　一在厚載門北　未詳制度　一在隆福宮西　謂爲先后妃多居焉　與蕭錄合　所謂東連海子以接厚載門　卽陶錄所謂在大內之西　蓋蕭氏立乎御苑　以指大內　陶氏立乎大內　以指御苑　固無不合也　特蕭錄叙次於興聖之後　且於苑中制度　不能詳記　徒震於金碧　未免淩雜耳

注一六六　元史二二武宗紀　至大元年八月　李邦寧以建香殿　賜金五十　銀四百九十兩

注一六七　秘書志一　至大三年正月十三日　亦思丹怯薛第二日　皇太子斡耳朶有時分

注一六八　元史語解二宮衛　鄂爾多　亭也　元史二　作斡魯朶　宮衛名　按元史二
太宗紀　八年秋七月　詔以眞定民戶奉太后湯沐　中原諸州民戶　分賜諸王貴戚斡魯朶
注一六九　元史一百六后妃表　其居則有斡耳朶之分　表内於歷代后妃　分大斡耳朶
第二第三第四等斡耳朶　且引歲賜錄　有不知所守斡耳朶者　此太子斡耳朶　似指太
子妃所居而言　荷葉殿　或其内之一部分　俟考　又卷九五食貨志　歲賜后妃公主條
略同
注一七〇　蕭錄　又少東有流杯亭　中有白石牀　如玉　臨流小座　散列數多　刻石
爲水獸　潛躍其傍　塗以黃金　又皆親制水鳥　浮杯機動　流轉而行　勸罰必盡歡洽
宛然尙在目中　按陶錄　隆福宮有流杯池　似卽此　池上有亭　但隆福在興聖之前
蕭氏又誤入興聖耳
注一七一　蕭錄　延華閣又東有椶毛殿　皆用椶毛　以代陶瓦
注一七二　元史二十九泰定帝紀　元年十二月　新作㮨殿成
注一七三　秘書志五　當時巳時　朶兒只班學士老老少監　對各監官關領前去　隆福
宮西椶毛殿東耳房内有時分
注一七四　元史三十泰定帝紀　泰定四年四月甲戌　作椶毛盝頂殿



31825

注一七五　日下舊聞考三十　引元史世祖紀　至元十一年二月　初立儀鸞局　掌宮門管鑰供張燈燭

注一七六　蕭錄　沿海子導金水河步遂河南行爲西前苑　苑前有新殿　半臨遂河（中略）・新殿後有水晶二圓殿　起於水中　通用玻璃飾　日光回彩　宛若水宮　中建長橋一遠引修衢　而入嘉禧殿　橋旁對立二石　高可二丈　闊止尺餘　金彩光芒　利鋒如斲　度橋步萬花　入懿德殿　主廊寢宮　亦如前制　乃建都之初基也

注一七七　元史三十泰定帝紀　三年秋七月　皇后受雅滿達噶戒於水精殿

## 辛　御苑

厚載門外御苑　以長廡聯結海子　有四紅門　約當今日之景山至地安門一帶　東與北海相連　隱約可指　特析津志謂有熟田八頃　以全城面積計之　苦難脗合　書闕有間　姑存疑以俟考

| 名稱 | 位置 | 楹數 | 廣（東西） | 深 | 高 | 形式 | 年月 | 摘要 | 注 |
|---|---|---|---|---|---|---|---|---|---|
| 御苑（後苑） | 厚載門北 | | | | | | | | 一七八 |
| 紅門 | | 四 | | | | | | | |
| 金殿 | 後苑中 | | | | | | | 蕭錄 | 一七九 |

| | | | |
|---|---|---|---|
| 翠殿 | 又西 | 又 | 一八〇 |
| 花亭 | | 又 | 一八一 |
| 氈閣 | | 又 | 一八一 |
| 綠牆 | | 又 | 一八一 |
| 長廡 | 院後 | 宮娥所居 蕭錄 | 一八二 |
| 內牆 | 長廡後東連海子接厚載門 | 蕭錄 | 一八二 |

注一七八 順天府志三 析津志 厚載門禁中之苑囿也 內有水碾 引水自元武池灌溉種花木 自有熱地八頃 八頃內有小殿五所 上曾執耒耜以耕 擬於耤田也

注一七九 蕭錄 又後苑中有金殿 殿楹窗扉 皆裹以黃金 四外盡植牡丹百餘本高可五尺

注一八〇 蕭錄 又西有翠殿

注一八一 蕭錄 又有花亭氈閣 環以綠牆獸闥 綠障鮵窗 左右分布 異卉參差映帶 而玉牀寶坐 時時如浥流香 如見扇影 如聞歌聲 出戶外若度雲霄 又何異人間天上也

注一八二 蕭錄 苑後重繞長廡 廡後出內牆 東連海子 以接厚載門 繞長廡中

皆宮娥所處之室

## 第三節　諸作及鋪設

### 甲　諸作

| 名稱 | 所在地 | 年月 | 摘要 | 注 |
|---|---|---|---|---|
| 青石花礎 | 大明寢殿 | | | |
| 玉石礎 | 隆福宮西御苑香殿 | | | |
| 白玉石圓碣 | 大明寢殿 | | | |
| 燕石重陛 | 大明寢殿 | | | 一八三 |
| 白玉石重陛 | 延春閣後香閣　興聖殿 | | | 一八四 |
| 重陛 | 隆福宮寢殿 | | | |
| 文石甃地 | 大明寢殿　延春閣　後香閣　隆福宮寢殿　興聖殿　廣寒殿 | | | 一八五 |
| 甃以文石 | 玉德殿　儀天殿 | | | |
| 右基礎 | | | | |
| 丹楹 | 凡諸宮門　宮殿　諸宮周廡　隆福宮西御苑香殿 | | | 一八六 |
| 丹楹金飾龍繞其上 | 大明寢殿 | | | 一八七 |
| 蟠龍矯蹇於丹楹之上 | 廣寒殿 | | | 一八八 |

| | | |
|---|---|---|
| 右楹柱 | | |
| 金鋪 | 凡諸宮門 | |
| 朱戶 | 又 | |
| 右門 | | |
| 朱瑣窗 | 凡諸宮殿 隆福宮寢殿 又西御苑香殿 儀天殿 | |
| 四面朱瑣窗 | 大明寢殿 | |
| 四面瑣窗板密其廣寒殿裏徧綴金紅雲 | 廣寒殿 | 一八九 |
| 四面朱縣瑣窗 | 興聖殿 | |
| 右窗 | | |
| 藻井間金繪飾 | 大明寢殿 | 一九〇 |
| 藻井 | 隆福宮寢殿 | |
| 右藻井 | | |
| 朱闌塗金銅飛雕冒 | 大明寢殿 | |
| 朱闌銅冒楯塗金雕翔其上 | 延春閣 後香閣 | 一九一 |

| | |
|---|---|
| 朱闌塗金雕冒楯 | 隆福宮寢殿 |
| 朱闌塗金冒楯 | 興聖殿 |
| 朱闌 | 宸慶殿前 |
| 右闌楯 | |
| 彤壁 | 凡諸宮門周廡 |
| 縷花龍涎香間白玉飾壁 | 紫檀殿 |
| 素畫飛龍舞鳳 | 延春閣寢殿壁 |
| 右壁飾 | |
| 草色髹綠其皮爲地衣 | 紫檀殿 |
| 右地衣 | |
| 琉璃瓦飾簷脊 | 凡諸宮門　宮殿周廡角樓 |
| 碧琉璃飾簷脊 | 興聖宮 |
| 覆以青琉璃瓦飾以綠琉璃瓦 | 延華閣後芳碧亭 |
| 白琉璃瓦覆青琉璃瓦飾其簷脊 | 延華閣 |

| | | | | |
|---|---|---|---|---|
| 覆白磁瓦 | 興聖殿 | | | |
| 琉璃瓦 | 隆福宮西御苑香殿 | | | 一九三 |
| 右琉璃瓦 | | | | |
| 藻繪 | 凡諸宮門 | | | |
| 金藻繪 | 隆福宮西御苑香殿 | | | |
| 右彩畫 | | | | |

## 乙 鋪設

| 名稱 | 所在地 | 年月 | 摘要 | 注 |
|---|---|---|---|---|
| 七寶雲龍御榻 | 大明寢殿 | | | 一九四 |
| 縷金雲龍樟木御榻 | 隆福宮正殿 | | | |
| 金嵌玉龍御榻 | 廣寒殿內小玉殿 | | | 一九五 一九六 |
| 楠木御榻 | 延春閣寢殿 | | | 一九七 |
| 紫檀御榻 | 延春閣寢殿東夾 | | | |
| 御榻裀褥咸備 | 興聖殿柱廊寢殿 | | | |
| 榻張白蓋 | 興聖殿 | | | |

| | | | | |
|---|---|---|---|---|
| 御榻 | 延春閣後香閣 儀天殿 宸慶殿 嘉禧殿 | | | 一九八 |
| 后位 | 大明殿 | | | 一九九 |
| 三東西向爲牀 | 每妃嬪院 | | | 二〇〇 |
| 諸王百寮怯薛官侍宴坐牀重列左右 | 大明殿 | | | |
| 左右從臣坐牀 | 廣寒殿內小玉殿 | | | |
| 侍宴坐牀 | 興聖殿 | | | |
| 楠木小山屛牀而飾以金 | 延春閣後香殿柱廊 | | | |
| 扆屛 | 興聖殿 | | | |
| 楠木寢牀 右榻牀 | 延春閣後香殿 | | | |
| 白蓋 | 大明殿 | 至元七年 | | 二〇一 |
| 木質銀裏漆甕 | 大明殿 | 至元二十二年 | | 二〇二 二〇四 |
| 玉甕 | 大明寢殿 | | | |
| 黑玉酒甕 | 廣寒殿 | | | |
| 雕象酒卓 | 大明寢殿 | | 長八尺闊七尺二寸 | 二〇五 |
| 玉編磬 | 大明寢殿 | | | |
| 巨笙 | 大明寢殿 | | | |

| | | | |
|---|---|---|---|
| 玉笙　玉箜篌 | 大明寢殿 | | |
| 玉響鐵 | 廣寒殿 | | |
| 玉假山 | 廣寒殿 | | |
| 燈漏 | 大明寢殿 | 貯水運機小偶人當時刻捧牌而出 | 二〇六 |
| 興隆笙 | 大明殿下 | 輟耕錄 | 二〇七 二〇八 |
| 劈正斧 | 大明殿 | 輟耕錄 高二尺有奇 | 二〇九 |
| 右陳設 | | | |
| 黑貂壁幛 | 延春閣後香閣 | | |
| 黃貓皮壁幛 | 大明殿 | | 二一〇 |
| 銀鼠皮壁幛 | 大明殿香閣 | | |
| 壁皆張素畫飛龍舞鳳 | 延春閣 | | |
| 右壁幛 | | | |
| 錦繡簾帷 | 興聖殿 | | |
| 繡緣朱簾 | 大明寢殿 | | |
| 縣朱簾 | 隆福宮寢殿 | | |
| 右簾帷 | | | |
| 上藉重茵、 | 大明寢殿 | | |

| | | | | |
|---|---|---|---|---|
| 藉花毳裀簷帷咸備 | 延春閣後香閣 | | | 二一一 |
| 藉以毳裀 | 隆福宮寢殿 | | | 二一二 |
| 藉以毳裀 | 儀天殿　棕毛殿 | | | 二一三 |
| 簾帷裀褥咸備 | 宸慶殿 | | | 二一四 |
| 金縷褥 | 延春閣後香閣 | | | 二一五 |
| 黑貂褥 | 大明殿 | | | |
| 黑貂煖帳 | 大明殿香閣 | | | |
| 右茵褥 | | | | |
| 佛像 | 延春閣寢殿西夾　玉德殿　嘉禧殿 | | | 二一六 |
| 右佛像 | | | | |

## 大明殿班序表（先期侍儀使糾宅陳設）

元史八十輿服志之末　有班序一篇　於大明殿大明門內外之距離　可供參考　列作一表　附於鋪設之次

甲　版位

| 名稱 | 數量 | 位置 |
|---|---|---|
| 殿內將軍 | 二 | 殿門內 |

| | | |
|---|---|---|
| 殿外將軍 | 二 | 殿門外 |
| 護尉 | 二 | 宇下斜界 |
| 右點檢 | 三 | 軒溜前斜外出畫白道三 |
| 左宣徽 | 三 | 同 |
| 鳴鞭 | 三 | 運南一步橫列 |
| 天武 | 二 | 左右階南兩隅 |
| 導從 | 二 | 宇下左右第一第三重斜界 |
| 殿前 | 八 | 各以左右陀道內邊丹墀迤內第五甓縱直北空路五丈五尺東西走路各遠四丈九尺<br>中布席四十席函九尺 |
| 護尉 | 二 | |
| 尙廐 | | 仗南畫闌約丈許左右同中央置席設 |
| 九品 | | 仗南內丹墀橫界一十八道道函五尺縱引橫引三仗中設 |
| 起居旁折 | | 尙廐南內右縱畫各一十八道道函仞左右向設以內為上 |
| 護尉 | 二 | 大明門內兩楹外斜界二道 |
| 管旗 | 二 | 大明門外 |
| 外序班 | 三十六 | 闕下兩觀內各六丈縱各界一十八道道遠仞左右設 |
| 乙位 | | |
| 回倒導從 | | 殿東階下各圈十直至東門階下 |

| | | |
|---|---|---|
| 丙席 | | 正階下二十四甓 |
| 護尉 | | 內各所迤內第四螭首取直邊北左右護尉第五席相向布席北二席 |
| 宿直 | | 宿直之次 |
| 殿中 | | 殿中之次 |
| 典瑞 | | 典瑞之次每席函丈五尺設 |
| 起居 | | |
| 丁錡 | | |
| 先扇 | 各五 | 殿東門外兩旗斜界出導從二道三層各闊十五 |
| 寶蓋 | 各二 | 同 |
| 黃麾仗 | 二百二十 | 輦路東西各五道表二丈一仞五寸南北兩道廣丈有奇北至避當中第一北三南一自兩端各函六丈第二北起十一各函丈咫南起九各函丈三尺第三北起十三各函丈五寸南起十二各函丈五尺第四北起十六各函丈二尺南起十四各函九尺第五北起同上南起各函八尺北頭曲尺路內各函九尺 |
| 牙旗 | 七十四 | 大明門下左右闕邊各六丈南北各畫一道廣一引七丈一仞六寸空各二丈一仞內橫二引二丈五寸空各三丈五尺每錡後丈五尺屏風渠一道長五尺坐各違四壁丈五尺 |
| 戊香案 | | |
| 香案 | 二 | 殿內西楹北 |
| 同 | 一 | 階下二十四甓 |

注一八三　蕭錄　廣寒殿窗外　出爲露台　繞以白石花闌　按陶錄未及　殆以爲應有

之裝飾
注一八四　元氏掖庭記　階琢龜文　繞以曲檻　檻與階皆白玉石爲之　太陽東升　殿中燦爛　階更飛輝　古謂天子有金殿玉墀　名不虛也
注一八五　蕭錄　延春閣甃地　皆用濬州花版甃之　磨以核桃　光彩若鏡中　按陶錄但以文石甃地四字括之　不若此之明細
注一八六　元氏掖庭記　彤橑華梲　金桷雕欂　務窮一時之麗
注一八七　蕭錄　大明殿殿檻四向皆方柱　大可五六尺　飾以起花金龍雲檻　下皆白石龍雲花頂　高可四尺　楹上分間　仰爲鹿頂斗拱攢頂　中盤黃金雙龍　四面皆緣金紅瑣窗　間貼金鋪　按陶錄　據經世大典工典所列　故有總例曰　凡諸宮殿　皆丹楹然於大明寢殿　及廣寒殿　特書丹楹蟠龍　以其華侈　與他宮殿不同也　證以蕭錄益可瞭然　但鹿頂及金鋪　用作形容語　殊未諦
注一八八　元氏掖庭記　題頭刻螭形　以檀香爲之　螭頭向外　口內銜珠下垂　珠皆五色　用綵金絲貫串
注一八九　蕭錄　廣寒殿　皆緣金珠瑣窗　綴以金鋪　內外有一十二楹　皆繞刻雲龍塗以黃金　左右後三面　用香木鑿金爲祥雲數千萬片　擁結於頂　仍盤金龍　按此

較陶錄爲詳　又綠金之綠　豫章叢書本順天府志引本　皆作綠　今依知不足齋叢書本
改正
注一九〇　蕭錄　上仰皆爲實研龍骨　方槅綴以彩雲金龍鳳　按蕭氏不知藻井之名
故以形容語出之
注一九一　蕭錄　出繞白石龍鳳闌楯　闌楯上　每柱皆飾翡翠　而寘黃金鵰鳥
注一九二　元史百官志　大都四窰場　領匠夫三百餘戶　營造素白琉璃磚瓦　至元十
三年置
注一九三　元氏掖庭記　瓦滑琉璃　與天一色
注一九四　蕭錄　中設山字玲瓏金紅屏台　台上置金龍牀　兩旁有二毛皮伏虎　機動
如生　按此卽近世所謂寶座　至毛皮伏虎　陶錄未載
注一九五　元史六世祖紀　至元三年四月　五山珍御榻成　置瓊華島廣寒殿
注一九六　蕭錄　廣寒殿有間玉金花玲瓏屏臺牀　四列金紅連椅　按此卽陶錄　所謂
金嵌玉龍御榻　及左右列從臣坐牀　又元故宮考　引西元集　下布以文石　傍一榻
亦前朝物
注一九七　蕭錄　四列金紅小連原注一作連牀　按小連之下　或應作椅　下文廣寒殿四列金

紅連椅可證　元故宮考　改連爲蓮　殊妄
注一九八　嘉禧殿御榻　設在中位佛像之旁　是爲崇尙佛法之證
注一九九　順天府志三　朱彝尊云　前代未有帝后並臨朝者　惟元則然　故大明殿亦設后位焉
注二〇〇　輟耕錄二　云都赤　國朝有四怯薛太官　怯薛者　分宿衞供奉之士爲四番　番三晝夜　凡上之起居飮食諸服御之政令　怯薛之長皆總焉　中有云都赤　乃侍御之至親近者　雖官隨朝諸司　亦三日一次　輪流入直　負骨朶於肩　佩環刀於要　或二人四人　多至八人　時若上御控鶴　則在墀陛之下　蓋所以虞姦回也　雖宰輔之日覲淸光　然有所奏請　無云都赤在　固不敢進　今中書移咨各省　或有須備錄奏文事者　內必有云都赤某等　以此之故　日下舊聞考三十　按集賽　蒙古語　輪流值班之謂也　舊作怯薛　今譯改
注二〇一　元史七十七祭祀志　世祖至元七年　以帝師八思巴之言　於大明殿御座上置白傘蓋一頂　用素段　泥金書梵字於其上　謂鎭伏邪魔　護安國刹　自後每歲二月十五日　於大殿啓建白傘蓋佛事　用諸色儀仗　社直迎引傘蓋　周遊皇城內外　云與衆生祓除不祥　導迎福祉　（中略）十四日　帝師率梵僧五百人　於大明殿內建佛事

至十五日　恭請傘蓋　於御座奉置寶輿　諸儀衛隊仗　列於殿前　諸色社直　暨諸壇面列於崇天門外　迎引出宮　至慶壽寺　具素食　食罷　起行　從西宮門外垣海子南岸　入厚載紅門　由東華門過延春門而西　帝及后妃公主　於五德殿門外　搭金脊五殿　綵樓而觀覽焉　（中略）謂之遊皇城　按五德殿　似是玉德殿之誤　五殿似亦當作玉殿　陶錄僅以白蓋二字紀之　蕭錄未見　豈元亡時　移於他處耶

注二〇二　蕭錄　玉台牀前設金酒海四　按此卽陶錄之木質銀裏漆甕　金雲龍蜿繞之　高一丈七尺　貯酒可五十餘石　元史十三世祖紀　至元二十二年　造大樽於殿　以木爲質　銀內而外鏤爲雲龍　高一丈七寸　元史不言大明　但書曰殿　而質紋尺度與陶錄悉合（七寸之寸、爲尺之訛）　甕內所貯爲蒲萄酒　酒海與甕與樽　一物異名　蕭錄列在延春閣節內　似大明殿與延春閣並論　但欠淸晰耳

注二〇三　蕭錄　玉台牀前設金酒海四　元史十六世祖紀　至元二十八年五月甲辰宮城中建蒲萄酒室　酒海似卽酒甕　按元故宮內　酒甕酒室酒室甚多　據元史知爲蒲萄酒　又元氏掖庭記　酒有翠濤飲　露囊飲　瓊華汁　玉團春　石凉春　蒲萄春　鳳子腦　薔薇露　綠膏漿

注二〇四　元史六世祖紀　至元二年十二月　瀆山大玉海成　敕置廣寒殿

注二〇五　蕭錄　前置螺甸酒卓　高架金酒海　按陶錄廣寒殿不言有此　殆後世增置　螺甸與象相類　但無尺度

注二〇六　元文類五十　郭守敬行狀　公於世祖朝　進七寶燈漏　今大明殿每朝會張設之　其中鐘鼓　皆應時自鳴

注二〇七　元史四十八天文志大明殿燈漏之制　高丈有七尺　架以金爲之　其曲梁之上　中設雲珠　左日右月　雲珠之下　復懸一珠　梁之兩端　飾以龍首　張吻轉目可以審平水之緩急　中梁之上　有戲珠龍二　隨時俯仰　又可察準水之均調　燈毬雜以金寶爲之　內分四層　上環布四神　旋當日月參辰之所在　左轉日一週　次爲龍虎鳥龜之象　各居其方　依刻跳躍　鐃鳴以應于內　又次週分百刻　上列十二辰　各執時牌　至其時　四門通報　又一人當門內　常以手指其刻數　下四隅鐘鼓鉦鐃各一人一刻鳴鐘　二刻鼓　三鉦　四鐃　初正皆如是　其機發隱於櫃中　以水激之

注二〇八　輟耕錄五　興隆笙，在大明殿下　其制植衆管於柔韋　以象大匏土鼓二韋橐　按其管則簧鳴　簧首爲二孔雀　笙鳴機動則應而舞　凡燕會之日　此笙一鳴　衆樂皆作　笙止　樂亦止　又日下舊聞考三十　引秋澗集　王禕興隆笙頌

注二〇九　輟耕錄五　劈正斧　以蒼水玉碾造　高二尺有奇　廣半之　徧地文藻粲然

或曰自殷時流傳至今者　如天子登極正旦天壽節　御大明殿會朝時　則一人執之立於陛下酒海之前　蓋所以正人不正之意　案周密志雅堂雜鈔　宣和殿所藏殷玉鉞長三尺餘　一段美玉　文藻精甚　三代之寶也　後歸於金　今入元　每大朝會　必設於外庭　似卽此斧　詳元史六十七禮樂志　元正受朝儀章　二尺三尺　字或偶誤

注二一〇　蕭錄　前皆金紅推窗　間貼金花　夾以玉版明花油紙　外籠黃油絹幕　至冬則代以貓皮　內寢屛幃重覆帷幄　而裏以銀鼠　按陶錄僅言大殿　則黃貓皮壁障香閣則銀鼠皮壁障　蕭錄較詳　又蕭錄貓皮之貓字　諸本原作油　今據陶錄改正

注二一一　蕭錄　隆福宮四壁　冒以絹素　上下畫飛龍鳳　極爲明曠　按陶錄但云藉花毳裀　縣朱簾　未言壁障　縣　一作懸

注二一二　大元氈罽工物記　泰定三年　成造西宮鹿頂殿地毯　大小二扇　積方一千三尺　內一扇長三十九尺　闊二十尺　一扇　長二十六尺　闊二十尺

注二一三　大元氈罽工物記泰定五年二月十六日　敕造上都棕毛殿鋪設　省下隨路民匠府爲之　九月十三日輸之　留守司成造地毯二扇　積二千三百四十三尺

注二一四　元氏掖庭記　殿上水晶簾

注二一五　蕭錄　牀地皆編細簟　上加紅黃厚氈　重覆茸單　至寢處牀座　每用裀褥

必重數疊　然後上蓋納失失　再加金花貼薰異香　按此卽陶錄所謂金縷褥及裀褥咸備是也

注二一六　大元畫塑記　延祐七年十二月六日　進呈玉德殿佛樣　丞相拜住諸色總管朶兒只　奉旨　正殿鑄三世佛　西夾鑄五方佛　東夾鑄五護佛陀羅尼佛　皆用鍮石蓮花座　及幢鈒光焰裏釘座

---

## 宋汴京木工之實況　官私工價之相反

岳珂愧郯錄卷十三今世郡縣官府營繕創締募匠庀役凡木工率計在市之樸斲規矩者雖居楔之技無能逃乎皆籍其姓名鱗差以俟命謂之當行間有幸而脫則其儕相與訟挽之不置蓋不出不止也謂之糾差其入役也苟簡鈍拙務閎其技巧使人之不已知務夸其工料使人之不願而亟其斥且畢謂之官作珂嘗疑祖宗承平時愛民惠工以阜都邑當未必如此及攷之典故有意存而可見者於是始有以信臆度之不誣表之以示陳古風今之義焉李文簡燾續通鑑長編元祐七年正月辛卯禮部侍郎范祖禹言工部乞還開封府於舊南省夫土木之功使匠人度之無不言費省而易可了及其作之便見費大恐枉勞人力虛費國用珂謂此乃今私家通患而官府則反是味此奏之言則知當時雇直優厚無刋除而後致匠者之樂役彼方其隱欺以求用之不暇其不假滕口以蔓引推託也決矣先朝官吏律已之廉持論之厚又於此乎見之故不以其事之微而遂略之也

## 明代官工之浮冒

談遷棗林雜俎聖集李廷機鳩工條李文節宗伯時語李湘洲祭酒（騰芳）曰國家工役切莫先估計估計皆內相大臣爲政彼但索已橐故一倍至二三十倍吾不先估計且孟浪起工彼雖曰有所需然不能計成數多少工止而彼散矣更無積聚錢侯彼分賍

按此與兩宮鼎建記所述情形相似可以想見明代官工應付內璫之苦

又和集孝陵碑石條辛巳孝陵重立神烈山碑石戶部給石價四千金石出宜興山中實七百金又仁集武英殿條上南渡以武英殿爲正朝殿五楹卑陋工部僅塗朱費三千七百餘金主事餘姚胡其枝曰若民間不過三十金耳

按以上二條皆明代官工濫冒之弊武英殿乃南京上指弘光而言

## 稽考鐵釘重量之法

棗林雜俎和集漕艘條相傳國初漕艘太祖命焚其一秤得鐵釘若干按宋許元初爲發運判官舟多報破釘鞠之數蓋陷於木中不得稱盤故可以爲奸一日元至舡場命拽新造之舟縱火焚之火過取其釘鞠稱之比所破財十分之一自是立爲定額

# 元太廟圖

太廟周垣無尺度，但面積似較與聖為小，雖在城內，而陶錄蕭錄均不載，今依元史祭祀志，并按法式推定其配置，其位置及方向，參看京城圖，

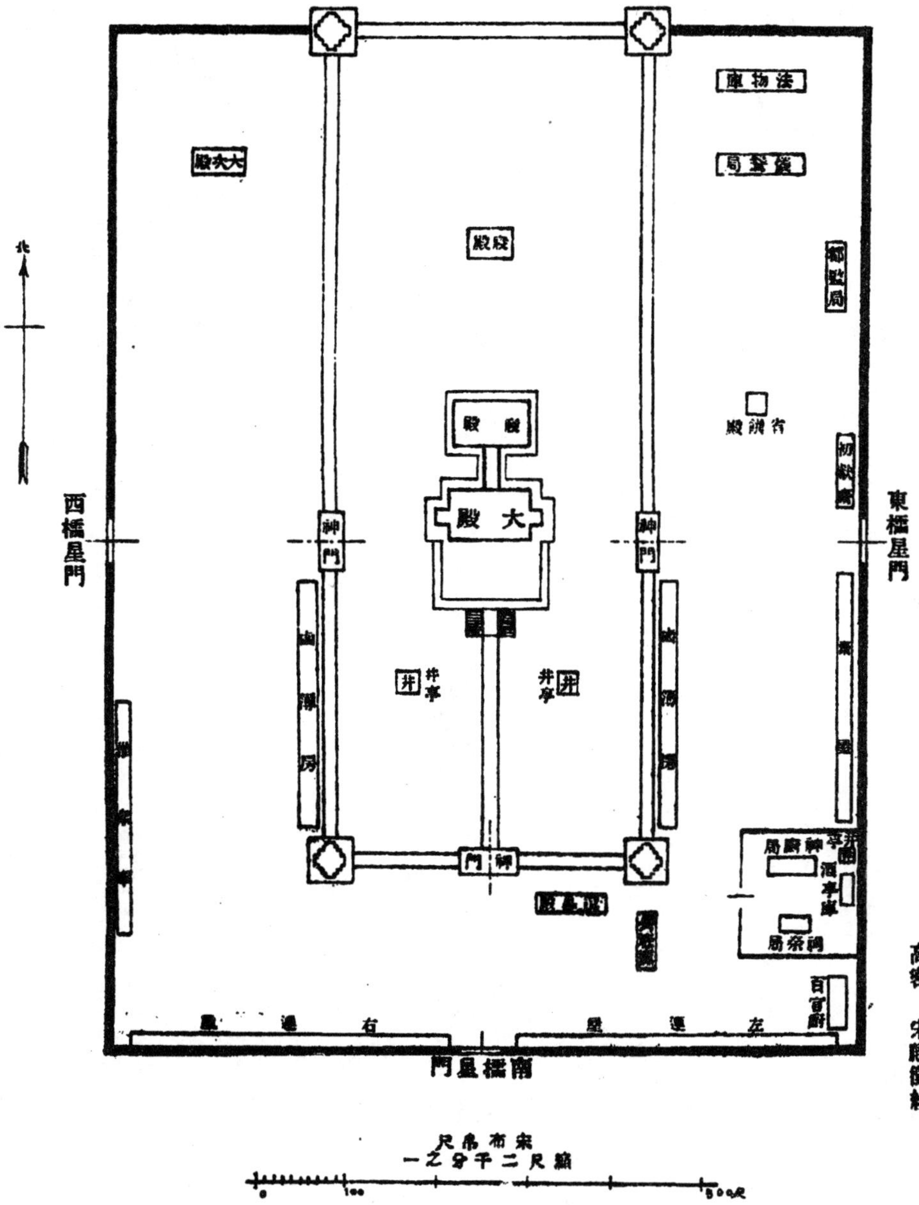


太廟在都城齊化門之北

高密　宋聯徵繪

31845

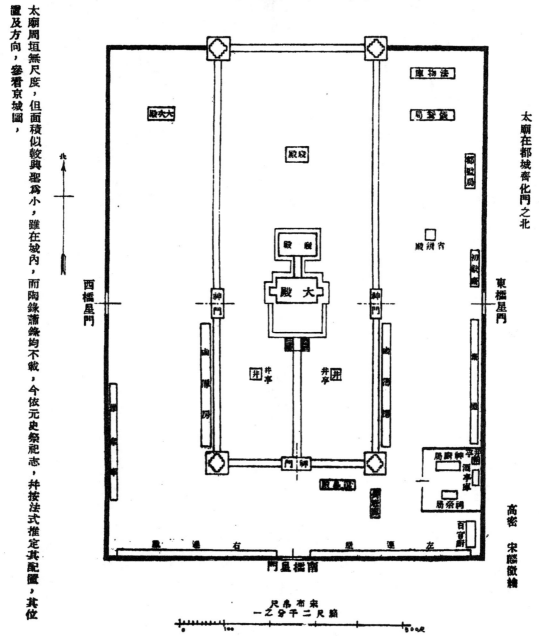

# 第四節 太廟及社稷壇（郊壇先農壇一附）

## 甲 太廟

元太廟在齊化門內之北 其南門外馳道 抵齊化門之通衢 今之大慈延福宮 似即其遺址之一部 廟制嚴整 宮城角樓崇垣 星門 幾埓大內

### 一 原建

| 名稱 | 位置 | 楹數 | 廣 | 深 | 高 | 形式 | 年月 | 摘要 | 注 |
|---|---|---|---|---|---|---|---|---|---|
| 太廟 | 都城齊化門北 | | | | | | 至元十四年十七年十二月重建 | 元史（下同） | |
| 正殿 | | 東西七間南北五間內分七室 | | | | | | | |
| 殿陛 | | | | | 二成 | | | | |
| 泰階 | 中 | | | | | | | | |
| 阼階 | 東 | | | | | | | | |
| 西階 | 西 | | | | | | | | |
| 寢殿 | 正殿後 | 東西五間南北三間 | | | | | | | |
| 宮城 | 環廟外 | | | | | | | | |

| | | | |
|---|---|---|---|
| 角樓 | 宮城西隅 | | 重屋 |
| 南神門 | 宮城正南 | 五門 | |
| 東神門 | 又正東 | 又 | |
| 西神門 | 又正西 | 又 | |
| 橫街 | 直東西神門 | | |
| 通街 | 直南門 | | 雙戟 |
| 井亭 | 通街左傍 | | |
| 井亭 | 又右傍 | | |
| 祟垣 | 宮城外繚 | | |
| 饌幕殿 | 宮城南門東南向 | 七間 | |
| 齊班廳 | 又東南西向 | 五間 | |
| 省饌殿 | 東城東門少北南向 | 一間 | |
| 初獻齋室 | 宮城東東垣門內少北西向 | | |
| 亞終獻司徒大禮使助奠七祀獻官等齋室 | 初獻齋室南皆西向 | | |

| | | |
|---|---|---|
| 雅樂庫 | 宮城西南東向 | |
| 法物庫 | 又東北南向 | |
| 儀鸞庫 | 同上 | |
| 都監局 | 儀鸞庫東少南西向 | |
| 神廚局 | 東垣內別院在北南向 | 三間 |
| 垣墻 | 環神廚局 | |
| 井亭 | 神廚東北 | |
| 酒亭庫 | 井亭南西向 | 三間 |
| 祠祭局 | 對神廚局北向 | 三間 |
| 院門 | 西向 | |
| 百官廚 | 向在神廚院南西向 | 五間 |
| 宮城外南門（南神門） | 直中神門 | |
| 執事齋房 | 東掩齋班廳西值雅樂庫 | 左右連屋六十餘間 |
| 崇垣 | 以環其外 | |

| 名稱 | 位置 | 楹數 | 廣 | 深 | 高 | 形式 | 年月 | 摘要 | 注 |
|---|---|---|---|---|---|---|---|---|---|
| 南檽星門 | 崇垣南 | | | | | | | 門外馳道抵齊化門之通衢 | |
| 東檽星門 | 又東 | | | | | | | | |
| 西檽星門 | 又西 | | | | | | | | |

## 二南展以後

| 名稱 | 位置 | 楹數 | 廣 | 深 | 高 | 形式 | 年月 | 摘要 | 注 |
|---|---|---|---|---|---|---|---|---|---|
| 大殿 | 寢殿前 | 十五間 | | | | | 至治三年 | | |
| 寢殿(舊正殿) | 大殿後 | 東西七間南北五間中三間通為一室餘十間各為一室 | 間二丈 | 南北入深六間間二丈 | | | | | |
| 東夾室 | 寢殿東旁際墻處 | 一間 | 二丈 | | | | | | |
| 西夾室 | 又西旁 | 同 | 同 | | | | | | |
| 宮城 | 南展 | | | | | | | | |
| 新井亭二 | 寢殿南 | | | | | | | | |
| 角樓 | 宮城東南隅今南徙 | | | | | | | | |
| 角樓 | 又西南隅南徙 | | | | | | | | |

| | | | | | | | |
|---|---|---|---|---|---|---|---|
| 南神門 | 南　徙 | | | | | | |
| 東神門 | 同 | | | | | | |
| 西神門 | 同 | | | | | | |
| 饌幕殿 | 同 | | | | | | |
| 省饌殿 | 同 | | | | | | |
| 獻官百執事齋室 | 同 | | | | | | |
| 中南門 | 同 | | | | | | |
| 齊班廳 | 同 | | | | | | |
| 雅樂庫 | 同 | | | | | | |
| 神廚局 | 同 | | | | | | |
| 祠祭等局 | 同 | | | | | | |
| 大次殿 | 宮城西北 | 三　間 | | | | 至治元年正月 | |
| 東欞星門 | 南　徙 | | | | | | |
| 西欞星門 | 同 | | | | | | |
| 鹵簿房 | 東西欞星門之內 | 通五十間 | | | | | |

## 秦始皇之選料選工

拾遺記始皇起雲明台窮四方之珍木搜天下之巧工南得烟丘碧樹酈水燃沙賁都朱泥雲岡素竹東得葱巒錦柏漂櫧龍松寒河星柘岏雲之梓西得漏海浮金狼淵羽璣滌嶂霞桑沉塘員籌北得冥阜乾漆陰坂文梓褰流黑魄闇海香瓊珍異是集二人騰虛緣木揮斤斧於空中子時起工午時已畢秦人謂之子午台亦言於子午之地各起一台二說疑也

## 水秤與水平

繆荃蓀雲自在龕筆記康熙朝諸臣戊辰議河工事條孫在豐等又說外低內高遏非至其地打水秤實難得其高低之形不能定也

按水秤今作水平

## 造樓須先稱平衆木

世說新語凌雲臺樓觀精巧先稱平衆木輕重然後造構乃無錙銖相負揭臺雖高峻常隨風搖動而終無傾倒之理魏明帝登臺懼其勢危別以大材扶持之樓即頹壞論者謂輕重力偏故也

## 宋人計算工料法

宋史張觷傳字柔直福州人知處州嘗欲造大舟幕僚不能計其直觷敎以造一小舟量其尺寸而十倍算之又有欲築紹興園神廟垣召匠計之曰費八萬緡觷敎之自築一丈長約算之可直二萬與匠者董紋內官無所得乃奏紹興空乏難濟太后遂費自錢三十二萬緡

# 元社稷壇圖

社稷壇，以畝數爲面積，以各建築物之尺度，按法式而推定其位置及方向，（餘同太廟）

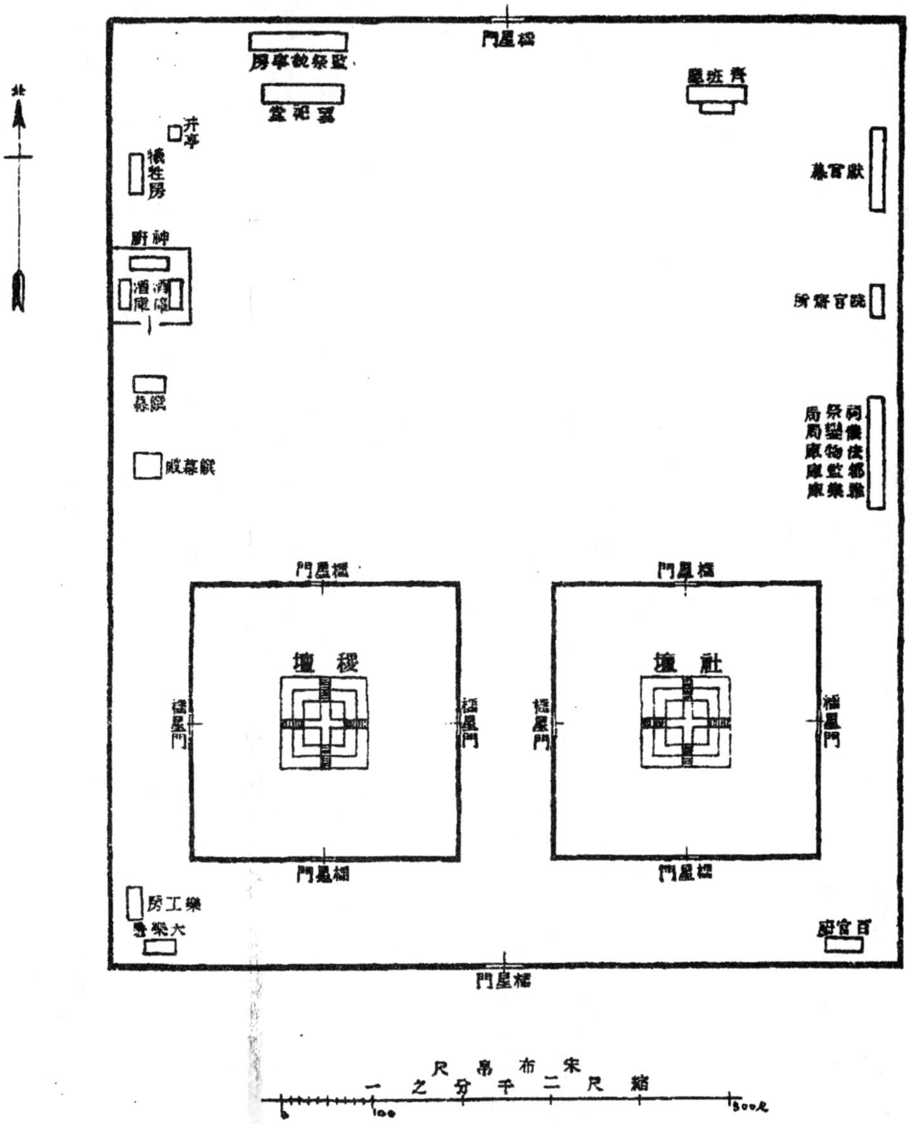


和義門內少南地四十畝

高密 宋麟徵繪

## 乙・社稷壇

| 名稱 | 位置 | 楹數 | 廣 | 深 | 高 | 形式 | 年月 | 摘要 | 注 |
|---|---|---|---|---|---|---|---|---|---|
| 社稷壇 | 和義門內少南北向 | | 北四十畝 | | | | | | |
| 社壇 | 東去稷壇約五丈近南至壇 | | 五丈 | 五丈 | 五尺 | 土用青赤白黑四色依方位築之中間實以常土上以黃土覆之築必堅實依方面以色泥飾之 | 至元三十年正月 | 元史（下同） | 二一八 |
| 稷壇 | 同上西去社壇約五丈 | | 五丈 | 五丈 | 五尺 | 其上四周純用一色黃土 | 同上 | | |
| 陛 | 兩壇四面之當中各一 | | 一丈 | | | 社壇各依方位土色稷壇純用黃土 | | | 二一九 |
| 北墉 | 社稷壇北 | | | | | 以磚爲之飾以黃泥 | | | |
| 瘞坎(二) | 稷壇之北少西 | | | | | 深足容物 | | | |
| 壝垣 | 周圍二壇 | | 三十丈 | | 五尺 | 以磚爲之四隅連飾 | | | |
| 欞星門 | 內壝垣四所外垣二所 | 每所三門 | | | | | | 列戟二十四 | |

| | | |
|---|---|---|
| 望祀堂 | 外壝內北垣下 | 七間 |
| 齊班廳 | 望祀堂東 | 屋五間連廈三間 |
| 獻官幕 | 齊班廳南西向 | 八間 |
| 院官齋所 | 獻官幕南西向 | 三間 |
| 祠祭局 | 院官齋所南 | 自北而南共十間 |
| 儀鸞庫 | | |
| 法物庫 | | |
| 都監庫 | | |
| 雅樂庫 | | |
| 百官廚 | 祠祭局等屋南北向 | 三間 |
| 大樂署 | 外垣南門壝垣西南北嚮 | 三間 |
| 樂工房 | 大樂署西東向 | 三間 |
| 饌幕殿 | 樂工房北北向 | 一間 |
| 饌幕 | 饌幕殿北南向 | 三間 |
| 南門 | 饌幕北稍東南向 | 一間 |

南望二壝以備風雨

| 名稱 | 位置 | 楹數 | 廣 | 深 | 高 | 形式 | 年月 | 摘要 | 注 |
|---|---|---|---|---|---|---|---|---|---|
| 神廚 | 院內南南向 | 三間 | | | | | | | |
| 酒庫 | 神廚西東向 | 三間 | | | | | | | 二二〇 |
| 犧牲房 | 酒庫近北少却東向 | 三間 | | | | | | | |
| 井亭 | 望祀堂後 | | | | | | | | |
| 執事齋郎房 | 望祀堂後自西而東南向 | 九間 | | | | | | | |
| 監祭執事房 | 執事齋郎房自北折而南西向 | 九間 | | | | | | 壇壝次舍之所 | |

## 丙 郊壇

| 名稱 | 位置 | 楹數 | 廣 | 深 | 高 | 形式 | 年月 | 摘要 | 注 |
|---|---|---|---|---|---|---|---|---|---|
| 郊壇壝地 | 麗正門外丙位 | | 三百八畝有奇 | | | | 大德九年七月 | 元史(下同) | 二二一 |
| 郊壇 | 同 | | | | 三成 | 周圍上下俱護以甓 | | | |
| 上成 | | | 五丈 | 五丈 | 八尺一寸 | | | | |
| 中成 | | | 十丈 | 十丈 | 同 | | | | |
| 下成 | | | 十五丈 | 十五丈 | 同 | | | | 二二二 |
| 子陛 | 壝子位 | | | | 十二級 | | | | |

| | | | | | | | | | |
|---|---|---|---|---|---|---|---|---|---|
| 午陛 | 壝午位 | | | | 丈 | | | | |
| 卯陛 | 壝卯位 | | | | 丈 | | | | |
| 酉陛 | 壝酉位 | | | | 丈 | | | | |
| 內壝 | 壝外去壝二十五步 | | | | 五尺 | | | | |
| 外壝 | 去內壝五十四步 | | | | 丈 | | | | |
| 壝門 | 內外壝四面 | 面各三門 | | | | 俱塗以赤 | | | |
| 外垣 | 環外壝 | | | | | | | | |
| 南櫺星門 | 外垣南面 | 三門 | | | | | | | |
| 東櫺星門 | 外垣東面 | | | | | | | | |
| 西櫺星門 | 外垣西面 | | | | | | | | |
| 燎壇 | 外壝內丙己位 | | 一丈上方六尺 | 一丈 | 一丈二尺 | 周圍護甓東西南三出陛開上南出戶 | | | 二二三 |
| 香殿 | 外壝南門外少西南嚮 | 三間 | | | | | | | |
| 饌幕殿 | 外壝南門外少東南嚮 | 五間 | | | | | | | |
| 省饌殿 | 外壝東門外少北南嚮 | 一間 | | | | | | | |

| | | |
|---|---|---|
| 神廚 | 外壝東南別院北嚮 | 五間 |
| 酒庫 | 西嚮 | 三間 |
| 獻官齋 | 神廚南垣外西嚮 | 二十間 |
| 中神門 | 外壝南門外 | 五間 |
| 執事齋 | 皆北嚮 | 六十間 |
| 齊班廳 | 獻官齋房前西嚮 | 五間 |
| 鸞儀局 | | 三間 |
| 法物庫 | | 三間 |
| 都監庫 | 外垣內西北隅皆西向 | 五間 |
| 雅樂庫 | 外垣西門內少南東嚮 | 六間 |
| 演樂堂 | 外垣內西南隅東嚮 | 七間 |
| 獻廚 | 外垣內東南隅西嚮 | 三間 |
| 滌養犧牲所 | 外垣南門外少東西嚮 | |
| 內犧牲所 | 南嚮 | 三間 |

## 丁　先農壇

| 名稱 | 位置 | 楹數 | 廣(東西) | 深 | 高 | 形式 | 年月 | 摘要 | 注 |
|---|---|---|---|---|---|---|---|---|---|
| 先農壇 | 籍田內 | | 十步 | 十步 | 五尺 | | | | 元史(下同)二三五 |
| 四出陛 | | | | | | | | | |
| 欞星門 | 壇之四面 | | | | | | | | |

注二一七　元史七十四祭祀志　世祖四年三月　詔建太廟于燕京　又至元元年冬十月
初定太廟七室之制　又至元十八年三月　尙書段那海及太常禮官奏曰　始議七廟　除
正殿寢殿正門東西門已建外　東西六廟　不須更造　餘依太常寺新圖建之　遂爲前廟
後寢，廟分七室　二十一年三月太廟正殿成　奉安神主　九月廟室掛鐵網釘鏨籠門
告成　又大德六年五月　太廟寢殿災　至治三年四月　勅以太廟前殿十有五間東西二
間爲夾室南向　秋七月　太廟落成

注二一八　元史七十六祭祀志　至元七年十二月　有詔歲祀太社太稷　至三十年正月
始用御史中丞崔彧言　於義和門內少南　得地四十畝　爲壝垣　近南爲二壇　按義
和　爲和義之訛

注二一九　元史七十二祭祀志　社稷壇高五丈方廣如之　光緒順天府志　引作高五尺方廣十之　尺十兩字有異　按元史武宗紀　至大三年　從大司農請　建農蠶二壇　博士議二壇之式　與社稷同　縱廣一十步　高五尺　四出云云　則府志高廣　似有所本俟考

注二二〇　元史東向屋三間曰酒庫　府志引爲東西屋三間　今從元史

注二二一　元史祭祀志　至元三十一年　成宗卽位　夏四月　始爲壇於都城南七里

按日下舊聞考　其地當在今永定門外

注二二二　元史祭祀志　至大三年冬至　以三成不足以容從祀版位　以青繩代一成繩二百、各長二十五尺　以足四成之制

注二二三　元史祭祀志　燎壇東西南三出　陛開上南出戶　上方六尺　深可容柴

注二二四　元史祭祀志　兩翼端皆有垣　以抵東西　周垣各爲門　以便出入

注二二五　元史七十六祭祀志　今先農先蠶壇　位在耤田內　若立外壝　恐妨千畝其外壝勿築　按此爲壇無外壝之證

## 第五節　工料之特色

### 甲　石工玉工產地



31861

元故宮之石工　爲建築上之一大特色　礎碣墀陛　以及奇器　雕鐫精美　陶蕭兩錄　贊歎不置（二二六—二三四）　而選材之精　尤爲獨到　此不獨於土階板築之外　別開生面　且足以垂久遠　壯觀瞻　因地之利　而發揮美術之特徵　故經明及清　流風不墜　試於今日故宮內　一覽石工遺製　於制作之閎麗　尚可推想而知　據曲陽縣志　石工楊瓊傳　知元世祖倚任石工之隆（二三五）　又元史百官志及輟耕錄公宇諸書　知元代於採石局　設有專官　與大木小木泥瓦等局同　至刻玉琱玉諸作（二三六）則別有玉局石局　隸將作院　故陶蕭兩錄　於陳設之玉器　鄭重言之　良有以也

注二三六　陶錄　直崇天門　有白玉石橋三虹　鐫百花蟠龍

注二三七　蕭錄　橋名周橋　皆琢龍鳳祥雲　明瑩如玉　橋下有四白石龍　擎戴水中甚壯

注二三八　陶錄　仁智殿後　有石刻蟠龍　昂首噴水仰出

注二三九　蕭錄　盤龍左底卬首而吐吞一丸於上　注以溫泉　九室交湧　香霧從龍口中出

注二三〇　陶錄　黑玉酒甕　玉有白章　隨其形刻爲魚獸出沒於波濤之狀

注二三一　蕭錄　流杯亭　刻石爲水獸　潛躍其旁　塗以黃金

注二三二　蕭錄　延春閣甃地　皆以濬州花版石甃之　磨以核桃　光彩若鏡中

注二三三　蕭錄　玉德殿　殿楹栱皆貼白玉雲龍花片　中設白玉金花山字屏台

注二三四　蕭錄　興聖宮白石龍鳳闌楯上　每柱皆飾翡翠而寘黃金

注二三五　光緒曲陽縣志工藝傳第七　元楊瓊　世爲石工　取二玉石　斲一獅一鼎　世祖許爲絕藝　董工玉泉　刻黑石　得壽龜以獻　生平所營建　如兩都及察罕腦兒宮殿涼亭石門石浴堂等工　不可枚舉　其所雕北嶽尖鼎鑪　工巧絕倫　初爲管領燕南諸路石匠　國初建兩都宮殿　及城郭諸營造　皆賚其力　三遷爲領大都等處山場石局總管　時與西京邱總管聯事　至元九年　建朝閣大殿等　於近畿撥戶五千　命瓊督之　省官錢五千萬緡　十二年授採玉石提舉　以白玉盆上　賜鈔百錠　明年督造橋工　賜黃金上尊　又盡出賜金　於房山縣北　置地千餘畝　爲農圃　以遺子孫　十五年卒

注二三六　元史九十百官志　器物局所屬採石局　掌夫匠營造內府殿宇寺觀橋牐石材之役　至元四年置　又石局總管　十一年　撥採石之夫　二千餘戶　常任工役　置大都等處採石提舉司　二十六年罷　立採石局山場提領一員　管勾五員　至元四年置

## 乙　珍異之材料

### 一異樣木植

注二三七　蕭錄　紫檀殿　以紫檀香木爲之　文德殿　以楠木爲之　按元史百官志諸色庫　秩掌脩內材木　及江南徵索　異樣木植　又卷百三一黑迷失傳　至元二十四年　使馬八兒國　行十一年乃至　以私錢購紫檀木殿材　並獻之　按大內建紫檀殿爲至元二十八年　其所用　殆卽此材

### 二玻璃

注二三八　蕭錄　萬歲山新殿後　有水晶二圓殿　起於水中　通用玻璃飾　日光回彩宛若水宮

### 三棕毛

注二三九　陶錄　明仁殿東有棕毛殿　皆用棕毛　以代陶瓦

### 四黃金

注二四〇　蕭錄　後苑中有金殿　殿楹扉　皆裹以黃金

### 五皮毛

注二四一　陶錄　大明寢殿　席地　冬用貂皮　寢室用銀鼠皮

## 丙　角樓

元宮苑之特色　更有一事　即角樓是也　試觀宮城內　以及太廟　其有四隅角樓者　已有五六處　除興聖宮　以周垣板垣　及萬壽山無角樓外　蓋既建角樓　必有周廡　若僅繚以周垣　則角樓無基礎　即不壯觀　此武宗拒諫之理由也　據大元畫塑記　知寺觀內亦有角樓　且於其內　多塑佛(二四二—二四四)　迄乎明代改制　止於皇城四隅　各建角樓　而他處則從闕如　並周廡亦不設矣　惟大高元殿門外之兩亭　全用角樓之式　改四為二　移在前面平地　徒作美觀　蓋去元未遠　不能忘情於舊制　又從而省便之　遂有此作耳

注二四二　大元畫塑記　至大三年　新建寺東西角樓　魔梨支王四尊　東北角樓　尊聖佛七尊　西北角樓　無量壽佛九尊

注二四三　大元畫塑記　皇慶二年　大聖壽萬安寺　西北角樓　朶兒只南磚一十一尊　各帶花座光焰等　西北角樓・馬哈哥刺等一十五尊　東西角樓　四背馬哈哥刺等一

十五尊

注二四四　大元畫塑記　泰安三年　大天源延聖寺　東南角樓　天王九尊　西南角樓
　馬哈哥剌等佛一十五尊　東北角樓　尊勝佛七尊　西北角樓　阿彌陀佛九尊　各帶
蓮花須彌座光焰

## 第六節　經始設計之工師名匠及工官

一也黑迭兒　歐陽玄圭齋文集九　馬合馬沙碑　也黑迭兒　系出西域　唐
爲大食國人　世祖即祚　命董茶迭兒局　茶迭兒云者　國言廬帳之名也
　至元三年　定都於燕　八月領茶迭兒局諸色人匠總管府達魯花赤　兼
領監宮殿屬　以大業甫定　國勢方張　宮室城邑　非鉅麗宏深　無以雄
八表　也黑迭兒　受任勞勤　夙夜不遑　心講目算　指授肱麾　咸有成
畫　太史練日　冬卿掄材　魏闕端門　正朝路寢　便殿掖庭　承明之署
受釐之祠　宿衛之舍　衣食器御　百執事臣之居　以及地塘苑囿游觀
之所　崇樓阿閣縵廡飛簷　具以法　歲十二月　有旨命光祿大夫安肅張
柔　工部尙書段天祐　暨也黑迭兒　同行工部　修築宮城　乃具畚鍤

乃樹楨幹 伐石運甓 縮版覆蕢 兆人子來 厥基阜崇 厥址矩方 其
直引繩 其堅凝金 又大稱旨(二四五)

二張柔 元史六世祖紀 至元三年十二月丁亥 詔安肅公張柔行工部尚書
段天祐等 同行工部事 修築宮城(二四五)

三段天祐 元史一百七十七吳元珪傳 至元二十六年 繕修宮城 尚書省
奏役軍士萬人 留守司主之 元珪極陳其不便 乃立武衛繕理宮城 以
留守段天祐兼都指揮使(二四五)

注二四五 陳垣元西域人華化考下 西域人之中國建築 按據歐陽玄碑文所記 參以
年月 則也黑迭兒 爲最初設計之工師 其段天祐則以武人充工官 張柔則領其事者
也

四楊瓊 光緒曲陽縣志工藝傳第七 元楊瓊 世爲石工 生平所營建 如
兩都及察罕腦兒宮殿 涼亭 石門 石浴堂等工 不可枚舉 初爲管領
燕南諸路石匠 國初建兩都宮殿 及城郭諸營造 皆資其力 三遷爲領
大都等處山場石局總管 時與西京邱總管聯事 至元九年 建朝閣大殿

等　於近畿撥戶五千　命瓊督之　省官錢五十萬緡　十二年授採石提舉
（餘詳注二三五）

五邱士亨　光緒曲陽縣志工藝傳第七　士亨字彥通　天性得繪塑三昧　通微入妙　至元八年　安西王賜之衣冠　編籍宮中　俾司帑藏　十五年王令宮中置燈山　備上元五夜之觀　士亨不勞而辦　王驚其敏速　王薨來燕　世祖召見　命從阿尼哥國公學梵像　大德六年　皇太后時爲太子妃　召賜之銀鈔衣糧　令士亨以列女傳授宮人　未幾武宗即位　授中奉大夫昭文館大學士會福院使領工部事　命與司徒尹公尚書袁公等　乘傳驗視五臺山寺工

六李郝奪　元史二十二武宗紀　至大元年　李郝奪以建香殿　賜金五十銀四百九十兩

七憨剌令兒　元史二十二武宗紀　至大二年　以通政使憨剌令兒　知樞密院院事　董建興聖宮　令大都留守養安等　督其工　按此在也黑迭兒領監宮殿四十三年以後

八養安 見上

元史順帝紀稱至元十五年 帝於內苑造龍船 自製其樣 又自製宮漏精巧絕出云云 順帝巧思 獨具匠心 無怪掖庭記所述 光怪牲離 令人目眩 特以陶錄斷自天歷 故不闌入 而附記於此

## 第七節 河流

蕭錄 麗正門內有河 河上建白石橋三座 名周橋 厚載門西出內城 臨海子 海廣可五六里 西渡半起瀛洲圓殿 由瀛洲殿後 北引長橋 上萬歲山 東臨太液池 西北皆俯瞰海子 沿海子導金水河 步邃河南行 爲西前苑 苑前有新殿 半臨邃河 河流引自瀛洲西邃地 而繞延華閣後達於興聖宮 復邃地西折咊嘶後老宮而出 抱前苑 復東下於海 約遠三四里 廣寒殿寢宮廡後 兩繞邃河東流 金水亘長街 走東北 又繞紅牆可二十步許 興聖宮中 建小直殿 引金水繞其下 又少東有流杯亭繞河沿流 又少東出便門 步邃河上 入明仁殿 出金殿廡後內牆 東連海子 以接厚載門(二四六—二四七)

按陶錄僅紀萬壽山　有引金水河至其後轉機運㪺　汲水至山頂　由石龍口注方池　伏流至仁智殿後　有石刻蟠龍昂首噴水　然後由東西流入於太液池云云　殊於水源河流　太爲闕略　蕭錄雖不明晰　却可補陶錄所未及　至紀元大都宮苑之河流者　羣籍之中　以光緒間董恂所著鳳臺祇謁筆記上卷　最爲翔實　脈絡分明　可供印證　於遂河金水河玉泉等之源委　尤爲清晰　其文曰　安瀾志　大通河　元人所開　以通通州漕運者也　本名通惠河　以其流入禁城　謂之金水河　原注元史河渠志　世祖至元二十八年　都水監郭守敬建言疏鑿　總長一百六十四里一百四步　首事於至元二十九年之春　告成於三十年之秋　賜名通惠河　流至和義門南入京城　故又得金水河之名　明自永樂間　河湮漕廢　成化正德嘉靖間　屢開濬之　自大通橋起抵通州　石壩長四十里　更今名　原注此河　元時本名通惠　上起西山　下達通州　自明改建都城　圍積水潭於苑內　上游河道　不復濬治　僅於大通橋起　迄通州石壩上　故又有大通河之名　本朝因之不改　河道亦如明代之舊　舊源昌平州白浮甕山　亦名神仙泉　與榆河合　受一畝馬眼諸泉水　匯爲七里濼　即西湖也　今源自玉泉山之玉泉　曰水源頭　亦名玉河　東流出山爲裂帛湖　其下爲西湖　即今昆明湖也　則有丹稜沜水　高粱河　官河及龍泉雙泉靑龍諸泉入之　又東流逕圓明園南　又東流逕暢春園南

又東流逕廣源白石高粱澂淸諸閘　出靑龍橋下　其長五十餘里　至都城西北隅　分爲二支　一支環京城爲濠　一支由德勝門水關　入於皇城過五龍亭前　匯爲西海子　亦名北海子　遼時謂之瑤嶼　金曰西園瓊華島　元曰積水潭（二四六—二四八）　又曰西華潭　亦曰太液池　其水與金水河隆福宮前河水　通相灌注　又折而東南　繞爲南苑　亦謂之小南城　今爲御苑　中曰瀛臺　又東流入紫禁城　出玉河橋　下爲御河　又曰裏河　即元之遼河也　由東長安門出正陽門東水關　歷崇文門　元時謂之文明河　又稍北出東便門東水關而東　爲東西河沿　與護城河會流　有草橋泡子諸河合入之　今皆廢　又東流出大通橋下（原注一統志大通橋在東便門外）　又東流五里　逕王家之慶豐閘　又東流十一里　逕亭南之平津上閘　又東流四里　逕平津下閘　又東流十三里　爲馬連灣　入通州西界　過普濟閘（原注石蘊須知言慶豐閘水面高平津上閘十二尺　平津上閘水面高平津下十尺　平津下閘水面高普濟閘七尺　普濟閘水面高通流閘十二尺　據此自京至通水面高下　計共四丈一尺　通流閘在州城中牛市　運船不行　惟助蓄洩　故此不之及）　逕高麗莊　與渾河舊口合流　又東流四里　出八里橋　下即永通橋也　又東流八里　逕通州南門外　又東流抵葫蘆頭石壩　穿新舊城　東

出抵土壩　與潮河合　即北運河也　俗謂之裏漕河　通州志　言大通河至通州　一自舊城西水關入城　至東水關出　繞城南流　至南浦閘瀉水至張家灣入運河　其土壩　運漕至中西兩倉水道　即由此　一自舊城西水關分流　至北門外葫蘆頭　是爲石壩　又從滾水壩　瀉入運河　其石壩運漕　至京倉水道　即由此　一自新城西門外　南流過新舊城南門出南浦閘　與東水關繞　城南流之流水　會入運河　自過橋後　大通河在石大道之北　仍行土道　土道南爲石大道　土道北爲大通河

注二四六　元史六十四河渠志　金水河其源出於宛平縣玉泉山　流至義和門南水門入京城　故得金水之名　至元二十九年二月　中書右丞馬速忽等言　金水河所經運石大河及高良河西河俱有跨河跳槽　今已損壞　請新之　是年六月興工　明年二月工畢至大四年七月　奉旨引金水河水　注之光天殿西花園石山前舊池　置牐四以節水

注二四七　元史六十四河渠志　海子岸　上接龍王堂　以石甃其四周海子　一名積水潭　聚西北諸泉之水　流行入都城　而匯於此　汪洋如海　都人因名焉

注二四八　陳宗蕃燕都叢考第二編　一統志　元時既開通惠河　運船直至積水潭　自

明初改築京城　與運河截而爲二　積土日高　舟楫不至　是潭之寬廣　已非舊觀　故今指近德勝橋者　爲積水潭　稍東南　爲十刹海　又東南者　爲蓮花泡子

## 第八節　宮殿佚名（已列表者不錄）

### 甲　元史

一金脊殿・卷二十九泰定帝紀　泰定元年八月庚午　作中宮金脊殿

二宸德殿　順天府志三引元順帝紀　至正八年四月　皇太子徙居宸德殿命有司修葺之

三欽明殿　卷三十泰定帝紀　泰定四年八月庚辰　作欽明殿成

### 乙　元氏掖庭記

元氏掖庭記　亦陶宗儀所撰　記中多元順帝宮中事　而宮殿名　間有宮闕制度所不載者　疑亦晚季所增築　陶氏於輟耕錄之外　別撰此記　不第爲廣異聞　其於元氏晚年宮庭規制　及奢靡荒淫之事　皆足補輟耕錄所未備但於位置尺度　多不可考　姑爲別疏如左

一德壽宮　二翠華宮　三擇勝宮

四連天樓　五紅鸞殿　六入霄殿

七五花殿（原注亦名五華）殿東設吐霓䍁曰玉華　西設七星雲板曰金華　南設火齊屛風曰珠華　北設百藥龍脉曰木華　幷中央木蓮華紫香琪座千鈞案九朶雲蓋爲五華

八清林閣　大內又有迎涼之所　曰清林閣　四面植喬松修竹　南風徐來林葉自鳴　遠勝絲竹

九松聲亭　在東　一〇竹風亭　在西

一一春熙堂　又有温室曰春熙堂　以椒塗壁　被之文繡香桂　設鳥骨屛風鴻羽帳、規地　以罽賓氍毹

一二九引臺　七夕乞巧之所

一三刺繡亭　或即針線殿　一四絹衮堂　冬至候日之所

一五九龍墀　龍形九曲金臂玉鱗　一六羅亭　繞亭植紅梅百株

一七延香亭　春時宮人折花傳杯於此

一八拱璧亭　亭六角六璧旋拱　中置夜光珠一顆　晦夜燦若白晝　光燭數十步外　又名夜光亭

一九探芳徑　二〇逍遥市　二一集賢堂

二二眺遠閣　二三留連館　二四萬年宮　以上幷在禁苑

二五龍泉井　碼碯石爲井牀　雨花台石爲井湫　香檀爲蓋　雕朱錦爲索　雲母石爲汲缻

二六聯縞亭　熊嬪性耐寒　嘗於月夜梨花亭　露袒坐紫班石　元帝見其身與梨花一色　因名其亭曰聯縞亭

二七迎祥亭　二八漾碧池　每遇上巳日　令諸嬪妃　祓於內園迎祥亭漾碧池　池用紋石爲質　以寶石鏤成　奇花繁葉　雜砌其間

二九寶光樓　藏麗嬪張阿玄所製巾服

三〇翠鸞樓　改爲奉御樓　程一寧未得幸時　嘗於春夜登翠鸞樓　倚闌弄玉龍之笛

三一朵芳館　帝爲才人英英所起　在瓊華島內

## 第九節　與遼金制度之比較

元宮闕制度之華化　既如前所述　而以遼金遺制衡之　亦有影響可尋　其大較如左

一大內方向與遼制同　遼史地理志　大內在西南隅　元宮城亦偏於西南

二宮城角樓爲遼金遺制　遼史地理志　大內東北隅有角樓　北盟會編二百四十五　金應天門東西　有兩角樓

三帝后各有正位　大金國志　殿九重　正中位曰皇帝正位　後曰皇后正位

此與元大明正殿設后位之制相同

四金太廟在東方　固與禮經相合　元太廟在齊化門內　亦同一方向　金圖經注　太廟在南城之南　千步廊之東

## 第十節　餘錄

虞集跋語　將作所疏宮闕制度云云　元制土木工程　屬於少府監　內分大木局　小木局　泥瓦局　油漆局　銅局　鐵局　畫局　雕木局　採石局等部分　幾舉營造法式諸作而分掌之　而將作院所屬　却爲玉局　石局　金

絲子局　温犀玳瑁局　漆紗冠冕局　珠子局　異樣紋繡兩局　綾錦織染兩局等部分　均與營建無關　然則虞氏所謂將作　不按當代官制而言　元代官府之別　不甚清晰　然少府監與將作院之權限　不相雜厠

王士點禁扁叙目　備紀引用圖籍之名　獨於本朝無一語　然與虞伯生同時

有至順癸酉虞序可證　虞氏與修經世大典　王氏禁扁所據　亦必出於大典　故各類所列額名　無出陶錄外者　間有注明在上都或神御殿　則爲陶錄所無　固是謹嚴　亦足爲與陶錄同源之證　王氏又於至元二年　與商企翁同編秘書志十一卷　內中頗有宮殿額名　足資佐證　然間及上都等處與禁扁同　所可貴者　禁扁所列　固止額名　其小注所紀左右東西等字往往足以輔翼陶錄　意當日工典所收　必有圖樣　王氏據以作注　故能瞭如指掌　蓋元秘書監有圖書之收藏　王氏任著作郎　故取裁富有也

光緒順天府志卷三　元故宮考　所引大都宮殿考凡六條　按圖書集成宮殿部彙考五　謂虎溪蕭氏故宮遺錄　王氏格古要論補采入　更名大都宮殿考

且又删削十之二三　非復蕭氏之舊云云　元故宮考所引　皆已見蕭錄

字句刪節　痕迹顯然　即如大明殿後連爲柱廊十二楹一條　比蕭錄減去數十字　於原文曲折　皆不可見　作元故宮考者　竟不知大都宮殿考之爲僞書　已屬異聞　而文思紫檀二殿小注　又有大都宮殿考　則沿故宮遺錄之誤也之語　既知沿誤　何以濫引　尤不可解　日下舊聞考　亦同此誤

陶錄大明殿中所置樂器　有玉編磬玉笙玉箜篌　續文獻通考樂考九引之　而元故宮考引陶錄　竟將玉笙玉箜篌刪去　羼入興隆笙三字　并於小注說明興隆笙之形製　全係輟耕錄卷五原文　而不書所引何書　又引元史但言元某紀某志　泰定帝紀　但言泰定紀　皆非所宜　以順天府志　與藝風堂文集卷二五校　亦復無異

元故宮考　東爲睿安殿與文德殿相對一條　注曰輟耕錄　又云今考諸書祗詳文德　而睿安缺載　今據禁扁補錄云云　則輟耕錄三字爲衍文

又延春宮後有清寧宮　注曰輟耕錄　按陶錄無此宮名　蕭錄有之　亦不言延春宮後

日下舊聞考三十　謂永樂大典所採元宮室製作一書　第詳其制　其地分方

位　惟昭儉輟耕二錄　載之最晰云云　按元宮室製作　似即四庫存目之元內府宮殿制作　爾時必已親見其書　但今已不傳　幷亦未見稱引又昭儉錄則僅見引用　未見傳本　文獻不足　可爲扼腕

## 中西紀元略表

| | |
|---|---|
| 元太祖宋寶慶三年丁亥 | 西曆一二二七年 |
| 世祖中統元年庚申 | 一二六〇年 |
| 中統四年癸亥 | 一二六三年 |
| 至元元年甲子 | 一二六四年 |
| 至元三十一年甲午 | 一二九四年 |
| 成宗元貞元年乙未 | 一二九五年 |
| 二年丙申 | 一二九六年 |
| 大德元年丁酉 | 一二九七年 |
| 十一年丁未 | 一三〇七年 |

| | | |
|---|---|---|
| 武宗至大元 | 年戊申 | 一三〇八年 |
| 四 | 年辛亥 | 一三一一年 |
| 仁宗皇慶元 | 年壬子 | 一三一二年 |
| 二 | 年癸丑 | 一三一三年 |
| 延祐元 | 年甲寅 | 一三一四年 |
| 七 | 年庚申 | 一三二〇年 |
| 英宗至治元 | 年辛酉 | 一三二一年 |
| 三 | 年癸亥 | 一三二三年 |
| 泰定帝泰定元 | 年甲子 | 一三二四年 |
| 四 | 年丁卯 | 一三二七年 |
| 文宗天曆元 | 年戊辰 | 一三二八年 |
| 二 | 年己巳 | 一三二九年 |
| 至順元 | 年庚午 | 一三三〇年 |
| 三 | 年壬申 | 一三三二年 |

| | |
|---|---|
| 順帝元統元年癸酉 | 一三三三年 |
| 二年甲戌 | 一三三四年 |
| 至元元年乙亥 | 一三三五年 |
| 六年庚辰 | 一三四〇年 |
| 至正元年辛巳 | 一三四一年 |
| 二十七年丁未 | 一三六七年 |
| 明太祖洪武元年戊申 | 一三六八年 |
| 成祖永樂元年癸未 | 一四〇三年 |
| 二十二年甲辰 | 一四二四年 |
| 宣宗宣德八年癸丑 | 一四三三年 |
| 神宗萬曆七年己卯 | 一五七九年 |
| 清世祖順治八年辛卯 | 一六五一年 |

## 徵求梓人遺制已有永樂大典所收圖樣之發見

梓人遺制八卷，焦竑經籍志著錄，業經本社，於彙刊第一期，敢事徵求，玆見「國立北平圖書館館刊」第四卷第二號四十頁，「永樂大典現存卷數表再補」云，近按英倫博物院東方圖書部主任翟博士 Dr. Lional Giles 來函，謂近在英倫，訪得大典四册，內卷一八二四五，十八漾，匠，匠氏諸書十四，梓人遺制圖十七葉，係 C.H. Brewih-Taylor 氏所藏云云，現已設法，託人攝影，可謂營造學秘籍一好消息，

# 英葉慈博士以永樂大典本營造法式花草圖式與仿宋
# 重刊本互校之評論

譯自倫敦學院東方學藝研究院週刊卷五第四章八五六八〇頁

營造法式一書　經數百年之巨變　歷兵火之餘刼　竟能於一九一九（即民國十四）年　以殘缺書頁爲根據　將原來體例　依次查出　一九二五年　復重新校定　成「仿宋重刊李明仲營造法式」一書　編輯諸君　煞費苦心　乃底於成　殊非容易　一九二七年　予曾專論論及　載諸白靈敦雜誌（見卷之四第三章第四七三四九二頁）　茲不贅述　今所欲論者　乃佚存英國之十六世紀營造法式寫本　乙丑重刊編纂諸君子　苟知此十數頁殘書　尚存人世　定必搜羅補遺　參酌正焉

清翰林院　位於英國使館之北　永樂大典之存於該院者　經庚子之變　幾全燬於火　據云此書乃一五六七年寫成兩部中之一部　其餘一部　大概燬於明末　復據北京國立圖書館　徵求佚存圖籍啟事　謂是書佚存海內外　未遭火刼者　二百八十有六册　凡五百四十二卷　然英國現尚存類此

之書凡數函　未見列入該啓　是知該啓所列冊數　或不止此

英人畢留偉載樂爾氏　即藏有永樂大典第一萬八千二百四十四卷　匠字下　凡十八頁　實爲營造法式第三十四卷之一小部分

予茲所欲言者　乃永樂大典本所繪圖樣　與一九二五年印行本所繪圖式　兩相比較　顯有異同　是篇所引圖式　俱采畢留偉載樂爾氏藏本　用攝影術印出　第一與第三圖　來自永樂大典第四冊　第二與第四圖　乃摘錄營造法式一九二五年印行本　第六冊卷之三十四　二本互證　未審孰與宋本原書爲近　然與一九二〇年印行本　互相印證　則後者似較近永樂大典所繪爲近也

一九二〇年營造法式印行本　乃根據一一四五年王喚營造法式刊本　但據云　已傳鈔至三次（此節見前論）證以宋代建築遺跡　竊以爲永樂大典所繪花草圖式　似較近宋代樣式　永樂大典一書　既爲北京皇室所撰　自屬精心結撰　然證諸本篇所引　第一第三圖　其標注彩色　頗覺草率　則其是否一四〇七年之眞本　難於確信　況一四〇七年本之來原　究出

何處　其詳不可考　或即取材於一一四五年之營造法式刊本　竊以爲以上之比較觀　並非專對中國建築學唯一珍本之一九二五年本營造法式　發生是否可信之問題　實則吾人可得一種甚深之眞理　蓋關於傳說之花紋色彩　必隨時代而變更　至於寫手　無論如何　忠於所事　終不免於無意中受其時代潮流　及個人風範之影響　以致不能傳其實也

## 第一圖解

此兩圖係取自營造法式第三十四卷　用以解釋彩畫作制度者也　而第三十四卷之圖　又係翻印永樂大典版者（有三分之二尺寸甚準確）本文中已詳論之矣　至於該兩彩畫圖　所代表之位置　乃在兩柱之間　上圖花紋精細　下圖較爲簡單　圖中各線　本應著色　茲爲簡便起見　以字表明之

## 第二圖解

此圖解係出於一九二五年版之營造法式　不過將第一圖解　用另一種眼光解釋之而已　書中兩圖之顏色　皆係套版製成　上圖以四線標明邊之顏色　自外向內　爲綠　淺粉紅　深粉紅　及朱色　花之部份　或爲深淺

青色 或爲綠色 下圖自外向內 爲深青 綠華 二綠 大綠等色

第三圖解

此圖解亦係取自永樂大典版 故其花紋與第一圖解相似 上圖在一九二〇版 與在永樂大典版完全無異 與一九二五版亦無甚差別 卽此處最外層之線 標明「靑」色在一九二五版之套版中 亦印成「青」色 所不同者惟一九二五版之草案 係註明該線爲「綠」色耳 (參閱第四圖解)至於下圖之第三線 在此處爲「一青」 在一九二〇或一九二五版中 皆爲「二青」

第四圖解

一九二五版營造法式 對於此圖案之註釋 旣如第三圖解所述 茲以第三圖解與此處對照 則較第一與第二圖解之比較 淸楚多矣 雖一九二〇版營造法式所載 不若此兩圖精采 但能不失第三圖解之眞形 上圖在一九二五版中 所著各種顏色 除最外層係靑色外 其餘與第二圖解之上圖無異 下圖沿邊皆綠色 餘三道爲靑華 二靑 大青三色 花紋係按寫實法著色 至蓮花瓣 則係由朱色漸減成粉紅色者也

按一九二五年版重刊之動機　係因鈔本卽一九二〇年版　雖根據紹興重刊本　而展轉鈔寫　訛奪太甚　與四庫本互校　頗多補正　故付刊時　不得不與鈔本　稍稍立異　近日正從事於文字上之校勘　已有校記之刊行　附入彙刊第一期　正擬賡續校印圖樣　而苦於佐證之不充　近日發見倫敦 C.H. Brewitt-Taylor 氏所藏大典十八漾匠字法式圖十八葉　已設法在英倫影印　俟其到華　當從事校正　至原印圖樣　當時因鈔本不如四庫本之整齊工細　而文溯閣本　較文淵文津兩閣本　更爲晚出　其中圖樣　亦往往較兩閣本爲合理　故此數幅　係取裁於文溯　遂與一九二〇年版不同　今者葉慈氏發見永樂大典本　與一九二五年版之差別　可謂巨眼　但文溯此處　何以與文淵文津不同　必須取得實證　方能決斷　至葉慈氏謂寫手不免於無意中　受其時代潮流　及個人風範之影響云云　尤爲篤論　乾隆爲文教極盛之時　彼時寫手　往往精於繪事　此項圖樣　更非尋常可比　當時或特募工匠　從事摹畫　工匠參以己意　自不免發生歧異　此與鈔寫文字　固有不同　而尋常校勘家　亦往往不加措意　葉慈氏此論　喚起吾人注意　誠非淺鮮　總之吾人不得崇寧原本　仍不得爲校勘之止境也

又按國立北平圖書館館刊第四卷第四號　「有誌永樂大典本營造法式圖」一文云　英倫最近發現永樂大典卷一八二四四至卷一八二四五一冊　其卷一八二四四　爲營造法式

圖已誌本刊四卷二號　茲按大典卷一八二四四所載　爲營造法式第三十四卷之圖以之與最近紫江朱氏重印而以版權讓歸商務印書館之營造法式相較　頗有異同　英人W. percevalyetts曾爲一文　(見Bulletin of the School of Oriental Studies Vol V.pt,iv. pp, 854—1860) 將兩本加以比較　氏所取資比較者　爲表示彩畫作制度之大典本第四葉之四圖　與陶本第三十四卷第六葉之四圖　兩者正爲相當之卷葉　兩本之圖　今俱重製　附錄於後　試加細審　可見兩本所有四圖　花紋截然不同　精麤亦復各異　大典本第四圖　施彩次序　作綠青華一青大青　在陶本則一青作二青　大典本與陶本　孰爲近於宋槧　莫之能明　以理度之　大典本所據　疑出天水舊槧　抄寫亦較精緻　當視陶本爲近眞　雖所存只圖一卷　當亦足以爲今日言中國營造學者之一助也

館刊原圖附後

第一圖

第二圖

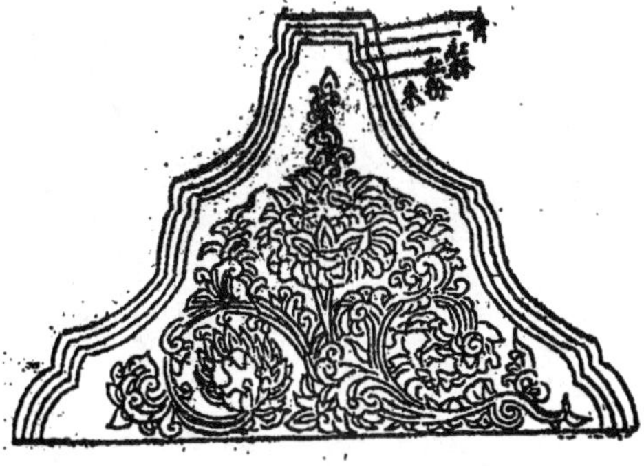

第三圖

第四圖

永樂大典本營造法式第三十四卷之圖

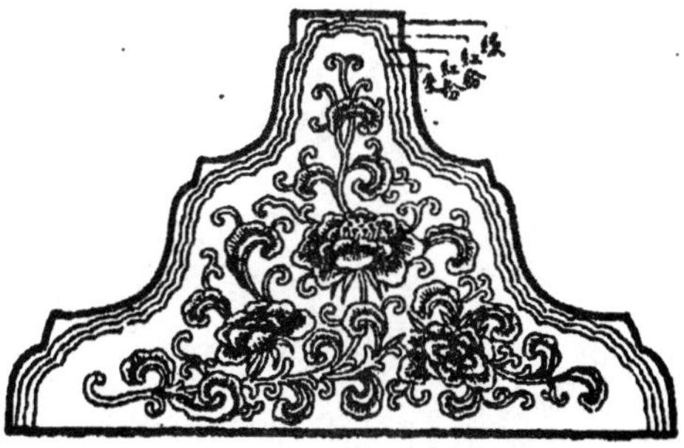

第一圖

第二圖

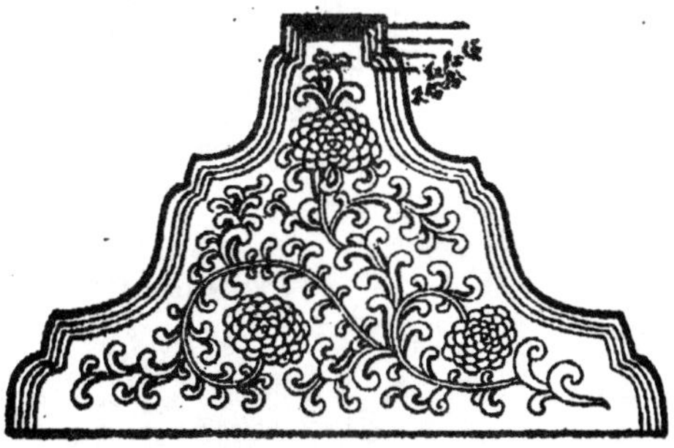

第三圖

第四圖

仿宋重刊本營造法式第三十四卷之圖

# A Note on the "Ying tsao fa shih"

BY

W. PERCEVAL YETTS

[ *Reprinted from the* BULLETIN OF THE SCHOOL OF ORIENTAL STUDIES, LONDON INSTITUTION, *Vol. V, Part IV, 1930.* ]

[Reprinted from the BULLETIN OF THE SCHOOL OF ORIENTAL STUDIES, LONDON INSTITUTION, Vol, V, Part IV.]

# *A NOTE ON THE "YING TSAO FA SHIH"*

By W. PERCEVAL YETTS

THE vicissitudes suffered by this famous architectural treatise, and especially the sources of the splendid re-edition published in 1925 were the subject of an earlier article in the *Bulletin* (Vol IV, Pt. III (1927), pp. 473–92). A happy chance throws new light on the 1925 edition and allows me to add this note to what was said before. It is the presence in England of a sixteenth century manuscript copy of a part of the *Ying tsao fa shih*. If the editors of the 1925 edition had had access to this, they would doubtless have turned to it for data in their efforts to reconstruct the lost Sung original. At all events, the drawings it contains are of great interest to students of Chinese decorative design, for reasons to be mentioned presently.

The fact is well known that the last remaining set of the stupendous *Yung-lo ta tien* was almost entirely destroyed when the Han-lin College, on the north side of the British Legation, was burnt down by the Boxers in 1900. This set was the first of two transcripts finished in 1567. The three other copies probably perished at the downfall of the Ming dynasty.

According to a recent circular sent out by the National Library of Peking, 286 fascicules or volumes 冊, containing 542 *Chüan*, are known to have escaped destruction in 1900 and now to be scattered over the world. An appeal made by the Library for news of items not included in their list will no doubt result in more being reported. Seveal volumes in England, for instance, are not noted in the census, and of these three belong to Mr. C. H. Brewitt-Taylor. The archiectural fragment mentioned above occurs in one of his volumes which is devoted to the category of crafts, *Chiang* 匠. It is *Chüan* No. 18244 of the great encyclopædia, and consists of 18 folios containing parts of the thirty-fourth chapter of *Ying tsao fa shih*.

The main purpose of this note is to point out that striking differences exist between the ornamental designs drawn in the *Yung-lo ta tien* copy and those in the magnificent 1925 edition of the architectural treatise, Taking advantage of Mr. Brewitt-Taylor's kind

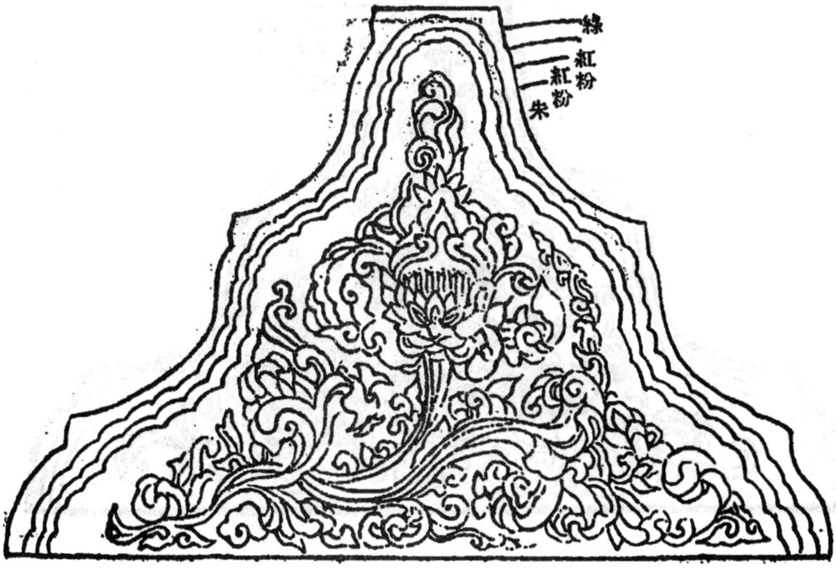

**Fig. 1.**—Designs to illustrate the *Rules for Painted Works* 彩畫作制度, which are set forth in *chüan* 14 of *Ying tsao fa shih.* They are reproduced (about two-thirds actual size) from the *Yung-lo ta tien,* as stated in the accompanying note. These drawings represent coloured decoration for the spaces between two consoles: the upper being suited to the more elaborate kind, the lower to the simpler. To be noted is the careless manner in which the lines from the colour labels are drawn.

31893

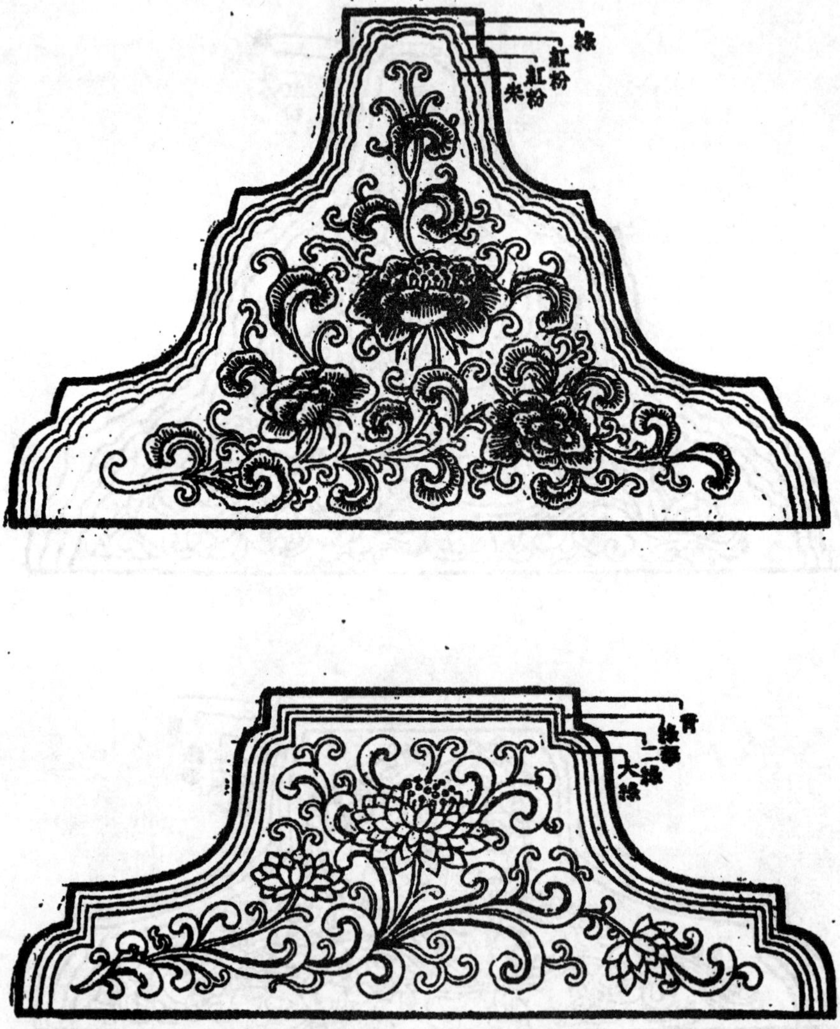


Fig. 2.—Versions of the same designs as those shown in Fig. 1, thus interpreted in the 1925 edition of *Ying tsao fa shih*. This edition includes counterparts printed in colour. It represents the border of the upper design in four bands, from without inwards: leaf green, pale pink, deeper pink and scarlet. The floral part of the upper design is in light and drak blues and greens. The border of the lower design is coloured from without inwards: dark blue, pale, middle and dark leaf green; while the floral part exhibits all three shades of blue, red and green.

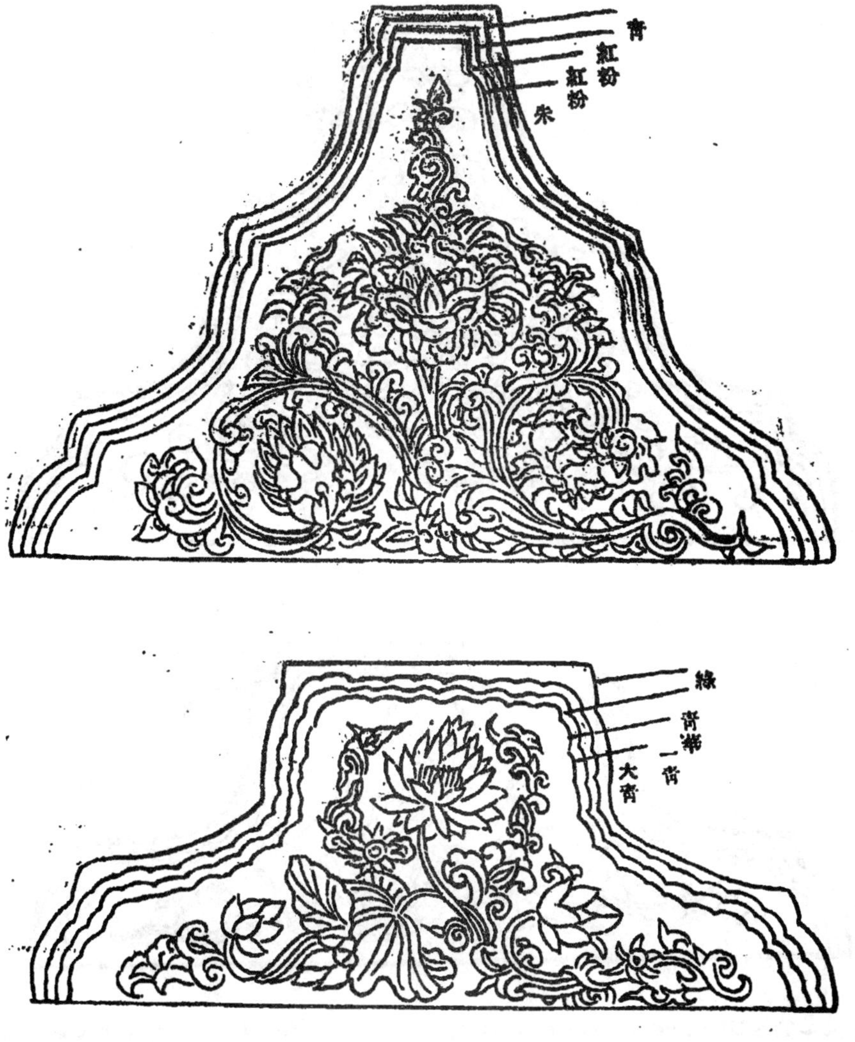


**Fig. 3.**—These, like the designs in Fig. 1, are reproduced from drawings in the *Yung-lo ta tien*, and they are prepared for the same decorative purpose. In common with the 1920 edition, the outermost band of the upper design is marked 青 "blue"; and it is printed blue in the coloured counterpart of 1925, although in the outline drawing of that edition it is marked 綠 "green" (*v.* Fig. 4). The colour in the third band of the border in the lower design is labelled, 一青, instead of 二青 as in the 1920 and 1925 editions.

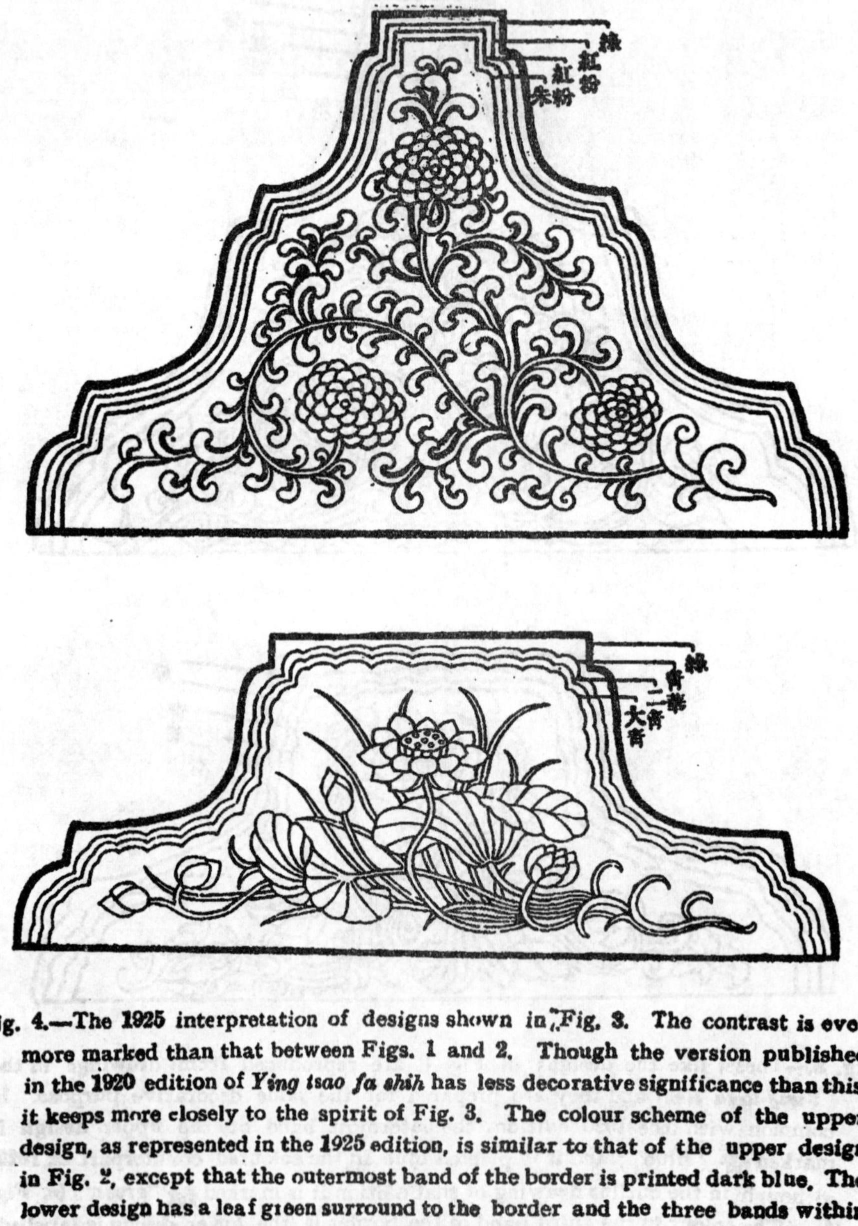


Fig. 4.—The **1925** interpretation of designs shown in ,Fig. 3. The contrast is even more marked than that between Figs. 1 and 2. Though the version published in the **1920** edition of *Ying tsao fa shih* has less decorative significance than this, it keeps more closely to the spirit of Fig. 3. The colour scheme of the upper design, as represented in the 1925 edition, is similar to that of the upper design in Fig. 2, except that the outermost band of the border is printed dark blue. The lower design has a leaf green surround to the border and the three bands within it are pale, middle and drak blue. The floral ornament is coloured realistically the petals of the lotus being scarlet gradated to pale pink.

permission, I have had photographs made of designs for the painted frieze between bracketed consoles. These drawings, reproduced here in Figs. 1 and 3, are taken from f. 4 of the *Yung-lo ta tien* copy, and alongside them appear in Figs. 2 and 4 the corresponding designs as represented on f. 6 of *chüan* 34 in the 1925 edition. The question is which of these two versions of the same motive truly represents the original Sung design. A point to be noted is that the photo-lithographed facsimile published in 1920 gives another variant, and it is more like that of the *Yung-lo ta tien* than that of 1925. The manuscript reproduced in the 1920 edition is traced to the 1145 printed edition, but it is said to have been copied at third hand (see my former article, pp. 474, 484–5). Judged by comparison with known Sung relics decorated with floral designs, the *Yung-lo ta tien* drawings would appear to resemble more closely the style of thet period. The set of the gigantic encyclopædia, to which this volume belonged, should have been executed with due care; since it was made specially for the Palace at Peking. Nevertheless, the illustrations bear evidence of perfunctory treatment as regard the colour labels, and the question is whether they are to be regarded as trustworthy copies of those in the original set of 1407. The source of the latter is not known, so far as I am aware: but probably it was a copy of the 1145 *Ying tsao fa shih.*

The comparison made here involves a bigger issue than the reliability of this latest edition of the sole important treatise on Chinese architecture which has survived. It manifests the truth that traditional designs suffer change from time to time in accordance with varying factors, and that copyists, though aiming at faithful imitation, cannot exclude from their work influences of the current style and their own personal mannerisms.

---

*Stephen Austin and Sons, Ltd., Printers, Hertford.*

# 日本伊東忠太博士講演

## 支那建築之研究

本年六月十八日在北平中國營造學社席上

此次遽得因朱先生介紹，而與貴地諸位名流有晤見之機會，誠爲無上光榮。朱先生命述感想，姑就嚮所究心之支那建築，略陳一端，以瀆清聽

### 一　研究支那建築之動機

鄙人畢業日本東京帝國大學之建築學科，卽注意于日本建築之研究；以爲研究日本建築者，首須究其歷史，旣悟日本建築之發達，所得於支那系建築者，至非淺鮮；遂又轉入支那建築之研究

於是數次來支那，實地考察，頗有所得；自謂於支那建築之源流，略得大要，而亦愈知支那國土之廣博，歷史之悠長，澈求於底爲不易也。探討日進，古跡發見，絡繹有加；文獻迭迎，不遑應接；昨之新說，今已陳腐；不禁感嘆，夫支那建築之愈追輙愈遠，益究而益深矣

又嘗涉獵歐美諸家所爲考察支那建築之圖書：數十年前，其說極稗，往往足噴飯，近漸進步，不無足觀，然甚異乎吾輩所見者，猶不在少，固然，未可概以我見皆是而若輩皆非也。縱其語有可疑，所謂他山之石，棄而勿顧，非忠於爲學之道也。特吾輩於支那建築，觀察宜視歐美人爲便：則得其正解，亦當視彼爲易。此鄙人儕輩所以欲進闡其眞相，介之於世，而聊有所貢獻於世界之建築學者也

顧同人淺薄，達此大目的，良非易易；所常縈廻於中者，如何乃可成就也。今幸得就教於諸公，輒敢陳述鄙見，以求指正

## 二　建築之使命

請先一言建築之使命，非無冗漫之病，幸加諒焉。由來建築之事，不爲世所重，鄙爲賤匠之業。雖經營重大建築者，亦往往姓名不見於記錄，翳可惜也。

凡傳一國之文化於後世者，文獻與遺物，而文獻易散佚，亦往往有誤傳，有僞作。遺物亦然，第視文獻之抽象，則較具體而可信。至於建築，更無散佚僞作之虞，又爲綜合其時各種美術工藝之具體大作。故文化之徵，此最重要

試舉二三例：周之文化倜宕，畢現於鼎彝，嬴秦雄略，備昭於長城，始皇陵諸巨構。天漢鴻業，彰彰於武氏祠，四川各地近出石闕與樂浪古墳所得。六朝佛教之盛，見於雲岡龍門諸窟寺。唐代昌隆，著於西安之昭陵崇陵乾陵及無數之碑碣

觀蘇杭巨刹，想見南宋文化之燦爛。觀居庸關，想見元時拓土，雄過亞陸有半，觀北京之宮城，想見明代帝王之尊嚴與氣宇之寬洪也

建築要非徒木石構架所成之死物；有靈魂，能言語者也，此不能聽者，於建築為聾聵。優秀之建築，雄辯者也．低劣者，啞建築耳

不獨建築為然，凡古物莫不語我以其時代也，現時支那各地，發掘所得，皆健說其時之文化；諸公所耳聽者非耶？

語云，建築者，時代之反映；信也，時代精神，直顯露於建築也。國之將興，其建築有獨創之生氣，有强大之氣力。國之衰也，建築無力，思想枯涸而意氣銷沉。然則世之業建築者，其可勿慎歟。研究者，不可無深慮焉

## 三　支那建築之特色

支那建築，在東洋四大建築系中，最多特色。四大系者：一，西亞之古代系；二，南亞之印度系；三，東亞之支那系；四，最後起於西亞而幾被全陸之回教系。就中支那建築之特色綦多，最顯著者，約可七端，請試言之

（第一）支那建築，宮室爲本位也。君臨一國之建築，而爲一切建築之指導者，宮殿也。自古最大最美之建築，惟天子之宮殿；卽今日亦以北京宮殿爲支那第一建築。舉世界各國，其居一國建築之王位者，寺院神祠等宗教建築耳

（第二）支那建築之布置，不論其種類如何，皆左右均齊；直角形之房子與廊門相連絡而構成之。抑自有史以來，連綿迄今，繼承不變，是則世界任何地所不能見其例者也

（第三）支那建築之外形　最見有興味之特色。就中屋頂之形爲最：其輪廓之曲線或凹或凸，其特異之裝飾，世無其比。此現象從何得來，鄙人有所論列，容他日別爲發表

（第四）支那建築之裝折　千態萬變，往往出人意表，卽如窗，其輪廓有曲盡奇妙，（一於北京西苑見之）至於窻格，尤不可以臆測；卽鄙人現所蒐集者，已五百種以上，其他裝折，亦復如是，此又世界無此之珍異現象也

（第五）支那建築之材料構造，因地方，因建築之種類不同。在今日以混用磚木爲普通。故木造特有之性質與磚造特有之性質，混而有之，其所珍於世者，在此，而影響於日本者，但其木造方面也

（第六）支那建築之生命，一在色彩；未爲言之太過。建築繪色，不餘素地。其色則出自陰陽五行之思想。如黃爲高貴，赤爲幸福，青爲和平之類。調和渾成，別有妙趣；亦爲一種特色

（第七）花文樣之爲支那固有者，皆出於一種信仰之動機，非僅在文飾表面。後世外國花樣輸入，漸成複雜；然文字花樣與人物花樣之用法，世界罕有其奇也

以上七大特色，爲支那建築放異彩之所以然；果當以誇稱支那建築與否？尚有可論；又此特色之由何而生，今爲時間所局，不能詳說，是所歉也

支那建築與外國建築，關係重大。由太古至漢，古代西亞大夏安息，其他西域諸國，六朝以後之波斯印度健駄羅回教諸國西藏等影響，在事實上，一一可以認明，此等外來要因，其融化於支那風味之現象，最饒趣味，顧其說繁複，非倉猝所可詳陳。至與日本

之關係，在吾輩日本人視之，殊覺重要，試舉追憶談二則，以爲實例

四　紫金城與雲崗石佛寺

往年値庚子之亂，始來北京，調查紫禁城宮殿之建築。見規模之宏大，殿門宮室之堂皇冠冕，色彩之鮮麗，彫刻之精巧，驚嘆不置。周漢以來，雖時有盛衰；而建築大體，規模樣式裝飾施設等，無大差異，支那建築，數千年來，一貫其樣式手法，洵足嘆爲偉觀，今日重遊，再承朱先生之指導，對此偉觀，舊感新感，不覺循環而起

鄙人往時，聞日本古來之宮城建築，取範於支那。自得實證於目前，爲之狂喜。就一端論之：日本自古謂宮城爲九重，初意不過形容深奧之詞。而支那紫禁城，自午門至坤寧宮之後門，殿門適爲九重；九重殿門成語有自；始知日本之九重所從出也。日本又呼宮中爲朝庭，亦遂得其出典。又日本平安朝大極殿之建築，其記錄有丹楹碧甍朱欄青瑣金璫玉礎等文字，此等具體的解釋，皆得於紫禁城及其他宮殿，見於實地。所謂以支那建築爲模範，於此益信

自午門以至坤寧門，凡殿門之配置，及屋宇之尺度，鄙人曾經精細實測製圖，至今尙

珍藏之。歐美人見紫禁城，驚嘆爲世界無比之宮殿；鄙人具有同感。更以其爲日本宮殿之模範，而稱歎有深於彼輩者

雲崗石佛寺見許，爲鄙人所發見；實則偶然事耳。明治三十五年五月，志在遊歷五臺山；從北京以車以馬，經張家口費十二日而至大同。大同爲後魏之首都，遼金之西京。竊意後魏遺跡，縱不可見；遼金遺構，必有存者。一經尋訪，果於城內見優秀之建築，如大華嚴寺。嗣晤當地知縣，問以後魏之遺跡。據云：西方三十里，有雲岡石佛寺，果爲後魏之遺跡與否，不可得知。乃馳馬而往，一見之際；舌橋不下。寺爲大小無數之石窟；其中佛像無量數，自數丈乃至數寸，滿壁施彫刻，驚嘆幾於神魂失措者，非僅以規模之大與佛像之優而已；確乎其爲後魏遺跡無疑也。視察一週，覺於日本建築史上，遽得一大光明；感激愉快，至於不可言喻

鄙人時方編纂日本建築史。日本建築，以佛教渡來而一變；新起樣式，名爲飛鳥式。（其代表的建築，爲大和之法隆寺）此飛鳥式，當然非出於六朝時代之支那藝術不可。但此種推論，恒苦不能舉出實證。及見茲石佛寺之樣式手法，與我飛鳥式全然相同；於

是多年積痗，俄傾霍然

此石佛寺文獻有可徵，前人所既知也；謂出於鄙人發見，寧非僭越。但見此雲岡之藝術，知日本飛鳥式之所自；更討論六朝藝術之源流，而溯西域地方，尤於健馱羅印度希臘等，得知東洋藝術之潮流也。若以鄙人發見雲岡所穫在此，則所欣領以爲光榮者也

五　支那建築研究

如上所述，支那建築研究，非從文獻與遺物兩方面進行不可。而支那之文獻，三千年來，連綿具在，其豐富可稱世界第一。從中剔選其直接間接，與建築有關係者，殆有披沙揀金之勞。至於遺物，初意未必有如此豐富也；實乃不然。訖於今日，所發見者，不過一小部份；今後更發見至如何程度，正未容逆睹也

眞正支那建築研究之大成，非將文獻與遺物，調査至毫無遺憾不可。此事前途，甚爲遼遠。吾人對此，止有得寸進寸，得尺進尺，循序漸進，始終不懈而已

完成如此大事業，其爲支那國民之責任義務，固不待言。支那諸公當其局者之任務也；而吾日本人亦覺有參加之義務。蓋有如前述：日本建築之發展，得於支那建築者甚多

也。所望支那日本兩國，互相提携，必使此項事業，克底於大成之域。至其具體方法，據鄙人所見：在支那方面，以調查文獻爲主；日本方面，以研究遺物爲主，不知適當否？

在古來尊重文獻，精通文獻之支那學者諸氏，調查文獻決非難事。對於遺物，如科學的之調查，爲之實測製圖，作秩序的之整理諸端，日本方面雖亦未爲熟練，敢效犬馬之勞也

但有最爲杞憂不能自己者，文獻及遺物之保存問題也。文獻易於散佚，遺物易於湮沒。鄙人於支那各地之古建築，每痛惜其委棄殘毀；而偶有從事修理者，往往粗率陋劣，致失古人原意，其破壞不至於毀滅，有時乃或過之。此例不少，頗爲可痛

在理想上言之：文獻遺物之完全保存，乃國家事業。一面以法律之力，加以維護；一面支出相當巨額之國帑，從事整理。然在支那現今之國情，似難望此。然則舍盼望朝野有志之團體，於此極端盡瘁，外此殆無他途。竊意首當其衝口而負有重大之使命者，卽朱先生之營造學社也



31907

日本今日，有志於支那建築之研究者，頗不爲多。鄙人甚願於此機會，糾合同志，釀成兩國提携之氣運。對於此事，苟有所需，幸得拜命無不樂竭其誠以相助也

六 現代建築與支那建築

最後尙欲一言：以上所述，爲關於支那建築之史的研究方面。然建築之領土，非獨史的方面，尙有所卽於人類生活者，甚大之實際的方面也。然人之生活狀態，時刻推移；故與此適應之建築，亦非時刻變更不可。所謂現代建築者，卽由此理而生者也現代建築，卽第二十世紀以來歐美勃興之建築，驟見廣布於世界各地。在歐美以外諸國，近來因模倣此新建築之風氣，漸漸流行，往往有將自國固有之建築，棄而不顧之傾向；此大可慮。何則？凡一國之建築，以其國土國民爲父母而產生，長育於長久之歷史者也。縱以其間生活狀態之變化，而設施之末亦不免有更易；至於根本之樣式必無此理也

取外國建築之長，以補自國建築之短，爲事匪易，若能辦到，固可喜也。但於外國建築，爲無條件之模倣，斷乎不可。氣候風土之不同，國民性之不同，歷史之不同，生活

狀態之不同；如將歐美人所唱道之新建築，漫然模倣，全無意味。況以古人辛苦經營所成，具有特色優良之建築，一旦棄而不顧，豈非狂易乎？

凡建築之生命，自有適於國土國民之特色，及其獨創在。於外國建築而生呑活剝者，無生命之建築也。模倣愈巧，價值愈低

鄙人爲支那建築計，以爲將來所取之針路，不在模倣外國，必須開拓自家獨創之新建築。獨創之新建築，如何可以出現？曰：以五千年來支那之國土與國民爲背景而發達之樣式爲經，以應用日新月異之科學，材料構造設備等爲緯；必於其間求得清新之建築。此爲目的，即支那古建築之研究，亦爲當急之務，不辯自明。溫故知新，雖屬老生常談，實歷久如新之格言也

欲言之事，幾如山積，特爲時間所限，暫告中止。語多凌雜，有汚淸聽，並乞見原爲幸

# 隋唐宋明之建築名家

轉載東方雜誌十二卷九號

況蕙風眉廬叢話吾國精建築學者嘗彙記之得數事宋時木工喻皓以工巧蓋一時爲都料匠著有木經三卷識者謂宋三百年一人而已皓最工製塔在汴起開寶寺塔極高且精而頗傾西北人多惑之不百年平正如一蓋汴地平無山西北風高常吹之故也其精如此錢氏(吳越王)在杭州建一木塔方兩三級登之輒動匠云未瓦上輕故然及瓦布而動如故匠不知所出走汴賂皓之妻使問之皓笑曰此易耳但逐層布板訖便實釘之必不動矣如其言乃定皓無子有女十餘歲臥則交手於胸爲結構狀或云木經女所箸也明徐杲以木匠起家官至大司空嘗爲殿內易一棟審視良久於外別作一棟至日斷舊易新分毫不差都不聞斧鑿聲也又魏國公大第傾斜欲正之計非數百金不可徐令人囊沙千餘石置兩旁而自與主人對飲酒闌而出則第已正矣以伎倆致位九列固不偶然又唐文宗時有正塔僧履險若平地換塔杪一柱不假人力傾都奔走皆以爲神宋時眞定木浮圖十三級勢尤孤絕久而中級大柱壞欲傾衆工不知所爲有僧懷丙度短長別作柱命衆維而上已而卻衆工以一介自隨閉戶良久易柱下不聞斧鑿聲也明姑蘇虎邱寺塔傾側議欲正之非萬緡不可一遊僧見之曰無煩也我能正之每日獨携木楔百餘片閉戶而入但聞丁丁聲不月餘塔正如初覓其補綴痕跡了不可得也三事極相類而皆出遊僧尤奇至於浙人項昇爲隋煬帝起迷樓凡役夫數萬經歲而成樓閣高下軒窗掩映幽房曲室玉闌朱楯互相連屬回環四合曲屋自通千門萬牖上下金碧金虬伏於棟下玉獸蹲於戶旁壁砌生光瑣窗射日工巧之極自古無有人誤入者雖終日不能出帝大喜因以迷樓目之云云則雖失之導淫逢惡然其經營締造之窮工極緻要亦敻乎弗可及矣竊意西人之於建築唯是高堅鉅麗是其能事若夫五步一樓十步一閣鉤心鬬角藻周慮密則吾中國古之良匠殆未遑多讓焉乃至喻皓徐杲輩之神明變化不可方物不尤古今中外所難能耶

# 建築中國式宮殿之則例

一七二七至一七五〇年（譯自美國亞東社會月刊）

關於本題，勞福爾博士 Dr. Berthod Laufer 曾於一九一零年在北京購得一手寫本，旋即贈與國會圖書館 Library of Congress 此書在該館係列在亞東中國乙字一八二一，二五號。原書爲中國裝，計四函；每函十卷；每卷平均約七十五頁。第一函卷首書有中文題目「圓明園大木作製造之定例」，圓明園者北京附近之清帝行宮也。吾人可知此題目係錄自第一卷第一頁，並非此四十卷中十卷以上之目錄。在第一函上有用鉛筆書寫之題目「圓明園之則例」，此數字或係勞博士親筆，蓋亦即渠對於此書之定名也；此題似與本書內容相近。惟此書既無序文，更無目錄或索引，余只得每卷閱畢之後，將本文定名曰「建築中國式宮殿之則例一七二七至一七五〇年」

若將原書每卷之目錄及內容翻閱一遍，即可知此題並無錯誤之點，因關於他種建築，（如熱河行宮香山萬壽山等處）並木、石、磚瓦、紙、金、等材料，以及匠人如何利用此種材料以造屋宇，此書均有詳細之說明也。

書中有數處提及政府機關所定之規則，但機關之名稱不詳。竊思或係「工部」。惟書中所論各種建築，均在內務府管轄範圍以內。因之此書或係歷代建築則例之記載，而各種則例不過因當時之需要而定，並非有所根據也。



31911

此四十卷中共有十處記載時代：或為則例訂定之年；或為帳目結算之年。其最早日期為一七二五年之物價表，是年適為雍正二年，但此表只有日期與號碼可以參考，並無引證。書中所載第一表日期為雍正四年，卽西歷一七二七年。最後日期為乾隆十二年，亦卽一七四七年至一七五零或一七五一年之間；始有萬壽山與頤和園之名稱，蓋是時方關該園慶祝皇太后六旬萬壽也。綜觀以上，可知此書所包含之年代為一七二七至一七五零年之間，至於各種表册所載者，不免稍有出入焉。

書之套，為厚紙板作成，上覆以繡有冰地梅花之錦緞。惟此書套已霉爛不堪，裂成碎塊，故以紅毛繩繫之。

書之紙，因年久變成黃色，以書腦露出之部分為尤甚。在若干年前，此書曾重新裝訂，因原來之紙多已殘破，遂襯以洋紙，惟洋紙較原來之紙面積稍大耳。書本既大，於是更換新套以裝之，每卷之上，覆以黃紙，繫以絲繩。卷之數目，係於書之底面沿裏邊，用中文寫明，此或是在重新裝訂時所寫者。

第八卷論器具之製法。此卷既無數目，亦無序文。且與第七卷又不能連接，或係卷數次序錯誤。余知三十一卷至四十卷確在第二函內，十一至二十卷確在第四函內，故卽如此收檢之。

竊思此手寫之書，決非贋本，無論書之內容外表並無假造痕跡，即以勞博士所付之代價而論，亦決不值聰明人之作偽也。

此書之字跡，異常清晰，頗似高等鈔胥之手筆。因時期之不同，故筆跡亦遂差異，非一人所寫，則更可知。書中錯誤之點，在所不免，最明顯者如第一頁中「寸」字，實為「丈」字之誤，此種謬點，余遂譯時已更正矣。

余閱此書時最感困難者，即關於各種專門名詞以及石匠，圬者，雕刻師，等之行話不易明瞭。不但如此，更有簡寫之字，考之郭德瑞 Goodrich's 翟爾斯 Giles's 威廉 Williams's 諸氏大辭典，亦不詳載。雖承中國學生之指敎，得知不少，但有時遇特別之字，彼等亦不易了解也。

在目錄說明之下，余利用引證符號以便直接繙譯；同時附以余個人之句解，以括號別之。"Foot" 一字，即由中國「尺」字譯出者，亦即十四又十分之一英寸。但有時他種尺寸，如不足十分之九英寸者，亦有之。中國權衡輕重之制度為斤，一斤等於一又三分之一磅，以十六除之，即為十六兩。貨物之價值，以兩為單位，（簡稱為T）數目之大小，根據兩以十進位為進退。兩者、代表銀之價值也。銀之值與金之值漲落無定，平均計算，銀一兩約值美國金錢七角。

若將本書之則例逐卷解釋，更將各種專門之字精細硏討，或不致索然無味，故特詳述於後焉。

第一卷第一頁題目爲圓明園大木作之則例 "Yüan Ming Yüan Regulations for work on the large timbers"。此題內容爲各種木料之容積及匠人工作之統計表，玆分別舉例明之。屋簷柱 Eaves pillars 之長爲十二又十分之五英尺至十又十分之五英尺，寬爲一至一又十分之一英尺；每柱一匠人須費一日半方能製成。若長爲十又十分之五英尺至八又十分之五英尺，寬爲十分之九英尺；則每柱每人須費一日。若長爲十又十分之五至八又十分之五英尺；則一匠人費一日半之光陰，卽可成二柱矣。

以下爲其他各種名目不同之楹柱，及其容積。有爲金柱，有爲方柱，有爲金塔柎。至於柱之高，約十七英尺。此外關於木之名稱，製造橋梁、水閘、旗桿、並房屋各部分、所用之木板面積形式，以及度量之方法，每柱匠人須費之時間，均於第一卷至第四卷中備載之（上述各種木柱非皆爲大木）。

第四卷中除論到用竹爲柵欄；用籐爲椅，以及各種書架所須膠水之數量外；並述戲臺上之雕刻，與台上器具每尺須用若干黃蠟，接骨草、(Polishing grass) 溶蠟之木炭、白布等以擦之。玆將原書節錄如下；

「用水與蠟將台上之栢木、樟腦木、與嵌在戲台上之物件擦光，所須材料，爲每方尺用磨光草百分之七十五英兩，黃蠟十分之五英兩，每斤黃蠟，用木炭十斤，面積每五十英尺，用白布一尺。」見第四卷第二十四頁。

第五卷內容爲圓明園石作之則例，卽白石之修飾，與各種大理石之雕刻方法是也。「六方尺之漢白玉，（卽白色大理石）或青白玉，（卽灰色大理石）粗糙磨之，石匠一人，須用一日工夫。若求精細，則十方英尺之石，一匠人卽須兩日矣。至於雕刻石龍，石頭、石臉、石身、石牙、石鬚、石鱗、石爪、石角、等，粗糙爲之，則每英尺一人須兩日半。若求精細，卽須三日半。龍首帶噴水之孔，每件一人須用三日半，石麒麟、（屬神祕之四足獸）石獅、以及他種精細作品，每立方英尺卽須七日之久。」見第五卷十二至十四頁

自第六卷第三十七頁起爲塼瓦作之則例。卷七第十頁爲釉瓦之則例，此種釉瓦多用於屋頂。卷八卷九仍係關於器具之製法。第十一卷至第十五卷，爲說明木之如何油漆，及樑木如何繪畫。至於各種顏色之製成，須用油若干，顏料若干，及匠人每日工作之成績，亦言之詳盡。

第十七卷題目爲窗、門、牆、壁、紙畫之裱糊。

第十八卷內各種物價表甚多，玆將圓明園之木價表列下：

| 木之名稱 | 每立方英尺重若干斤 | 每斤價目 | 每立方英尺價目 |
|---|---|---|---|
| 紫檀（上等紅木） | 七〇 | 〇、二二兩 | 十五、四〇兩 |
| 花梨（次等紅木） | 五九 | 〇、一八兩 | 二、六二兩 |
| 楠木（卽栢香木） | 二八 | 、〇八兩 | 一、八四兩 |
| 楡木（自此以下除黃楊木外均非按重量購得） | | | 、六四兩 |
| 樟腦木 | | | 、六二五兩 |
| 延壽木 | | | 、六四兩 |
| 黃楊木 | 五六 | 、二〇兩 | 一、一二兩 |
| 南栢木 | | | 、二〇兩 |
| 北栢木 | | | 、六四兩 |
| 檀木（香椽木或楊木） | | | 、二〇兩 |
| 杉木（卽松木或樅木） | | | 、五四一兩 |

上表之令人疑惑者，卽楡木與延壽木爲北京本地出產，其價値及較遠自南方台灣等處運來之樟腦木爲貴也。

繼前表之後者，爲官廳訂定之木價表，（價日較前表略高）及玉石價目運費表。但前亦似乎爲官廳所定則例之一部分，因書中所列價表之次序，不甚明晰，故難斷定。
專門名詞，余於玉石價格表中覓得「採運」二字。卽是（Pick transportation）之意，然初見此二字，人必誤解爲「運費在內」。考諸辭典不得，乃將石之原價與運費詳細比較，始知運費確不在原價之內，觀以下說明，卽可了然矣。「一馱 one bridle」二字，爲按每車騾馬之多寡計算之意。今若只有一騾或一馬，而每日每馱須銀二兩三錢，此易使吾人着想爲兩頭騾馬同時拖一車也。故此等專門話語，非有內行人之指敎不可。
玆將第十卷九十一頁之要點引証於下：
「大塊靑白石（卽灰色大理石），每塊自十立方英尺至二十五立方英尺，每十立方英尺値銀二兩七錢。若每塊自五十立方英尺，至三十九立方英尺，則每十立方英尺須銀四兩五錢。最大之塊，有四百至五百立方英尺者，價銀亦增至每十立方英尺須十四兩之多」。
運輸則例第一條爲「足二十七立方英尺之漢白石，則用一畜一車載運，並按一馱之價計算。三十立方英尺以上之石，每車加半馱之運費，卽八日之運費爲一又二分之一馱。四十立方英尺以上之石，則每車加一馱，亦卽八日之運費爲二馱也。夫石之體積愈大，騾馬之數與日期亦愈增加，蓋因載運過重之石，須緩行也。所述最大之石，尙有過五百立方英尺者，推算之須四十九馱行三十一日」。

按以上之計算，則四十五立方英尺之石，應値每十立方英尺四兩五，共計二十兩零二錢五。但八日之運費（八日係則例中所定最小之數）爲二馱，卽三十六兩八錢。因此吾人可以決定石之原價內並不包含運費，因運費反較原價爲多也。

此卷亦曾提及香山石坑所產小石之容積及其運輸情形，用熱蠟製造美觀花石之方法，油漆養心殿之則例，安愉宮神龕上及圓明園祖廟中龍之雕刻方法，（時爲乾隆七年十一月初五卽西歷一七四二年也）圓明圓方壺勝境瓊華樓後之藥欄建造則例，以及其他金屬製造之方法。

第九卷繼續說明金屬之工作。第三四兩頁載金銀之交易時價，金一兩易銀十三兩。在論銀，鐵，錫，竹，之後，並將用以蓋屋或爲帳蓬之槁薦製造法，詳細說明。時爲乾隆四年三月二十五日，卽西歷一七四零年。最後並將一七四七年乾隆十二年新訂之薦蓬則例列出。

在第二十卷中共有四日期：一爲一七四零年方壺勝境天宇空明之紙張，細絲，及他種用品物價表。二爲一七二七年雍正四年之紙竹價目表。三爲乾隆三年塼瓦之增價。四爲一七二四年雍正二年新訂之塼瓦規則。

一七三六年卽乾隆元年釉瓦之價格及運費減少原價百分之二十，直至第二十四卷始有記載，但一九三八年之漲價反列入第二十卷中，實令人難解。

關於自萬壽山北門運物至圓明園之福苑門（在該園大門坿近）之費用及時間亦言之頗詳，此外各種物價表，以及各種建築所須時日，略爲提及，二十一至二十三卷則詳述之。

第二十四卷爲祭器之製法及廟宇之修飾等規則。本卷及下卷引證香山太廟永安寺等處之新建築，第二十五卷並將萬壽山銅亭之製法，及每百斤銅須加煤，炭，金，泥，等各若干詳細申述，雍和宮銅香爐之製造方法，亦坿有表。

以下五卷（二十六至三十一）依次開列各種體積不同之木料價目表。書中以松木爲計算之標準，三英尺寬六十英尺長之松木（有無此種大木不可知，此處不過舉例而已。）值銀一三三四，九四兩，若二分之一英尺寬五英尺長之小木，祗價銀一錢三分。

第三十一卷後更有一表上列較松木貴重之各種木料之價目，因重量與容積之關係較松木價略高，但相差亦殊有限。此外檀香木等木料，每立方英尺價銀爲一兩二錢。

第三十二卷前半本論石玉，塼瓦，及其運輸。但自三十九頁起另易題目爲「美麗釉瓦照耀於中國宮殿之上。」可使吾人注意者，卽用釉瓦作成之大魚，其尾盤旋於屋頂最高角上；因屬美觀，但所費則十倍於普通形式之釉瓦也。此種屋頂裝飾品，不帶釉自二，八英尺至二英尺高者，每件價銀八錢。若係帶黃綠釉者，高一，二英尺則須八，五八六兩。夫釉瓦之價，遠過於素瓦者，因無論何種釉瓦均須用鉛若干以接合之。至於運輸方法，及費用；件頭較大者，搬運時須用人工肩之緩行，故運費殊屬不貲；小件者可用草裹之載於車上，用費頗少。

自第三十四卷中余又得悉自北京至製造廠之路程為二三〇里，或為四日半。運夫每人每日之工資為一錢五，按車計之為一，四一三兩。釉瓦出產地為琉璃區，該地為渾河村河口坿近之一市鎮，距北京及圓明園均將近五十里。清代向用此處釉瓦，惟乾隆時所用者，傳聞係由他處運來，此說不知確否？

在第三十四卷中，釉瓦及包運費均減少原價百分之三十；大件者將鉛減十分之二；小件者減十分之一；但兩年之後，又復加價。此節於第二十卷中已述之。

第三十四卷後部暨第三十五卷有石灰，木，竹，蔴，五金，顏料，以及別種材料之價目表。

第三十六卷為製黃銅之規則。余讀畢乃知如何鑒別出品之年代。卷中並說明用銅絲製網置於簷下以為防鳥之法。

第三十七，三十八，三十九，四十，四卷，為廟宇之建築，及廟內陳設品之製法則例。

如雍和宮之拜墊，各廟之神像，神龕，祭壇，及供五百羅漢之田字形殿宇，此蓋指碧雲寺或曾在萬壽山者。同此類之建築，在圓明園亦曾有過，但其形式爲已耕之田，四周環繞之。此種建築物，決不似藏有五百羅漢之殿宇也。

第三十九至第四十卷爲宮廟之油漆則例，及熱河普寧寺則例。最後爲萬壽山後大雄寶殿皇帝批準之花草，菓木，樹林，則例。

本卷所列油漆各種風景畫價目表如下；　普通花，葉，枝，梗，畫，每平方英尺一・九六兩。（顏料工資均在內）精細長青花，葉，枝，梗，畫，每平方英尺二，二四〇四兩。（顏料工資亦均在內）

此種油漆工作，多係良工爲之。但用油極多，因中國手藝最精之工匠，亦只能作水彩畫也。

全書共記載特別地名及官署名稱四十四次：其中九處，余不敢認爲相同；其餘三十三處，則確知爲重複，有十三處爲圓明園內之地名，另外七處則爲該園坿近地名也。以余之觀察，此書四十卷中之材料，多半爲圓明園建築及製造則例。引証之地名：如萬壽山及附近之地共四處：香山三處；雍和宮三處；熱河兩處；景山（即北京之煤山）一處。

此等引證之目的，專爲比較相同名稱之物件，相同貨物之價目，以及形式相同之建築是也。

在各種物價表中，發現有註明西洋鈎，西洋壁，西洋日規等名目者。更將西洋塔頂引用多次。此種名詞，表明歐洲貨物在價表中不多見，卽證明日常生活不致受歐洲若何影響也，惟至乾隆時於禁城之內，竟造歐式之宮殿；與前情形，逈然不同。

此書之表册，只將各種材料之價目列出，而無某處建築用費之總數；只有各種木價及匠人耗費之時日，而無各種木材數目之統計，及匠人之工資；只有蓋屋瓦之種類及形式，而不知每次須用若干，及何種建築曾用琉璃瓦；凡此種種，均不免爲讀者之遺憾也。若今日圓明園尙在，則專門學家必手此書，而根據原價，就其原址，重新修建。惜該園早成焦土，不可復考矣！

以上所述，雖屬事實，除研究建築學者外，在專門研究歷史者，或專門研究中國二百年前各種物價之經濟學家眼中視之，必認爲無甚價值也。

按勞福氏所藏寫本，與本社及北平圖書館，又荒木淸三氏諸處所藏者，大致相同，而本社藏本，爲開化紙精鈔，有凡例四條，目錄標明大木作，裝修作，石作，瓦作，搭材作，土作，油作，畫作，裱作，內裡裝修作，漆作，佛作陳設作，木料價値，雜項價値，物料輕重等十六種，且有乾隆御覽之寶朱文雙鈎邊框璽，又有圓明園之條記滿漢文騎縫斜印，其標題，有「內庭」「圓明園」二種，圖書館止有圓明園而荒木氏更有「萬壽山」一種，其子目各有不同，內容相若，與工部工程做法互校，殊有繁簡之別，蓋爲一種單行則例，隨時隨地隨事而編定者，雖有內庭之目錄，亦不足以範圍之也。　編者附識

# 社事紀要

## (1)第一次工作報告

本年四五月間　文化基金會來函　徵求進展實況之報告　當經編成第一次工作報告書一通　茲照錄於左

### (甲)改編營造法式爲讀本

營造法式　自民國十四年(一九二四年)仿宋重刊以來　風行一時　而原書以制度工限　料例諸門爲經　以各作爲緯　讀者每苦其繁複　圖說分離　更難印證　字句古奧索解尤不易易　茲因講求李書讀法　先將全書覆校　成校記一卷　計應改　應增　應删者　一百數十餘事　次將全書悉加句讀　又按壕寨　石作　大木作　小木作　窰作　磚作　瓦作　泥作　彫木作　旋作　鋸作　竹作　彩畫作等爲綱　以制度功限　料例　及用釘料例　用膠料例　圖樣等爲目　各作等第用歸納法　按作編入　取便繙檢　不惟省并篇幅　且如史家體例　改編年爲紀事本末　期於學者融會貫通　其中名詞有應訓釋或圖解者　擇要附注　名曰讀本　現在工作中

### (乙)增補工部工程做法圖式并編校則例

清工部工程做法則例七十四卷　雍正十二年奏准刊行　內中止有大木作二十七卷

在每卷首列有一圖　已甚簡單　其他各作　並此無之　學者殊不易領悟　曾招舊時匠師按則例補圖六百餘通　一依重刊營造法式之式　於必要時　兼繪墨線及彩繪兩份　現將則例原本　重別整理　并將增補圖樣　就北平現存宮殿實樣　爲原則之審訂　以備刊行　現在工作中

(丙)園冶之整理

宮殿式之壯麗　與園林式之簡質　同具建築之美　其獨運匠心　因地因材　固無異致　而魏闕江湖　各有所近　天然之結構　有時反勝於人功　明季計成氏有園冶一書一名奪天工　專紀吳楚間造園營舍之法　點綴林泉　別饒野趣　足以表現南方園居之風尙　此書在李笠翁一家言之前數十年　而國內竟無傳本　近從日本覔得鈔本　加以整理一俟斷手　即擬刊行

原書分相地　立基　屋宇　裝折　欄杆　門窗　鋪地　掇山　選石　借景十章　凡三卷　圖樣二百餘幅

(丁)編集辭彙資料

辭彙一事　造端既宏　取材不易　蓋因專門用語　與尋常字典　絕不相同　且注重圖釋　尤爲不易　茲從採輯資料入手　由博反約　先將辭源中與營造有關繫之語　一一

摘出　計已有一萬二千有奇　此外又從各小學字書工程做法中　隨時採摘　現在工作中

## (戊)編訂營造叢刊目錄

中國學者　於營造考古之事　自古卽甚注重　考工記之外　如儀禮爾雅鄉黨諸書所記宮室制度　及一名一物　皆爲歷來考據專家論著之根據　而以兼通算學之經小學家所考爲更翔實　除專書以外　其散見於各家文集札記中者　亦頗不乏　今擬編一營造叢刊於禮經宮室　特設一門　而以明堂　廟寢　宮　室　門等　爲其子目　輪輿附焉　其有書名曾見著錄　而原書已佚　或罕見者　亦附志之　以備徵求　至專屬營造之法式除李書之外　如淸工部工程做法則例　及揚州畫舫錄內之營造工段錄　明計成之園冶李漁之笠翁偶集居室部　兩宮鼎建記等　皆公私營建　有裨實用之書　或尙無傳本　或視爲泛常　不甚經意　至唐六典明淸會典　及各項則例事例之工部部分　亦皆輔翼儁功直接工事　至於秦中　洛陽　金陵　杭州　歷代舊都　記載繁博　而北平自金元以來屢建都邑　實物遺存　班班可考　屬於故宮　寺觀　古建築之考求　尤關史料　又陵墓一種　有工作做法　及明細紀載者　亦關工事　又圖樣　應以本社蒐集所得　及中外人印行之圖式影片　附以鹵簿禮器冠服諸端　別立一門　以上各類　均應及時蒐輯　設法刊行　既便研求　又免散佚　現在已經採錄者　約達二百餘種　擬先編目錄一册　於



31925

各書內容子目　及板本　間亦附及　現在工作中

(己)採輯營造四千年大事表

中國營造　向無專史　東西洋學者　有以紀元前二千七百年　後二千年　劃分爲若干時期者　雖學說不同　斷代稍異　要以文獻與遺物爲衡　鄙意假定史前爲一時期　唐虞夏殷爲一時期　周秦爲一時期　漢唐爲一時期　宋遼金元爲一時期　明清爲一時期　茲就經史百家　及方志類書之確具時代性者　蒐輯資料　綜合歸納　以爲左證　分宮苑廟寺觀　都市　城障　陵墓　第宅　其他各類　又分興作　毀壞兩門　分年列表　已得之料　爲四千餘條　現仍在採輯中

(庚)哲匠錄之編輯

中國史家　於工師行誼　向不注意　奇偉如李明仲　宋史尚不爲立傳　因刺取羣籍之涉及藝術而有姓名可紀者　分類錄出　注重紀實　力求嚴格　其雖有姓名　而無實事或於工藝之外　別具所長者　均不闌入　至書畫篆刻　斲琴和墨　古人紀錄較詳者亦暫不列　本錄現分營造　疊山　鍛冶　陶瓷　髹飾　雕塑　儀象　攻具　機巧　攻玉石　攻木　刻竹　細書畫異畫　女紅　凡千有餘人　此外尙在徵集中

(辰)李明仲之紀念會

本年三月二十一日　爲李明仲先生八百二十週忌　本社發起紀念會　又刊行出版物名曰李明仲之紀念　以志景仰（詳見第一期彙刊）

（壬）發行中國營造學社彙刊

本年二月十七日　三月二十一日　本社兩次開會　均有印刷品　分布同志　嗣因中外人士　紛紛求索　而續出之作品　亦日有增益　乃議發行不定期彙刊　名曰「中國營造學社彙刊」第一期　以李明仲紀念爲中心　故以營造法式校記　及英人葉慈氏論中國建築內　有涉及李書諸篇譯文等附刊　以見李書之流播歐美　中國營造發皇之影響　而社事影響亦附及之

（2）建議購存宮苑陵墓之模型圖樣

本年五月因樣房雷舊存之宮殿苑囿陵墓各項模型圖樣　四出求售　有流出國外及零星散佚之虞　及朱先生乃建議於文化基金會　設法籌款　旋由北平圖書館購存　先行著手整理　將來供本社之研究　茲將建議原函　及最初目錄　照錄如左

敬啟者明清宮苑陵寢　各項官工　雖掌於工部　而繪圖燙樣及估算　向由樣房算房承辦　蓋工部官員　既非世官　又無技術之知識　一遇興作　不能不假手於樣算兩房在習慣上　每有大工　先由樣子房　根據工程做法則例　繪圖燙樣　定案以後　再由算

房估計工料　此項圖樣　即由樣房保存　蓋以技術專門　非盡人可以從事　較他部之檔房書吏　更爲重要　樣房於一切圖樣模型　視爲神秘　不以示人　名爲愼重官物　實則居爲奇貨　蓋以世守之業　爲生利之門　全工總價　例得百分之幾　以爲酬報　並得議敘虛銜之恩典　故樣子雷與算房劉　在當日北京社會上　有左右官商之勢力　雷氏自明代北遷　即以工程設計爲世業　歷辦大工　不傳他族　庚子亂後　尚有樣房雷思起之職名見諸奏牘　民國初建　雖經當軸　設法訪求此項圖樣　彼時雷氏　猶以爲將來尚有可以居奇之餘地　乃挈家遠引　并將圖樣　潛爲搬運　寄頓藏匿　以致無從蹤迹　近年窮困愈甚　時事日非　聞其四出求售　而零星購得者　頗有數起　曾經往觀　見其陳列之品　多係圓明園三海　及近代陵工之模型　雖無百年以上之舊物　而黃籤貼說　的係當年進呈之原件　尚居多數　詢其家世　亦尚相符　在雷氏世守之工　自明初以迄清末歷代相承　有五百年之歷史　而所保存之圖樣　亦不得不視爲前民藝術之表現　即如圓明園等　實物無存　得此可以考求遺蹟　故宮三海等處　并可與實物互相印證　至陵寢地宮　向守秘密　今乃藉此爲公開研究　實於營造學考古學　均有重要之價値　鄙意北平現有文化各機關　如圖書館博物院　若能及時收買　再由專門家　加以整理　或擇要印行　在學術上亦有相當之收穫　倘不幸而全部流落國外　或任聽肆買　隨意抽賣

俾有系統之資料　零星散失　消歸烏有　豈不可惜　至所需價格　從前慾望頗奢　索價三萬元　近據原介紹人報告　疊經磋減至七千五百元　似可就範　鄙人正在研究中國營造學工作之際　故於雷氏家藏遺物　樂爲玫求　并希望於最短期間　使此項圖型　得一妥善之安置　貴會主持文化　保存國粹　想於斯舉興趣　必有同感　用特縷述經過　及鄙見所存　專函奉達　尙希籌議及之　幸甚幸甚　此致

原開略目

圓明園全份圖　中路立樣全圖　中路各殿座圖　中路關防院圖中路天地一家春圓明園殿九洲清宴殿奉三無私殿愼德堂共殿六百五十六間全圖　北路文源閣圖　思順堂分圖　愼德堂立樣圖　愼德堂圖　各路地基圖　雙鶴齋地勢圖　愼修思永圖　圓明園內外河運圖

河道暢春園圖　內圍河道圖　外圍河道圖　圓明園各路模型一份　長春園圖　長春宮模型　綺春園圖　暢春園圖　綺虹堂圖　南北中三海尺丈做法工料模型　瀛臺宮殿全份

南北海尺丈圖　南北海做法尺丈說明書　東西陵路程圖（倶全）　東西陵模型　東陵全圖及各陵分圖做法　西陵全圖及各陵分圖做法東西陵各妃陵圖　定陵圈分整圖（附模型）　慕陵圖　皇帝陵（大小）卷（紙木）模型　清永陵圖　太后陵模型二份　各陵做法說明書各尺丈做法說明書　陵工路節做法　大木陵圖（大小）劵（方實）城各說明書（即尺丈做法）　地宮金井一份（倶全）

寶頂券模型二份　大殿木架構造模型一份　丫髻山宮殿做法　妙峯山殿座各圖　萬壽慶典彩棚點景圖

以上係就各介紹人交來雷氏藏品目錄略加排比所作務於原目不失眞相又原目有照賬完全出售絲毫不存等語應卽附記

（3）歡迎日本伊東博士

本年六月　日本東京帝大名譽教授工學博士伊東忠太君　來社訪問朱先生　晤談竟日　頗恨相見之晚　旋由故宮博物院特別招待　朱先生陪同周覽故宮全部　復由本社公宴於中山公園董事會　由介紹與在座之名流學者相見　幷請伊東博士演講「支那建築之研究」一經錢稻孫君　譯以華語　伊東博士爲日本工學泰斗　專研究東洋建築史　庚子之役　親自將北京故宮實測製圖成「清國北京皇城寫眞帖附述解」　及「北京皇城建築裝飾」　又發見大同雲岡石窟　著「支那山西雲岡石窟寺」　（載國華第一九七及一九八兩期）諸書（其演講見本刊）

（4）本社名義之確定

本年七月　年度更始　本社致函文化基金會　正式宣布　以後適用中國營造學社名義　仍由朱先生擔任主任　對於文化基金會　完全負責　茲錄其原函如左

敬啟者鄙人研究中國營造學　本期聯合同志　組織中國營造學社　合力進行　曾經發表宣言一通　並於一八年六月三日致貴會函附計畫大概內　鄭重聲明　嗣經貴會議決　屬鄙人先以個人研究所名義　接受補助　移平組織　造端以來　承中外學者參加研究　日益增多　在事實上　已成爲學術團體　所有對外一切　皆以學社名義行之　茲當年度更始之際　所有個人研究所名義　應即改爲中國營造學社　嗣後關於款項及一應事務　均適用之　至鄙人仍擔任學社主任　對於貴會　完全負責　將來組織如有變更　屆時再爲通知　茲檢同本社彙刊第一期一冊　專函奉達　即希查照備案爲荷　此致

## 法式二字之來歷

前漢書卷一下高帝紀天下既定命蕭何次律令韓信申軍法張蒼定章程如淳曰章歷數之章術也程者權衡丈尺斗斛之平法也師古曰程法式也毛詩注疏卷二十九漢書高祖使張倉定章程謂定百工用材多少之量及制度之程品是屬課章程之事也

按法式二字莫先於此毛詩注疏專主工程

## 木圖以麵糊木屑

沈括夢溪筆談二十五予奉使按圖始爲木圖寫其山川道路其初徧履山川旋以麪糊木屑寫其形勢於木案上未幾寒凍木屑不可爲又鎔蠟爲之皆欲其輕易齎故也至官所則以木刻上之上召輔臣同觀乃詔邊州皆爲木圖藏於內府

## 周世度工法

韓子外儲說宋王築武宮謳癸倡行者止觀築者不倦王聞召而賜之對曰臣師射稽之謳又賢於癸王召射稽使之謳行者不止築者知倦王曰行者不止築者知倦其謳不勝如癸美何也對曰王試度其工癸四板射稽八板擿其堅癸五寸射稽二寸

# 收到寄贈圖書目錄（十九年十二月以前）

本社創立以來承海內外同志及團體予以物質之援助者不一而足茲先將書報之寄贈者刊登於左以志不忘

| 寄贈者 | 書名 | 卷 | 冊 | 摘要 |
| --- | --- | --- | --- | --- |
| 日本建築學會 | 建築學會雜誌 | 第四四輯第五三七至五三九號（昭和五年九、十、十一月） | 三冊 | 交換 |
| 滿洲建築協會 | 滿洲建築協會雜誌 | 第七卷第十一、十二號 | 二冊 | 交換 |
| 又 | 又 | 第八卷第二、四、六、七、十二號 | 五冊 | 交換 |
| 又 | 又 | 第九卷第二號 | 一冊 | 交換 |
| 又 | 又 | 第十卷第七號 | 三冊 | 交換 |
| 又 | 關帝廟建築史之研究 | | 一冊 | 交換 |
| 大連圖書館 | 和漢圖書分類目錄 | 第一、二編 | 二冊 | |
| 中日文化協會 | 東北文化 | 一四九號以前 | | 交換 |
| 北平圖書館 | 北平圖書館館刊 | 第四卷第一、二、三、四冊 | 四冊 | |
| 故宮博物院 | 故宮週刊 ~ | 雙十號 | 一冊 | |
| 又 | 故宮平面藍圖 | | 二張 | |
| 中央研究院歷史語言研究所 | 安陽發掘報告 | | 一冊 | |

| 寄贈者 | 書名 | 卷 | 冊 | 摘要 |
| --- | --- | --- | --- | --- |
| 伊東忠太君 | 支那北京城建築 | | 一冊 | |
| 村田治郎君 | 滿洲回教寺建築史之研究 | | 一冊 | |
| 又 | 關帝廟建築史之研究 | | 一冊 | |
| 又 | 滿洲建築協會雜誌 | | 一冊 | |
| 又 | 建築學研究 | 第七輯三七、三八號 | 二冊 | |
| 原田淑人君 | 東亞文明之黎明（濱田靑陵著） | | 一冊 | |
| 松崎鶴雄君 | 關帝廟建築史之研究 | | 一冊 | |
| 島村孝三郎君 | 東亞考古學研究（濱田耕作著） | | 一冊 | |
| 橋川時雄君 | 靜嘉堂文庫圖書分類目錄 | | 一冊 | |
| 葉恭綽君 | 上海市政府徵求圖案 | | 一冊 | |
| 關朝璽君 | 圓明園西洋樓水法圖照相玻璃版 | | 二十一張 | |
| 陳宗蕃君 | 燕都叢考 | 第一、二冊 | 二冊 | |
| 張銳君 | 天津特別市物質建設方案 | | 一冊 | |

# 前期彙刊校記

本社評議員榮厚君自吉林寄來校正彙刊第一期第一册於册中誤字校正甚精并於翻譯各文詳細審核用心之勤尤可佩尙茲舉其華文部分之刊誤條列於左

| | | |
|---|---|---|
| 緣起 | 第二頁第十行 | 薪火不傳之「傳」字 係「傳」字之誤 |
| 演詞 | 第一頁第三行 | 以經過情形 以字下脫一「前」字 |
| | 第二頁第十一行 | 殆終不能接觸之「殆」字 係「始」之誤 |
| | 第四頁第十行 | 因不俟吾人之贅詞之「因」字 係「固」之誤 |
| | 又第十三行 | 實離盡記之「離」字 係「難」字之誤 |
| | 第五頁第十一行 | 經先儒之聚頌之「頌」字 係「訟」字之誤 |
| | 第六頁第五行 | 則列之編訂之「列」字 係「例」之誤 |
| | 第八頁第十行 | 而其全庶乎可窺矣 「全」字下脫一「豹」字 |
| 紀念 | 第七頁第五行 | 弟六爲哲宗之「弟」字 係「第」之誤 |
| | 第八頁第九行 | 斜技月季花之「技」字 係「枝」之誤 |

| | | |
|---|---|---|
| | 第九頁第二行 | 朱雀門之「門」字 係「門」之誤 |
| | 第十二頁第九行 | 日錄一卷之「日」字 係「目」之誤 |
| | 第十三頁第十四行 | 苞舉無賸之「苞」字 係「包」之誤 |
| | 第十八頁第八行 | 成書以後。之進化情形也 「○」衍 |
| | 第二三頁第二行 | 額必高之「額」字 係「鼻」之誤 |
| 評論 | 第一頁第七行 | 堆今日存在之「堆」字 係「惟」之誤 |
| 啟事 | 第一頁第十四行 | 張向之之「向」字 係「問」之誤 |
| 紀要 | 第三頁第三行 | 美述科學之「述」字 係「術」之誤 |
| | 第八頁第六行 | 徐世章之下 脫「榮厚」二字 |

# 本社職員最近題名

## 主任

朱啟鈐

## 編纂 繪圖及收掌附

闞鐸　瞿兌之　劉南策　陶洙　宋麟徵

朱湘筠

## 以上常務

## 評議

華南圭　周詒春　郭葆昌　關冕鈞　孟錫珏

徐世章　榮厚　吳延清　張文孚　馬世杰

張萬祿　林行規　溫德　翟孟生　李慶芳

## 校理

陳垣　袁同禮　葉瀚　胡玉縉　馬衡

任鳳苞　葉恭綽　江紹杰　陶湘　孫壯

盧毅　荒木清三　王蔭樵　盧樹森　劉敦楨

## 參校

梁思成　林徽音　陳植　松崎鶴雄　橋川時雄

翁初白　許寶騤　關祖章

# 本社徵求營造佚存圖籍啟事

左記各書海內外收藏家如有印本或鈔本務乞示知以便商酌讓渡不吝重酬或移寫影鈔冀供研究至各書詳細內容或查本社彙刊前號或賜函垂詢均希 賜教爲幸

## 甲

營造正式六卷　明焦竑經籍志職官著錄

梓人遺制八卷　仝　上

元內府宮殿制作一卷　永樂大典本　四庫存目著錄

造磚圖說一卷　明張問之撰　四庫存目著錄

西槎彙草一卷　明龔輝撰　四庫存目著錄

南船紀四卷　明沈啓撰　四庫存目著錄

水部備考十卷　明周夢暘撰　四庫存目著錄

## 乙

宋李明仲所著已佚各書

續山海經十卷　續同姓名錄二卷　琵琶錄三卷

馬經二卷　六博經二卷　古篆說文十卷

## 丙

前清樣房算房所有做法歌訣及圖樣模型

各省工程專書如江西萬年橋志所引撫州文昌橋誌之類

古本如英倫發見永樂大典本法式圖樣及梓人遺制圖之類

## 商務印書館印行仿宋重刊李明仲營造法式發售簡章

(一)全書六百十五葉(內單色圖一百二十七葉雙色圖四十六葉彩色圖四十五葉)分訂八册合裝二函用上等橡版紙木版石版精印

(二)每部定價七十六元

(三)每部郵費包紮費如下

各行省一元二角　日本一元五角　新疆蒙古郵會各國四元

(四)書價及郵費包紮費等均照上海通用現大洋計算

(五)欲索閱樣本者函示卽寄但須附郵票四分

## 瞿兌之方志考稿出版

方志考主旨係爲近代各省縣志作一總目每種繫以提要使讀者一覽而知某地有志若干某種內容何似優劣若何得此一編從事於方志整理與利用不啻得入門牡鑰此書爲瞿兌之先生所撰甲集現已出版內包含冀東三省魯豫晉蘇八省各志計在六百種左右尤以清代所修者爲多海內藏書家修志家與各地官廳團體以及留心史料作家均不可不置一編

甲集分裝四册　三號字白紙精印　定價四元

總發行北平黃米胡同八號瞿宅　天津法界三十五號路七十八號任宅

代售處琉璃廠直隸書局　中山公園大慈商店

# 中國營造學社彙刊

婉漪 闓

第二卷 第一冊

中華民國二十年四月

社址

北平市東城寶珠子胡同七號

電話東局九百五十九號

# 前冊要目

## 第一卷第一期



## 第一卷第二期




中華民國二十年四月出版

中國營造學社彙刊

第二卷　第一冊

價目　每冊國幣六角　郵費在外

發行處　中國營造學社　北平市寶珠子胡同七號

萬方安和

圓明園四十景之一（田字殿）

當日之燙樣

今日之遺跡

# 長春園北部之遠瀛觀(乾隆銅版)

下方石欄杆今移在中山公園正門內水池

殘燬之現在

圓明園文源閣殘石欄拓片

圓明園安祐宮琉璃殘磚拓片之一

圓明園安祐宮琉璃殘磚拓片之二

乾隆御題生春詩圖

百六三年前北京宮苑城市之鳥瞰

# 圓明園遺物文獻之展覽

向達

清文宗咸豐十年八月，英法聯軍入北京。九月初五日（陽歷一八六〇年十月十八日），焚圓明園，初六日全園俱付一炬；萬園之園，燬於一朝，可勝慨哉！咸豐十年至今，倏忽七十有一年，圓明園遺跡之殘毀，與日俱甚。光宣之際，尙可窺見梗概，鼎革以後，卽此刼後殘餘，而亦蕩爲灰燼。同人等不自審其譾陋，掇拾叢殘，網羅散失，於圓明園之文獻遺物，少有所得。用於中國大營造學家宋李明仲先生八百二十一年忌日，以此中國近代史上一傷心之遺蹟，陳之於　邦人君子之前。旣得紀念李先生，並以悼此名園。顧同人等之於斯會，尙有數義焉。

夫圓明園集海內四大名園規制之菁英，益以官家之物力，殫精構造，曲盡游觀之妙，實爲中國園林表率，不當以普通帝王苑囿視之。其燬於西洋番達主義，蓋中國文化上一大損失，爲國人所當永矢弗諼者，此其一也。

十八世紀時西洋耶穌會士東來，以一技之長，供職宮廷者不乏其人。震於圓明園之瑰奇偉麗，馳書西國，津津樂道。文藝復興以後，西洋美術上之羅科科主義（Rococo）卽爲此一時期之反映。而圓明園乃成爲當時西洋園林理想之境，至欲於歐洲仿而造之，雖未能就，而其爲西洋人士傾倒之概，則至今未衰。此就十八世紀歐洲藝術史上言，國人有應知之者二也。

圓明園中尚有一事，最爲世所豔稱者，則西洋建築是也。康乾之際，郎世寧王致誠輩供職宮廷，以畫學建築，見知當代。於是西洋門西洋槅扇西洋圖案西洋欄杆西洋橋之屬，遂見於圓明園中，四十景之水木明瑟，卽采西洋水法而爲之者。而最爲世人所知之遠瀛觀諧奇趣等西洋樓，有法國路易王朝建築風趣者，乃在圓明園東隅隙地長春園中，俱高宗在位時所增築。中國國家大規模的采取西洋物質文明，當以斯爲最先矣。咸豐庚申一役，此中西文化交通史上最可紀念之物，亦同罹浩劫。今茲之會，於長春園各西洋樓圖像地樣一一附陳，以諗世之留心斯事者，此其三也。

抑尤有進者，圓明園兵燹以後，以地爲禁苑，殘蹟歷歷，尚有可見。其蕩然無存，蓋近十餘年間事耳。使能早籌維護之方，禁止樵蘇之偸竊，有力者之移取，則此在中國文化與中西交通史上有地位之一大名園，未嘗不可以存什一於千百，以資吾人之憑弔攀尋。徒以無人措意，遂致今日掇拾蒐羅，遽有文獻不足之感，豈不重可慨乎。夫吾國今日離宮別苑之能比於圓明園者，尙有一二，鑒往知來，不能不有望於世之賢士大夫因此會而興起，爲未雨之綢繆，是則尤爲同人之所馨香禱祝者已。此今日舉行斯會之又一微意也。

近十數年來，國家雖起振古未有之劇變，呈極度之阢隍不安，而在學術方面，實不斷的有長足之進步。新史料之出現，無日無之，皆數十年前學術界所未能夢見者。似今日斯會所陳，亦此大海中之一滴也。若工程則例，若地樣，若模型，若圖像，皆於近數年間相繼流出，同人等幸得為之爬羅蒐抉，以有今日之盛，當亦　邦人君子之所共慰。唯是見聞難周，遺珠不免，尚祈　方聞君子，博學碩彥，匡其不逮，同襄斯舉。詩云，嚶其鳴矣，求其友聲，諸君子其亦穀然為友聲之應乎？同人等願敬謹以俟之！

## 圓明園大事年表

| 朝代 | 年號 | 公元 | 圓明園大事摘要 |
| --- | --- | --- | --- |
| 清聖祖 | 康熙 48 | 1709 | 聖祖以海淀明戚廢墅賜世宗建園園成錫名為圓明園此圓明園有史之始 |
| | 55 | 1716 | 世宗迎聖祖至圓明園牡丹臺賞花高宗隨侍聖祖携之留養禁中牡丹臺於乾隆九年更名為鏤月開雲高宗曾為文紀其事 |
| 世宗 | 雍正 3 | 1725 | 世宗即位後三年修葺圓明園建觀朝署為圓明園記以紀 |
| | 4 | 1726 | 高宗居藩邸時賜居圓明園內之長春仙館於是年讀書於園內桃花塢 |

| 廟號 | 年號 | 年 | 西曆 | 事蹟 |
| --- | --- | --- | --- | --- |
| 高宗 | 乾隆 | 2 | 1737 | 命畫院郎世寧唐岱孫祜沈源張萬邦丁觀鵬繪圓明園全圖懸之清暉閣 |
| | | 5 | 1740 | 仿壽皇殿制于圓明園內建安祐宮 |
| | | 8 | 1743 | 安祐宮成即後定四十景中之鴻慈永祜也　法教士王致誠 G. Ahivet 致書本國稱圓明園爲萬園之園 |
| | | 9 | 1744 | 取圓明園內風景列爲四十景景系以詩命沈源唐岱繪圖汪由敦書四十景詩原本於咸豐庚申之役歸於法京　又刊本孫祜沈源繪圓明園圖詠當亦成於是年 |
| | | 28 | 1763 | 濬圓明園大宮門前鑿道東西爲湖曰前湖 |
| | | 29 | 1764 | 仿海寧陳氏安瀾園規制重葺圓明園內之四宜書屋更名爲安瀾園有十景高宗製有安瀾園記及十景詩述其勝 |
| | | 35 | 1770 | 先是高宗於圓明園東水磨村舊地預修長春園以爲即位六十年後禪政優遊之所至是園成唯遠瀛觀海晏堂諸西洋樓之成無可考疑在此年之後 |
| | | 39 | 1774 | 於水木明瑟北稍西建文源閣貯四庫全書及圖書集成各一部 |
| | | 51 | 1786 | 耶穌會教士 P. Bourgeois 考書 L. F. Delatour 述將圓明園中歐式宮殿二十處繪圖雕成銅版事所謂圓明園歐式宮殿二十處當即指長春園北之海晏堂遠瀛觀諸處也銅版圖二十葉今發見於北平故宮瀋陽故宮亦有之並聞舊日熱河行宮亦有一份云 |
| | | 58 | 1793 | 英使馬戛爾尼來聘於是年陽歷八月二十三日至圓明園奉旨觀玩圓明園等處水法並往遊萬壽山及城內太和殿保和殿乾淸宮寧壽宮 |
| 仁宗 | 嘉慶 | 8 | 1803 | L. F. Delatour 著中國建築論 Essais Sur Carchitecture des Chinois中及 Bourgeois 致彼之函 |
| 宣宗 | 道光 | 16 | 1836 | 是年九月重修圓明園中圓明園奉三無私九洲淸晏三殿 |
| 文宗 | 咸豐 | 9 | 1859 | 文宗新葺淸輝殿成 |
| | | 10 | 1860 | 是年八月英法以換約事起釁聯軍入北京九月初五日(陽歷十月十八日)英將下令焚圓明園翌日圓明園及附近如長春淸漪諸園胥付一炬 |
| 穆宗 | 同治 | 1 | 1861 | 法人 M G Pauthier 著遊圓明園記 Ume Visité a Youen-miug Youon, Palais dete de Clmpereur Khien-loung-1862 |

| 帝號 | 年號 | 年 | 西曆 | 紀事 |
|---|---|---|---|---|
| | | 10 | 1871 | 是年三月十日王闓運徐樹鈞等遊圓明園王氏因爲圓明園詞以紀之距咸豐庚申之燬爲時十年雙鶴齋規月橋采芝徑諸處尙在也 |
| | | 13 | 1874 | 上諭禁臣工議修圓明園 |
| 德宗 | 光緒 | 13 | 1887 | 醇邸以殿本圓明園圖詠命天津石印書屋石印進呈其後上海大同書局亦重印避暑山莊圓明園圖詠爲袖珍本未審何年當在天津本後 |
| | | 23 | 1897 | 李鴻章自歐洲返偕馬建忠會廣銓往遊圓明園爲言官所劾 距園燬已三十七年矣 |
| 宣統帝 | 宣統 | 1 | 1909 | Gisbery Combar 著中國皇宮 Les Paluis imperiaux dela chine 中及圓明園謂園中歐式宮殿係郎世寗樣蔣友仁監修云云 |
| | | 3 | 1911 | 是年夏譚延闓等遊圓明園雙鶴齋等處已不存唯長春園諸西洋樓尙可見耳時距園燬已五十年距王闓運遊時亦四十年矣 |
| 中華民國 | | 10 | 1921 | 法人伯希和 P. Pelliot 於通報上發表平定回部得勝圖考 Les Conguetes de. L'cmpercur de la Chine 論及圓明園中西洋建築駁 Delatour comber 諸人說 |
| | | 13 | 1924 | 金勳繪圓明園圖 |
| | | 15 | 1926 | 陳文波於淸華週刋十五週年紀念增刋上發表其圓明園殘燬考 距園燬已六十六年其所紀述驗之於今又已全非 |
| | | 17 | 1928 | 程演生自法京攝歸沈源唐岱繪汪由敦書之圓明園圖中華書局爲之重印出版 程氏又爲圓明園考一書 |
| | | 19 | 1930 | 國立北平圖書館雙十節圖書展覽會陳有所得樣子雷之圓明園燙樣模型若干件 距圓明園之燬已七十年矣 大公報文學副刋發表覺明氏所撰「圓明園罹刼七十年紀念述聞」 |
| | | 20 | 1931 | 北平故宮博物院發現咸豐十年英法兵入京焚燬圓明園案卷及長春園銅版圖瀋陽行宮亦發見長春園銅版圖一份金梁有東長春園銅版圖考一文述其事三月二十一日北平中國營造學社與國立北平圖書館開圓明園文獻遺物展覽會於中山公園 時爲圓明園被燬後之七十一年也 |

# 圓明園罹刼七十年紀念述聞（轉載大公報文學副刊第百五一及百五二兩期）

咸豐十年八月英法聯軍至北京，九月初五日（西一八六〇年十月十八日），英使額爾金爵士（Lord Elgin）及英將格蘭特將軍（Genral Sir Hope Grant）下令焚圓明園。至初六日，全園俱付一炬。自有中西交通以來，西洋 Vandalism 之爲禍於中國，當以此役爲最先而最鉅矣。自一八六〇年十月十八日焚燬迄今，適七十年。余於今秋來北平，嘗過海淀，遙望荒煙蔓草間，殘蹟歷歷與斜陽相掩映，惝怳猶見當日黑煙漫天，火蛇飛舞之狀。七十年至今不爲久，而士大夫於此事，已不之省。僅存之一二殘蹟，或則任有力者豪奪以去，以點綴其私家之園林。（編者案，如王懷慶之達園等）或則置諸瓦礫叢中，聽牧童樵豎斲毀而不知惜。余日日過圜城，輒見古物保管委員會會招，顧於中國美術史有其地位，在中國近代史上留一大紀念之圓明園殘蹟，未聞有倡議保存，以爲興感之資者何耶？暇時覽諸家關於圓明園之紀載，因草此稿以悼名園，兼以愬當世之士大夫云。

## 一、圓明園建築與西洋教士

明萬歷時利瑪竇諸人東來，以形下之學見知於當時士大夫，其最顯者是爲曆算。如熊三拔湯若望南懷仁鄧玉函之倫，皆以明曆算官於中朝。與曆算一門並爲當時西士之顯學者尚有繪畫。馬國賢，艾啓蒙，郎世寧，潘廷璋，安德義，王致誠，蔣友仁，以及不知漢名之Louis Poiret皆西洋教士，以善畫供奉畫院，畫院所在爲如意館，如意館有二，一在啓祥宮南，一在圓明園。清帝於每歲夏幸園中，冬初還宮。文武侍從，並直園林，畫院中人，亦復隨往。是以當時教士致書本國，輒及此園，謚爲萬園之園（Jardin des Jardins）。至今相傳圓明園中有西洋建築，並謂構圖監工者卽郎世寧王致誠諸人。布謝爾（S. W. Aushell）中國美術（Chinese Art）論此云：（一）

其後有基督教徒王致誠郎世寧者，參預圓明園工程，創建歐式宮殿。由是圓明園中井欄上有雕欒，欄柱上之繪畫，及屏風上雕繪之甲胄徽章等物，始有意大利天主教之裝飾焉。

今按明季西洋人來中國，聚居澳門，房屋多爲西式。其後散布各地之西洋建築則有天主堂，及廣州商館十三洋行。乾隆南巡，揚州修飾園林，如澄碧堂，如靠山，如水竹居，卽仿西法而作也。其應用西洋裝璜者尤多。圓明園四十景中之水木明瑟一景，卽仿西法。

用泰西水法引入室中以轉風扇。冷冷瑟瑟，非絲非竹，天籟遙聞，林光逾生淨綠。酈道元云：「竹柏之懷，與神心妙達；智仁之性，共山水効深。」茲境有焉。

清高宗述此云。高宗南巡，行幸所經，寫其風景，歸而作之，增置園中，列景四十。水木明瑟當亦仿水竹居之制爲之。伯希和以爲乾隆十二年（一七四七），何國宗（M. Benoist）始在圓明園爲造西洋水法云云，宜可據也。（二）乾隆五十八年（一七九三），英使馬戛爾尼（Earl of Macartney）至北京，掌故叢編英使馬戛爾尼來聘案有云。

乾隆五十八年七月初八日軍機處奉諭旨：令在圓明園萬壽山等處瞻仰，並觀玩水法。進城時頒賜勅書，俾敬瞻太和殿保和殿乾清宮寧壽宮之壯麗。所有水法等處，屆期預備。

所謂水法，當卽指水木明瑟而言。馬戛爾尼日記於一七九三年八月二十三日曾紀其遊覽圓明園，讚揚正大光明殿之莊嚴，各宮室之美麗，未及水法。（三）馬氏隨員巴洛（J. Barrow）著中國游記（Travels in China），中紀在圓明園見郎世寧所繪飾壁之畫。（四）此外蔣友仁亦在此作畫，以爲點綴。（五）而馬氏携來之天文儀器，卽由巴洛諸人爲之裝置於正大光明殿中。（六）又按圓明園工程做法，亦時及西洋器具。有所謂界西洋棗子錦者，當卽天花板上繪畫西洋圖案也。又有西洋如意欄杆，刷金押楠木色，白粉綫，有樓子西洋潑淚，無樓子西洋潑淚，西洋勾；此爲木工方面。石作中有西洋牆，打主心木榫眼；及西洋踏躁級石，迎面做琴腿，起口線掏空。（七）揚州畫舫錄中營造工段錄一篇，其亮鐵槽活計件條內有西洋鉤子西洋潑淚，砍磚匠條內有西洋牆之屬，與圓明園工程做法同。

圓明園中西洋建築之見於中籍者約如上述。若海源堂，若遠瀛觀，若諧奇趣，若萬花陣，皆今所謂西洋樓閣。而遠瀛觀石柱雕鏤作葡萄葉形，極爲精好，說者謂爲耶世甯作，有法國路易王朝建築作風。(八)然此俱在圓明園東北隅，高宗所築之長春園中；爲圓明園之旁支而非其正體也。清高宗建長春園，以爲歸政後頤養之所，仍潛邸時賜居長春仙館之名以名其園。長春園中海源堂遠瀛觀諸奇趣萬花陣諸景，疑皆高宗時所修。耶世甯以聖祖時入直掖廷，至高宗時猶在畫院，由其設計，亦可能也。

今考謂圓明園中有若干西洋建築，其說蓋始於 L.F. Delatour (1728-1807)。氏於一八〇三年發表其中國建築論 (Essais Sur l'architecture des chinois)，中引當時耶穌會教士 P. Bourgeois 於一七八六年十月致彼一函，函述其將圓明園中歐式宮殿二十處繪圖雕成銅板之事。一七九四年至一七九五年，荷蘭東印度會社遣使至北京，隨行買辦有名 A. E. Van Braam Houckgeest 者，據云搜集中國各種圖樣甚夥，中有圓明園歐式宮殿圖二十頁。一九〇九年 Gisbert Combaz 著中國皇宮(Les palais imperiaux de la Chine, Bruxelles, 1909)，遂謂一七三七年(乾隆二年)高宗命耶世甯修士與沈源孫祜二人共同商定(圓明園)總圖。其後乃按耶世甯所草圖樣，由何國宗修士(P.Benoist)監視，起造歐式宮殿云云。然據伯希和氏研究，P.Bourzeois 致 Delatour 函，並不見於各家紀錄； Van Braam Houckgee-

時所得二十頁圓明園歐式宮殿圖，亦無傳本。故圓明園曾依耶世甯草樣，由何國宗監造歐式宮殿二十所之說，實無根據。所云二十頁圓明園歐式宮殿圖，當卽長春園諧奇趣遠瀛觀等之銅版圖二十幅也。此圖營造學社藏有影印縮本係避暑山莊原藏。最近北平瀋陽兩故宮，均發見同樣印本爲西人所繪。其所云者卽康熙時耶穌會士馬國賢(Father Ripa)爲帝用銅版雕熱河三十六景圖之傳訛也。(八)

## 二、英法聯軍之役圓明園之被掠與焚毀

一九一四年歐洲大戰起，德軍侵入比境，砲燬盧文大學圖書館，歷世積藏之珍籍，胥罹浩劫。其後諸國對於德人此舉，深致詰責，以爲罪莫大焉。庸知七十年前，英法聯軍攻我國都，以數人遇難，竟不惜於和約將成之際，將圓明園付之一炬。既掠其珍寶，復焚其名園，損失之鉅，豈遜於比國一盧文圖書館？西洋 Vanbalism 之摧殘中國文明，此爲第一次，庚子之役而又重演。自圓明園之焚至今七十年，余爲此文，一以惕我國人，一以示西洋文明國家重視國際公法者固如斯也！

咸豐十年，英法以去年赴天津換約，爲僧格林沁砲擊而退，至是捲土重來，謀以武力爭還八年之約。北塘撤防，英法聯軍遂由此上岸陷大沽，薄通州，進偪京師。時廣東英領事巴夏禮於通州議和之役，爲僧格林沁所擒，同時被俘者尚有十餘人，拘送京師。僧格

林沁諸人退保海淀。英法聯軍，乃自通州徑趨圓明園。法軍先至，營於圓明園門外。清華週刊十五周紀念增刊有陳文波君圓明園殘燬考一文，曾譯當時英軍舌人 Robert Swinhoe 所著 Narrative of the North China Campaign of 1860 一書中紀述英法刦掠圓明園之文一段，大致略備，今不重述。唯陳君譯文中不免錯誤：如一八六〇年十月十七日之誤爲七日，十九日之誤爲九日，二十一日之誤爲十一日。又陳君所譯，雜采此書十一十二兩章，另爲編次，所記二八九至三一二頁，亦不可據。

又圓明園之焚，中籍諸說紛異，今按實因通州之役與巴夏禮一同被拘諸人，有十二名庾斃獄中。英法軍逼京師，刦掠圓明園，並致書恭王，須先釋被拘諸人，方可議和。逮被拘者釋回；多被綁縛，又有十二名死骸，亦一併送回，因激起英人報復之心。英人自認此事，初無所諱。關於焚燬圓明園有英使額爾金及英將格蘭特二人文件，最爲重要，今分別迻譯如次，以備言圓明園掌故者徵采焉。

圓明園焚燬之建議，始於額爾金及格蘭特，額爾金曾發表聲明其所以必須將圓明園焚燬之故，其言曰(十)

關於毀圓明園以爲懲罰表示一事，余職責所在，不能不略述數言。

余可以要求鉅款，以懲戒中國政府，而不視爲被害者之賠償。然其罪惡如此，豈區區金錢所可救贖。中國政府現正混亂，欲其賠償如許鉅款，實非咄嗟可辦。爲此之計，只有將海關收入，除去足以發展彼之對外貿易者外其餘悉行扣留。然以中國關稅收入之多，年取百分之四十，並由英法兩國政府爲之監督，尙須四年，始克淸償余及葛洛斯伯爵（Baron Gros）所提賠欵之數也。

余未嘗不可提議將陷害我國人及破壞休戰局面之輩交出懲辦。然使所指過之籠統，則所犧牲者徒爲僚下，赦固不可，罰亦不能。若專指僧格林沁，欲處彼以極刑，則中國政府必不之應，而余亦無從使提議之實行也。又將政府之行爲諉諸於一二人之身，中國式之興師動衆，往往如此，而非所語於我輩。故據余審量結果，只有毀圓明園一法最爲可行，否則遇難諸君之仇永不可復。至於此舉之足以使中國及皇帝生極大之震動，余尙有理由，非遠在他處者所能知也。

圓明園爲皇帝燕居之所，則其毀也庶足以梢戢其驕佚，而激發其情感。據吾國西克兵士所述吾不幸之國人乃拘於是園，受其至慘酷之苛刑。被囚諸兵士之馬與戎裝，自某法國兵官胸間撕去之勳飾，以及被囚諸人所受其他虐刑，皆在此園之中。今宮中寶物既已蕩然無餘，大軍之去彼，非在虜掠，乃所以使初肆罪惡者知所警惕耳。人民較無知識，可不必論，至於皇帝不僅於圓明園中虐待俘虜，並公然懸賞以暗殺

31954

外人，雖費重值亦所不惜，則自當直接負事變之責任，而受此嚴懲也。

其時英軍統帥格蘭特亦謂「因吾國俘虜多數被殺及待遇諸人之野蠻，額爾金爵士及余俱以爲應使韃靼皇帝受一嚴懲，籍作報復，遂決定將其輝煌之避暑行宮焚爲平地。孟多邦將軍(General de Montauban)反對焚燬，故決不與吾輩合作」。(十一)云云，十月十八日格蘭特致書法軍司令孟多邦將軍，聲述所以主張將圓明園焚燬之故，辭曰：(十二)

敬啓者：頃奉昨日第一二三號尊函，敬悉一是。余所以欲毀圓明園宮殿之故，今願爲左右一陳之。第一，被囚諸人手足縛繫，三日不進飲食，其受如斯野蠻之待遇，即在此地。第二，若對於中國政府所爲不顧國際公法之殘酷行爲，不予以久遠之印象，英國國民必爲之不滿。

若現即與之媾和訂約撤兵而退，中國政府必以吾國人民爲可以任意捕殺無忌。在此點上必須警醒其迷夢也。

皇帝避暑行宮固已被掠，然其所蒙損失，在一月內即可恢復原狀。當法軍自圓明園撤退，中國官吏隨即接管，行刼之中國人五名立爲所斬。吾軍邏卒往視時，已園門鎖閉，房屋亦未被毀也。

圓明園宮殿之爲要地，人所共知。毀之所以予中國政府以打擊，造成慘局者爲此輩而非其國民。故此舉可謂爲嚴創中國政府，卽就人道以言，亦不能厚非也。額爾金爵士同余此意，並以相聞。

英人既決燬圓明園，十月十八日清晨遂命密克爾 (Sir John Minche) 一隊及騎兵團一大隊開赴圓明園縱火，至十九日薄暮，全園俱燃。說者謂其時黑烟羃天，結成濃雲，迷漫北京天空。行近宮殿則火聲若吼，日光自濃烟中透過，照草木上俱成慘厲之色。縱火兵士爲火光所照，形同鬼魅，爲狀絕奇云云。(十三)在十七日，英軍並威脅淸廷締訂和約，否卽將北京城內宮殿一併焚燬。十八日圓明園既燬，十九日英軍復致通牒，恭王立允其請，蓋亦畏其復肆兇殘耳。英將格蘭特於火起後紀云。(十四)

> 此景奇偉。似此壯麗之古宮竟蕩爲平地，余蓋不勝其惋歎之情，而覺斯舉有欠文明。然余信欲警惕中國人，使其以後不再殺害歐洲使者，破壞國際公法，此事實屬必要也。

格蘭特等毀園之理由爲殺使者，及破壞國際公法，而法將孟多邦紀此，則以爲英將因泰晤士報記者被殺，不爲復仇，將不免泰晤士報之攻擊，故出於毀園之舉。然英人卻不之承，謂各國精神高尚之外交家絕不因懼一輿論機關之攻擊，而采此種嚴酷之行爲云云。(十五) 顧格蘭特致孟多邦函，明謂不如斯，國人將不之滿，則孟氏所紀，固非漫無依據者矣。

附註

(一)見 S.W. Bushell: Chinese Art. Vol.11P 105，又戴嶽譯本卷上五三頁。

(二)見 Paul Pelliot: Les "Conquêtes de L'emper cur de la Chiue" (T'oung Pao. Vol.xx,1921.p 233).

(三) Helen H.Robbins Our First Ambassador to China. pp.278 279.

(四) John Barrow: Travels in China.

(五) J.G. Ferguson: Chinese Paintng. pp. 180-182.

(六) N. P. Robbins Op. cit., p. 280

(七)界西洋索子錦及西洋如意欄杆俱見第十二册，有樓子潑浪等見第十六册，西洋墻等見第十七册，又第十八册，俱爲北平圖書館藏本。

(八)見日本國華三十編第八册田中蒼浪子著郎世甯唐岱合筆桃花鵲圖考。

(九)馬國賢用銅版雕熱河避暑山莊三十六景圖，見其所著 History of the Chinese College 中。此書 Fortunato Prandi 有英譯節本，書名 Memoirs of Father Ripa during thirteen yearseresidence at the Court of Peking in the service of the Emperor of China 1855 其第十三章曾及此事。按中國舊傳避暑山莊圖詠繪圖者爲沈喻，鋟木者爲吳中雕刻聖手朱圭(上如)，現時尚有傳本。武進陶氏蘭泉曾重摹上石，收入其所印喜詠軒叢書丁編。若馬國賢之銅版避暑山莊三十六圖，則中國罕見傳本，諸家亦未紀及此事也。

(十)額爾金此文見 R. Swinhoe: Narrative of the North China Campaign of 1860, pp. 326-329.

(十一)見 Henry Knollys: Incidents in the China war of 1860 p.202.

(十二)同上書 pp. 203-204.

(十三)R. Swinhoe: op. cit p.330.

(十四)見H. Knolly 書 pp. 204-205

(十五)同上書 pp. 221-222.

## 三、述近出關於圓明園之各種資料

王闓運圓明園詞有云：純皐纘業當全盛，江海無波待游幸。行所留連賞四園，畫師寫仿開雙境。誰道江南風景佳，移天縮地在君懷。當時只擬成靈囿，小費何曾數露臺。蓋高宗享國數十年，國勢之盛爲一代冠，舉其財力，殫精構造，是以曲盡遊觀之妙。規模宏偉，遠非今日頤和三海諸園所可望其項背；用有萬園之園之號。其在中國園林建築史上固宜佔一地位，而就近代史言，又一國恥也。至於長春園西洋建築亦於是役與圓明園及圓明園中仿泰西法造之水木明瑟同罹浩劫，是又言中西文化交通者所宜致慨者焉。（十六）因將近出漢文各書以及器物與研究圓明園有關者略誌梗概，以諗留心斯園之士云。

一程演生之圓明園全圖與圓明園考，咸豐十年圓明園爲英法聯軍所刼毀，乾隆時沈源唐岱合繪之圓明園全圖底本，亦爲法人所得，以歸法京國家圖書館。民國十六年春程演生君客巴黎，爲以攝影，歸由中華書局用珂㻶版印行。關於圓明園圖詠一書，往昔只有乾隆時內府版及光緒時石印本行世，得此而後知其原來面目。程君圓明園考序略云：

圓明園全圖絹本着色，合題跋共八十幅。乾隆九年甲子沈源唐岱奉勅繪，汪由敦奉勅書。絹心長二尺，闊二尺零四分，連裝池綾邊長二尺六寸，闊二尺三寸五分，檀木夾板，別爲上下二册。現藏法國巴黎國家圖書館。

繪本與刊本題辭無異同，唯所繪四十景雖大致不殊，而面目逈別，蓋刊本爲孫祜沈源所繪，而繪本則出自唐岱與沈氏之手也。程君既重印圓明園全圖，復輯舊籍中及圓明園事者爲一編，曰圓明園考。圓明園之燬，至程君印全圖時已六十八年，除湘綺老人爲長詩弔之，及陳文波君圓明園殘毀考一文外，竟少道及。程君於海外携回故國，爲之重印，又別爲考證，可謂爲有心之士矣。唯考中所收尙多訛漏，如徐珂清稗類鈔中記圓明園一篇，實卽嘉善黃凱鈞作，名圓明園記，收入烟畫東堂小品。又王闓運圓明園詞多存故實，非注莫明。王氏有手書自注圓明園詞，逐句詮釋，石印行世，頗有傳本，程君皆不之知也。淸初耶穌會士多以善畫受知中朝，此輩大率居於圓明園中之如意館，致書本國時，於園景多所叙述，如王致誠於一七四三年十一月一日致巴黎M.D' Assaut函卽其一例。此外述者尙多，俱散見於敎士書札（Lettres edifiantes）中。咸豐時英法聯軍逼北京，卒焚圓明園，其時英人如 Swinhoe 及法人 M. G. Pauthier 但曾遊覽宮廷，有所紀述。凡此皆足以攷見當時情勢，尤宜爲之彙譯。又圓明園中西洋建築，久成學界聚訟之資，伯希和氏曾及其概（文題見附注），亦可以譯入圓明園考中，以供研尋也。陳君文已見上述茲不更贅。

二圓明園工程做法　圓明園工程做法附內庭淸漪園雍和宮等則例無撰人。以余所知，此美國國會圖書館藏有鈔本一部，係 B. Laufer 得之於北京市上，共四十册。北平圖書館藏鈔本一部凡二十册，內容與美國國會圖書館所藏同，無撰人，無凡例序跋目錄之屬，卽二十册次序亦無出考見。此外中國營造學社亦有數部，與此略有異同。書中述圓明園，約三之二，餘爲三海及雍和宮諸處。所述大都爲各殿所用木石繪工之類，木料則記其大小長短，價格；石工則記其工數；繪則記其所用材料價格多少。如北平圖書館本第十二冊界西洋索子錦每丈用水膠一兩，定粉一兩六錢；每二丈五尺畫匠一工。西洋如意欄杆刷金押楠木色白粉綫，每尺用水膠二錢，白礬二分，青粉三錢，彩黃六錢，銀硃二錢，土子面一錢，定粉一錢，每二十尺畫匠一工。余疑此書係後來修理圓明園時一種清冊，出於當時辦工程差事人員之手，並非一種有系統之著作也。

三圓明園工程模型　北平圖書館近從北平東觀音寺雷宅購入工程模型三十七箱，係圓明園及三海普陀峪陵工各項模型。雷氏自明末以來世世承辦內廷工程，當盪樣局差事。凡內廷興建，必先由盪樣局盪一模型，記其高低大小形制梗概，進呈御覽。雷氏世守其業，清室顛覆，貧無以生，乃以歷代所蓄模型售於北平圖書館。屬於圓明園者爲數不多。某君謂係修理圓明園時所呈模型，大致甚是。唯所存模型雖不足以窺見圓明園全部，而就工程做法以考模型，當可約略知其高低大小，以及藻飾之狀與修造價格大略。更從而推及其他，圓明園全園工程當可稍窺一斑也。

四圓明園五彩全圖　北平圖書館藏五彩圓明園全圖一大幀，計高三呎二吋，闊六呎一吋二分，四周綾邊，不知誰氏所繪。據云原爲海淀某家物，後歸圖書館。全圖房屋之屬俱用界畫，極爲精工。圓明園四十景，圖中一一可尋。十八門只有圓明園門(大宮門)，及福園門，餘十六門不見於圖。以黃凱鈞圓明園記與圖相較，大致不殊，唯方向多訛，疑圖爲可恃也。園中東西兩方尚多有不見於圖者。以圓明園工程做法考模型，以模型較圖，復循圖以考今日荒烟蔓草中之殘蹟，則圓明園當日之盛猶可以窺其髣髴矣。

又有許指嚴者著圓明園總管世家，以圓明園總管文豐事爲經，而緯以文宗時事。摭拾小說家言，所述至爲詭譎，顧羌無故實，不足據爲典要也。

## 四、論保存圓明園及其他諸殘蹟

圓明園燬後，雖有建議修復者，而迄未實行。然在清季，終以地屬禁苑，猶有守園老監，未至全歸殘廢。燬後十一年王闓運往遊，光緒丁酉李鴻章至其地，德宗慈禧又相繼往幸。辛亥以後形勢日非，譚延闓辛亥所見，至十五年陳文波著殘燬考時已不可得。十五年迄今才四年耳，陳君所見者又已成陳蹟。（編者案，福園門三楹與門外照壁及圍牆之一部分於民十六撤去，當時築輕便鐵道搬運石料，大部分歸香山慈幼院所有。至今圍牆尚在拆卸中。）世變未已，來者如何不可知矣。然以在中國建築史及近代史上如此有意義之名區，而竟任其荒廢毀滅，以致後人求一觀其遺蹟而不可得，是亦負文化保管之責者所應加意也。爲今之計，約有數道可行。小規模的計畫爲於遠瀛觀諸西洋建築，稍完者飾，殘毀者加以整集，然後周圍樹以鐵柵，建屋數間置役守視。旁樹石碑，用紀國恥。庶幾刼後殘餘，不致再毀於頑童之手。大規模的計畫則爲於圓明園及長春園各處設立歷史博物館，一方面將現在各處可以修葺者稍事修葺，以供游覽追悼之資。一方面將所有關於圓明園長春園等處之材料一併蒐集，設屋陳列，同時搜羅三海各處工程模型，以及中國其他各處有名園林模型，萃於一處，以供有心中國園林者之研究，而成一中國園林博物館。又一方面則可藉此遺址建一中外交通史料博物館，以爲西洋 Vandalism 所施於中國文明之一紀念。方今北平在政治地位上之衰落，已成不可掩，並不能復恢之事實，一時時賢有主張建設北平使成爲一文化中心者，又有欲使之成爲中國北方國防中心者。凡此諸說之長短姑不具論，要之北平在中國文化上有重要之意義與地位，可以斷言。則於圓明園諸遺址建立一歷史博物館，存歷史上之紀念，資後生之興感或非一毫無意義之舉乎！

（十六）關於長春園之材料余所知甚少。北平圖書館藏有萬春園工程做法一書，內夾有長春園平面一幅，如遠音觀諧奇趣萬花陣海源堂轉馬臺各處，勉可得其髣髴，唯遠音觀作遠瀛觀，海源堂作海晏堂，萬花陣作黃花燈，是爲微異耳。書及圖不知作於何時，內容與圓明園工程作法同，疑爲同時之作也。

# 營造算例印行緣起

清代工部及內庭，均有工程做法則例之頒定，向來匠家，奉爲程式，惟聞算房匠師，別有手鈔小冊，私相傳習，近年工業不振，文獻無徵，吾人百計求索，時於紙堆冷攤，偶爾發見，朋好收藏，展轉借觀，就所己得，除重複外，約十數種，有題爲工程做法者，有題爲大木分法小木分法或某作分法等者，有題爲營津大木做法者，各冊內容，悉是算例，分科列舉，俱甚精當，間附歌訣簡法別法，頗似新式建築之法規公式，而不成文法，殆爲各作師徒薪火相傳之課本，或卽工部檔房書吏夾袋中之脚本，即就名稱言之，此種手鈔小冊，乃眞有工程做法之價値，彼工部官書，注重則例，於做法二字，似有名不副實之嫌，意當日此種做法，原與事例成案，相輔而行，迨編定則例時，秉筆司員，病術語之艱深，比例之繁複，若以長吏所不習知之文字，貿然進御，倘遭詔問，瞠然不知所對，不如僅就淺顯易解者，編成則例，奏准頒行，而眞正做法，遂被删汰矣，試觀大清會典所收工程做法部分，即係將原書數目字，一概改爲若干，而卷帙大減，止數十葉，固是著書有體，繁簡異宜，而無形之中，士大夫之工程知識，日就湮塞，一切實權，漸淪於算房樣房之手，部曹旅進旅退，漫不經心者，固不足道，卽使良有司志在鈎考，而官書如此，書吏又隱相欺謾，求如明賀仲軾之手鈔部案，成兩宮鼎建記，亦不可得，蓋學者但知形下與形上分塗，一切錢物，鄙爲不屑，遷流所極，乃至營建結構之原則，算經致用之法程，竟亦熟視無睹，委諸賤隸，殊可慨也，自此種鈔本小册之發見，始憬然工部官書標題中之做法二字，近於衍文，彼李明仲營造法式，亦合諸種原稿而成，故於看詳總釋制度功限，各自爲類，而以法式命名，清代工部工程做法則例，當日如有此類算例在內，價値更當增重也，譬諸法家者流，以律爲經，以例爲緯，此種小册，純係算法，間標定義，顚撲不破，乃是料估專門匠家之根本大法，逈非當年頒布今日通行之工部工程做法則例，內庭工程做法則例等書，僅供事後銷算錢糧之用，所可同年而語，至於因地因時，記載成案，以備援用之各種單行章程，如所謂內工現行則例，或某地某事現行則例等者，尤其末焉者矣，彼此相衡，較量輕重，主體客觀，不容倒置，抱殘守缺，表襮爲先，世有同志，願共商榷，玆爲定一總名，曰營造算例，刊行之初，不加筆削，以存其眞，歸納演繹，尙有所竢，最後之目的，如製爲圖解，演作公[redacted]式，期於印證官書，樹爲圭臬，進一步之整理，願以異日，敢告讀者，請發其凡，

初次刊行，但以印刷代鈔寫，志在保存本來面目，除別字減筆，加以更正外，餘悉暫仍其舊，其有眉批小注，一律以細字附於各條之下，

掇拾叢殘，茫無起訖，今姑以類別，立一爲端，其有字句異同者，附存於後，

原本并無總目，不分先後，茲刋以各作爲單位，并不强定次序，再有發見，隨時加入，原本惟大木雜式，及石作，附有子目，他作則無，諸本間附標點，其應列作子目者，亦加紅勒，今就此例，別編子目，附於各作册首，取便檢尋，

大木各式亭座，工部做法，二十二三兩卷所載，方亭大木圓亭大木，不如大木雜式之詳，橋梁方式，爲各作之聚，工部做法，亦無此門，此刋之於官書，或補未備，或可互證，

琉璃做法，亦工部做法所未詳，小冊於影壁，花門，房座，立基，瓷瓦等，分門列舉，其配合件數，安裝地位，花色名件，尺寸重量，計算原則，義例精嚴，於營造學琉璃瓦料一門，裨益極鉅，

發券做法册內，前半自凡平水墻條，至凡五伏條，與工部工程做法第四十四卷全同，而凡算發券平水墻之高一條，爲工部本所不載，茲特立發券做法一門，而以此條刋入，

册內字句，如有譌奪，讀者發見，幸希見告，以便訂正，

## 總目





31967

## 徵求啓事

此項秘傳手鈔小冊。係本社近年陸續發見。乃工部工程做法則例以外。料估師匠傳習之本。特爲印行。以公同好。因思中外專門名家。當有較此更爲完整。或與此相類可供參考之品。亟應廣爲徵求。以免絓漏。應徵範圍。不拘一格。大致內容。請視此册。通函枉駕。均所歡迎。

本社附識

# 歇山廡殿斗科大木大式做法

## 目　錄

隨廡葉斗科採步梁　採步隨梁　各架帶採步梁頭並廡葉頭通梁
各架落金帶採步梁頭並廡葉頭　各架落金接尾帶採步梁頭並廡葉頭
桃尖順梁　順梁帶耍頭　各架隨梁
隨梁帶斗科昂嘴並斗底　扒梁　抹角梁
抹角隨梁　斗盤　採步金　採步金枋
七架梁　五架梁　三架梁　三穿梁
雙步梁　單步梁　挑托梁　遞角梁
遞角隨梁　廡殿太平梁　金瓜柱　脊瓜柱
柁墩　順梁上交金墩　爬梁上交金墩　吻
雷公柱　捧梁雲　脚背　昂翹斗科墊拱板
一斗二升交廡葉斗科並一斗三升斗科墊拱板　盝斗板
承椽枋　金脊枋　平水墊板　挑檐桁
正心桁　金脊桁　扶脊木　老角梁
梓角梁　檐椽　翼角檐椽　飛檐椽
翹椽　上中下花架椽　腦椽　椽椀

隔椽板　裏口木　連簷　瓦口
簷順望板　翼角順望板　飛簷順望板　翹順望板
上中下花架順望板　腦順望板　押飛尾押飛簷翹椽尾橫望板
襯頭木　榻角木　草架柱子　穿梁
立閘山花板　山花結帶　博縫板　廂掞山花象眼
廂掞椛當　隨廂掞山花象眼椛當　隨博脊棋枋板上下枕
隨博脊板抱柱　隨棋枋板抱柱　博脊板　承椽枋下棋枋板
闊門枋　天花梁　天花枋　帽兒梁
連三支條　連二支條　單支條　貼梁
天花板　穿帶　雀替　望板引條
脊樁　寶瓶　單簷並重簷下簷　梓角梁
老角梁　由戧　承椽枋下棋枋板
大木除面闊加榫算　大小額枋　平板枋兩頭銀錠扣　桃尖梁
正心枋　外拽枋　裏拽枋，井口枋　押科枋
各架隨梁，承椽枋天花枋，天花梁，闊門枋　雷公柱，瓜柱下榫

金脊枋　桁條，扶脊木　帽兒梁

檁(博)脊棋枋板，枚框草架柱子穿　墊板

拉扯歇

面闊，按斗科定，明間按空當七分，次稍間，各遞減斗科空當一分，如無斗科歇山廡殿房，明間，按柱高六分之七分，核五寸止，次稍間遞減，各按明間八分之一分止核五寸止，或臨期看地勢酌定

通進深，按通面闊八分之五分，如有斗科，核正空當，要空當坐中，如無斗科歇山廡殿房，核五寸止，其次稍間，臨時該檁數再定，或臨時看地勢酌定

檐柱，高按斗科口數六十分，如無斗科，按明間面闊七分之六分，或臨期再定徑按斗科口數六分，如無斗科歇山廡殿房，按高十分之一分，

步架，廊步按柁下皮高十分之四分，其餘脊步架，按廊步八扣，俱核雙步，或臨期挍檩數再定，檩數，按步架加一檩，即是，

舉架　檐步五舉　飛檐三五舉

如五檩脊步七舉，

如七檩金步七舉，脊步九舉，

如九檁下金六五舉，上金七五舉，脊步九舉，

如十一檁下金六舉，中金六五舉，上金七五舉，脊步九舉或看形勢酌定

出檐，自階條上皮，至挑檐桁檐椽上皮，通高若干，用一丈一尺二寸歸除若干，每高一丈，得出檐三尺三寸，得若干，再加斗科拽架，湊即通出，

又法，自階條上皮，至挑檐桁下皮，高若干，每高一丈，得平出檐三尺，再加拽架，如無斗科者，自階條上皮，至檐桁椽子上皮，通高若干，按前法核算，

如重檐之上簷出檐，上下檐斗科一樣，卽照下檐平出，如上檐斗科多幾拽架，照下平出外，加幾拽架，湊卽通平出，

算上檐平出快法

凡歇山廡殿房有斗科者　上平出檐，俱按斗科口數並拽架，

如一拽架，每斗口一寸，得平出檐二尺四寸，

如兩拽架，每斗口一寸，得平出檐二尺七寸，

如三拽架，每斗口一寸，得平出檐三尺，

如四拽架，每斗口一寸，得平出檐三尺三寸，

俱核每多一拽架卽加三寸　俱連拽架在內



31973

除溜金舉外，做法按每高一丈，出檐三尺三寸，俱按飛檐三五舉，得高一尺一寸五分五厘，再加下高一丈，共得一丈一尺一寸五分五厘，即一丈一尺二寸，算通高若干，即按高一丈一尺二寸歸除，得溜舉一尺二寸，舉下高一丈，

舉架加斜，按每步步架，用每尺外加尺寸因之，

十舉一四一因，　九五舉一三八因，　九舉一三五因，　八五舉一三一因，

八舉一二八因，　七五舉一二五因，　七舉一二二因，　六五舉一一九因，

六舉一一七因，　五五舉一一四因，　五舉一一二因，　四五舉一一一因，

四舉一空八因，　三五舉一空六因，　三舉一空四因，　二五舉一空三因，

惟飛檐椽頭，三五舉椽下加斜椽，按下係幾舉，即按椽徑用幾舉歸除，得斜椽長，

如椽徑三寸，按六舉歸除，每六分得一寸，計得斜椽長五寸，如金裏用槅椽板，

花架椽，不用加下斜椽，檐椽後尾，不用除勾，

歇山收山，按正心桁徑一分，係正心桁中，至立閘山花板外皮，

廡殿推山，除檐步方角不推，外自金步至脊步，按進深步架，每步遞減一成，

如七檩，每山三步，各五尺，除第一步方角不推，外第二步，按一成推，計五寸，

再按一成推，計四寸五分，淨計四尺〇五分，

如九檩，每山四步，第一步六尺，第二步五尺，第三步四尺，第四步三尺，除第一步方角不推，外第二步按一成推，計五寸，淨計四尺五寸，連第三步第四步，亦隨各推五寸，再第三步，除隨第二步推五寸，餘三尺五寸，再按一成推，計三寸五分淨計步架三尺一寸五分，第四步，又隨推三寸五分，餘二尺一寸五分，再按一成推，計二寸一分五厘，淨計步架一尺九寸三分五厘，

檐柱，徑高用前法，每高一丈，柱頭收分七分，如用管脚榫，長按柱徑折半，徑按本身長八扣，

金柱，高按廊深　如有斗科，以斗中加至挑簷桁中，共用五舉，得高若干，再加簷柱高，連至挑簷桁上皮尺寸，共高若干，　內除金桁徑，並平水各一分，餘卽高，係檩上皮至檩上皮尺寸　徑按檐柱徑，外加一成，如用管脚榫，同檐柱法，　如單檐，週圍廊四角用金柱，高按明縫金柱高，外加一平水高，卽是，餘俱同

裏圍鑽金柱，高按金柱高，外加金平水一分，再以金柱往裏，鑽幾步加幾步舉架若干，內除鑽金上平水一分，餘卽高，係平水上皮舉至平水上皮，徑按金柱徑，每鑽一步加徑一寸，如用管脚榫，同簷柱法，無斗科用此法

重檐金柱，高按廊深，如有斗科，以斗中再加至挑檐桁中，共若干，內除承椽枋半箇

厚，淨用五舉得高若干，係自挑檐桁上皮，至檐椽後尾下皮，在承椽枋外皮，再加檐柱，連至挑檐桁上皮尺寸，加檐椽後尾下皮，至承椽枋上皮尺寸，加博脊高，七檩計高一尺，每大一檩，加高四寸，再加上檐大額枋高，五宗共湊高，徑按檐柱徑外加二成，如用管脚榫，同檐柱法，其椽後尾下皮，至承椽枋上皮，按椽中分，承椽枋寬，下六分，上四分，依上四分，加半箇椽子斜徑即是，椽子斜徑按一二三斜

同柱，隨重檐順梁上安，按重檐金柱通高，內除檐柱連至順梁上皮尺寸，再除斗盤明高尺寸，餘即高，係與金柱頭平，徑按金柱頭徑，每平身長一丈，加徑七分，下榫長按斗盤厚一半，如在扒梁抹角梁上安，除至扒梁抹角梁上皮，其餘俱同，

如扒梁抹角梁落下安，即按落下除，

中柱，高按檐步至脊步加舉，得高若干，再加檐柱至正心桁上皮尺寸，得通高若干，內除脊桁徑一分，如有捧梁雲，再除捧梁雲淨高尺寸，餘即淨高，如不用捧梁雲做法，外加桁椀，按桁徑四分之一分，徑按檐柱徑至中柱步梁，每步加徑一寸，如用管脚榫同前，

隨中柱順梁上同柱，高按中柱通高，內按前除，同柱法，其餘俱同，

小額枋，長按面闊，其稍間長，外加半箇柱頭徑，再加出榫按本身寬折半，寬按檐柱

徑八扣，厚按寬自一尺二寸收二寸，一尺二寸往上，每寬一尺，再收分一寸，

由額墊板，長按面闊，寬按小額枋寬折半，厚按本身寬收二寸，

大額枋，長按面闊，其稍間長，外加半箇柱頭徑，再加出榫按本身寬折半，寬按檐柱徑外加一成，厚按檐柱頭徑九扣，

重檐上檐大額枋，長按面闊，其稍間外加半箇金柱頭徑，再加出榫按本身寬折半，寬按金柱徑加一成，厚按金柱徑九扣，（應除一簷步架）

單額枋，長按面闊，其稍間長，外加半箇檐柱徑，再加出榫按本身寬折半，寬按檐柱徑，厚按柱頭徑九扣，

脊額枋，長按面闊，其稍間長收一步架，寬按中柱徑，厚按中柱九扣，

平板枋，長按面闊，其稍間長，同大額枋，寬按三箇斗口數，（保與大斗進深齊）厚按兩箇口數，

脊平板枋，長按面闊，其稍間長收一步架，寬厚同上，

斗科分攢做法

昂翹斗科，如先定面闊，分攢數，按柱徑，每六寸得斗口一寸，得口數若干，計十分，以斗口一百十分即是科中至科中，再按面闊分攢數，空當坐中，如斗口單昂斗科，自大斗斗口底，至撑頭木上皮，計三踹，裏外各一拽架，每加一層，即按斗口單昂踹

數，拽架，外加一蹤，裏外各外加一拽架即是，每攢進深並高，每一蹤高按兩箇口數，每一拽架按三箇口數，

昂翹後溜金科，

一斗二升交麻葉斗科，如先定面闊，分攢數，按柱徑六寸，得斗口一寸，得口數若干計十分，以斗口八十分，即是科中至科中，再按面闊分攢數，空當坐中，自大斗斗口底，至桁條下皮，計高二蹤，每蹤高同前，

一斗三升斗科，分攢數，蹤數，底，俱同一斗二升交麻葉斗科，減麻葉添中升一箇，

十字荷葉格架科，攢數按金裏瓜柱分位即一攢，其高連荷葉斗拱，同瓜柱法，口數，隨檐裏口數，

一斗二升荷葉雀替格架科，高連荷葉斗拱雀替，按挎空隨梁上皮，至柁下皮空當，即高，口數，隨檐裏斗科口數，空當高，按隨梁下皮與大額枋下皮平，下層高低，在雀替上取齊，如隨梁上皮至柁下皮空當高者，即用瓜拱，萬拱二層，其餘在雀替上取齊，如隨梁上皮至梁下皮矮者，只用瓜拱一層，其餘高亦在雀替上取齊，下層雀替，用木單算，

採斗枋，長按面闊，寬按兩蹤一斗底，厚按一箇半口數，同前法，

正心枋，長按面闊，寬按一踹，厚按一箇半口數，其層數，自斗口二踹以上用，再至撐頭木上皮，每一踹得一層，其撐頭上皮桁椀分位一層，高按挑檐桁徑若干，加挑檐上皮，至正心桁上皮，舉架高若干，二共高，內除正心桁徑一分，餘卽是桁椀一層高，

如斗口單昂，無此一層，其層數除兩踹外，昂翹以上要頭一踹，撐頭木一踹，對機枋桁椀一踹，此踹其高不等，如高者，分二層做，

一斗二升交蔴葉斗科，倂一斗三升斗科，俱正心枋一層如歇山，其稍間長，同箍頭桁長，卽是，

脊正心枋，長按面闊，其稍間長收一步架，寬厚同上，

拽枋，長按面闊，其稍間長，外面每層遞加一拽架，裏面每層遞除一拽架，卽長，寬按一踹七扣，厚按一箇口數，其層數按拽架，裏外各幾拽架，每一拽架，計枋子一層，裏除井口枋，外除機枋，其餘卽拽枋，

機枋，長按面闊，其稍間長按面闊中，加至挑檐桁中，再加挑檐桁半分，角梁厚一分卽長，寬按一踹，厚按一口數，長卽同挑檐桁

井口枋，長按面闊，其稍間長按面闊，內除去井口枋中，至斗科中拽架若干，餘卽長

，寬按三箇口數，厚按一口數，上皮與挑檐桁上皮平

押科枋，係斗科裏面不露明無拽枋用此，長按面闊，其稍間內除斗科，中至押科枋中拽架若干，再加押科枋中一箇厚卽長，寬按四箇口數，厚按三箇口數，即是井口枋分位

花台枋，係溜金斗科後尾，並龍井天花等處方用，長按面闊進深定長，寬按一箇口數，厚按一箇半口數，如進深者為花枋如面闊者為花穿枋

挑檐枋，長同挑檐桁，寬按挑檐桁徑，六分之五分，厚挑檐桁徑三分之一分，

覆蓮稍，係歇山挑金懸四柱者方用此又溜金斗科後尾亦用，每斗口一寸，應長八寸，外蓮頭長一寸六分，見方一寸，即按一口數，

桃尖梁，長按廊深，加金柱徑半分，再加係後出榫按桃尖梁寬半分，再加科中至機枋中拽若干，再加機枋中往外出桃尖，按兩拽架，五宗湊卽長，寬按耍頭一踊，機枋一層，挑檐桁徑一分，再加挑檐桁上皮，至正心桁上皮，舉架高若干，除去半箇正心桁徑卽寬，厚按六箇口數，即按柱徑如後尾頂天花梁卽不出榫，只到金柱中，其挑檐桁上皮，至正心桁上皮高，按挑檐桁中至正心桁中，幾拽架尺寸，隨檐用五舉，得高若干卽是，

桃尖隨梁，長按廊深，加半箇金柱徑，再加後出榫，按本身寬折半，再加半箇檐柱頭

徑，再加前出榫按本身寬折半，五宗湊卽長，寬厚同小額枋，

此梁下皮，與小額枋上皮平，　如單額枋，此梁中，對單額枋下皮，如後尾頂關門

枋，卽不出榫，

桃尖假梁頭，長按斗科中往外，至機枋中拽架若干，再加機枋中往外出桃尖，按斗科

兩拽架，以科中往裏，至井口枋中拽架若干，再加井口枋往外一拽架半，湊卽長，

寬同桃尖梁，厚按五箇口數，

角雲，長按桁徑三分，用一四一四斜卽長，高按桁徑半分，平水寬一分，厚同柱頭徑

，如有挑托步架，長按挑出步架一分，正心桁徑一分，加倍用一四一四斜卽長，寬

厚同上，

各架帶桃尖通梁，長按進深中，至中，再加兩頭科中以外拽架，並桃尖長若干，俱同

桃尖梁法，寬同桃尖梁，厚按六箇口數，卽柱徑，自長一丈往外，每長一丈，加厚

一寸，

各架落金帶桃尖梁，長按落金步架中一頭加科中，以外拽架，並桃尖長，俱同桃尖梁

法，寬厚同上，

各架落金接尾帶桃尖梁，長按接尾步架中，一頭加科中以外拽架，並桃尖長，俱同桃

尖梁法，寬厚同落金梁寬厚，

隨麻葉斗科採步梁，長按廊深，加半箇金柱徑，加後出榫，按隨梁寬一半，再加科中往外兩拽架湊即長，寬按兩踹半箇檁徑，外加機面半分，湊即寬，厚同柱徑，

採步隨梁，長同桃尖隨梁法，寬厚同小額枋，

各架帶採步梁頭，並麻葉頭通梁，長按進深中，加兩頭科中以外，各按兩拽架湊即長，寬同採步梁法，厚按柱徑若干，自長一丈往外，每長一丈外，加厚一寸，

各架落金，帶採步梁頭，幷麻葉頭，長按落金步架中，一頭加科中以外，按兩拽架湊即長，寬厚同上，

各架落金接尾，帶採步梁頭，並麻葉頭，長按接尾步架中，一頭加科中以外，兩拽架湊即長，寬厚同落金梁，

桃尖順梁，長按面闊中，一頭加科中以外，拽架並桃尖長，俱同桃尖梁法，寬厚同桃尖梁，

順梁帶耍頭，長按面闊中，加科中至機枋拽架，再加機枋中往外出耍頭，按斗科一拽架湊即長，寬厚同桃尖梁，

各架隨梁，長按步架中即長，如出榫，按柱徑一半，本身寬半分，如重檐之上簷，無

㯞，下皮與大額枋下皮平，寬厚同小額枋，自長一丈往外，每長一丈，寬厚各加一寸，

隨梁，帶斗科昂嘴，並斗底，長按面闊中，如隨進深，卽按進深中，加科中至機枋中拽架，再加機枋中往外出昂嘴，按斗科一拽架，半箇口數，湊卽長，如出翹，按一拽架並一口數，七扣尺寸卽長，寬按一斗底，至要下皮機踊卽寬，厚按小額枋厚，自長一丈，往外，每長一丈，加厚一寸，

扒梁，長按面闊中，外加機面半分，寬按正心桁徑一分半，厚按寬八扣，下皮至正心桁中，如兩頭俱在桁條上安，長至中，加機面一分，如一頭扒在梁上，下皮與梁上皮平，

抹角梁，長按兩步架，如在桁條上安，加一箇機面，用一四一四斜若干，外加本身厚一分卽長，如有斗科在平板枋上安，長按兩步架，加一箇正心枋厚，用一四一四斜，得若干，外加本身厚一分卽長，如帶方梲頭，長按兩步架中，加半箇梲頭寬，一箇梲頭長，用一四一四斜得若干卽是連梲頭長，寬厚同扒梁法，其梲頭長按檩徑，寬按柱徑，

抹角隨梁，長按兩步架，用一四一四斜得若干，外加本身厚一分卽長，寬按抹角梁厚九扣，厚按寬八扣，

斗盤，見方按同柱徑四分之五分，厚按同柱徑折半，露明高按厚十分之四分，

採步金，長按步架中，兩頭各加半箇檁徑，一箇角梁厚，湊即長，寬按金桁徑一分，

椽子斜徑一分半，自長一丈往外，每長一丈，加寬一寸，如挑金做，每長一丈，加

寬二寸五分即寬，厚按寬八扣，

採步金枋，長按步架中，如挑金做，長同採步金，寬厚同小額枋，

七架梁，長按六步架，外加檁徑二分，寬按九步梁，寬六分之五分，厚按寬八扣，

如無九架梁，無斗科，厚按檐柱徑，每邊加一寸五分即厚，寬按厚八分之十分，

五架梁，長按四步架，外加檁徑二分，寬按七架梁，寬六分之五分，厚按寬八扣，

如無七架梁無斗科，寬厚同七架梁無斗科法，

三架梁，長按二步架，外加檁徑二分，寬按五架梁寬六分之五分，厚按寬八扣，

三穿梁，長按三步架，外加檁徑一分，寬厚同採步金，如代桃尖頭，再加科中以外拽

架，並桃尖長，寬厚俱同桃尖梁法，如無斗科，寬厚同七架梁無斗科法，

雙步梁，長按二步架，外加檁徑一分，寬按三穿梁寬六分之五分，厚按寬八扣，如無

三穿梁，無斗科，厚按檐柱頭徑，每邊加一寸，寬按厚每尺加二寸，

單步梁，長按一步架，外加檁徑一分，寬按雙步梁，寬六分之五分，厚按寬八扣，

挑托梁，如出檐長過步架者，長按進深，兩頭各外加正心桁一分，挑檐桁一分即長，寬厚如幾檩，即前幾架梁法，挑出步架，按正心桁徑一分，係正心桁中，至挑檐桁中尺寸，

遞角梁，無斗科週圍廊用，裏出榫，外角雲，長按廊深，外加桁徑一分半，隨梁寬半分，用一四一四斜，再加金柱徑半分，共湊即長，寬厚同角雲，

遞角隨梁，長按廊深，加裏外出榫湊若干，用一四一四斜，再加檐金柱徑各半分即長，寬厚同小額枋，

廡殿太平梁，長按兩步架，外加桁條機面一分，寬厚同三架梁，

金瓜柱，長按一步架桁條上皮至桁條上皮舉高若干，加下桁條上皮至柁背上皮尺寸，內除上桁徑一分，平水一分，餘即長，厚按上柁厚收二寸，寬按厚加一寸，

脊瓜柱，長按一步架，桁條上皮，舉高若干，加下桁條上皮，至柁背上皮尺寸，共湊若干，內除脊桁徑一分，餘若干，加桁椀一分，按桁徑四分之一，寬厚同三架梁，

柁墩，長按桁徑二分，寬按上柁厚收二寸，高按算金瓜柱淨高法，加扒柁背，每本身寬一尺加二寸，

順梁上交金墩，長同上，寬按檩徑一分，高按檐步架，桁條上皮，至上皮舉高若干，加檐桁上皮，至順梁上皮尺寸，共若干，除上桁徑一分，餘即淨高，外如扒柁背同

上，

其檐桁上皮至順梁上皮尺寸，按櫨徑半分卽是，耍頭一跴，機枋一層，挑檐桁徑一分，再加挑檐桁上皮至正心桁上皮舉高尺寸，共若干，再除去順梁通高尺寸卽是，

扒梁上交金墩，長寬同上，高按檐步架桁條上皮，至上皮舉高若干，除扒梁上皮，至桁條上皮高尺寸，再除上桁徑一分，餘若干，外加扒梁杫背同上，扒梁上皮，至桁條上皮尺寸，按扒梁高若干，除去半箇櫨徑卽是，

吻，高按檐柱高一丈，得吻高四尺，

雷公柱，廡殿用，長按脊步架，桁條上皮至上皮舉高若干，內除桁條上皮，至太平梁尺寸，餘若干外加帶吻樁尺寸，按扶脊木徑八扣一分，再加吻高八分之五分，共湊卽通高，徑按脊瓜柱厚，其桁條上皮，至太平梁上皮尺寸，按太平梁上皮高若干，除半箇桁徑卽是，

捧梁雲，長按柱頭徑三分，寬按柱徑半分，桁徑半分，厚按長四分之一分，淨高按脊正心枋寬，

脚背，長按一步架，高按脊瓜柱，除桁椀淨高尺寸折半，厚按高三分之一分，

昂翹斗科墊拱板，每斗科空當一箇，計一塊，長按科中至科中尺寸，除斗底下面闊尺

寸，淨若干，外加兩頭入槽，各按斗口三分之一分，寬按兩蹈一斗底，再加上面入槽，同兩頭，厚按正心枋厚三分之一分，

其斗底高，按一蹈，除斗口高四分，斗底計高六分，即用六扣，斗底下面闊，按上面闊，三箇口數，除八扣口數一分，餘即下面闊，

一斗二升交麻葉斗科，並一斗三升斗科墊拱板，寬按一蹈一斗底，高加入槽，長厚俱同前，

蓋斗板，每斗科一空，一拽架，計一塊，長按科中至中除去一箇口數淨若干，再加兩頭入槽，各按本身厚一半，寬如正心枋至拽枋者，按一拽架，除去半箇正心枋厚，淨若干，用一一八斜，如拽枋至拽枋者，按一拽架，用一二斜，拽枋，至機枋者，按一拽架，除去半箇機枋厚，淨即寬，（此板平安，）拽枋至井口枋者，按一拽架，用一五六斜，正心枋至機枋者，按一拽架，除去半箇機枋厚，半箇正心枋厚，得淨寬，（係平用，）正心枋至井口枋者，按一拽架，除去半箇正心枋厚，半箇井口枋厚，淨若干用一九八斜，厚按斗口三分之一分，（外正心至機枋裡正心至井口）

承椽枋，長按面闊其稍間，長按面闊收一步架，寬按椽斜徑一分，椽子下皮，按椽斜徑二分半，椽子上皮，按椽子斜徑八扣一分，湊即寬，厚按寬每尺收二寸，（其椽徑按一一三斜）

令榱寬按，椽子斜徑三箇三分，厚按寬八扣，

金脊枋，長按面闊，其稍間，長按面闊收一步架，寬按小額枋寬九扣，厚按寬八扣，

如廡殿，前後坡，其稍間，長按面闊，每道遞減山裏步架一步即長，兩山每山每道遞減進深步架，二步即長，寬厚同上，

平水墊板長，同金脊枋，寬按耍頭，撐頭木二蹤，（即平水寬尺寸，）如金脊枕梁窄小者，每高一步，平水即收一寸，厚按檐平水寬，三分之一分，即厚，

如廡殿，前後坡，兩山，長俱同金脊枋，寬厚同上，（如無斗科平水墊板即同硬山法，）

挑檐桁，長按面闊，其稍間，長按面闊，再加科中拽架，以科中往外，有幾拽架，加幾拽架，至機枋中，再加本身徑平分，角梁厚一分，湊即長，如重檐，上檐，稍間收一廊步架，其餘加法同上，徑按三箇口數，（上下皮與井口枋平，）

如無斗科枕托挑檐桁，長按面闊，其稍間長，外加挑出步架一分，本身徑半分，角梁厚一分，湊即長，徑按正心桁徑七扣，

正心桁，長按面闊，其稍間，長按面闊，自斗科兩拽架往上，加本身徑一分，如斗科一拽架，加本身徑半分，徑按口數四箇半，

如簷頭桁，長按面闊，外加本身徑半分，角梁厚一分即長，徑俱按檐柱徑十一分之

十分，機面按徑十分之三分，（用麻葉斗科，並一斗三升斗科，或用角雲，其長俱照此法，）

金脊桁，長按面闊，其稍間，長按面闊，除收山分位，（係至山花板外皮，）外加入博縫，按厚五分之二分，徑按五箇口數，如無斗科歇山廡殿房，徑按檐柱徑十一分之十分，（即按博縫厚四扣）（其博縫厚，按椽徑八扣，）

如廡殿前後坡金桁，其稍間長按面闊，每根遞減一步，頭步金桁，係除檐步往上除步架，俱按推山淨步架尺寸，除之，一頭加交角，按桁徑半分，由戧厚一分卽長，其脊桁稍間長按面闊，除去山裏步架，淨若干，一頭加出榫，按雷公柱徑一分，共若干，如長五尺以下，俱代次間桁條，內五尺以上，俱單算，每山金桁長，按每層遞減進深步架，淨若干，兩頭各交角，同上，徑同上，

扶脊木，長同脊桁，其稍間長，按脊桁，除去入博縫榫餘卽長，徑按脊桁徑八扣，如廡殿，其稍間，長按脊桁，除去雷公柱中往外出榫若干，餘卽長，（係至雷公柱中，其次間代算，如長單算，）（俱同脊桁，）

老角梁，長按通平出，除去平飛頭，再加檐步架，共用五舉，得高若干，內後除金桁徑半分，前除檐徑二分，餘爲勾，另將前除飛頭淨平出，並步架，加出翹椽徑二分，俱用一四一四斜得若干，爲股，用勾股求弦法，得弦長若干，再加後三岔頭，按

桁徑一箇半，用一四一四斜，得並入前弦，共卽長，

如重檐之下檐刀靶角梁，按前除飛頭平出，並步架若干，用五舉得高若干，內後除本身寬一分，前除椽徑二分餘若干爲勾，另將前出檐步架出翹，用一四一四斜，得若干爲股，用勾股求弦，後至柱中，再加金柱徑半分後出角雲，按本身寬一分，共湊卽長，

又法，步架單老角梁，平出共若干，用一七六因，卽得長，外加尺寸在內，

又法，老角梁，長按檐椽長，加桁徑一分半，共用一四一四斜，再加起翹，按椽徑二分，寬按椽徑三分，厚按椽徑二分，

以上各法，寬厚俱同，

梓角梁，長按通平出檐，除去平飛頭，淨若干，加一檐步架，共用五舉得高若干，前後除椽徑五分，餘若干爲勾，另將通平出，並步架，前出翹，按椽三分，共若干，用一四一四斜，得若干爲股，用勾股求弦得弦長，加後尾桁椀，按半箇檁徑，用一四一四斜，再加套獸榫，按本身厚一分，俱併前弦共湊，卽長，

又法，按檐步架，加通平出共若干，用一七因卽長，外加尺寸在內，如重檐之下檐刀靶角梁，長按前法通長，除去後尾押桁椀尺寸，到金柱中卽長，

又法，按檐步架通平出若干・用一六二因，卽長，外加尺寸在內
又法，重檐下檐梓角梁，長按檐椽長，加飛頭，再加桁徑半分，用一四一四斜，再加起翹，按椽徑五分，寬厚同老角梁，
由戧廡殿，四角，每角除檐步架外，其餘每一步用一根，長按進深步架爲股，面闊步架爲勾，按勾股求弦法，得弦長若干，卽角裏平步架尺寸，再將此爲股，以進深步架舉高爲勾，又用勾股求弦法，得弦長若干，卽淨長尺寸，再加上扒桁椀，按桁徑半分用一四一四斜，再加下榫，按本身厚一分湊卽長，寬厚同老角梁算，
檐椽，長按平出，除去平飛頭，加檐步架淨若干，按五舉加斜得長，除後尾斜勾，按椽徑半分，後下皮至桁條中不加斜榫，徑按金桁徑三分之一分，根數，按飛檐椽兩箇厚，分面闊尺寸，其稍間除一步架成雙，
如重檐并單檐，兩山，俱按步架，并平檐共平長若干，除去承椽枋厚半分，按五舉加斜得長若干，再加入承椽枋眼，按本身徑半分，卽長，餘同上，應除去飛頭
翼角檐椽，長徑俱同檐椽根數，俱按檐步架，加通平出檐得長若干，用飛檐椽兩箇厚，分之核單，
飛檐椽，長按挑檐桁中往外平出若干，用三分之一分，卽得飛頭平出，按三五舉加斜，

除後斜勾分位，淨若干，再加裏口外檐，椽頭金邊，按椽徑十分之二分，共得飛頭上皮斜尺寸，再按一頭三尾卽通長．高按檐椽徑十分之九分半卽高，厚按檐椽徑十分之九分，根數，同檐椽，

如重檐之上檐，同下檐，其除後尾斜勾分位，按見方十分之三分半，（每一寸，卽得三分五厘，）

翹椽，長按飛檐椽長，均加一二斜，高同檐椽徑，厚同飛檐椽厚，根數，同翼角檐椽，

上中下花架椽，長俱按步架若干，按舉架加斜得若干，加下斜樺，按椽徑一分，用下舉歸除卽長，上至桁條中，徑同檐椽徑，根數，其稍間按扶脊木長，用二箇飛檐椽厚分之，得根數，其餘同檐椽，

如廡殿，每角斜根數，如面闊角，按山裏步架分之，兩山角，按進深步架分之，得每角若干根，內除整長尺寸一根，其餘每二根，折正長一根，面闊每坡根數，按正面平身若干根，二角斜折若干，兩坡共湊，卽是面闊，根數長同上法，兩山根數，按正面平身若干，二角斜折若干，二山共湊若干根，其長按推山法淨得，按面闊步架為股，進深步架舉高為勾，用勾股求弦法，得弦長卽長，其斜樺徑，俱同上，

腦椽，長按脊步架，再按舉架加斜得若干，加斜下樺，按椽徑一分，用下舉歸除卽長，上入扶脊木，至桁條、中連樺在內，根數徑寸，俱同花架椽，

如廡殿角，斜分根數，並面闊折根數，及長徑斜椽，俱同花架椽，兩山根數，每山按進深二步分根數若干，內除點長二根，其餘每二根，折一根，兩山共湊，即是，

椽椀，長按面闊進深，每面每角，除去一檐步，共除八步，餘即長，寬按椽徑一分半，厚按寬十分之二分，又四分之一分，

隔椽板，金裏安裝修用，以通面闊，除兩廊步，餘即長，寬按椽徑一二斜，厚按寬四分之一分，

裏口木，長按通面闊進深，外加每面每角，除去平飛頭，並檐椽頭金邊，淨平出檐尺寸，再加起灣翹，按椽徑一分，八角共加湊即長，寬按椽徑一分，望板厚一分，厚按椽徑一分，

連檐，長按通面闊進深，外加每面每角，通平出檐尺寸，再加起灣翹，按椽徑三分，八角共加湊即長高按飛檐椽高，厚按寬十分之九分，

瓦口，長如週圍，簷長同連檐，如排山，長按每坡博縫長，除角脊應貼分位，按椽徑一分，淨若干，四坡湊即長，高按椽徑十分之七分，連落連檐槽在內厚按連檐寬十分之四分，

檐順望板，長按檐椽長，除裏口寬，並檐椽頭金邊，又上除檐椽斜椫一分，係按椽徑一分用舉架歸除得，三共除若干，餘即長，上至花架椽椫尖，塊數，按檐椽根數外每面加一塊，寬按飛

檐厚二分，再核塊數均寬，厚按椽徑十分之三分，

如重檐之下檐，長按檐椽長，除裏口寬，並椽頭金邊，再除後尾入槽分位，按椽徑折半，餘卽長，

翼角順望板，長寬厚，俱同檐順望板，塊數，按翼角檐椽根數，

飛檐順望板，長按飛頭長，前除一連檐後加一連檐卽長，寬厚塊數，俱同檐順望板，

翹順望板，長按飛檐順望板，用一二加斜，卽長，寬厚同檐順望板，塊數同翹椽根數，

上中下花架順望板，長按花架椽長，上除椽子斜椲，按椽徑一分，用舉架歸除，得若干，外加斜椲，按本身厚一分，湊卽長，寬厚同檐順望板，塊數，按花架椽根數，每一坡除一根，

腦順望板，長按腦椽長，上除入扶脊木分位，按椽徑折半，餘若干，加下椲按本身厚一分湊卽長，寬厚塊數，俱同花架順望板，

如廡殿花架腦順望板，前後坡兩山，每面每步，按折椽根數，加一塊卽是，塊數，長寬厚，同上法，

押飛尾，押飛檐翹椽尾，橫望板，通寬按飛檐椽後尾，卽寬，長按通面闊進深，加八角通平出檐共若干，內除八角，每角斜尖，按本身通寬一分，飛檐順望板長一分，連檐

寬一分，八角共除若干，餘若干，再外加八角斜尖折四角，按本身通寬四分，共湊即通長，長寬，折見方尺，每六尺三寸，得一塊，淨長七尺，寬九寸，厚按順望板厚十分之七分，

襯頭木，正心桁上安，長按檐步架，除半箇角梁，一四斜，厚淨若干，再加斜榫，按本身厚半分即長，寬按椽徑二分，厚按正心桁徑幾面一分，（無斗科厚按椽徑一分）如挑檐桁上安，長按檐步，外加斗科拽架，以科中往外有幾拽架加幾拽架，共長若干，內除半箇角梁一四斜厚，再加斜榫，按本身厚半分即長，寬按椽徑二分，外加挑檐桁中，至正心桁中，每寬一尺，加起翹一寸，湊即寬，厚按挑檐桁徑幾面一分，

榻角木，長按正心桁中至中進深若干，除前檐二步架，係金桁中至中尺寸，再每頭加一箇半金桁徑即長，寬按金桁徑一分，厚按寬八扣，

草架柱子，根數，按欜數，除正心桁，並頭一步金桁外，其餘俱定草架柱子，長項那一欜，即按那一欜舉架核算，俱以頭一步，金桁上皮，至桁條上皮，高若干，除上桁徑餘若干，再加頭一步，金桁上皮至榻角木上皮高淨即長，寬厚，按榻角木寬厚各折半，

其頭步金桁上皮，至榻角木上皮高尺寸，按檐步架用五舉，係正心桁上皮，至頭步金

桁上皮高若干，內除收山尺寸，並山花板，厚三分之一分•共用五舉得除高若干，再除椽徑連望板厚一一二斜，高一分，榻角木高一分，三共除若干．餘卽是，

穿梁，根數，除檐桁並頭一步金桁，其餘中金桁，每一檩，計穿通一道，每道，有一步，計一根，長按步架中，其項桁條之邊步架，一頭除桁徑半分卽長，寬厚同草架柱子，

立閘山花板，至扶脊木上皮，上加椽徑一分，下加落榻角木槽，按榻木厚半分，高按檐桁上皮，至脊桁上皮高若干，再加扶脊木徑八扣一分，椽徑一分，共高若干，內除收山舉高，再除椽徑一分，望板厚一分，俱按一一二斜，快法，按檐桁上皮，舉至脊桁上皮高，即是中高，不除不加，兩頭各高照下，又除榻角木，內除落槽淨高若干，共湊除餘卽中高，兩頭各高，按金桁徑一分半，山花板下皮留苫背並宽瓦分位，通寬，按榻角木長卽寬，厚按椽徑六扣，如高一丈，往上每高一丈，加厚五分，

如雕花，外加厚一寸，

山花結帶，以山花板中高尺寸，加榻角木掙下露明尺寸，二共若干，內上除博縫板寬，加結帶之外金邊尺寸，二共寬，按脊舉加斜，除若干，下除博脊高，並結帶之外金邊分位尺寸，餘卽高，長按檐桁中至中進深步架若干，內除去收山二檩徑，再除

角梁一四斜厚，餘凈得進深若干，再除兩頭分位，按博脊高，並結帶之外金邊各二分，再除博縫板寬，并結帶之外金邊各二分，用一一二斜得除若干，餘即下長尺寸（博脊高，同博脊板法，結帶外金邊，按博縫板厚一分）

博縫板，長按步架，內檐步架，除去博縫以外收山，並角梁厚半分，用一四一四斜除若干，餘得檐步若干，用一一二斜，再加金脊步架，桁條上皮，至上皮斜若干，再加脊桁以上椽徑一分，湊即長，寬按檁徑二分，九扣，厚按椽徑八扣，

如兩截，兩列做，上截，上一塊，寬按寬折半，長按步架分長若干，外加下斜榫，按本身寬一分，接縫，係幾舉即按幾舉，每寬一尺加長幾寸，上截下一塊，同下截上一塊，長按步架分長即長，下一塊，除上斜榫，（同上截上一塊法，）又除下馬蹄長，按本身寬二分，如整長，兩列做，內下一塊，寬按寬折半，長除上一塊長若干，內除上斜榫，按脊裏舉架，如幾舉，每寬一尺即除九尺，又除下馬蹄，同前法，

廂山花象眼，如赤脊明，自採步金以上起，每一步，象眼二箇，寬按步架，除桁徑半分，瓜柱寬半分，凈即寬，高按步架桁條上皮，至上皮舉高若干，加下桁條上皮，至枕背上皮尺寸，上加椽徑一分，湊即高，如採步金上，高按步架舉高若干，加椽徑一分，內除下採步金機面高尺寸，餘即高，厚按椽徑三分之一分，每二箇折一

簡核算，

其桁條上皮，至柁背上皮尺寸，同加瓜柱法，按採步金上皮，至桁條上皮高，按採步金高，除桁徑一分，餘卽是，

廂嵌柁當，通寬按步架，除瓜柱寬一分餘卽寬，高按瓜柱淨高，厚同前法，

隨廂嵌山花象眼柁當，二面引條湊長，挨柁當者，長按步架，除瓜柱寬一分，餘上下二面四分，象眼下者，按步架，除桁徑半分瓜柱寬半分，二面二分，挨椽者，按步架，照椽子加斜，每步二面二分，挨瓜柱者，按瓜柱淨高若干，每箇二面二分，挨柁頭者，按柁頭上下出瓜柱淨長，並柁頭高尺寸，三共若干，每柁頭一箇，二面二分，寬按椽徑折半，厚同象眼板，

隨博脊棋枋板上下枕，長按面闊，見方按金柱徑四分之一分，

隨博脊板抱柱，長按承椽枋上皮，至大額枋下皮高尺寸，除上下枕，餘卽長，見方同枕，

隨棋枋板抱柱，長按承椽枋下皮，至天花枋上皮高尺寸，見方同枕，天花枋上皮，卽挑尖梁上皮尺寸，

博脊板，高按上檐平出檐，除去飛頭淨若干，用五舉得若干，再將飛頭平出，用三五

舉得若干，二共再加通平出檐卽高，內除去平板枋下皮，至正心桁椽子上皮尺寸，再除大額枋寬，並下檐椽子下皮，至承椽枋上皮高尺寸，三共除若干，餘卽高，如有枕再除枕高，

又法高按琉璃瓦樣數定高，（七樣瓦計高一尺，每大一樣卽加高四寸，）卽得，如有枕，再除，長按週圍面闊進深中湊長若干，除去金柱頭徑，並抱柱尺寸餘卽長，厚按高十分之一分，

承椽枋下棋枋板，高按金柱通高，內除檐柱高，並檐柱頭至桃尖梁上皮尺寸，再除承椽枋高，並承椽枋上皮至大額枋下皮尺寸，上檐大額枋高尺寸，餘卽高，寬厚同博脊板，

又法移後，

欄門枋，長按柱中面闊進深，如安格扇，寬厚同桃尖梁，（下皮與隨梁下皮平，）

如安門，寬厚同檐大額枋，（下皮與順梁下皮平，）

天花梁，長按進深中，寬按支條寬三分，自長一丈，往外，每長一丈，再加寬二寸，厚按寬八扣，

天花枋，長按面闊中，寬按支條寬三分，厚按寬八扣，

帽兒梁，長按面闊，除天花梁厚一分，其稍間長按面闊，除去天花梁厚半分，再除科

中至井口枋中拽架，再除井口枋厚半分，餘卽長，徑按支條高二分，自長一丈往外，每長一丈再加徑二寸，進深，每二井用一根，

連三支條，長按進深，除至貼梁外皮凈若干，按進深均分得每井長若干，按三井尺寸卽長，高按斗口二分，厚按高除天花板厚餘卽厚，上採梗按厚，三分之一分，（如斗口二寸得高四寸厚三寸上梗高一寸厚一寸天花板厚一寸長寬按支各四面各加長一寸）

連二支條，長按進深二井尺寸卽長，高厚同上，

單支條，長按面闊，除至貼梁外皮凈若干，按面闊均分得每井長，卽一井尺寸，高厚同上，

貼梁湊長，按四面中，除天花梁，天花枋，井口枋，裏口凈若干，四面合角，共湊長，高厚同支條，

天花板，井數，按斗科空當，每一當計一路，進深面闊相乘卽得井數，坐中，長寬按支條尺寸，每面除去支條梗厚半分卽長，厚按支條高四分之一分，二塊做錯縫，寬按板厚卽寬，每塊加寬，卽按錯縫通寬折半，

穿帶，每井二根，長按天花板寬卽長，厚按天花板厚，寬按厚五分之六分，

雀替，長按凈面闊尺寸四分之一，卽分凈長，外加榫，長按柱頭徑十分之三分湊卽長

32000

寬按柱徑四分之五分，厚按柱徑十分之四分，

望板引條，

隨飛檐順望板者，道數，按望板塊數，再每面外加一道，每道長，按望板長卽是，

隨翹順望板者道數，按望板塊數，每面每角減一道，長同上，

隨檐順望板，按前後坡望板塊數，再每坡加一道，每道長，按望板長，除去押飛尾橫望板通寬尺寸卽長，兩山道數，按兩山塊數，再每山，外加一道，長按望板長，除去押尾橫望板通寬尺寸，再除自榻角木外皮，至採步金外皮，不露明通寬，並挨榻角木，橫引條寬尺寸卽長，

隨翼角順望板者，道數，按望板塊數，每面每角減一道，每道長按望板長，內除同檐順望板，前後兩山俱同前，

隨花架腦順望板者，道數，按望板塊數，每坡加一道，長按花架腦順望板湊長若干，除去各望板馬蹄榫，並橫引條，寬尺寸，淨卽長，

隨榻角木並博縫外皮橫引條，二道，每道，長按通進深，除去博縫一分，外收山二分，再角梁一四一四斜厚一分卽長，

隨角梁者，每角二道，每道，長按梓角梁長，除前套獸榫，並連檐寬，後尾檁徑，

俱用一四一四斜各尺寸凈即長，

隨押飛尾橫望板橫道數，按望板塊數加一道，每道，長按望板四面均長，除去橫望板順引條寬，並挨角梁引條寬各尺寸，凈即長，順道數，按橫望板每路塊數，每面減一道，每道，長按橫望板通寬即長，

隨扶脊木二道每道，長按扶脊木通長，除去山花板厚二分凈即長，

隨金裏順望板搭頭橫道數，每搭，計一道，每道，長與挨扶脊木引條同，

如重檐隨承椽枋橫道數，長按金柱中通面闊進深，柱子外皮至外皮即是長，

如廡殿隨花架腦順望板者，順道數四坡，每坡，每步架，按各望板折的塊數減一道，每道，長按各望板長，除去馬蹄𣓷，並橫引條寬一分各尺寸，凈即長，

橫道數四坡，每坡，除檐桁脊桁外，每金桁一道，計一道，每道，長按各桁條至中通長，除去由戧厚一分，並引條寬二分，俱用一四一四斜各尺寸凈即長，

隨由戧，每角二道，每道，長按由戧凈湊長尺寸即長，

以上各引條，寬按椽徑折半，厚同望板厚，

脊樁，根數每通脊一件用一根，長按桁徑四分之一分，

又扶脊木徑十分之八分，又脊高十分之九分，三共湊即長，寬按脊桁徑三分之一分

厚按寬三分之二分，脊通高按檐柱十分之三分

寶瓶高按機枋寬一分，再加挑檐桁徑十分之六分卽高，徑按角梁厚十分之八分，

單簷並重簷下簷，

梓角梁，長按簷步架，並出簷各尺寸，按一四加斜，再按一一五加舉斜得長若干，再加翼角翹椽徑三分，再加套獸榫，按本身厚一分，得通長，

如重簷上檐，再加出水按斗口二分，得通長，寬按椽徑三分，厚按椽徑二分，

單簷並重檐上下簷，

老角梁，俱按梓角梁通長，內除飛檐椽飛頭長，並套獸榫長定長，外加後三岔頭，按金柱徑一分，如重簷之上檐，按前法定長，外加後三岔頭，按桁徑一分，如下檐不加後三岔頭，寬按同梓角梁，如下簷後出角雲，再加金柱徑半分本身進一分，

由戧，廡殿用，下金中金上金並脊步，俱以每步步架定長，按一四加斜，再按每步步架加舉斜得長，再加本身厚半分，係搭交榫，得通長，寬厚同角梁，

承椽枋下棋枋板，

叉法，高按廊深舉高若干，下加欓徑半分，上除椽子下皮，至承椽枋下皮尺寸，餘卽高，其椽子下皮，至承椽枋下皮尺寸，按承椽枋交十分之六分，內餘半箇椽子斜

徑，餘卽是，

大木除面闊加榫算

凡頂柁柱子上榫，按柱頭徑十分之二分，

大小額枋，除柱頭徑，兩頭各按柱頭徑十分之三分，

平板枋兩頭銀錠扣，各按本身寬十分之五分，以柱中往外只用二分半，

挑尖梁，接尾扒梁，後不出榫，除柱中徑，一頭按柱中徑，三分之一分，

正心枋，除桃尖梁頭，兩頭各按本身厚折半，其稍間一頭至中，挑尖梁頭厚，按斗科口數四分，

外拽枋，除挑尖梁頭厚，兩頭各按本身厚一分，其稍間一頭至中拽梁，

裏拽枋，並井口枋，俱除挑尖梁整厚，兩頭各按本身厚一分，其稍間一頭至稍枋中，

押科枋，除梁整厚，兩頭各按本身厚加半分，

各架隨梁，承椽枋，天花枋，天花梁，關門枋，俱除柱頭徑，兩頭各按柱徑三分之一分，

雷公柱，瓜柱下榫，各按厚徑十分之三分，其瓜柱上榫，按本身厚十分之二分，

金脊枋，各按瓜柱，柁檁厚，十分之三分，

桁條，扶脊木，俱兩頭搭交榫，各按本身徑十分之三分，

以上柱中往外只加一分半，

帽兒梁，兩頭各按本身徑十分之三分，

博脊棋枋板，坎框草架柱子穿，俱各按本身寬半分，

墊板，除柁厚，兩頭各按本身厚，四分之三分，

## 拉扯歌

人之四角枋子隨　明縫枋子丁字倍　葫蘆套在山瓜柱　相拉金枋不用揆

一字檐金脊枋用　抱頭單拐自行爲　若縫過河君須記　落金泥並抱頭推

更有桁條易得定　平面拉扯按縫追　兩捲搭頭及隨倍　十字拉之不用穰

惟有直板言何處　三捲搭頭梁上飛　若問三岔並五岔　拉定斗科另栽培

# 大木小式做法



目錄

| | | | |
|---|---|---|---|
| 裝修 | 下杴 | 中杴 | 上杴 |
| 風杴 | 格抱柱 | 短抱柱 | 窗間抱柱 |
| 門框 | 門頭枋 | 門頭窗 | 門頭板 |
| 榻板 | 五抹格扇 | 花心 | 大邊 |
| 支摘窗 | 杴窗 | 橫披 | 簾架 |
| 棋盤門 | 屏門 | 炕沿 | 琴腿 |
| 蝙蝠琴腿 | 束腰 | 托泥 | 連楹 |
| 拴杆 | 門枕 | 格扇 | 宮門口 |
| 廊門桶 | 八字抱柱 | 榻板 | 倒肩木 |
| 門頭枋 | 跕板 | 頂板 | 啞叭遡木 |
| 棋枋板 | 門簪 | 槅搔 | |

先定面闊進深，金步按廊步八扣，如廊步深五尺，金步深四尺，其廊步按柱徑五分定，是廊深，

又法其進深，並廊深步架酌量算定之，

檐柱，定高按面闊一丈，得高八尺，徑七寸，外榫長五寸，

金柱定高，按檐柱高一分，廊深步架，舉高一分，其舉高按廊深一尺，舉高五寸，徑按檐柱徑加一寸，外榫長同上，

山柱定高，按檐柱高一分，往裡幾步，按每步架，舉高湊高，外加平水一分，桁椀一分，其桁椀，按桁徑四分之一分，平水寬，按柱徑折半，再加二寸，徑按金柱徑加一寸，外榫長五寸，

抱頭梁，長按廊深一步架，外加桁徑一分，定長寬，按柱徑加四寸，厚按寬收二寸，

穿插，長按廊深一步架，前加桁徑一分，定長寬，按柱徑厚，按寬收二寸，

五架梁，定長按進深柱中，至柱中一分，外加桁徑二分，定長寬，按柱徑加四寸，厚按寬收二寸，

隨梁，定長按進深柱中，至柱中一分，定長寬，按柱徑厚按寬收二寸，

三架梁，定長按二步架，外加桁徑二分，定長寬厚，按五架梁寬厚各收二寸，

雙步梁，定長按二步架，外加桁徑一分，定長寬厚，同三架梁，

單步梁，定長按一步架，前加桁徑一分，定長寬厚，按雙步梁寬厚各收二寸，

四架梁，定長按頂步一分，前後步架二分，桁徑二分，定長寬厚，按下層梁寬厚各收二寸，

頂梁，定長按頂步一分，外加桁徑二分，定長寬厚，按四架梁寬厚各收二寸，

接尾梁，長按進深柱中，至柱中一分，再加柱徑一分，寬厚仝抱頭梁，

金瓜柱，高按一步架，自桁條上皮，至桁條上皮，舉架高若干，加下桁條上皮，至柁背上皮尺寸，二共湊若干，內除上桁徑一分，平水一分，餘即高，外加上下榫，各長二寸，見方按柱徑，

脊瓜柱，高按一步架，自桁條上皮，至桁條上皮，舉架高若干，加下桁條上皮，至柁背上皮尺寸，二共湊若干，內除脊桁徑，餘若干，外加桁椀一分，其桁椀，按桁徑四分之一分，湊即高，外加下榫長二寸，見方同上，

桁條上皮，至柁背上皮尺寸，高按櫨徑一分，平水高一分，二共湊若干，內除柁高，餘若干即是，

柁墩，長按行徑二分，定長寬，按上柁厚收二寸，高按算金瓜柱淨高法，外加扒柁背，每寬一尺加二寸，

櫓枋老櫓枋，按面活定長寬，按柱徑厚，按寬收二寸，

金脊枋，按面闊長寬厚，按簷枋各收二寸，

櫓墊板，按面闊定長寬，按柱徑半分，外加二寸，厚按柱徑十分之二分，如金脊柁梁縧

小者，收高一二寸，墊板卽是平水，

金脊墊板，長按檐墊板寬按檐墊寬收一寸，厚同檐墊板厚，

桁條，按面闊定長，徑按柱徑，如挑山加挑出一分，除博縫厚一分，定長徑同前，

檐椽，定長按步架一分，用一二加斜，再加平出檐一分，其出檐，按柱高，每柱高一丈，得平出檐三尺，

如有飛檐椽，內除飛頭一分，定長見方，按柱徑三分之一分，或十分之三分，

飛檐椽，定飛頭長，每柱高一丈，得飛頭長一尺，飛尾長按頭長三分共得是通長，見方同上，如遊廊用一頭二尾半，

花架椽，定長按步架一分，用舉架加斜，見方同上，

腦椽，定長按步架一分，用舉架加斜，見方同上，

羅鍋椽，定長按頂步一分，加椽徑一分，見方同上，

啞叭椽，定長按檐步架一分，用一二加斜，加桁徑半分定長，見方同上，

連檐，定長按面闊，外加山出二分，除金邊寬二分定長，見方按椽子見方，

瓦口，定長按連檐長寬，如頭號板瓦，寬四寸，二號板瓦，寬三寸五分，三號寬三寸，如筒瓦，頭號寬三寸，二號寬二寸五分，三號寬二寸，厚按寬十分之三分，

小連檐，定長按面闊，寬按椽徑，厚按望板厚，

閘當板，定長按面闊，寬按椽徑，厚按寬四分之一分，

格椽板，定長按面闊定長，寬按椽徑一四斜，（或一二斜）厚按寬十分之二分五釐，

椽椀，定長按面闊寬，按椽徑一分半，厚按寬十分之二分，

機枋條，定長按面闊，寬按椽徑，厚按寬折半，有羅鍋椽，用此，無羅鍋椽不用，

橫望板，按通面闊定長，按前後椽子湊寬，內除連檐見方二分，椽頭金邊二分定寬，其

　椽頭金，按椽子見方，十分之二分，又按四分之一分，

寬用舉架加斜，如五舉，加長五寸，如六舉，加長六寸，如七舉，加長七寸，如八舉，加長八寸，如九舉，加長九寸，如十舉，加長一尺，寬按柱徑二分，厚同椽子見方，

挑山博縫板，每一步架，用一塊，長按椽子長，外加斜摔，如五舉，每寬一尺，加長五寸，如七舉，每寬二尺，加長七寸，定長寬，按檩徑二分，厚同椽子見方，如檩徑八寸以上，寬，按桁徑二分九扣定寬，厚，按椽子見方八扣定厚，

燕尾，以挑出除去博縫厚一分，定長寬，按柱徑折半，厚按寬十分之三分，（即墊板縫頭）

找檐橫望板，長同上，寬按上檐出，加前後桁徑各半分，除連檐金邊各二分，定寬，如

有飛簷椽，再除飛簷椽後尾長定寬，

飛簷望板，長同上，寬按飛簷椽通長是寬，俱折見方丈，每丈得板十八塊一分，每塊長七尺，寬九寸，厚六分，

鑲嵌山花，二縫折一縫，長按進深，如五檁除四檁徑定長，高按金脊瓜柱，加桁徑椽徑各一分，除瓜柱榫桁椀各一分，定高，厚按椽徑三分之一分定厚，二面引條，見方五分，

博縫板，定長按椽子長加斜，榫按本身，

三岔頭，長按柱徑寬厚仝簷枋，即金脊枋箍頭，

五舉一二，六舉一二四，七舉一二八，八舉一三二，九舉一三六，十舉一四，凡六舉，每尺加二寸四分，其餘皆按此法加之，

其舉架，如五檁，四步架，檐步五舉，脊步七舉，如七檁，六步架，檐步五舉，金步七舉，脊步九舉，

老角梁，長按簷步架一二加斜，再加柱徑一分半，再加檐出，除去飛頭，共湊若干，用一四斜，再加椽徑二分，

梓角梁，長按檐步架，用一二斜，加柱徑半分，再加檐出一分，共湊用一四斜，外加椽

子見方五分，寬按椽徑二分，厚按椽徑二分，

出戧，長按椽子長，外加本身寬一分定長，寬厚同角梁，

山出，按檐柱徑二分，

上檐出，每柱低一丈，得平出檐三尺，如柱高一丈以外，得平出檐三尺三寸，

下檐出，按上檐出八扣，

如挑山箍頭簷枋，其稍間長按面闊，一頭加箍頭，長按柱徑一分，寬厚同穿插，

隨金脊枋假箍頭，長按柱徑，寬厚同金脊枋，

如桃挑山桁條，其稍間長，按面闊，一頭以柱中往外，加四椽，四當外入博縫，厚按博縫厚折半，

## 裝修

下杴，長按面闊，除柱徑一分定，長寬按柱徑八扣定寬，厚按寬十分之四分，又法，按厚柱徑十分之三分，

中杴，長同下杴長，寬按下杴八扣，厚同下杴，

上杴，長同下杴長，寬按中杴八扣，厚同下杴，

風杴，長按夾稍間面闊，除柱徑一分定長，寬按下杴寬十分之七分，厚同下杴，

格抱柱，按檐柱高，除檐枋上下枕寬各一分定高，寬按下枕八扣定寬，厚同下枕，

短抱柱，高按金柱高，除檐枋上中下枕格抱柱各一分定高，寬厚同格抱柱，

窗間抱柱，高按檐柱高，除檐枋上枕墻檻板俱各一分定高，寬厚同格抱柱，如枕窗抱柱，再除風枕寬一分，如金裏安同上，

門框，高按簷柱高，除檐枋上下枕寬各一分定高，寬厚同下枕，俱外加柱頂古鏡，

門頭枋，長按門口寬定長，寬厚同上枕，

門頭窗，高按門框，除去門口高一分，門頭枋寬一分定高，寬同門口寬，

門頭板，高寬俱同門頭窗，厚按門框厚三分之一分，引條，長同門頭板長，見方五分，

榻板，長按面闊，除柱徑半分定長，寬按柱徑一分半定寬，厚按寬四分之一分定厚，

五抹格扇，高按抱柱高，除五分定高，寬按面闊，除柱徑一分抱柱二分分縫一寸四歸定寬，按高除抹頭五分縧環二分羣板一分定，花心按縧環四分定羣板，按看面二分定縧環，

花心，以格扇高四六分之，以六分除二抹頭定高梓邊，看面，按大邊看面六扣深，按深七扣， 櫺條看面，按梓邊看面八扣，深按梓深九扣，

大邊，以格扇寬十分之一分定看面，十分之一分半定進深，

支摘窗，按面闊，除柱徑一分，抱柱三分，分縫五分，二歸定寬，高按窗抱柱高，除五分分縫折半定高，

檻窗，按面除柱徑一分抱柱二分分縫一寸四歸定寬，高按抱柱高，除五分定高，

橫披，按面闊，除柱一分，短抱柱寬二分，定長，寬短抱柱高定寬，

簾架，高按抱柱高加上下抹寬各一分定高，寬按格扇二分大邊一分定寬，花心，按簾架高十分之一分除，花心寬，按簾架寬除大邊寬二分定寬，（或加大邊二分）

棋盤門，高按門口高，加上下抹寬各半分定高，寬按門口加門框寬一分二歸定寬，

屏門，高同格扇算法，寬全格扇，每屏門高一丈，得板厚二寸，

炕沿，長按炕長，兩頭入墻分位，各長二寸，寬按炕沿長，每長一丈，得寬三寸，厚二寸，（如有托泥金邊，按寬八分之三分）

琴腿，長按炕高，除托泥高一分定高，寬同炕沿寬，厚同托泥厚，

蝠蝠琴腿，長按炕高，除去托泥高一分，炕沿厚一分，定高寬厚同琴腿，

束腰，長按炕沿長，寬厚同上，

托泥，長按炕沿長，除爐子分位，卽長，寬按厚三分之四分，厚按炕沿金邊，

連檻，長按面闊，除柱徑二分定長，寬按上抹八扣定寬，厚按寬折半，

拴杆，高按格扇高，外加上下枕各一分，寬按大邊，厚按寬收五分，

門枕，長按下枕寬二分半寬同下枕厚按寬折半，

格扇看面，按抱柱寬三分之一分，進深按寬十分之三分半定進深，

又法，看面，按格扇每高一丈得二寸五分，進深，按柱徑三十分之八分，

定門口高寬按門光尺，定高寬，　財病離義官刼害福每個字一寸八分，

廊門桶一座內

八字抱柱二根，高按檐柱，高除穿插穿插當各一分定高，定寬四寸，厚二寸，

榻板倒肩木一塊，長按廊深，除檐金柱徑各半分定長，寬厚同前，

門頭枋一根，長按廊深，除檐金柱各半分，八字抱柱寬一分定長，寬厚同前，

貼板二塊，高按門口加頂板厚一分定高，寬按山出如檐柱徑半分除金邊寬八字抱柱，厚各一分定寬厚二寸，（又除八字抱柱寬一支，）

頂板，長按廊深，除檐金柱徑各半分定長，寬厚同貼板，

啞叭過木，長同頂板長，寬同頂板寬除輙，一進定寬，厚同前，

棋枋板，高按八字抱柱高，除頂板厚一分門頭枋倒肩木寬門口高各一分定高，寬按廊深，除檐金柱徑各半分，八字抱柱寬一分定寬，棋枋板厚一寸，四面引條見方五分，

門簪，長按上枚厚一分，連楹寬一分半，外頭長按本身徑八分之十分，徑按門口九分之一分，

楹擡高按下枚寬十分之十二分，寬同高，厚按格扇邊厚二分，

# 大木雜式做法

## 目錄



## 樓房

面闊進深，同硬山法，

平面直樓房，簷柱通高，內下截至樓板上皮，高按明間面闊十分之九分，上截，高按面闊十分之七分二，厚卽高，徑按通高二十分之一分，

## 鐘鼓方樓

簷柱通高，內下截至樓板上皮，高按見方尺寸卽是，上截高，按見方十六分之十五分，二共卽通高，徑按下截高十分之一分，

承重，長按進深中，如安挂簷板前後兩頭加挑頭，各按柱徑一分，厚同簷柱下徑，寬按厚十分之十三分，

間枋，長按面闊中，寬按簷柱下徑十分之九分，厚按寬十分之七分，

楞木，長按面闊中，寬按承重寬十分之五分，厚按寬七分之五分，

根數，核三尺內外一空，核得若干空，除一空，卽根數，要單，

如小方樓進只一塊板，其根數不拘雙單，

樓板，長按進深，加挑頭通長若干，核二空一塊，寬按通長如闊加承重，厚一分，共餘若干，核寬一尺，塊數核單厚二寸，　如錯縫，寬按厚折半，

如小方樓，進深只一塊，不用掛簷板，長按見方外加間枋厚半分卽長，其餘同，

樓門口，大樓寬二尺八寸，長按寬十分之十七分，小方樓門口，寬二尺三寸，長按寬十分之十二分，

太平梁，鐘鼓樓用，長按見方加梁厚一分，卽長，徑按長十二分之一分，

沿邊木，長按面闊中，寬按簷柱下徑折半，厚按寬五分之三分，

掛簷板，長按沿邊木長，寬按沿邊木寬，加樓板厚一分二共加倍卽寬，厚同樓板厚，

樓梯，後高按下截簷柱至樓板高，除去樓板厚卽高，進深，按高卽是，連板寬，按樓門口寬，

如鐘鼓方樓進深，按高十分之八分，其餘同，

帮板，長按進深，高用勾股求絃法，得卽長，寬按踏板寬十分之十二分卽寬，厚按寬十分之三分，

踢七踏八板，各塊數，按高除去一踏板厚，餘若干，用踏板寬分之，卽得各塊數，踏板淨寬八寸，加踢板厚一寸，得寬九寸，厚二寸，踢板寬七寸，除踏板厚二寸，得淨寬五寸，厚一寸，長按面闊，除帮板厚二分兩頭加入槽，按踢板厚二分厚卽長，棖子，安踏板一塊用一根，長按樓梯面闊，卽長，寬按長十分之一分，厚按寬五分之三分，

扶手巡杖欄干，長按帮板十分之九分，高按長十分之一分半，

## 鐘鼓樓

歡門面闊，按樓見方，除柱徑一分，餘用三分之一分，卽得，中高，按面闊一分半卽高，

歡門牙子，每座一塊，長按歡門面闊，高按長五分之二分，厚按高十分之一分半，

平面直樓出簷，按通柱高二出，每高一丈，得平出三分之一分，得飛頭長，

其餘枋梁椽望桁條等項，俱按通簷柱徑，每高一丈收五分核算，

直櫺欄杆，長按面闊，餘除簷柱一分，高按上截柱高十分之四分，

重簷樓簷柱，按前直樓算下截法，得若干，除去樓板厚一分，承重寬一分，餘卽是，

簷柱高徑，同硬山房法，

樓金柱，按前直樓算通簷柱法，徑按簷加二成，

如裏圍鑽金柱，按通金柱，加舉架得高若干，內除去簷柱高，承重寬各一分，下落在承重上，徑同金柱徑，

上下簷各出簷，按下簷簷柱高低同硬山房法算，上簷出簷同，

承椽枋下棋盤板，高按廊步若干，除去承椽枋，厚半分，餘若干，用五舉得高若干，加桁條上皮至間枋上皮尺寸，共厚若干，再除去椽後尾下皮至承椽枋下皮尺寸，餘即高，寬厚同歇山棋枋板法，

間枋上皮，與承重上皮平，抱頭梁下皮，與承重下皮平，

博脊枋，長按面闊，寬按金柱中徑折半，厚寬六分之四分，

博脊板，高按博脊高，除去博脊枋，餘即高，寬厚同棋枋板，

如頭號布筒瓦，博脊高一尺五寸，每小一號，即收二寸，

如用琉璃，即照琉璃瓦博脊高，

下簷簷椽，照歇山重簷下簷椽法，

以上其餘枋梁椽望，俱照硬山歇山法，

## 十字脊，四面顯山樓頭停

四角用抹角梁四根，或用扒梁二根，

四角用交角採步金，上四面用五架梁，

三架梁，二面用通桁條，二面用扒桁條，

枋梁桁條山花，俱同歇山法，椽望由戧角梁，俱按廡殿法折算，

## 垂花門

後簷柱，高按門口高，加中下檻寬各一分，共厚若干，除山柱古鏡徑高一分，餘卽高，徑按高十一分之一分，

面闊，按簷柱高十分之十二分，

進深，如兩邊有遊廊，後進深，隨遊廊進深，檩數，卽隨前進深，按柱高十五分之四分，得加倍卽是，如前三檩後四檩，內有借一檩，後無遊廊進深，按垂步四分，加一頂步湊卽進深，（如單三檩進深，按簷高卽是，除去前垂步，餘卽是後一步，）

如單四檩進深，按垂步二分，加頂步一分，或中縫門兩邊墻做閃當，

如獨立柱三檩進深，按垂步二分，前後用垂柱，四面縧環，兩山用通雀替，抱方，

前垂步，按簷柱高十五分之四分，

山柱，如三檩按後步架，如五舉，算法同硬山，

如安假山，柱高同簷柱，高如四檩，按簷步加五舉，法同捲棚，

垂柱上身按簷柱高十五分之四分，垂頭長按上身長二分之一分，如月牙，按桁條徑五分之一分，湊即長，上身見方，按簷柱徑方十分之九分，垂頭，徑按上身見方十分之十五分，

天溝枋，係前三檁後四檁借一檁無墊板，即用此枋，寬厚長隨脊枋，

凡扭梁，俱用通做，如獨立柱事，麻葉頭，長寬厚同硬山法，

凡隨梁，亦用通做至中，如獨立柱隨梁長同扭梁，亦帶麻葉頭，寬厚同硬山法，

簾籠枋，縧環之下，安前簷，長按面闊加垂柱見方二分，即長，寬按垂柱見方十分之九分，厚按垂柱見方折半，兩山不安雀替，如用縧環，即用簾籠枋，長按垂步，加垂柱見方一分，寬厚同上，

摺柱，淨長按垂柱上身長，除罹頭枋寬簾籠枋寬雀替寬各一分，餘若干，加上下榫，按本身見方三分之一分，餘即長，見方按垂柱見方折半，根數按淨長二分半分淨面闊，得縧環，塊數要單塊，按縧環塊，除一塊，即得，折柱整根數，兩邊挾垂，另加二根，其餘寬折半，

縧環，長核折柱長二分，再按淨面闊，除去折柱淨若干，均核長，再加兩頭榫，按本身厚各半分，餘即長，寬同折柱，淨高厚按折柱見方三分之一分，兩山，長按前垂

步除去半箇山柱徑，半箇垂柱見方，餘若干，加榫，同上，寬按垂柱上身長，除去梁去幾面淨寬一分隨梁寬一分，簾籠枋寬一分，餘卽寬，厚同上，

雀替前簷，長按淨面闊四分之一分，加榫，按本身厚一分，寬同縧環寬加榫，按本身厚半分餘卽寬，厚按寬折半，

騎馬雀替，如垂步不安簾籠枋縧環，卽安此，長按垂步架，寬按縧環寬五分之七分榫在內，厚同上，

通雀替，獨立柱用，長按垂柱至垂柱進深若干折半，除中柱見方半分，垂柱見方半分，餘用四分之三分，得若干，加倍，再加中柱見方一分，餘卽長，寬同隨梁，餘按寬，

抱牙，獨立柱用，高按垂柱簷頭高十七分之七分寬按高三分之一分，厚按通雀替厚，

其餘枋梁椽望，算法同硬山法，

## 方亭四脊攢尖 其枋梁桁條，同歇山法椽望，同廡殿法，

柱，高按見方十分之八分，徑按高十一分之一分，

出簷，無斗科按硬山法，　有斗科按歇山法，

角雲，長按桁徑三分，用一四一四斜，卽長，高按平水高一分，加桁徑半分，餘卽高

厚同柱徑，

平水墊板，長按面闊，寬按柱徑十分之六分，厚按寬三分之一分，

四角疊，用抹角梁，

雷公柱，徑按椽徑四分半，高按由戧高十分，

天井枋，（係井亭用）裏口見方，按見方十分之二分，每塊長按裏口見方，加本身厚二分卽長，寬按角梁高二分，厚同角梁厚，

## 六角亭

出簷，無斗科按硬山法，有斗科按歇山法，

柱，高按每面尺寸十分之十五分，徑同方亭法，

角至角進深，按每面尺寸加倍，

面對面，面闊以每尺寸用五七八歸除卽是，

步架，按面對面尺寸均分，翼角步架，按出簷一分步架一分除若干用五七八因卽得，

墊板，用方亭法，

花梁，頭長按桁徑三分，用一一五六加斜，寬厚同方亭角雲法，

雷公柱，徑按椽徑五分，長同方亭法，
長扒梁，長按簷步架二分，本身厚一分，桁條機面一分，共若干，用五七八扣得若干
，再加尺寸共除即長，寬厚同歇山法，
井口短扒梁，長按兩步梁，如七欏下屋長四步架，寬厚同上，　上屋扒梁，長法同前
，寬厚按下屋扒梁寬厚十分之九分，
交角桁，長按桁條裏皮，得每尺寸若干，外加兩頭交角，按桁徑二分，用一一五六加
斜，外每頭出邊，按本身徑五分之一分，要足，角梁周徑同硬山法，如有斗科，即同歇山法，
桁條裏皮，每面尺寸，按面對面中尺寸，除去欏徑一分，餘若干，用五六七八扣，
即得每面，
角梁由戧，同廡殿由戧法，
如安斗科用，
挑尖假梁頭，長按歇山正面法，得若干，用一一五六斜，即是高，厚俱同歇山法，
拽枋，長按面闊，外加兩頭拽架，按正拽架尺寸，用五七八扣，即得加長，裏除同外
加一樣，寬厚同歇山法，
斜拽架，按正拽架尺寸，用一一五六斜，即得，



32027

挑簷桁，法同交角桁法得長，

機枋，長同挑簷桁，

椽望，同廡殿法，其餘俱同歇山法，

歇人躲閃，俱同六角法，

## 八角亭

出簷，無斗科按硬山法，有斗科按歇山法，

柱高，按每面尺寸十分之十六分，徑同方亭法，

角至角，進深按每面尺寸進深，

面對面，面闊按每面尺寸用二四一四因，即通面闊，步架，按面對面均分，翼角步架

按出簷一分步架分湊若干，用二四一四除之，

墊板，同方亭法，

花梁頭，長按桁條徑三分，用一空八二因，即長，寬厚同方亭法，

雷公柱，徑按椽徑五分，長同方亭法，

長扒梁，長按簷步架二分，本身厚一分，檩條機面一分，共若干，再加每面尺寸即是寬厚同歇山，

井口短扒梁，長按兩步架，七檁下簷長，按四步架寬厚同上，如七檁上層扒梁，長法同前，寬厚同下簷，扒梁十分之九分，

交角桁，長按桁條裏皮，每面尺寸若干，外加兩頭交角，按桁徑二分用一四一四加斜，得若干，再加出邊，按徑，每頭加五分之一分，餘即長，徑同硬山法，桁條裏皮每面尺寸，按面對面面闊中，除桁條徑一分，餘若干，用二四一四除之，即得每面，

角梁由戧，同廡殿由戧法，　如安斗科，

桃尖假梁頭，長按歇山正面法，得長若干，用一空八二因，高厚同歇山法，

如重簷，用金柱，用桃尖梁法同前，

拽枋，長按每面面闊，外加兩頭拽架，按正拽架尺寸，用四一四扣，即得，加長裏除同外加法，寬厚同歇山法，

挑簷，桁法同交角桁法，

攏枋，長同挑簷桁，

其餘俱同歇山法出入躲閃俱按八角法，

## 圓亭

頭停圓做大木，卽按八角六角之法，同自金步用由戧起不用角梁，

出簷，按柱角中往外出，　無斗科按硬山法，有斗科按歇山法，

步架，仍按六或八角法，　角斜步架，按正步架，用一空八二因卽得，

簷椽根數，按角至角進深尺寸，加平出簷尺寸二分，共若干，用三一四因，得若干，

按歇山分椽數，長按平出簷一分斜，步架一分，按舉架加斜，得長若干，另將角至

角尺寸，如五檩除去面對面正步架二分，如七檩，卽除去面對面正步架四分，餘若

干，折半卽是，正步架並外加矢圓尺寸，再加柱角外平出簷若干，按舉加斜得長若

干，並前長，均分卽得週圍簷椽均長，再按本徑除一半，係後斜勾，

飛簷椽，隨出簷法，

順望板，押飛尾，按柱中角至角加平出簷二分，共爲外徑，另將飛簷椽通長若干，用

一空六除之，得平出若干，加倍將外徑內，除去此平尺寸，餘卽內徑，內外徑均徑

用三一四，得圓卽長，將飛簷椽通長面寬，將長寬相乘，折核算簷椽上順望板外徑

，按前法外徑除去平飛頭二分，餘卽外徑，內徑，按雷公柱徑卽是，將內外徑均徑

若干，用圓法得爲長，另將簷椽並腦椽，除連簷淨長若干，爲寬，長寬相乘折核

算，

枋梁桁條，俱同八角六角法，

其餘連簷等項，俱按徑一圍三一四法算，

如枋桁裏外俱隨圓形式，外加厚，按本身外皮角至角，除去外皮面對面尺寸，餘若干，折半即得外加矢寬椽子，即不用均長算，

步架，即按角至角，進深均分，

如幾角柱，即用幾角法，

## 倉房球門做法

柱高，按面闊十三分之十二分，徑按高十二分之一分，

進深，按柱高四分之十五分，

簷枋，寬按柱下徑，其餘同硬山法，

枋梁桁椽，望俱同硬山，

桁條桄梁，係荒料，

前簷明間，如有抱厦簷椽，不加出簷，

倉門，用上下杴抱柱，俱同裝修，兩山三架梁上用象眼窓，

閘板，高同抱柱，淨長即是，長按面闊，除柱徑一分，抱柱寬二分，餘若干，外加兩



32031

□頭入當，椽木身厚二分，厚按抱柱厚二分之一分，

無樓，進深按脊二步架即是，面闊按進深十分之十二分，柱高按面闊十三之三分，柱子見方，按高十分之二分，

楊角木，長按面闊，外加柱子見方二分，寬按柱子見方十分之十二分，高按柱子見方，

枋梁桁條椽望俱同挑山法，前後簷兩山尖用與戶，

前抱厦，面闊同明間，面闊進深，按倉通進深六分之一分，柱高，按進深接倉簷步幾舉，即按幾舉核高，倉簷柱高若干，即除去此舉架高尺寸，餘若干，即是抱厦簷柱之高，徑按高十二分之一分，其餘俱同挑山法，

## 遊廊

柱高，按進深五分之六分，見方按高十分之一分，面闊，按柱高六分之十分，柱高，

自□尺往上核法算，

進深，按柱高六分之五分，

遞角梁，長按進深用一四一四斜，即得長，如兩頭露枕頭，每頭外加按桁徑半分，用一四一四斜，再加本身厚半分，出邊按桁徑五分之一，共餘即為長，如一頭不露枕

頭，只用加一枪頭，一頭至中，寬厚同平身梁，如方簷柱，厚按柱見方用斜卽得厚，寬按厚八分之十分，卽得，如裏外角俱露頭，卽按飛頭露頭算，正梁只用一頭到中，

轉角，以中往外交角桁條長，按面闊進深，加交角本身徑半分，再加梁厚半桁徑五分之一分，共除卽長，如一頭不露，用一四一四斜，再加出邊，按本身徑八分之一分三，共卽是，加交角尺寸，如在何梁上，卽按何梁厚，裏合角，只用至中，加合角，按身徑半分

十字遊廊，中間四面梁，長按進深，外加合角，兩頭按本身厚一分不出梁頭，

桁條，中間四面，按梁處除四根，至四角桁條八根，其按合角算同上，

金脊桁，中間二面，使通桁條，二面按步架使扒桁條，長按步架扒，至通桁條機面外皮，或者用次間帶做，

丁字遊廊，中間三面梁，長內中一面，長按進深，外加合角，兩頭按本身厚一分不出梁頭，兩邊二面，長按進深一頭加合角　，按本身厚半分，一頭加梁頭，按桁徑一分，

桁條，中間三面，除三根至二角桁條四根，偶按合角算仝上，

鳳脊桁，一面使通桁條，中一面按步架使扒桁條，法同前，
其餘枋梁，俱同硬山法，椽望角梁由戧，俱按廡殿法折算，

# 圓明園匾額清單

南一 匾三十五面 內 外十二 內二十一 石二

圓明園外　出入賢良外　出入賢良內　正大光明內　洞明堂外

勤政殿外　勤政親賢內　爲君難內　飛雲軒外　靜鑑外

如是觀內　懷清芬內　四德堂外　居敬內　小雲來內

秀木佳蔭內　生秋庭外　納爽涵澄內　芬碧叢外　保合太和外

勤政親賢內　自強不息內　養性內　隨安室內　叢雲內

富春樓外　坐擁琳瑯內　芝原內　蓉洸內　清風明月內

無倦齋內　竹林清響內　含眞內　檀欒徑石刻　削玉石刻

南二 匾十面 外六 內二 牌樓二

前垂天貺外　遜志時敏內　中天景物外　斯文在茲內　後天不老外

如意館外　洞天深處外　飲練長虹外　金鰲牌樓　玉蝀牌樓

南三 匾八面 外七 城一

寧和鎮城關上刻　湖山在望外　一碧萬頃外　夾鏡鳴琴外　南屏晚鐘外

聚遠樓外　洞裡春長外　佳山水外

南四　匾七面　外二　內一　牌樓二　石二

廣育宮山門上刻　含弘光大牌樓　品物咸亨牌樓　凝香殿外　恩光仁照內

漱玉嶺石刻　松泉清聽石刻

南五　匾四十三面　外二十六　內十二　石五

秀清村石關上刻　別有洞天外　風澤清曠內　含清內　虛朗內

接葉亭外　納翠樓外　挹清芬內　水木清華之閣外　懸圃外

學海雲濤內　自然如畫內　時賞齋外　芳鑾怡春外　青雲片石刻

片雲樓外　活畫舫外　泛爽內　漱酣內　雲勝內

烟含內　環秀亭外　會心不遠外　澹閒室外　韻松齋外

萃景齋外　金止玉亭屏門上刻　茂林秀巘屏門上刻　自軒外　擢秀外

竹密山齋外　延藻樓外　半晴花影內　木杪亭外　扇薰榭外

清徽外　波心外　綠稠齋外　山容水態外　開鑑堂外

西山入畫外　芸暉屋外　眺爽樓外

南六　匾二十三面　外十一　內十　石二

雲錦墅外　涵虛朗鑑內　雷峯夕照外　惠如春外　曠然堂內
貽蘭庭外　會心不遠外　尋雲榭外　菊秀松蕤外　萬景天全外
接秀山房內　澄練樓外　接秀山房石刻　攬翠亭外　萬頃波光屏刻
安隱幢內　怡然書屋內　琴趣軒內　尋雲內　醞芳內
華碧內　蔭練內　明春門外

南七區十四　外四　內十

長春仙館外　綠蔭軒內　麗景軒內　墨池雲內　強勉學問內
隨安室內　林虛桂靜內　抑齋內　含碧堂內　古香齋內
籐影花叢內　昇平叶慶外　憑流外　鳴玉溪外

中一區三十一面　內十九　外十一　石一

圓明園殿外　奉三無私外　清虛靜泰內　凝志內　九洲清晏外
蔚然深秀內　綠滿窗前內　長春書屋內　會心不遠內　樂安和外
蘭室內　胸中長養十分春外　怡情書史外　池上居內
畫禪室內　清暉閣內　風月性內　有容內　神謐內
景清內　韻玉軒外　鳶飛魚躍外　松雲樓內　茹古堂外

露香齋外　涵德書屋內　玉照亭外　天地一家春內　泉石自娛內

圓通淨照佛堂內　臨芳石刻

中二區十面　內五　外五

鏤月開雲內　紀恩堂內　御蘭芬內　養素書屋內　虛明室外

松竹清吟外　樓雲樓外　含清外　永春堂外　四圍佳麗內

中三區十一面　外六　內五

五福五代堂外　五福堂內　蓮風竹露內　葉嶼花潭內　桃花春一溪外

天然圖畫外　朗吟閣內　竹邁內　竹深荷靜外　靜知春事佳外

蘇隄春曉外

中四區

碧桐書院外　雲岑廠亭

中五區五面　外四　內一

慈雲普護外　歡喜佛塲外　如祈應禱外　功宣普潤內　昭明宇宙外

中六區二十一面　外十三　內二　石六

春雨軒外　磵壑餘清外　蕙風清蔭內　賞趣外　鏡水齋外

抑齋內
翠微堂外
綠雲酣外
吟懶亭
得樹外

杏花春館外
上下天光外
飲和外
奇賞外
平安院外

杏花村石刻
清浮石刻
紅潤石刻
淵潤城關上刻
屏巖城關上刻

碧瀾橋石刻

中七區十二面　外五　內六　石一

坦坦蕩蕩內
素心堂外
清虛靜泰內
半畝園內
氣象清華內

凝香樓內
延趣內
知魚外
萃景齋外
光風霽月外

雙佳齋外
起雲石刻

中八區十四面　內七　外七

韶景軒內
樂意寓敬觀內
委懷琴書內
翠生西嶺外
開卷有益內

喜接南薰外
清風北戶外
景麗東臯外
茹古堂內
竹香齋外

茂育齋外
環翠齋內
靜通齋外
時幾內

東一區二十二面　外八　內九　牌樓四　石一

同樂園內
怡性軒內
麴院風荷外
坐石臨流內
洛伽勝境外

千德化身內
永日堂外
彼岸津梁內
春臺宣豫外
蓬閬咸蕤外

清音 內　清音閣 外　窈而深 石刻　勝賞 內　金地 牌樓
蓮湧 牌樓　雲霏 牌樓　珠霖 牌樓　抱樸草堂 外　養和室 外
洗心 內　風碧 內

東二 區六面　外四　內二

澂然室 外　藻玉 內　龍芳 內　蔭雲 外　標月 外
悅彝亭 外

東三 區十七面　內四　石二　外七　牌樓四

含衛城 石城刻　壽國壽民 外　心月妙相 外　仁慈殿 外　具足圓成 內
普福宮 外　瑞應優曇 內　慧福殿 外　善華殿 外　多寶閣 外
至神大勇 內　最勝閣 外　慈潤門 城門刻　花界 牌樓　香城 牌樓
乾闥持輪 牌樓　祇林垂髮 牌樓

東四 區五十三面　外三十一　內十八　石四

雙鶴齋 外　廓然大公 外　浩象 內　淸歡 內　綺吟堂 外
噴雲亭 外　怡玉 內　因香 內　丹梯 外　峭蒨居 外
啓秀亭 外　存素 石刻　韻石淙 石刻　披雲徑 石刻　影山樓 外

靜嘉軒外　澹存齋外　琢雪內　香遠益清外　芰荷深處外
深柳讀書堂外　澄虛榭外　解愠書屋外　靜香館外　解愠書屋板刻
氷壺花影內　適性居外　曠然閣外　春嶼風香內　浴鷺內
澡身浴德內　翠影紅陰內　咀華內　含清暉內　環秀山房外
眺遠亭外　涵妙識內　天眞可佳外　採芝徑外　四面雲山外
臨湖樓外　山高先得月外　溪月松風外　望瀛洲外　聚雪內
溪山羅畫外　古香齋內　抑齋內　天然圖畫石刻　歸月橋外
洗心觀妙內　延清洞石刻　落花水面皆文章外

東五 匾十五面　外十　內五

平湖秋月外　流水音外　花嶼蘭臯外　兩峰插雲外　夏隱亭外
山水樂外　君子軒外　翠雲巘外　松風閣外　繡壁空青內
不碍雲山內　藏密樓外　東書房貼　酣靄內　凝嵐內

東六 匾二十二面　外八　內十一　牌樓二

蓬島瑤臺外　蓬島瑤臺內　鏡中閣外　芝蘭室外　得月內
清暑內　滮空明內　隨安室內　暢襟樓外

西方極樂世界安養道場 外　日日平安報好音 外　留春 外

那羅延窟 外　碧靜 外　茗爽 內　芝香 內　承景 牌樓

靜悟 內　瀛海仙山 外　舒文 牌樓　神洲三島 外

西一　圖十八面　內二　外十三　石三

藻園 外　滮清華 外　鏡蘭榭 外　夕佳書室 外　懷新館 外

凝眺樓 外　響琴峽 外　滮碧軒 外　青蓮朶 石刻　翠照 石刻

綺交 石刻　貯青書屋 外　溜琴亭 外　林淵錦鏡 內　履吉齋 內

自遠軒 外　粹藻樓 外　臨衆芳 外

西二　圖三十二面　內十七　外七　石六

山高水長 外　萬方安和 內　對溪山 內　佳氣迎人 內　四方寧靜 內

滌塵心 內　神洲三島 內　觀妙音 內　凝神 內　枕流漱石 內

靜奇 內　洞天深處 內　安然 內　一爐香 內　碧溪一帶 內

山水清音 內　澄觀 內　高山流水 外　全碧堂 內　小隱棲遲 外

紫霞想 外　壺中日月長 外　壺中天 石刻　武陵春色 石刻　天然佳妙 外

柰苑 外　眞如 石刻　桃花洞 石刻　小有天 石刻　小羅浮 石刻

棲霞石刻　洞天日月多佳景外

西三　匾十二面　外八　內三　石一

桃花塢外　淸水濯纓外　桃源深處外　品詩堂外　淸會亭外

絹春軒外　淸秀外　春華敷內　引烟內　澄霞內

樂善堂外　桃花洞石刻

又　匾九面　外四　內五

淸淨地石刻外　妙證無生外　月地雲居內　心空彼岸內　蓮花法藏外

戒定慧內　靜室外　現花藏內　法輪轉內

西四　匾十四面　內二　外四　牌樓八

安佑宮外　安佑門外　音容儼在內　陟降在茲內　致孚殿外

致孚門外　羹牆愾慕牌樓　雲日瞻依牌樓　讃烈重光牌樓　勳華式煥牌樓

功隆作述牌樓　德配淸寧牌樓　鴻慈永祜牌樓　燕翼長貽牌樓

西五　匾十一面　外六　內五

極樂世界外　赫聲濯靈內　眞如密印內　紫極慈光內　一天喜色外

總持元化內　日天琳宇內　瑞應宮外　仁應殿外　和感殿外

晏安殿外

西六　區十四面、外十三　內一

彙芳書院外　抒藻軒外　涵遠齋外　惠迪吉內　翠照軒外

倬雲樓外　眉月軒外　竹深荷靜外　隨安室外　挹秀亭外

延賞亭外　秀雲亭外　雲巘外　問津外

北一　區四十一面　外十七　內二十三　石一

愼修思永外　蔚然深秀內　濂溪樂處內　鑑光樓內　知過堂內

雲香淸勝內　知時內　心怡身自安內　寄所託內　荷香書屋內

納遠秀內　得自在內　延雲內　絜矩外　涵虛朗鑑外

蘭芬內　香遠益淸內　藻采內　得月外　臨泉亭外

樂天和外　寶蓮航內　芰荷深處外　池水共心月同明外

擬鏡中遊內　荷香亭外　月到風來內　蘗嶼花潭內　香雪廊外

墨光亭外　如天上坐內　積秀外　朝日輝外　烟雲舒卷外

水雲居外　彙萬總春之廟山門外　蕃育群芳內　味眞書屋內

披襟樓木刻　雪浪堆石刻　聽雪軒外

北二匾四面　外三　牌樓一

芰荷香外　多稼如雲外　湛緣外　斷橋殘雪牌樓

北三匾四十一面　外二十三　內十五　石二　牌樓一

澹泊寧靜內　亦復佳內　靜甜內　蘿幌內　曙光樓內

舒霞想內　暢清襟內　得山水趣內　恬虛樂古內　靜香書屋內

招鶴磴內　心太平內　麥雨稻風外　天神壇外　釣魚磯內

翠扶樓外　豐樂軒外　多稼軒外　寸碧亭外　互妙樓外

水晶域外　引勝軒外　稻香亭外　溪山不盡外　怡情悅目外

蘭溪隱王外　貫織山堂外

# 本社收到寄贈圖書目錄

| 寄贈者 | 書名 | 卷冊 | 摘要 |
|---|---|---|---|
| 橋川時雄君 | 日本工業大觀 | 一冊 | |
| 又 | 靜嘉堂文庫漢籍分類目錄 | 一冊 | |
| 鮑汴君 | 妙峯山瑣記 | 一冊 | |
| 又 | 鞏華城殘工程單 | 一紙 | |
| 又 | 圓明園祀神物品冊 | 三冊 | |
| 陳宗蕃君 | 燕都叢考第三編 | 一冊 | |
| 吳承湜君 | 養吉齋叢錄 | 八冊 | |
| 陳彬龢君 | 中國美術史 | 一冊 | |
| 鹽谷温君 | 河南省歷史地圖 | 一冊 | |
| 人文圖書館 | 人文月刊 | 第二卷第一、二冊 二冊 | 交換 |
| 滿洲建築協會 | 滿洲建築協會雜誌 | 第十卷第八、九、十、十一 四冊 | 交換 |
| 又 | 又 | 第十一卷第一、二、三 三冊 | 交換 |
| 日本建築學會 | 建築學會雜誌 | 第四四輯第五四〇號（昭和五年十二月） 一冊 | 交換 |

# 乾隆西洋畫師王致誠述圓明園狀況

唐在復譯

節譯天主教修士王致誠 Ferire Attiret致達索 M.d' Assaut Toises 函一七四三年十一月一日自北京發

其別墅則甚可觀，所占之地甚廣，以人工壘石成小山，有高二丈至五六丈者，聯貫而成無數小山谷，谷之低處清水注之，以小澗引注他處，小者爲池，大者爲海，其上以華美富麗之小舟行之，有長至十三端斯(Jaires)每一端斯合一邁當九四九寬四端斯而上建有美室者，谷中池畔各有大小勻稱之屋數區，有庭院，有敞廊，有暗廊，有花圃花池子及瀑布等，一覽全勝，頗稱美妙，

由山谷中外出，不用林蔭寬衢平直如歐式者，而由曲折環繞之小徑，徑旁有小室小石窟點綴之，進入第二山谷，則異境獨闢，或内地形不同，或因屋狀迥別也，

山邱之上遍栽林木，而以花樹爲多，蓋爲此間泛常之品，眞人世之天堂也，澗流之旁，疊石磽有野趣，或突前或後退，咸具匠心，有似天成，非若歐洲河堤之石，皆爲墨線所裁直者也，其水流或闊或狹，或如蛇行，或似腕折，一若眞爲山嶺岩石所進退者，水旁碎石中有花繁植，恍如天產，隨時令而變易焉

澗流之外，復有勻鋪小石之山徑，通行於山谷間，或近水旁，或離稍遠，均取曲折蜿蜒

之勢

入山谷中而觀之，則見其宮室焉，正面有柱有窗，凡屬間架，滿塗金漆彩色，其牆則砌以平正光滑之灰色磚，其屋頂則蓋有紅黃藍綠紫之琉璃瓦，各按其色，間雜而勻鋪之，而令區段與花色極繁縟而美觀焉，其屋大多數爲平房，由地起建，離地自二尺四尺六尺或至八尺，亦有一層樓房，上樓時，不由工整之石梯而由山石攀登，一似天設者然，世傳之神仙宮闕，其地沙磧，其基磐石，其路崎嶇，其徑蜿蜒者，惟此堪比擬也

其室內之富麗，與其外觀相埒，不徒室與室分配停勻，其陳設與裝修，亦皆精美貴重之品，庭院廊廡間，則有文石與磁質銅質之瓶，滿陳花草，階前石墩上陳列者，不爲濁惡之雕像，而爲紫銅或黃銅人像，或爲表像之禽物與夫焚香之鼎盂

每一山谷中，必有一宮殿，余曾言之，其處就全區域固不甚大，而就本處言則已非小，緣其室足以處歐洲最大國之君王及其從者而有餘也，造屋木材，有用老松，由五百里外費巨值運來者，此等處所，在園內共有二百以上，內監之官舍尚不在內，緣管理宮殿者皆爲內監，住居近處數碼以外，其屋樸陋，故每以牆或山石障之

河流之上，逐段皆有橋梁，以便往來，橋梁磚石爲多，亦有用木者，必略高以便舟行，橋用白文石爲欄，石皆琢磨細緻，雕刻起花，其造法又各不相同，且有迴環曲折者，每

將直徑三四丈之橋，增至十丈二十丈之多，有時在橋梁中段，或在兩端，築有四柱八柱十六柱之休憩小亭，當以有亭之橋爲最美觀，亦有在橋兩端建有木坊或白石坊者，其形製美妙，與歐洲人思想迴乎不同，

余於上方曾言澗流有通至蓄水池及海者，諸蓄水池之中，其一向各方之直徑約長半里，而以海名之，是爲墅內最瑋麗處，各大宮殿，山石相間，河流相隔，若遠若近，皆環繞此海焉，

最可賞者，爲海中之島，乃一樸野嶙峋之巨石，超出水面約一端斯Dole左右，上立之殿，雖以小稱，然有屋百間以上，四面出向，其華美精妙處，正不知如何稱述也，是處形勢最佳，環列四周之宮殿，迤邐而下之山麓，入海出海之河流，河流兩端之橋梁，橋梁上之亭舍牌坊，用以間隔兩處宮殿所植之林木，皆可於此一覽得之，

海之四周，景象各不相同，或爲平岸，砌以整石，接以長廊林蔭路與大路，或爲碎石斜坡，拾級斜登，匠心獨運，或爲正大高坡，列一階卽登殿宇，坡上復有高坡及其他殿宇，層列如半圓形看臺焉，其外又有着花之樹團簇呈列，歷歷可覩，其較遠處則更有自荒遠山中移來之野樹成林，且也棟樑之材，異方之樹，花木菓木。固無一而不備也

水濱復有無數禽籠鳥室，畜水禽者則半入水中半居岸上，在陸則有獸圈獵場，沿途時或

遇此小建築也，有金魚一種，視爲珍品，魚身大半作金黃色，然亦有銀色與藍紅綠紫黑及胡麻炭色者，又有諸色混合者，園中魚沼甚多，而以此爲最，因其面積大也，沼有細銅絲網作籬，以防魚之散布全池，

當夫遊船環集，金碧輝煌，或來盪槳，或事垂綸，或競水嬉，或排陣勢，必須身親其際，方能領略海上之大觀，而尤以良夜放花之時，殿宇齊明，船身樹木畢現，其景爲最瑋麗，蓋中國燈彩煙火，勝我良多，雖鄙人僅見一斑，然已超越義法二國所見者矣，

帝后妃嬪宮女宮監等習居之處，有殿庭園囿，所包之廣，有難以形容者，占地之大，至少可以我國都爾Dola一小邑例之，其他各處殿宇，則僅備遊觀，與日夕飲宴焉

皇帝起居之所，近園之正門，有前殿有正殿，有院庭，有園囿，四面環水，闊而且深，如在小島之上，直可以回教王之賽拉益Searil宮名之，殿內之陳設，若棹椅，若裝修，若字畫，以至貴重木器，中日漆器，古磁瓶盎，繡緞織錦諸品，可云無美不備，蓋天產之富，與人工之巧，並萃於是矣，

由帝宮起，築有大道，通至小城，城有圍墻，由城中心達四周，各得一里之四之一，四向有門，有樓，有垣，有欄有堞，大道廣場，廟宇廛市，商店官署，宮殿船埠，莫不具備，一直可謂爲都城之小模型也

其城局度窄小，內容自必一無可觀，其用維何，尙煩猜想，或者謂皇帝爲變亂不虞之備，萬一有警，藉以自保，建築時容有是意，本無可疑，惟其主要原因，則在備君上隨時臨幸覽觀，城市喧囂，非爲人主所厭棄也

清帝爲勢位所限，出時，民居商舖，必先閉門，不能見一物，各處施以屏障，不使覩警蹕，警蹕未過數時前，卽先清道，禁絕人行，有闖道者必爲護軍加罪，若赴郊野，則馬隊夾道森列，偵巡所及，每甚深遠，逐閑人且以衞御駕也，帝者位分尊嚴，不能親接民間庶事，迫處靜默之中，不能不別開生面，以自娛樂，雍正乾隆朝乃令宮監至城，喬充商販工役，熙攘往來於其中，下至翦綹之輩，應有盡有，一年集數次焉，是日也，或商或工，爲尉爲士，內監各循所執之業而服其服，推車擔筐，各有所事，開埠迎船，陳肆列貨，絲綢布西，則各分地段焉，磁貨漆器，則各占專巷焉，木器衣裝，婦女珍飾，則此一方焉，玩好書册經典巨籍，則彼一地焉，亦有酒肆茶坊，行臺村店，果漿走販，針綫遊商，攬售牽裾，皆所不禁

皇帝臨幸時，與其最下級臣民鮮區別焉，叫囂兜售之中，俄而破口喧爭，俄而揮拳奮鬥，賁弩之士，引肇事人至公庭，公庭審理宣判，或加杖責，悉以游戲出之，有時取悅於君上，則幾僞亂於眞云

勝會之有胠篋者流，亦未忘其點綴，以最輕捷之宦者若而人爲之，頗能勝任愉快，若不幸當場破獲，則訕笑之，責罰之，或刺配，或杖責，依其罪之重輕，技之優劣加罰，若實有其事然，設或空空妙手，技術高强，則受衆鼓掌歡迎，被害者一時含冤莫訴，但市集轉瞬告終，所失之物，仍歸原主也，

市集爲帝與后及妃嬪等行樂而設，余曾言之，此王公大臣之所以絕鮮參預也，偶一邀准，惟在宮眷退出之時而已，貨品之大部分，由都城各商付託內監實行銷售者，故交易之成，絕非虛假，君上收買最多，出價當然最大，宮眷內監亦各購其所需，交易既眞，遂饒有興趣，而使熱鬧培增，歡樂加甚焉，

有時市集之後，繼以農作，在此圍城之內，劃定專區，備有農田牧地，屋舍草廬，有牛有犂，有他耕具，所播種者，有麥有稻，有菜蔬，有雜穀，時而收穫，時而採摘，農田之事，無一不備，在此一舉一動，樸儉村野，悉隨農家之習俗也，

有所謂燈節者，每年正月十五日舉行，是日不論貧富，皆燃燈爲樂，燈具各種花式，先期製售，大小不一，貴賤不等，通國盛行，宮中甲於他處，而尤以是園爲最美觀，在陸則殿庭廊廡，空際高懸，在水則池沼泉流，如船飄盪，有在山者，有在梁者，有在樹者，其製則細巧玲瓏，其狀則魚雁禽畜，並有花果瓶盎船艇等式，大小咸備，其質則綢絲

明角水晶螺甸之類，亦有綵繪刺繡所成，爲值不一，有價達千圓者，其形式質料彩繪，繁細太甚，筆難具述，華人心思層出不窮，於此可見，爲吾國人所不及焉，

房舍之建築，亦具繁富思想，無怪其不能心折於吾國建築也，在吾輩傳述中，或在圖片上，視此巍巍大廈，不無駭詫之情，我之所謂城市大道者，彼則視爲山間所挖谿徑也，我之所謂連牆大屋者，彼則視同綿延石壁，鑿有穴孔，而爲熊與猛獸之居也，又視吾國高樓層疊而上，最所難堪，誠莫解攀登四五層樓，日冒碎頸之險無數次者，何以故也，清世祖見歐西屋宇圖，乃曰，歐洲既無足敷壤土，用以展拓其城邑，而强令人住居空際，自必其國甚小而貧云云，吾人立論與此微有不同，且自具理由也，

西國建屋取其雄厚高大，尤重整齊畫一，北京宮殿亦甚整齊，王公府第，官中廨舍，以及民間富厚之家，亦以嚴整相尙，獨此郊外之別業，則拋棄整一之常律焉，蓋其所營，欲備天然野趣，而得幽隱之便，非欲其仍若嚴整壯麗之皇居也，作者抱定此旨，故小規模之殿宇，散布園中，遠近相間，爲數甚多，而無一雷同之處，一似採用無數異國人之心思圖樣而仿造者，又似斷續爲之，於無意中集合者，並有此方與彼方不相湊拍者，乍聞是語，必謂其用意爲可嗤，其爲狀必又觸目生厭，而孰知身入其中者，莫不情爲之移乎，正因其錯雜不齊，益見匠心獨運，且物品之精，結構之妙，須逐一細意視察方能得

之，要非倉卒所能盡，且又無一處不滿人意也，

此類建築，雖曰小規模，仍非郊外尋常遊墅可比，上年曾見皇弟某親王爲園中增築一區，出資六十萬圓之鉅，屋內裝修陳設，尚不在內也，

園中形象煩複錯雜之可愛處，不徒於地勢式樣布置配合大小高低及屋舍之多寡上見之，若就其部分分別以觀，又有其各不相同之趣，卽如門窗二者，有正圓長圓正方多角扇形花形瓶峇鳥獸鱗介等種種歧異之式樣焉，

通接兩部或數部園亭之長廊，尤推此間獨步，有時廊之內方，列柱兩行，其外方則見無數墻穴，上嵌小窗，各異其式，有時則全部列柱爲之，用以達納涼之四面廳者，具此式焉，遊廊之特異處，又在不取徑直，而取無數曲折，時或穿入花架深處，時或引藏怪石身後，時而環繞小池，怱覩異景，此等野外風趣，固最足引人入勝，令人醉心者也，

經營此園，所費之鉅，自更不問可知，亦祇君臨大邦若中國者，方能有此財力也，工程雖大，僅用二十年成之，經始者今上之父，今上僅擴大之文飾之而已，成功之速，未足稱奇，蓋因殿宇皆屬平屋，並無高樓，工人名額又可增添無限，而屋料又皆預先配定，入場僅勞安設，略費數月之工，已成立半數矣，神仙宮闕之忽現於奇山異谷間，或嶺脊之上，恍惚似之，無怪其園之名圓明園，蓋言萬園之園，無上之園也，御園非僅一處，

此外尚有其三，結搆相同，惟稍狹小，亦不如此園富麗，長春園爲三者之一，康熙朝所建，以居母后及其臣屬者，其他王公大臣之園，則規制較小焉，

以上所述，有似詞費，如能搆圖相餉，自屬更善，但繪成是圖，至少須有三年之期，又須終年無事，若鄙人之節縮睡眠晷刻以作書者，無此暇也，又須許我隨時入內，在內停留相當時間，方能爲之，猶幸我稍習繪事，故得身厠其間，否則亦如其他歐西人在華二三十年以上，未獲一窺堂奧耳，歐西人中，惟畫家及治鐘表者，得赴園內各處。畫師所居，亦一小規模之殿宇，君上日來看視，故不能他去，交繪之件，移來此室，若不能移動，則宮監領赴其地爲之，不特監視甚嚴，且須疾趨輕步以行，不能稍作聲也，余得覩園中景物，又得入各處殿庭，皆由於此，御駕來駐是園，每年有十閱月之久，余等隨駕而來，日間入園治事，園中供膳。晚間退出，有自置房舍在園外市集上，以備住宿，一如在城時，日間入宮作事，入夜歸教堂住宿也，

## 自畫圓明園題詞

閩縣林紓琴南

清華水木麗，圓明臺殿渺，同居春氣中，風日忽荒悄，草根枯黃瓦，仍見重垣繚，怪石尙歷落，偃柏自天矯，寒灰壞殿基，愴惻數回繞，清漪久乾涸，郝復偃茭蓼，顯皇昔駐蹕，千官侍清曉，西師搗析津，南寇猛江表，劫火聯邕春，三輔被竊擾，鼎湖悲甫裂，頤和搆臺沼，高臺上切雲，雲端王母笑，興亡一轉眼，遺民忍臨眺，閉門如連昌，永日閟風篠，淺狀較勝此，狐鼠應騰嘯，掩淚上車行，回頭望殘照，

## 畏廬老人畫圓明園圖自題五言詩於上予於廠甸購得追念園游系以小詩

成都鄧鎔守瑕

一詔從容九鼎遷，庚申兵火未須憐，亭臺雖燼江山在，寶曆綿延五十年，萬戶千門寸堵無，雲階月夜長青蕪，迷樓尙有牆茎脚，鏡殿春深秘戲圖，（萬艾中牆根交午，俗稱迷人陣，殆迷樓之製也，）白石嵯峨見露臺，西洋遺構刼餘灰，仁皇手絜量天尺，會召南（懷仁）湯（若望）侍値來，（西式觀象臺殘存一幢尙可登眺）一，傳唱宮詞格調高，連昌而後數王（闓運壬秋）毛，（徵叔眴）內家不賞元才子，惟遣宮人誦洞簫，別起昆明萬壽山，雲旗畫下一開顏，碧桃花落須臾事，又見銅犀臥草閒（今昆明湖上銅犀，背勒乾隆御銘者，亦圓明園故物，王壬秋詞，所謂惟見銅犀守棘者是也），多少傷心畫不成，自爲徘體雪香亭，從渠剩添艭華了，總有西山不斷靑，

按王湘綺游圜，在同治辛未，是時燬壞，不過十二年，故尙有平湖西去軒亭在，題壁銀鉤連倒薤，金梯步步度蓮花，綠窗處處留螺黛之句，是此一部分，尙完整也，毛蜀眴之游，在光緒丁丑，則王所見之湖西軒亭，已不復有，惟雙鶴軒尙存，穆宗規復圓工，在此傳膳，可知該軒亦復完整，大抵頤和園工程，於此取材，拆毀乃盡耳，余於民國六年丁巳往游，湖石尙多，西式臺尙存一幢，乾隆仿范氏天一閣藏書樓御碑猶在，今恐寸甓卷石，掃地無餘矣可勝慨哉，忍堪居士成都鄧鎔又識

# LETTRE DU PERE ATTIRET.

## Peintre au Service de l'empereur de la Chine,

*A. M. D'ASSAUT.*

---

Voyage de Macao et de Canton à Pékin.—Description des palais et jardins de l'empereur.—Effects du bref du page contre les cérémonies Chinoises.

A Pékin, le 1er Novembre 1743

Monsieur,

La paix de Notre-Seigneur.

C'est avec un plaisir infini que j'ai recu vos deux lettres, la premiére du 13 octobre 1742 et la seconde du 2 novembre suivant. Nos missionnaires, à qui j'ai communiqué le détail intéressant qu'elles renferment sur les principaux événemens de l'Europe, se joignent à moi pour vous en faire de très-sincères remerciemens: j'ai outre cela des actions de grâces à vous rendre pour la boite qui m'a été remise de votre part, remplie d'ouvrages en paille, en grains et en fleurs. Ne faites plus, je vous prie, de ces sortes de dépenses; la Chine à cet égard, et surtout pour les fleurs, est bien au-dessus de l'Europe.

Je viens ensuite à vos plaintes. Vous trouvez, monsieur, mes lettres trop rares; mais autant que je puis m'en souvenir, je vous ai écrit tous les ans depuis mon départ de Macao. Ce n'est donc pas ma faute si tous les ans vous n'avez pas recu de mes nouvelles. Dans un trajet si long, est-il surprenant que des lettres s'égarent? D'ici à Canton, ou sont les vaisseaux européens, c'est-à-dire dans un espace de sept cents lieues, il arrive plus d'une fois chaque année que les lettres se perdent. La poste dans la Chine n'est que pour l'empereur et pour les grands officiers; le public n'y aucun droit. Ce n'est qu'en cachette et par intérêt que le postillon se charge des lettres particulières. Il faut d'avance lui payer le port, et s'il se trouve trop chargé, il les brûle ou il les jette sans risque d'être recherché.

Mes lettres, en second lieu, vous paroissent trop courtes, et vous ne voulez pas que je vous renvoie, comme je fais, aux livres qui parlent des moeurs et des coutumes de la Chine. Mais suis-je en état de vous rien dire qui soit aussi clair et aussi bien exprimé ? Je suis nouvellement arrivé ; à peine sais-je un peu bêgayer le Chinois. S'il ne s'agissoit que de peinture, je me flatterois de vous en parler avec quelque connoissance ; mais si, pour vous complaire, je me hasarde à repondre à tout, ne risqué-je pas de me tromper ? Je vois bien cependant que, quoi qu'il en coute, il faut vous contenter. Je vais donc l'entreprendre. Je suivrai par ordre les questions que contiennent vos dernières lettres, et j'y repondrai de mon mieux, simplement et avec la franchise que vous me connoissez.

Je vous parlerai d'abord de mon voyage de Macao ici, car c'est l'objet de votre première question. Nous y commes venus appelés par l'em peneur, ou plutôt avec sa permission. On nous donna un officier pour nous conduire ; on nous fit accroire qu'on nous defrayeroit ; mais on ne le fit qu'en paroles, et, à puu de chose près, nous vinmes à nos depens. La moitié du voyage se fait dans des barques. On y mange on y couche, et qu'il y à de singulier, c'est que les honnêtes gens n'osent, ni descendre à tere ni se mettre aux fenêtres de la barque, pour voir le pays par ou l'on passe. Le reste du voyage se fait dans une espèce de cage, qu'on veut bien appeler littère. On y est enfermé pendant toute la journée ; le soir la litiére entre dans l'auberge, et encore quelle auberge, de facon qu'on arrive à Pékin sans avoir rien vu, et la curiosité n'est pas plus satis faite que se on avoit toujours été enfermé dans une chambre.

D'ailleurs, tout le pays qu'on trouve sur eette route est un assez mauvais pays, et quoique le voyage soit de six ou sept cents lieues, on n'y rencontre rien qui mérite attention, et l'on ne voit ni monumens, ni idifices, si ce n'est quelques miao ou temples d'idoles, qui sont des bâitimens de bois à rez-de-chaussée, dont tout le prix et toute la beauté consistent en quelques mauvaises peintures et quelques vernis fort grossiers. En verité, quand on a vu ce que l'Italie et la France ont de monumens et d'édifices, on n'a plus que de l'indifférence et du mépris pour tout ce que l'on voit ailleurs.

Il fautcependant en excepter le palais de l'empereur à Pékin, et ses: maisons de Maisons. de plaisance, car tout y est grand et véritablement beau, soit pour le dessin. soit pour l'exécution, et j'autant plus frappé, que nulle part rien de semblable ne s'est offert à mes yeux.

J'entreprendrois volontiers de vous en faire une description qui put vous en donner une idée juste mais la chose seroit trod difficile, parce qu'il n'y a rien dans tout cela qui ait du rapport à notre maniére de batir et à toute notre architecture. L'oeil seul en peut saisir la véritable idée. aussi, si jamais j'ai le temps, je ne manquerai pas d'en envoyer en Europe quelques morceaux bien dessinés.

Le palais est au moins de la grandeur de Dijon (je vous nomme cette ville, parce que vous la connoissez): Il consiste en general dans une grande quantité de corps de logis détaches les une des autres, mais dans une belle symètrie, et separes par de vastes course, par des jadlins et de parterres. La facade de tous ces corps logis est trillante par la des parterres, La facade de tous ces corps de Loris est brilliante par la dorure, le vernis et les peintures. L'intérieur est garni et meublé de tout ce qué la Chine, les Indes et l'Europe ont de plus beau et de plus pré-cicux.

Pour les maisons de plaisance, elles sont charmantes. Elles consistent dans un vaste terrain, ou l'on a élevé à la main de petites montagnes hautes depuis vingt jusqu'à cinquante à soixante piede, ce qui forma one infinité depuis vingt jusqu'à cinquante à soixante piede, ce qui forms une infinité de petits vellons. Des canaux d'une eau claire arrosent le fond de ces vallons. et vont se rejoindre en plusieurs endroits pour former dee étangs et des mers. On parcourt ces canaux, ces étangs, sur le belles et magnifiquues barques : j'en ai vu une de treize toises de longueur et de quartre de largeur, sur laquelle étoit une superbe maison. Dans chacun de ces vallons, sur le bord des eaux, sont des bâtimens partaitement as sortis de plusieurs corps de logis, de course. de galeries ouvertes et fermées, de jardins, de parterres, de cascades, etc., ce qui fait un essemblage dont le coup d'ceil est admirable,

On sort d'un vallon, non par de belles alless droites comme en Europe mais par des zigzage, par des circuits, qui sont eux-mèes ornés de petits pavillons, de petites prottes, et au sortir desquels on retrouve un second vallon tout different du premier, soit pour la forme du terrain, soit pour la structure des bâtimens.

Doute les montagnes et les collines sont couvertes d'arbres, surtout à fleurs, qui sont ici très-communs. C'est un vrai paradis terrestre. Les canaux ne sont point, comme chez nous, bordés de pierres de taille tirées au cordeau, mais tout rustiquement, avec des morceaux de roche, dont les uns avancent, et qui sont posés avec taut d'art, quion diroit que d'est l'ouvrage de la nature. Tantot le canal est étroit ; ici il serpente, là il fait des coudes, comme si réellement il étoit poussé par les collines et par les rochers. Les bords sont semés de fleurs qui sortent des rocailles, et quiparoissent y étre l'ouvrage de ka nature ; chaque saison a les siennes.

Outre les canaux, il y a partout des chemins, on plutot des sentiers qui sont pavés de petits cailloux, et qui conduisent d'un vallon à l'autre. Ces sentiers vont aussi en serpentant ; tantot ils sont sur les bords des cancaux, tantot ils s'en éloignent.

Arrivé dans un vallon, on apercoit les bâtimens. Toute la facade est en colonnes et en fenètres ; la charpente dorée, peinte, vernissée ; les murailles de brique grise, bien taillée, bien polie ; les toits sont couverts de tuiles vernissées, rouges, jaunes, bleues, vertes, violéttes, qui par qui par leur mélange et leur arrangement font une agreable variété de compartimens et de deaains. Ces bâtimens n'ont presque tous qu'un rezde-chaussée. Ils sont élevés de terre de daux, quatre, six ou huit pieds. Quelques-uns ont un étage. On y monte, mon par des degrés de pierres faconnés avec art, mais par des rochers qui semblent être des degrés faits parla mature. Rien ne ressemble tant à ces palais fabuleux de fées qu'on suppose au milieu d'un desert, élevés sur un roc dont l'avenue est raboteuse va en serpentant.

Les appartemens intérieurs répondent parfaitement à la magnificence du dehors. Outre qu'ils sont très-bien distribués, les meubles et les ornemens y sont d'un gout exquis et d'un très-grand prix. On trouve dans les cours et dans les passages des vases de marbre, de porcelaine de cuivre, pleins de fleurs. Au-devant de quelques-unes de ces maisons, au lieu de statues immodestes, on a place sur des piédes-taux de marbre, des figures en bronze ou en cuivre, d'animaux symboliques, et des urnes pour bruler des parfums.

Chaque vallon, comme je l'ai déjà dit, a sa maison de plaisance; petite eu égard à l'étendue de tout l'enclos, mais en elle-même assez considérable pour loger le plus grand de nos seigneurs d'Europe avec toute sa suite, Plusieurs de ces maisons sont bâties de bois de cèdre, qu,on amène à grands frais de cinq cents lieues d'ici. Mais combien croiriez-vous qu'il y a ces palais dans les differens vallons de ce vaste enclos? Il y en a plus de deux cents, sans compter autant de maisons pour les eunuques, car cesont eux qui ont la gardé de chaque palais, et leur logement est toujours à cote, à quelques toises de distance ; logement assez simple, et qui pour cette raison est toujours caché par quelque bout de mur oupar les montagnes.

Les canaux sont coupés par des ponts de distance en distance pou rendre la communication d'un lieu à l'autre plus aisée. Ces ponts sont ordinairement de briques, de pierre de taille, quelques-uns de bois ; et tous assez élevès pour laisser passer librement les barques.

Ils ont pour garde-fous des balustrades de marbre blanc travaillées avec art et scuptées en bas-reliefs ; du reste ils sont toujours différens entre eux pour la construction. N'allez pas vous persuader que ces ponts aillent en droiture ; point du tout, ils vont en tournant et en serpendant, de sorte que tel pont pourroit n'avoir que trente à quarante pieds s'il étoit en droite ligne, qui, par les contours qu'on lui fait faire, se trouve en avoir cent ou deux cents. On en voit qui, soit au milieu, soit à l'extrémité, ont de petits pavillons de repos, portés sur quatre, huit ou seize colonnes. Ces pavillons sont pour l'ordinaire sur ceux des ponts d'ou le coup d'oeil est le plus beau; d'autres ont aux deux bouts des arcs de triomphe de bois ou de marbre blanc, d'une trésjolie structure, mais infiniment éloignée de toutes nos idées européennes.

J'ai dit plus haut que les canaux vont se rendre et se décharger dans des bassins, dans des mers. Il y a en effet un de ces bassins qui a prés d'une demi-lieue de diamétre en tout sens, et à qui on a donné le nom de mer. C'est un des plus beaux endroits de cette maison de plaisance. Autour de ce bassin, il y a sur les bords, de distance en distance, de grands corps de logis, séparés entre eux par des canaux et par ces montagnes factices dont j'ai parlé.

Mais ce qui est un vrai bijou, c'est une ile ou rocher qui, au milieu de cette mer, s'éléve, d'une maniére raboteuse et sauvage, à une toise ou environ au-dessus de la surface de l'eau. Sur ce rocher est bati un petit palais, ou cependant l'on compte plus de cent chambres ou salons. Il a quatre faces, et il est d'une beauté et d'un gout que je ne saurois vous exprimer. la vue en est admirsble. De là on voit tous les palais qui, par intervalle, sont sur les bords de ce bassin; toutes les montagnes qui s'y terminent; tous les canaux qui y aboutissent pour y porter ou pour en recevoir les caux; tous les ponts qui sont sur l'extrémitéou àl'embouchure des canaux; tous lespavillons ou ares de triomphe qui ornent ces ponts; tous les bosquets qui séparent ou couvrent tous les palais, pour empécher qui ceux qui sont du méme coté ne puissent avoir vue les uns sur les autres.

Les bords de ce charmant vassin sont variés à l'infini; aucun endroit ne ressemble à l'autre; ici ce sont des quais de pierre de taille ou aboutissent des galeries, des allées et des chemins; là ce sont des quais de rocaille construits en de espàce de degrés avec tout l'art imaginable; ou bien ce sont de belles terrasses, et de chaque coté un degré pour monter aux batimens qu'elles supportent; et au delà de ces terrausses il s'en éléve d'autres avec d'auires corps de logis en amphithéâtre; ailleurs c'est un bois d'arbres à fleurs qui se présente à vous; un peu plus loin vous trouvez un bosquet d'arbres sauvages, et qui ne croissent que sur les montagnes les plus désertes. Il y a des arbres de haute futaie et de bâtisse, des arbres étrangers, des arbres à fruits.

On trouve aussi sur les bords de ce méme bassin quantité de cages et de pavillons, moitié dans l'eau et moitié sur terre, pour toute sorte d'oiseaux aquatiques, comme sur terre on rencontre de temps en petites ménageries et de petits parce pour la chasse. On estime surtout une espece de poissons dorés dont en effet la plus grande partie est d'une couleur aussi brillante que l'or, quoiqu'il s'en trouve assez grand nombre d'argentés de bleus, de rouges, de vorts, de violets, de noirs, de gris, de lin, et de toutes ces couleurs möées ensemble. il y enaplusieurz réservoirs dans tout le iardin, mais ie plus considerabie esa celui-ci, c'est un grand espace entouré d'un treillis fort fin de fil di cuivre pour empécher les poissons de se répandre dans tout le bassin Enfin. pour vous faire mieux sentirtoute labeaute de seul endroit. jevoudrois pouvoir vous y transporter forsque ce bassin estcouvert de barques dorées, vernies, tantôt pourla promenade, tantôtpour la pêche, tantot pour le combat, la joute et autres jeux; mais surtout une belle unit, lôrsqu'on y tire des feux d'artifice, et qu'on illumine tous les palais. toutes les barquest et presque tous les arbres; car en illuminations, en feux d'artifice, les Chinois nous laissent bien loin derriere eux; et le peu que j'en ai vu aurpasse infiniment tout ce que j'avois vu dans ce genre en Italie et en France,

I' endroit ou loge ordinairement l'empereur et ou logent aussi toutes ses femmes, l'impératrice, les Koucy-fey', les Pins, les Koucigin, les Tchan–gtsai, les femmes de chambre, les eunuques, est un assemblage prodigieux de éâtimens, de cours, de jardins, etc.; en un mot, ,c' est une ville qui a au moins l'étedue de notre petite ville de Dole les autres palais ne sont guére que pour la promenade, pour le diner et le souper.

Ce logement ordinaire de l'empereur est immédiatement aprés les portes d'entrée, les premiéres salles, salles les d'audience, les court et leurs jardins;il forme une île, il est entouré de tous les côiés par un large et profond canal : on pourroit l'appeler un sérail, C'est dans les appartemens qui le compoaent qu'on voit tout ce qu'on peut imaginer de plus beau en fait de meubles, d'ornemens, de peintures (j'entend dans le goût chinois), de bois précieux, de vernis du Japon et de la chine, de vases antiques de porcelaine, de soieries, d'étoffes d'or et d'argent. On aréuni là tout ce que l'art et le bcn gôut peuvent ajouter aux richesses de la nature.

De ce logement de l'empereur, le chemin conduit presque tout droit à une petite ville, bàtie au milieu de tout l'enclos. Son étendue est d'un quart de lieue en tout sens. Elle a ses quatre portes aux quatre points cardinaux; ses toure, ses murailles, ses parapets, ses creneaux. Elle a ses rues ses places, ses temples, ses halles, ses marchés, ses boutiques, ses tribunaux, ses palais, son port; enfin, tout ce qui se trouve en grand dans la capitsle de l'empire s'y trouve en petit.

Vous ne manquerez pas de demander à quel usage est destinee cette ville ou tout doit étre, pour ainsi dire, étrangle, et dés là fort-médiocre: est-ce alin que l'empereur puisse s,y mettre en sureté en cas de malheur, de révolte ou de rèvolutions? Elle peut avoir cet usage, et cette vue a pu entrere dans le dessein de celui qui l'a fait construire; mais son principal motif a été de se pracurer le plaisir de voir en raccourci tout le fracas d'une grande ville toutes les fois qu'il le souhaiteroit.

Car un empereur chinois est trop esclave de sa grandeur se montrer au public quand il ne voit rien; les maisons, les boutiques, tout est fermé: Partout on tend des toiles pour empecher qu'il ne soit apercu. Plusieurs heures même avant qu'il passe, il n'est permis à personne de se trouver

1 Ce sont les titres des femmes, plus ou moins grands selon qu'elles sont plus ou moins e nhaveur. Le nom del'impératrice est Hoang-heou ; celni de l'impnratrice mère est Tayhcou.

sur son chemin, et cela sous peine d'être maltraité par les gardes. Quand il marche hors des villes, dans la campagne, deux haies de cavaliers s'avancent fort au loin de chaque coté, autant pour écarter ce qui s'y trouve d'hommes, que pour la sureté de la personne du prince. Obligés ainsi de vivre dans cette espéce de solitude, les empereurs chinois ont de tout temps tâché de se dédommager et de suppléer les uns d'une façon, les autres d'une autre, aux divertissemens publics que leur grandeur les empéche de prendre.

Cette ville donc, sous le régne de l'empereur regnant comme sous celui de son pére, qui l'a fait Bâtir, est destinée à faire representer par les eunuques, plusieurs fois l'année, tout le commerce, tous les marchés, tous les arts, tous les métiers, tout le fracas, toutes les allées, les venues et même les friponneries des grandes villes. Auxjours marqués, chaque eunuque prend l'habit de l'état et de la profession qui lui sont assignés l'un est un marchand, l'autre un artisan; celui-ci un soldat, celui-là un officier. On doune à l'un une brouette à pousser, à l'autre des paniers à porter; enfin chacun a le distinctif de sa profession. Les vaisseux arrivent au port, les boutiques s'ouvrent, on étale les marchandises; un quartier est pour la soie, un autre est pour la toile; une rue pour les porcelaines, une pour les vernis; tout est distribué. Chez celui-ci on trouve des meübles, chez celui-là des habits, des ornemens pour les fammes; chez un autre des livres pour les curieux et les savans. Il y a des cabarets pour le the et pour le vin; des auberges pour les gens de tout état. Des colporteurs vous présentent des fruits de toute espéce, des rafraîchissemens en genre. Des merciers vous tirent par la manche, et vous harcellent pour vous faire prendre de leurs marchandises. Là, tout est permis. On y distingue à peine l'empereur du dernier de ses suject Chacun annonce ce qu'il porte. On s'y querelle, on s'y bat, c'est le vrai traces des halles. Les archers arrêtent les querelleurs: on les conduit aux juges dans leur tribunal. La dispute s'examine et se juge; on condamne à la bastonnade; on fait executer l'arrêt, et quelquefois un jeu se change, pour le plaisir de l'empereur en quelque chose de trop rèel pour le patient.

Les filous ne sont pas oublies dans cette fête. Ce noble emploi est confie à à un bon nombre d'eunuques des plus alertes, qui s'en acquittent à merveille. S'ils se laissent prendre sur le fait, ils en ont la honte, de on les condamne ou du moins on fait semblant de les condamner á être marqués, bâtonnés ou exiles, se lon la gravité du cas ou la qualite du vol. S'ils filoutent adroitement, les rieurs sont pour eux ils ont des applaudissemens. et le pauvre marchand est déboute de ses plaintes; cependant tout se retrouve la foire étant finie.

Cette toire ne se fait. comme je l'ai dé jà dit, que pour le plaisir de l'empereur, de l'impératrice et des autres femmes. Il est rare qu'on y admette quelques princesouquelques grands: et s'ils y sont admis' ce n'est que guand les femmes se sont retirées. Les marchantises qu'on y étale et qu'on y vend appartiement, pour la plus grande partie, aux marchands de Pékin,qui les confient aux eunuques pour les vendre réellement ainsi tous les marchés ne sont pas feints et simulés. L'e mpereur achèt ; toujours beaucoup, et vous ne devez pas douter qu'on ne lui vende le plus cher que l' on peut. Les femmes achètent de leur cote, et les eunuques aussi. Tout ce commerce, s'il n'y avoit rien de réel, manqueroit de cet intérêt piquaut qui rend le fraces plus vif et le plàisir plus solide.

Au commerce succède quelquefois le labourage; il y a dans ce même enclos un quartier qui y est destiné. On y voit des champs, des prés, maisons, des chaumines de laboureurs; tout s'y trouve; les boeufs, les charrues, les autre instrumens. On y sème du blé, du riz, des legumes, toutes sortes de grains : on moisonne, on, cueille les fruits ; enfin l'o ny fait tout ce qui se fait à la compagne; et dans tout on imite, d'aussi pres qu'on peut, la simplicité rustique et toutes les manières de la vie champêtre.

Vous avez lu sans doute qu'à la Chine il y a une fête fameuse applée la fête des Lanternes; c'est le quinzième de la première lune qu'elle se cèlébre : il n'y a point de si misérable Chimois qui, ce jour-là, n'allume quelque lanterne. On en fait et on en vend de toutes sortes de figures, de grandeurs et de prix. Ce jour-là toute la Chine est illuminée, mais nulle part l'illumination n'est ei belle que chez l'empereur et surtout danla maison dont je vous fais la description. Il n'y a point de chambre, de salle de galerie ou n'y ait plusieurs lanternes suspendues au plancher. Il y en a sur tous les canaux, sur tous les bassins, en facon de petites barques que les eaux amènent et ramènenl. Il y en a sur les montagnes, sur les ponts et presque à tous les arbres. Elles sont toutes d'un ouvrage fin, délicat, en figures de poissons, d'oiseaux, d'animaux, de vases de fruits, de fleurs de barques, et de toute gresseur. Il y en a de soie, de corne, de verrede nacre et de toutes matières. Il y en a de peintes, de brodées, de tout prix. J'en ai vu qui n'avaient pas été faites pour mille ecus. Je ne fini, rois pas si je voulois vous en marquer toutes les formes, les matières et les ornemens. C'est en cela, et dans la grande variété que les Chinois donnent à leurs bâtimens, que j'admire la fécondité de leur esprit; je serois tenté de croire que nous sommes pauvres et steriles en comparaison.

Aussi leurs yeux, accoutumés à leur architeture, ne goutent pas beau coup notre manière de bâtir. Voulez-vous savoir ce qu'ils en disent lorsque, on leur eu parle. ou qu'ils voient des estampes qui representent nos bâtimens? Ces grands corps de logis, ces haute pavillons les épouvantent; ils regardent nos rues comme des chemins creusés dans d'affreuses montagnes, et nos maisons comme des rochers à perie de vue, percés de trous, ainsi que les habitations d'ours et d'autres bâtes féroces. Nos étages surtout, accumulés les un sur les autres, leur paroissent insupportables; ils ne comprenent pas comment on peutrisquer de se casser le coucent fois le jour en montant nos degrés pour se rendre à jun quatrième ou cinquième étage. "Il faut, disoit l'empereur Chang-hi, en yoyant les plans de nos maisons européennes, il faut que l'Europe suit un pays bien Petit et bien misèrable, puisqu'il n'y a pas assez de terrain pour eteindre les villes, et qu'on est obligé d'y habiter en l'air": pour nous nuos concluons un peu differemment, et avec raison.

Cependent je vous avourai que, sans prétendre décider de la préférence, la manière de bâtir de ce pays-ci me plait beaucoup: mes yeux et mon gout, depuis que je suis à la Chine, sont devenus un peu chinois. Entre nous, l'hotel de madame la dechesse,vis-à-vis les Turleries, ne vous paroit-il pas trés-beau? Il est pourtant presque à la chinois, et ce n'st qu'un rez-de-chaussée. Chaque pays a son gout et ses usages. Il faut convenir de la beauté de notre architecture, rien n'est si grand ni si majestueux. Nos maisons sont commodes, on ne peut pas dire le contraire. Chez nous on veut l'uniformité partout et lasymétrie. On veut qu'il ny ait, rien de dépareillé, de dépareille, de deplacé; qu'un morceau réponde exactement à celui qui lui fait face on qui lui est oppose : on aime avssi à la Chine cette symétrie, ce belordre, ce belarrangement, le palais de Pékin' dont je vous ai parlé au commencement de cette lettre, est dans ce gout. Les palais des princes et des seigneurs, les tribunaux, les tribunaux. les maisons des particuliers un peu riches suivent aussi cette loi.

Mais dans les maisons de plaisance on veut que presque partout il regne un beau désordre, une anti-symétrie. Tout roule sur ce principe: "C'est une campagne rustique et naturelle qu'on veut représenter: une solitude, non pas un palais bien ordinné dans toutes les règles de la symètrie et du rapport": aussi n'ai n'ai-je vu aucuns de ces petits palais places à une assez grande distance lés uns des autres dans l'enclos de la maison de plaisance de l'empereur, qui aient entre eux aucune ressemblance. On diroit que chacun est fait les idées et le modèle de quelques pays étrangers; que tout est pose au hasard et après coup; qu'un morceau n'a pas été your l'autre. Quand on en entend parler, on s'imagine que cela est rinicule, que cela doit faire un coup d'oeil desagreable : mais quand en y ast, on pense differemment, on admire l'art avec lequel cette irrégularité est conduite. Tout est de bon gout, et si bien ménagé, que ce n'est pas d'une seule vue qu'on en apercoit toute la beaute, il faut examiner piéce à piéce; il y a de quoi s'amuserlongtemps, et de quoi satisfaire tout sa curiosité.

Au reste, ces petits palais ne sont pas, si je puis m'exprimer ainsi, de simples vide-bouteilles. J'en ai vu bâtir un l'année dernière dan, ceméme enclos, qui couta àun prince cousin germain de l'empereur soixante ouanes', sans parler des ornemens et des ameublemens intéri-eurs qui n'étoient pas sur son compte.

Encore un mot de l'admirable variété qui régne dans ces maisons de plaisance; elles se trouve non-seulement dans la position, la vue, l'arr-angement, la distribution, la grandeur, l'élévation, le nombre des corps de logis, enun mot dans le total, mais encore dans les parties différentes dont ce tout est compose. Ilme falloit venir ici pour voir des portesè des fenetres de toute facon et de toute figure; de rondes, d'ovales, des carrées et de tous les polygones; en forme d'eventail, de de fleurs, vases d'oiseaux, d'animaux, de poissons, enfin de toutes les formes, réguliéres et irréguliéres.

Je crois que ce n'est qu'on peut voir des galeries telles que je vais vous les dépeindre. Elles servent à joindre des corps de logis assez éloignés les uns des autres. Quelquefois du cote intérieur elles sont en, pilastres, et au dehors elles sont percées de fenétres differérant entre elles pour figure. Quelquefois elles sont toutes en pilastres, comme celles qui vont d'un palais à un de ces pavillons ouverts de toutes parts qui sont destinés à prendre la frais. Ce qu'il y a de singulier, c'est que ces galeries ne vont guère en droit ligne. Elles font cent détours. tantot derrière un bosquet, tantot derière un cosquet, tantot derrière un rocher, quelquefois autour d'un petit bassin; rien n'est si agréable. Il y a en tout cela un air champêtre qui enchante et qui enlève.

Vous ne manquerez, sur tout ce que je viens de vous dire, de conclure, et avec raisyn, que cette maison de plais sancea du cou-ter des sommes immenses: il n'y a en effet qu'un princs maitre d'un Etat aussi vaste que celui de la Chine, qui puisse faire une sem-blablo dépense, et venir à bout, en si peu de temps, d'une si prodi: gieuse entreprise, car meison est l'ouvrage de vingt ans seulement ce n'est que le pére de l'empereur qui l'a commencée, et celui-ci-ne fait que l'augmenter et l'embellir.

Mais il n'y a rien en cela qui doive vous étonner ni vous rendre la chose inoroyable. Outre que les bâtimens sont presque tous des rezde-chaussée, on multidlie les! ouvriers à l'infini. Tout est fait lorst que'on porte les matériaux sur le lieu. Il n'y a qu'à poser, et après quelques mois de travail la moitié de l'ouvrage est finie. On diroi-que c'est un de ces palais fabuleux qui se forment tout d'un coup par enchantement dans un beau vallon, ou sur la croupe d'uhe mon-tage. Au reste, cette maison de plaisance s'appelle. YUEN MING YUEN, c'est-à-dire le jardins, ou le jardin par excellence, Ce niest pas la seule qu'ait l'empere. Il en a trois autres dans le même gout, mais plus petites et moins belles. Dans l'un de ces trois palais, qui est celui que ballit son aieul Cang-hi, l'imperatrice mére avec toute sa cour: il sappelle Tchamg-Tchun-Yuen, c'est-à-dire le jardin de l'éter-nel printemps. Ceux des princes, des grands seigneurs, sont en rac-courci ce que ceux de l'empereur sont en grand.

Peut-être direz-yous, à quoi sert une selongue description? Il eut mieux valu lever les plans de cette magniique maison et me les en-voyer. Je réponds, monsieur, qu'il faudroit pour cela que je fusse au moins trois ans à n'avoir autre chose à faire, au lieu que je n'ai pas un moment à moi, et que je suis oblige de prendre sur mon sommeil pour vous écrire. D'ailleurs, il faudroit encore qu'il me fut d'y entrer toutes les fois que je le souhaiterois, et d'y rester autant de temps qu'il seroit nécessaire. Bien m'en prend de savoir un peu peindre, sans cela serois comme bien d'autres Européens, qui sont ici depuis vingt et trente ans et qui n'y pas encore mis les pieds.

Il n'y a ici qu'un homme, c'est l'empereur. Tous les plaisirs sont faits pour lui seul. Cette superbe maison de plaisance n'est guère vue que de lui, de ses femmes et de ses eunuques; il est rare que dans ses palais et ses jardins il introduise. De tous les Européens qui sont ici, il n'y a que lespeintres et les horlogers, qui nécessairement, et par leur semplois, aient accés partout. L'endroit ou nous peignons ordinaire-ment est un de ces petits palais dont je vous ai parlé. C'est là que l'empereur nous vient voir travailler preseue tous les jours, de sorie qu'il n'y a pas moyen de s'absenter; mais nous n'allon pas plus loin, à moins qué ce qu'il y a peintndre ne so de nature à ne pouvoir être transporté; car alors on nous introduit, mais avec ue bonne escorte d'euhuques. Il faut marcher anla haîe et sans bruit, sur le bout de ses pieds, comme si on alloit faire un mouvais coup. C'est par là que j'ai vu et parcouru tout ce beau jardin, et que je suis entré dans tous les appartmens. Le séjour que l'empereur y fait est de dix mois chaque années. On n'y est étoigné de Pékin qu'autant que Versailles l'est de Paris. Le jour nous sommes dans le jardin, et nous y dinons aus frais de l'empereur: pour la nuit, nous avons dans une assez grande vill. ou bourgade, proche, du palais, une maisen que nous y axons achetéee Quand l'empereur reuient à la ville, nous y revenons aussi, et alyrs nous sommes pendont le jour dans l'intérieur du palasi, et le soir nousnous rendons à notre église.

Voilà, monsieur, un de ces points qe'on ne trouve pas dans les livres, et pour lesquels vous avez eu quelque raison de ne pas vouloir que je vous renvoyasse. Il ne me reste plus qu'à vosusatisfaire sur les autres articles. Vous voulez donc savoir de quelle manière j'ai été recu de l'empereur, comment il en use avec moi; ce que je peins comment on est eci logé, nourri; comment les milsonnaires sont traités; s'ils prechent libremént; s'ils est permis aux Chinois de professer la religion chrétienne; enfin, ce que c'est que le nouveau bref du saint-siége sur les cérémonies chinoises:. voilá bien de l'ouvrage que vous me donnez. Je ne sais si l'aurai le loisir d'en tant faire. Je suis tenté de composer avec vous, et d'en laisser la moitié pour l'année prichaine Commençons toujours, et nous irons jusquyou nous pourrons aller.

J'ai été reçu de l'empereur de la Chine aussi bien qu'un étranger puisse l'être d'un prince qui se croit le seul souverain du monde, qui est élevé à n'être sensible à rien, qui croit un homme, surtout un étranger, trop heureux de pouvoir être à son service et traivailler pour lui. Car être admis à la présence de l'empereur, pouvoir souvent le voir et lui parler n'est pour un Chinois la suprême récompense et le souverain bouhear. Ils achéteroient bien cher cette grâce, s'ils pouvoient l'acheter. Jugez donc si on ne me croit pas bien récompensé de le voir tous les jours. C'est à peu prês toute la paye que j'ai pour mes travaux; si vous en exceptez quelques petits présens en soie, ou autre chose le peu de prix, et qui viennent encore rarement; aussi n'est-ce pas ce qui m'a amené à la Chine, ni ce qui m'y retient. Etre a la chaîne d'un soleil à l'autre; avoir á peine les dimanches et les fêtes pour prier Dieu; né peindre presque rien de son goût et de son génie: avoir mille autre embarras qu'il seroit trop long de vous expliquer; tout cela me feroit bien vite reprendre le chemin de l'Europe, si je ne croyois mon pinceau utile pour le bien de la religion, et pour rendre l'empereur favorable aux missionnairès qu la prechént, et si je ne voyois le paradis au bout de mes peins et de mes travaux. C'est ûl3 à l'unique attrait qui me retient écé, aussi bien que tous les autres Européens qui sont au service de l'empereur.

Qand à la peinture, hors le portrait du frère de l'empereur, de sa femme, de quelques autres priuces et princesses du sang. de quelques favoris et autres seigneurs, je n'ai rien peint dans le gout européen. I m'a fallu oublier, pour ainsi dire, tout ce que j'avois appris, et me faire une nouvelle manière pour me conformer au gout de la nation : de sorte que je n'ai été occupé les trois quarts du temps qu'à peindre, ou en huile sur des glaces, ou à l'eau sur la soie, des arbres, des fruits des oiseaux, des poissons, des animaux de toute espèce; rarement de la figure. Les portraits de l'empereur et des impéartrices avoient été peints, avant mon arrivé, par un de nos frères, nommé Castiglione, peintre italian et très-habile, avec qui je suis tous les jours.

Tout ee que nous peignons est ordonné par l'empereur. Nous faisons d'abord les dessins ; il les voit, les fait changer; réformer comme bon lui semble. Que la correction soit bien ou mal, il en faut passer par là sans oser rien dire. Ici l'empereur sait tout, ou du moins la flatterie le lui dit fort haut, et peut-être le croit-il ; toujours agit-il comme s'il en étoit persuadé.

Nous sommes assez bien logés pour des religieux ; nos maisons sont propres, commodes, sans qu'il y ait rien contre la bienséance de notre état. En ce point nous n'avons pas lieu de regretter l'Europe. Nous nourriture est assez bonne ; excepté le vin, on a à peu près ici tout ce tout ce qui se trouve en Europe. Les Chinois boivent du vin fait de riz, mais désagréable au gout et nuisible à la santé ; nous y suppléons par le thé sans sucre, qui est toute notre boisson.

L'article de la religion demanderoit une autre plume que la miennet Sous l'aieul de l'empereur, notre sainte religion se prêchoit publiquemen. et librement dans tout l'empire ; il y avoit dans toutes les provinces un trés-grand nombra de missionnaires de tout ordre et de tout pays. Chacun avoil son district, son eglise. On y prechoit publiquement; et il étoit permis à tous les Chinois d'embrasser la religion.

Après la mort de ce prince, son file chassa des provinces tous les missionnaires, confisqua leurs églises, et ne laissa que les Européens de la capitale, comme gens utiles à l'Etat par les mathématiques les scienses et les arts. L'empereur regnant a laissé les chose sur le même pied, sans qu'il ait été possible d'obtenir encore rien de mieux.

Plusieurs des missionnaires chassés sont rentrés secrétement dans les provinces ; de nouveaux venus les ont suivis en assez grand nombre. Ils s'y tiennent cachés le mieux qu'ils peuvent, cultivent les chrétientés et font tout le bien qui est en leur pouvoir, prenant des mesures pour n'être pas découverts et ne faisant guère leurs fonctions que la nuit.

Comme dans la capitale nous sommes avoués, nos missionnaires y exercent leur ministère librement. Nous avons ici trois églises, une aux jésuites francais, et deux aux jésuites, portugais, italiens, allemande, etc.

Ces églises sont bâities à l'européenne, belles, grandes, bien ornèes, bien peintes, et telles qu'elles feroien honneur aux plus grandes villes d'Europe. Il y a dans Pékin un très-grand nombre de chrétiens qui viennen ten toute liberté aux églises. On va dans la ville dire la sainte messe, et administer de temps en Temps les sacremens aux femmes, à qui selon les lois du pays, il n'est pas permis de sortir de la maison et de se rendre aux églises ou se trouvent les honnes. On laisse dans la capitale cette liberté au missionnaires, parce que l'empereur sait bien qu'il n'y a que le motif de la religion quinous amène, et que si l'on venoit à fermer nos églises et à interdire aux missionnaires la liberte de prêcher et de faire leurs fonctions, nous quitterions bientot la Chine ; et c'est ce qu'il ne veut pas. Ceux de nos Pères qui sent dans les provinces n'y sont pas tellement cachés, qu'on ne put les decouvrir si on vouloit ; mais les mandarins ferment les yeux, parce qu'ils savent sur quel pied nous sommes à Pékin. Que si par malheur nous en étions renvoyés, les missionnaires des provinces seroient bientot découverts et renvoyés à leur tour. Notre figure est trop differente de la chinoife pour ponvoir être longtemps inconnus.

Enfin, monsieur, nous voici au dernier article. Vous voulez que je vous parle du nouveau bref du saint Père contre les cérémonies chinoises Comment vous satisfaire? Sans étude et sans science, je serois téméraire d'entrer làdessus dans aucun détail. Tout ce que je puis vous dire, c'est que ce bref ne décourage nullement les missionnaires, En obéissant au saintsiége, ils feront d'ailleurs tout ce qui est en leur pouvoir persuadés que Dieu ne leur en demande pas davantage. Ne donnez donc au cune créance aux discours, aux libellesde quelques personnes malintentonnées. Je me suis fait jésuite très-tard ; ainsi ce ne sont pas les préjugés de l'éducation qui me conduisent ; mais j'examine, je réfléchis, et je vois que tout ce quil y a ici de jésuites sont habiles, soit pour les sciences de l'Europe, soit pour les connoissance de la Chine ; que ce sont des hommes d'une grande vertu. Ils sont sans doute bien plus instruits que moi sur le compte de ceux qui ne travaillent qu'à les décrier ; ce endant ils se taisent sur ce sujet, et ils se feroient un grand scrupule d'en parler ; je ne les ai jamais ouis s'expliquer à cet égard qu'avec la derniere réserve. La charité, parmi eux, va de pair avec l'obéissance au saint-siége ; es cette obéissance est totale et parfaite. Le saint Père a parlé, cela cuffit. Il n'y a pas un mot à dire ; on ne se permet pas même un geste ; il faut se taire et obéir. C'est ce que je leur ai souvent entendu dire, et récomment encore à l'occasion du nouveaux bref.

Quand à ce qui regarde le progrés que fait ici la religion, je vous ai déjà dit que nous y avons trois églises et vingt-deux jésuites, dix François dans notre maison françoise, et douze dans les deux autres maisons, qui sont Portugais, Italiens et Allemands. De ces vingt-deux jésuites, il y en a sept occupés comme moi au service de l'empereur. Les autres sont prêtres, et par conséquent missionnaires. Ils cultivent non seulement la chrétienté qui est la ville de Pékin, mais encore celles qui sont jusqu'à trente et quarante lieues à la ronde, ou ils vont de temps en temps faire des excursions apostoliques.

Outre ces jésuites européens, il y a encore ici cinq jésuites chinois, prêtres, pour aller dans les lieux et dans les maisons ou un Europeens ne pourroit pas aller sans raisque et avec bienséance. Il y a, outre cela, dans différentes provinces de cet empire trenté a quarante missionnaires jésuites ou autres. Notre maison francoise baptise régulièrement chaque annés prés de cinq à six cents adultes, tant dans la ville que dans la province, et dans la Tartarie au delà de la grande muraille. Le nombre des petits enfans de parens infidèles monte ordinairement jusqu'à douze ou treize cents. Nos Pères portugais, qui sont en plus grand nombre que les Francois, baptisent un plus grand nombre d'idolâtres : aussi comptent-ils dans cette seule province et la Tartaire, vingt-cinq à trente mille chrétiens, au lieu que dans notre mission françoise ou n'en compte guère qu'environ cinq mille.

Je suis très-souvent témoin de la piété avec laquelle les chrétiens s'approchent des sacremens qu'ils fréquetent le plus souvent qu'il leur est possible. Leur modestie et leur respect dans l'église me charment toutes les fais que j'y fris attention. Il ne sera, comme jecrois, hors de propos de vous faire part d'un effet singulier de la grâce in saint baptême, conféré,il y a quelques mois, à une jeune princess ede la famille du Sounon, dont il est parlé dans différens recueils des Lettres édifiantes, à l'occasion des persécutions qu'elle a eu à soutenir de la part du dernier empereur.

Un des princes chrétiens de cette illustre famille vint à notre église.

dans le mois de juillet de cette année, dire à un de nos Pères qu's apprenoit dans le moment qu'une de ses nièces, qui depuis quelques mois avoit témoigné quelque envie de se faire chrétiens, étoit à l'extrémité. Comme ce père ne pouvoit lui-même aller dans cette maison d'nufidèles, il donna au zélé prince une fiole pleine d'eau, dans la crainte qu'il n'en put trouver aussi promptement que le cas pressant l'exigelroit, à cause du trouble et de la confusion ou étoit la maison de la malade. Ce prince, très-instruit de la religion, s'en va axec empressement trouver là jeune princesse, qui n'avoit plus l'usage de la parole; il voit l'extrémité où elle étoit reduite; il avertit les parens infidéles du dessin qu'il a de la baptiser; et ceux-ci n'ayant fait aucune opposition, il fait à la malade les interrogations accoutumée- en pareil cas; il l'avertit de lui serrer la main pour signe qu'elle entend ce qu'il lui propose: et cette marque lui avant été donnée, avertit la mai lade qu'il va lui verser de l'eau sur la tête pour la régénérer en Jésust Christ. Cette jeune princesse s'agenouille alors du inieux qu'elle peut pour recevoir cette grâce; elle répand des larmes pour témoigner son regret et sa joie, et le prince, plein de foi, la baptiie. A peine eut-elle reçu ce sacrement, qu'elle s'endermit d'un paisible sommeil. Ses parens, quoique infidèles, averis de son baptême, furent trannilles sur son sort et ne doutèrent nullemeht que Dieu ne lui rendit la santé. Au bout de quelques heures de sommeil elle s'éveilla et jeta un grand soupir. Depuis plusieurs jours elle ne pouvoit prendre aucune nourriture; on lui donna à manger, et elleavala sans peine: elle se rendormit ensuite, et après s'être éveillée, elles'écria qu'elle étoit guèrie; et effectivement elle jouit aujourd'hui d'une parfaite santé.

Je ne vous dis rien de la perte qu'a faite la mission des pères d'Entrecolles et Parennin: l'un et l'autre sont morts lans une grande réputation de sainteté, et sont regrettés, non-seulement des missionnaires qui les connoissoient plus intimement, mais encore de tous les chrétiens de cette mission. Je ne doute pas que vous Nayez déjà vu le détail des vertus et des travaux des ces deux hommes apostoliques.

Je crois qu'il est temps, monsieur, pour vous et pour moi, de finir cette lettre qui m'a conduit plus loin que je ne croyois d'abord. Je voudrois de tout mon coeur pouvoir, par quelque chose de plus considérable, vous témoigner ma parfaite estime. Il ne me reste qu'à vous offrir mes prières auptès du Seigneur. Je vousdemande aussi quelques par dans les votres, et suis très-respectve-usement, etc.

# 營造辭彙纂輯方式之先例

闞鐸

中國營造學社，以纂輯營造辭彙，爲重要使命，年來著手準備，對於資料之徵集，已有相當之成績，特於審定名辭一切事務，進行極爲愼重，此種專門辭典，純係科學性質，吾國文化，尙未發達，玆事體大，尤不易於程功，自上年下半期，每星期有兩次之會議，本年更進而爲每星期三次，專研究營造名詞之如何撰定，如何注釋，如何繪圖，如何分類等事，雖不免多費時日，而創作之難，想可爲世人所共諒，至於伐柯取則，歐美雖屬先河，而同用漢字，不能不先假道於東鄰，謹以已入藏之同類辭典各種，就其體例組織，及時代性，與其背影，先作一比較觀。

日本各種字典之中，以石橋氏之工業字解(甲)爲最先，此書注重漢字，尤於許書梳剔，不遺餘力，可謂探本窮原，雖於術語名詞，不免偏重古訓，而自華人讀之，翻覺有益，書已絕板，舊者亦不易得。有易名再版者，亦不多見，

復次如中村氏之日本建築辭彙(乙)，與石橋氏之作，年月相距甚近，中村氏在斯界，極有權威，殆爲新舊兼通之士，其書於日本建築上用語，及圖式，幾於網羅無遺，而於現代古詞，間亦加以解釋，雖重在日語日文，而意在簡絜，不取冗長，後附之作，有文字

語言考，及建築年表，年號曆年早見表，等篇，極有實用，此書於大正十五年，已十四版，其風行可以想見。

又工業大辭書(丙)，成書較晚，爲日本百科辭書之一，凡關於工業之各學科，如土木工學等十八種，無不應有盡有，於各種科學，原始要終，極爲完善；有各部分獨立之價値，此種大規模之著作，以工業全部爲範圍，與我社之以營造爲範圍，將土木建築，包舉在內，若合符節，此書晚出，於科學界說，益復明晰，故編纂方法，亦甚淸晰，全書之外，另有索引一册，鈎元提要，極便檢尋，內分總目次，及英日，德日，法日，諸部分，其編次以五十音，不用伊呂波，漸進於世界的，且以漢字爲綱，注以日本讀音及歐文，尤便學者，書成於民二，再版於民十五，是爲復興第二版。

厥後爲建築學會出版之英和建築語彙，(丁)此書已進而爲世界化，其編定之方式，亦由專斷而改爲協議，其審愼詳核，爲前者所不可及，卽工業大辭書，亦似於專攻的，不及此書，該委員會，本欲將英德法三國語之譯名，確定其一語，而有通常學術之數種者，共存之，有外國語而轉訛爲通用者，亦用之，嗣經議決，先編英日對譯之辭書，書分原語及複語，原語四千九十六，複語二千七百九，圖四百八十二，書成於民八，民十七已七版，卷首有編纂顚末概要一篇，於編纂時一切經過，敘述甚詳，大可爲吾人參考之資料，

| 名稱 | 作者 | 成書年月 | 冊數 | 部類數目 | 語數 | 圖版數 | 編次方法 | 摘要 |
|---|---|---|---|---|---|---|---|---|
| 工業字解建築部 | 石橋絢彥 | 明治四四年一月（宣統三年） | 一 | 十五 | 一四五九 | 七十 | 以名物分類注以漢音及日本讀音 | |
| 日本建築辭彙 | 中村達太郎 | 明治三九年（光緒三三年） | 一 | 四三篇 | 六五〇〇餘 | | 以伊呂波為次以日本讀音為主 | 附漢字筆畫次序索引 附建築語及文字論文 附建築年表年號曆年早見表 |
| 工業大辭書 | | | 五 | 一八類 | 一八〇〇〇餘 | 二四〇•〇〇 | 以漢字為主注以日本讀音次序以五十音一變伊呂波之舊式 | 附英日、德日、法日文索引 又伊呂波總目次日本為百科辭書之一 |
| 英和建築語彙 | 日本建築學會 | 大正八年（民國八年） | 一 | | 原語四〇九六 複語二七〇九 | 四八二 | 以會議式決定分為通常學術之數種先編成英日一種 | |

## 甲、工業字解（建築之部）緒言

工學博士石橋絢彥編纂

今日吾人通用文字，中國古代黃帝時，有倉頡者，始作出之，其製作法有六，即象形指事形聲（又作諧聲）會意轉注假借是也，象形或包指事，形聲或包會意，象形指事以繪，謂之曰文，形聲以下，謂之曰字，字日漸多，總名之曰文字，倉頡以後，文字多改易變換，然傳世者，概謂為倉頡之古文，其後周宣王時，太史籀作大篆，謂之籀文，秦時李斯作小篆，程邈作隸書，史游作草書，是為文字之五大變，至後漢時，王次仲作楷書，劉德升作行書，此外有八分飛白等書體，以上文字起源之概略也。

楷書漸次變化，有古今之別，古字全廢，僅見於古書，今字為古字之代用，現今有以古字通用者，有古今兩字共同通用者，亦有全用今字者，皆謂之今字，因時代而生新舊之差，又一古字而有二三之今字，又有正俗之別，正字者由篆文而變，其體之正者，與古字相同，（如睂為正字，眉為俗字之類，）俗字者，正字之變體也，其一種謂之省文，因便宜而減畫，（如釋為釈，麥為麦）又有僞字，（如來為来）漢字之變化，不但如此之多，更有附日本新義之漢字，（如榑桛，）日本新製之文字，（如鎹辻）文字之多，可推而知，（和字，吉備公所作，武器之名稱，楠正成所作，）漢字新義之製作，近時甚多，如吋呎糎粁粨哩浬，全為新製之字，磅噎取可通語音一部分之字音，如癙為鼠疫之流行，先從鼠族斃死而來，或因鼠族為鼠疫之媒介者，故「ペスト」疫與鼠之關係較深，故以此字當之云，製字之一法，合乎諧意之本義，即可相似，試觀康熙字典，癙，集韻，憂病也，又呂氏曰，憂幽也，范子曰，凡物多畏者，惟鼠為甚，故謂癙憂，又扁，創也，是「ペスト」之釋文，所附會之理由也，近來鞄字，譯為皮包，說文，（音璞）柔革工也，考工記，作鮑，為揉皮之職人，此外無別義，然指以革作之包物為鞄，殊背本義，不如用較，（古弔切）字彙，義也，之為妥當。

二千餘年前，漢許慎著說文，網羅當時文字，所收九千三百五十三字，此後歷代字書續出，每增加字數，清朝康熙字典，及其補遺備考，所收四萬七千二百十六字，如斯多數之文字，雖有不切實用者甚多，今省其不用之文字，取工業上有必要者，為一冊子，大可裨益吾人，然清代所刻字書之解釋，概由十三經註，及其他古書所出，多屬簡單疏略，然揭大同小異之二三義，或數字同義，而不示其區別，或下矛盾之解，（如亂之訓治，）豈予淺學陋識，所可企及之事業，予今於讀書之際，採錄而編次之，呈於貴會，原不免遼東豕之譏，而覺後學之迷，亦云幸矣。

建築用語之中，以字之本義通用者，屬於木石金土片爿之偏旁者，與屬於厂广戶垂穴宀頁門擀各部為多，然以別義行者，以引伸義行者，以同音相通二字連熟者，不在此範圍以內。

木為樹木之總名，而以材木所造之物，概從木旁，例如棟字梁字之類是也，石為礫石之總名，而以石所造之物，概從石旁，如礎字礦字之類是也，金旁土旁之字，亦如此，片爿，半木之謂，判木爲二，其形有右向與左向之差，以木所作，如牆字又版字，古代以木製物之字從木旁，至於後世，以木易鐵，其字亦易木爲金旁，通用文字，殊不爲鮮，例如槾字，古代以木製，後世以鐵製，今日清國及日本，皆通用金旁鏝字，又與此一律之木旁，易爲竹頭，例如檐之爲簷，又如爿易爲木，如版之爲板，又如片易爲土，牆之爲墻，又如塼之爲磚，坫之爲鉆，堀之爲窟，不勝枚舉，皆從一根而生多岐，此其意義，凡屬根字者，爲古字，又爲正字，枝葉字者，爲今字，又爲俗字，其古今正字，現時却不通用，如槾檐堀，雖爲正字，却不如鏝簷窟今字之通用，本書雖細辨其古今正俗，然從今俗爲多，明示字義，以許氏說文爲便，然一一記之，頗嫌其煩，今揭其重要數種如左。

厂，(說文) 山石之厓巖，人可居注厓山邊也，巖，厓也，人可居，謂其下可居，此字音「カン」，邦俗謂之「ガンダレ」。

广，(說文)厂因广爲屋，注，厂如前述，人可居穩，之厓也，之首畫，象巖上有屋，如庇廡，家屋附屬之物，多从广字音，「エン」(音渕)，邦俗謂之「マダレ」，廡字，從广故也。

戶，(說文)護也，半門曰戶，篆文，戶門，𨳇者，篆文謂爲半門，如扉房，皆從戶，邦俗謂之戶「カンムリ」。

宀，(說文)交覆深屋也，注，古屋四注，東西南北皆交覆也，有堂有室，是爲深屋，宀之篆文作宀，其形象二方葺下四方，葺下謂人所住之屋，屋根之形，宮室之字，皆從宀，宇音曰綿，邦俗謂之「ウカンムリ」，似片假名之ウ字。

穴，(說文)土室也，宀之解，如前所述，八，篆文意味爲人，故爲人居屋下之形，古無屋，穴居者，爲土室，關於土中之物，多從穴字，音爲穴，邦俗謂之「アナカムリ」。

一、引用書目之內，有省略者，如和名抄，（和名類聚抄之略）宮殿，（宮殿調度圖解）家考，（家屋雜考）紙上，（紙上蜃氣）節用，（合類大節用）字典，（康熙字典）異名錄，（事務異名錄）三才圖，（和漢三才圖繪）某某賦，（多保六臣注文選）以上之外，全載書名。

## 附類別目錄

| | | |
|---|---|---|
| 家室內之名稱 | 室之四隅與中央之名稱 | 廊廡之部 |
| 閣道之部 | 棧敷之部 | 花棚之部 |
| 窗牖之部 | 闌干之部 | 敷物之部 |
| 戶障子之部 | 障之部 | 帷簾之部 |
| 帳之部 | 扉閾之部 | 樞之部 |
| 扉之附屬具 | 關鍵之部 | 門之用材 |
| 門之部 | 關於門語 | 堂上階庭之部 |
| 庭中之雜部 | 墻壁築造之用具 | 關於墻壁之語 |
| 墻之部 | 行馬之類 | 籬落之部 |
| 牢獄之種類 | 倉庫之類 | 浴室之部 |
| 井之部 | 厠之部 | 厠之具 |
| 園囿牧場之類 | 桓之部 | 鳥房之部 |
| 社之部 | 雜之部 | |

## 乙、日本建築辭彙弁言及凡例

工學博士中村達太郎著

(一) 弁言　建築學雖爲頗廣博之學科，而其眞像，世間多未周知，同學於此，頗多困難，蓋建築師，不可不兼上戶與下戶兩種資格，換言之，既精美術，又須兼通算數，然顧此失彼，殆成通例，欲求兩者共擅，實如晨星，十百年後，殆將分工學大學與美術大學爲二，上戶爲美術大學，下戶爲工學大學，以從事於教育，誠以建築學爲二大學科所成立，故其範圍甚廣，即如建築字書，自應浩瀚，彼英國出版協會所出版之建築字書，爲八鉅冊，又法國「維雷勒克」所著之建築字書爲十鉅冊，次之美國「馬克米蘭」公司所出版三鉅冊之建築字書，蓋合起草者六十名之力而成，其他補助員，尚不計其數，然此等大字書，向不能認爲完璧，關於建築歷史，裝飾法，建築意匠，美學建築，衛生家屋構造，建築材料，應用規矩圖樣，估計建築法規，圖學，地震學，園藝等用語，盡應網羅，各語之說明，如以精細之記載，非極大之部冊，不能容納，其理甚明，絕非獨力所能成就，況如予者，本非上戶，即下戶之旗幟，亦不能立，僅托先輩等之庇蔭，濫厠建築家之一席，玆者單獨編纂之書籍，究非完璧，蓋已洞若觀火矣，

予之編纂本書，專就認爲必要之用語，從事蒐集，此外用語雖亦爲必要，然以予所定之方針爲基礎觀之，是小冊子所收，亦有非必要之語，譬如史家所用「朝餉之間」，「石灰壇」等語，皆以爲必要，「又漢學者流，頗有願將「臺榭」「路寢」等語加入者，國學者流，亦有謂如筏橋大島等語，不可脫漏者，又有人希望將銀行，株式，取引所，劇場，俱樂部，內裏，圖書館等語加入者，殊不知此等用語，各有直接關係之用語，如認爲必要，其他之考據，必不能及，若以是等用語，盡予收容，如「劇場」一語，可占十數頁，又「內裏」之類，連同插圖，非數千言不了矣，

用語之必要，與不必要，依其人之職業及境遇，大有不同，如有某語，某甲以爲至要，予則度外視之，否則他人認爲平凡，予乃極力加以說明，例如「入中」等語，說明累百言，蓋予爲技術家，感其必要，在學者見之，或以爲不必要，亦不可知，又如「紫宸殿」「劇場」「銀行」等語，在此小冊子中，省之爲宜，然「能舞臺」之插入，乃因實有其物，故就圖而加以解釋，

應用何等方針，而定用語之取舍說明之繁簡乎，予答以寧捨時式流行之語，而取舊式，故於古語及文語，無寧取通用語爲重，與其專注於和名抄說文等，不如於大匠雛形規矩階梯等用語，加以注意，次之普通字書所用之語，有

可省者，又有不舉語釋者，又外國字書所有者，或可省圖，或可以簡略說明，例如「托辣司」及「撥羅辣嗎」之類，又外國語，有用於一部者，他一方，又有用之普通語者，凡此類之新譯語，一律從省，

以上所示之大方針，用語之有出入，固不能免，然欲就各語而下一決定，殊無善法，如此之故，說明之繁簡，雖似末節，乍見似缺統一，然其不統一之點，即余所注意者也。

以上只就撰定用語述之，今尚有一應述之事，世人每稱日本字爲俗字，予却認「峠」「辻」「榁」等爲日本之正字，支那字，中國亦有以古人所作爲正字，晚出者爲俗字之習，皆非也，例如支那字典中，「竪」爲「豎」之俗字，我國則以「竪」爲正字，可謂至當，復次如ガラス(硝子)ペンキ(油漆)兩語，亦可認爲日本語，然日本語文中之辨當等，可謂知一而不知二，又如「本當」等字，寫作本字，予則於漢學崇拜洋語心，皆所不喜也，

復次，予於部首目錄，頗感文字不如語言之重，例如「イラカ」之下，附一「甍」字，其語釋，屬於「イラカ」一語之下，而「甍」字，似不在予之眼中，茲於言文之混同，而記一笑話，以示予意之所在，近來「右樣承知云云」，時時見之，其「右樣」一語之起原，頗屬有趣，此乃近年所出之新語，在此以前，多寫作廿樣，其改爲「左樣」之本字，乃拘拘於支那字者之所爲，殊無意味，至以「左」字爲誤，終於改爲「右樣」，今日公文書中，往往散見，全成爲普通語，原係右方，書作「右樣」，無甚不合，而排斥「左樣」採用「右樣」，甚屬無聊，原來「左樣」，即是「然樣」，因取簡便主義，乃用「左」字，並無右方位置之關係，故以用「左樣」爲宜，此乃當字而已，原不得謂爲諦當，我國用當字之處極多，令人難忘，尤其文不如言，前記諸語，全是此意，決非喜用別字也，次就文字不能不述者如左。

第三，易於讀者，在工業家有必要，例如「イヌバシリ」一語，書作「片走」爲宜，其書作「犬行」之美文者，非予所知，故工業家以用「犬走」爲宜，若有人編纂工業讀本者，予必望其人注意及之，又「ワヤカタ」當字爲「沓形」，「シリ」之

當字爲鴟尾，而鴟尾又訓爲「ケッガタ」，又「トブケロ」，當字爲「戸袞」，我等工業家，不必以支那人自居，毋可用無意味之當字，既爲習慣，不妨用之，「ツノマタ」可用「角叉」二字，然讀爲「鹿角菜」者，未免不近情理，我等工業家之用「角叉」，無何等之不便，決無效尤植物學者之必要，其他以文學者自居，如以「アツマヤ」爲「四阿屋」之字頗，殊不贊成，蓋「アヅマヤ」之語，「東屋」二字，於技術家爲適當，言海，言葉之泉，帝國大辭典，皆收「東屋之文字，文學者之間，亦有與予爲同說者，尤於建築家爲甚，今有一有力之理由，予等建築家，當設計爲東屋時，有圓形，又有多角形，若以「四阿」二字當之，却不適當，又支那「繩墨」，我國每作「墨繩」，以易讀爲主，古人所注意，即在於此，其他以「搏風」爲「破風」，以「切端」爲「切妻」，等語，「學者見之，或以爲不合，在不合時宜之予，却以爲是，其他「カワバジラ」之語，以「角柱」二字當之，「方柱」，則別爲「ホーチュー」，希望不讀爲「カワバシラ」，其「マルバジラ」，則以「丸柱」當之，音讀之，則爲「圓柱」，「丸肌」，轉爲「丸太」，如用「圓太」之字，便無人能解矣，其他「マキ」，以「羅漢松」三字當之，亦不贊成，不如用「槙」字，却較優也

第二，有紛糾之文字，務宜避去，例如「チガヒハギ」「サネハギ」等之ハグ用爲「接」字，予不贊成，此固屬當字，不如讀爲「矧」字，較爲易讀，如書爲「實接」，而讀作「サネツギ」，却多紛擾，「矧木」與「接木」，皆可解爲「ハギキ」，雖向極外行者問之，無不了解，又如「キリツマ」，書作切端，讀作「ギリハナ」，「キリハシ」「キリバ」，故于「ツマ」用作「妻」字，却甚相宜，支那人如何讀法，可不問也，

第三、務必用簡單之字；例如「璽」與壐，宜用後者，但支那人以後者爲俗字，又「欠」「缺」二字，意義相同，予取其前者，其他「ムケリハフ」取「起破風」之字，而於「豐盈破風」，則排斥之，至「墻」「牆」則非用前者不可，

第四，一個用語，須有一定之文字當之例如「マド」，對於日本語有「窓」「窻」「牖」等字，然無論如何場合，皆用「窓

」字爲宜，墻上之窗，不用牖字，亦書爲「窓」，其他「軒」「簷」「櫓」之中，宜採軒字，「扉」「扇」「閤」之中，以扉爲最普通，

對於ツル之語，漢學者用「吊」字之場合，技術家之用「釣」字，每爲躊躇，却不甚合，「マス」之語，有「斗」及「枡」二字，固是普通之文字，然予意「枡」，可讀爲「マス」，而「斗」則讀爲「ト」，『大斗」，讀爲「ダイト」，「枡組」，當讀爲「マスゲミ」，不必書作「斗組」，如書作「斗組」，當讀爲「トグミ」，其他「蛙股」與「蟇股」，「掛魚」與「懸魚」「縋破風」與「素輕破風」，千鳥與鵆，皆以指定一語爲宜，予則各取其前者。

第五，務必用日本字，例如「束」之日本字，最爲易解，不但此也，用「楸」之支那字，及「短柱」「侏儒」等語，外行之予，認爲不適當，又「椢」之日本字畫較多，不如用「束」之便，總之，予既不必醉於洋語，又不崇拜支那字。然支那字及洋語，予並非排斥，其尊重却不讓他人，但崇拜心醉，却不爲也，予如前記編纂是書，故欲讀者亦如見其心，而不滋誤解，總之本書，並非高尚，不值學者之一笑，但爲技術家而作耳，今述編纂之旨如右，　明治三十九年四月　著者識

（二）　凡例

一、字音皆依現今小學校所使用者，故「ユウ」「ユフ」「ケフウ」「カフ」「カウ」皆作ユ，以便檢索，其他類推。

一、國音，亦務便檢索，故於假名遣，亦有變更者，例如「扇柄」爲アフギ，作アフギ，而入オ部，又如「笄」爲カカガヒ，原入カ部，却信爲不便，改爲ユウガヒ，而收入ユ部，如上最初之假名，以他音爲發音，今照發音，收入各部，以便檢索。

二號以下之假名遣，別用便法，因舊法之不便檢索，乃如上所述爲便，例如「通貫」爲「トホミヌキ」，「頰杖」爲「ホ

ホゾ穴」」皆是。

一、說明中難讀之文字，施以傍訓，又雖甚平易，却有二樣以上之讀法，則附注假名，例如「上端，」技術家普通讀爲「ウハバ」」，故特於上端，加注假名。

一、對於「カナモノ」，之語，以金物二字當之，與英語 ctal 相當，然在我建築社會鐵製之物，以「鐵物」二字當之，銅製之物，以「銅物」二字當之，然在習慣上，金物二字，却無誤解爲金製之職工，是以雖有前記之習慣，書作銅物，殊不贊成，唯鐵物二字，本書中往往用之。

一、於說明時，有用「某某之略」之語，此等場合，如書「互見某處」，可取其部參照之。

一、圖中名稱，加括弧者爲別名。

一、舉例之句，但指示用語之使用方法寸法，又仕口等，皆不可忽，柱太之間寸數寸數之語說明之便，並示其使用法於語言之意味可知，至文中如何，勿爲所泥，不以辭害意可也。

一、極普通之用語，有難施解釋者。

一、遞當法，以中央氣象臺所定之文字用之，如「粉」「瓩」「米」「立」等類是也。

一、外國語，專參照左記各書，The Dictionary of Architecture issued by the Architectural Publication Society. London.

Momento de l'architectepar L. Barre. Bankundecs Architen

Leitfaden fur den Unterrichtin der Bau-Construct-ionslehre

一、參考書之中，於建築雜誌，及數種之仕樣書；所負極多，其他「スミカネ」雛形增補，初心傳，大工雛形，大工手鑑，新撰雛形，大工祕傳書圖解，大工規矩尺集，大和繪樣集，大匠雛形，軒廻擂雛形，匠家故實錄，匠家極祕傳集，匠家繪樣集，番匠町家雛形極祕，六角雛形，匠者必用記，棚間圖式，雕工雛形，當世イロハ繪樣集，番匠往來，匠家矩術要解，匠家雛形，工匠技術之懷，雜工雛形，初心雛形，左官雛形，建具雛形等之用語，最爲注意。

其他，和名抄，三才圖繪，和漢三才圖繪，骨董集，大內裏圖考證，安齋隨筆，東雅貞文雜記，家屋雜考，工業字解等，亦供參考。

## 附筆畫索引凡例

筆畫索引，以如左列方法編纂之。

(一)卷中幷非網羅全部之用語，但選稱呼之難解者爲主。

(二)畫數以康熙字典爲基礎而計算之。

(三)畫數相同之時，以扁傍之次序排列之，例如「持」，「枘」，「相」，「要」，等字，皆是九畫，其中「持」字手旁爲三畫，「枘」字木旁爲四畫，「相」字屬於目部，故爲五畫，「要」字屬於西部，故爲六畫，其順序以此定之。

(四)各字所屬之部，雖有相同之時，在實際上，寫法不同，如欲加以區別，例如「振」及「拳」之二字，皆是十畫，且皆屬於手字，而前者爲從才傍三畫，後者從手爲四畫，故兩字不能不使之相離。

(五)筆畫索引，於字音之假字，正式區別之，如「アウ」「オフ」「ハウ」之類。

(六)字同而種類不同者並記之，其下加括弧中之注釋，例如「落掛」「落掛」「上框」「上框」「下屋」「下屋」皆略附以注釋。

(七)同語而寫法不同者，在初字相等者並記之，其中有認爲不當於括弧內者，例如「赤身」與「赤味」並記，而置後者於括弧內，其次「犬行」「犬走」並記，而於其前者，施以括弧，此非認「犬行」爲不適當，全因我國語言上對於「犬走」寫法爲便利之故。

(八)同字同物讀法不同者，並記其讀法，例如「向拜」之下，以「ゴハイ」與「ユウハイ」並記之。又有二語而不施括弧者，其理由，後者本屬正音，故不加括弧，而前者由音便而成轉語，却爲普通之讀法，故亦不加括弧，其他「懸魚」「丸桁」皆爲同樣，但其後者之下「ブハンユウ」而施括弧，有排斥其讀法之意。

(九)同物而數種寫法，各各插入其適當之處，例如「チ切」「衽」「縢」等皆讀爲「チギリ」，三者中必有不適當者，然在編纂書索引者，并非表示如何寫法之主意，但告人以如何讀法，故雖誤字，其爲普通所用者，亦收之如「小舞」「木舞」之類，亦二字并收。

## 丙、工業大辭書凡例

一本書網羅關於工業所有各學科，抱景咸叩，懷響畢彈，俾無餘蘊，對於讀者諸君，期於羞群言之醇液，呈六藝之芳潤，故本書執筆者諸君，署名以明責任，非如彼普通世間，醉於泰西之精，直移於我國，簡單平易者可比，皆類積多年之實驗與經驗，問理於質，察質於理，敢一派一流之學，極術遂發思風之胸臆，不能已者，滾滾而爲言泉，流出於毫素，即爲本書，而其於工業，須臾而觀萬理，判工術之成績於掌裏，是本書之眼目也。

一本書編纂，先有編纂關於廣繁之工業各學科目錄之必要，於是工學博士，田中芳雄君，工學士竹村勘忍君，工學士太田圓三君，工學士生野團六君，工學士大熊喜邦君，工學士田丸信儉君，工學士荒川文六君，工學士鯨井恒太郎君，芝田理八君，熊澤治郎吉君，安田祿造君，松下喜藏君，吉川良治君，工學士舟橋了助君，中村康之助君，手塚千代吉君，法學士山內正瞭君等，分擔各科目錄之編纂，僅以一年半之日月，語之蒐集按排者，實及壹萬八千餘之多，此即他日本書編纂時術語撰定原案諸君之勞苦甚大，記之以表謝意。

一本書之編纂，於工學各分科之術語，雖有一定之必要，然各分科，廣泛複雜，互爲特立割據，孤絃獨唱，殊不易調和齊均，而當此時期術語之一定者，僅不過數分科，然則編纂者，應從何處著手乎，彷徨於五里霧中者不少，於是工學博士井口在屋君，工學博士高山甚太郎君率先告各部術語撰定之急，於窯業，爲工學博士高山甚太郎君，於機械工學，爲工學博士井口在屋君工學博士大塚要君，於土木工學，爲工學博士野村龍太郎君，工學博士田邊朔郎君，於電氣工學，爲工學博士山川義太郎君工學博士青柳榮司君，於建築學科，爲工學博士中村達太郎君工學博士伊東忠太君工學博士塚本靖君，於造船學科，爲工學博士寺野精一君，於色染科爲教授吉武榮之進君等，於各部門，開術語撰定會，經酷暑勁秋嚴冬三季，其回數大小實有七十八次之多，而各部門之博士學士專門家諸君，爲學不辭勤勞，爲術不厭研鑽，開會討論，往往剪燭而到夜半，又有獨立擬定其科之術語，或精細校閱其科之原稿者，有即工學博士二見鏡三郎君，工學博士俵國一君，工學博士齋藤大吉君，工學博士橫堀治三郎君，工學博士中島鋭治君，工學博士中山秀三郎君，工學博士服部鹿次郎君，工學博士井上仁吉君，東京帝室博物館美術部長今泉雄作君，教授平野耕輔君，技師北村彌一郎君等，惟此種之大著，如此之諸大家，竭盡心力，最爲稀有，應深謝其厚誼。

一關於本書之編纂，常蒙指導者，有東京帝國大學工科大學長，工學博士渡邊渡君，京都帝國大學理工科大學教授工學博士田邊朔郎君，農商務省工業試驗所長，工學博士高山甚太郎君，鐵道院副總裁工學博士野村龍太郎君，東京帝國大學工科大學教授工學博士江守襄吉郎君，同河喜多能達君，工學博士的場中君等，應厚謝其高誼。

一本書各科之術語，如前述所成者，廣爲工業界之術語，不能不希望大方之採擇。

一本書所載之科目爲土木工學，機械工學，採礦冶金學，建築學，造船學，電氣工學，造兵，火藥，水雷學，紡織學，應用化學，窯業，色染學，漆工術，圖案寫眞製版術，金工術，工業史傳，工業經濟學，工業衛生學，工業地理學等。

一題目排列，以五十音爲次，字音之假名，從發音記之，長音符「ー」以ウ代之，如工（ユウ）業（ギョウ）。

一各題目附添英法德之原語，人名在右側，地名在左側，加單線以便區別。

一以假名表外國語，以德語之W英法之V，即ヴァヴィヴヴェヴォ記之，又英語，有jZ或j之發音，g者總從「ヂ」di以「ヂ」表之，其長音，則照慣例用「ー」符。

一度量衡名稱之中，用現今一般所使用之封度瓩米噸等之字時，而仍原字之發音，以片假名表之。

一一題有二人以上之寄稿者，於解釋之前，冠以科名之略符，如（建）（建築）（土）（土木），皆署執筆者之名。

一本書中所插入之木板畫，出於執筆者之筆爲多，其寫眞，爲執筆者所撮影亦不少，尤於伊東博士關野博士塚本博士等，挺身再三，親臨西部亞細亞印度埃及清韓內地，尋史家未到之史跡，而究遺物，或實地測量，或實地撮影，而載之於本書，眞不啻拱璧。

一本書全體之組織，本編輯部負其責，執筆者，但擔任各本文之責任。

一本書各學科，擔任執筆諸大家之芳名如左，（銜略）

土木工學　機械工學　採礦冶金學　建築學　造船學　電氣工學

造兵，火藥，水雷學　電氣工學　應用化學　窯業　色染學　漆工學

圖案寫眞，製版術　金工術　工業史傳　工業經濟　工業衛生　工業地理

## 丁、英和建築語彙編纂顛末概要

編纂之來歷　因建築譯語之不定。我國建築界，久已感其不便，故有編纂建築語彙之必要，此我建築家有志者夙所唱道者也，然建築逐歲發展，因而一方感其不便，他方更感其必要，但編纂事業，絕非容易，蓋無一人敢於嘗試者。

本會會員中，素日主張此議者不少，明治二十四五年之間，於建築語一定論題之下，各說其必要而促其實行，大喚起建築雜誌多數會員之注意，而其論旨，似皆一致認爲本會應辦之事業，迨明治三十二年三月，本會開臨時大會之時，會長工學博士辰野金吾氏，列舉我建築學會，將來可爲之事業，亦以建築熟語一定，爲其必要之一，蓋此所謂建築熟語，即建築術語也。我建築學會之編纂建築語彙，實胚胎於此。爾後又經四年，明治三十六年之初，工學博士塚本靖氏，始以編纂建築語彙，爲本會之一事業，且從速着手設置委員，並於役員會提議及此，今者機運漸熟，役員會以此議題愼重討議之後，竟付可決，先就當時編輯員中村達太郎大澤三之助塚本靖關野貞四氏，委託以關於編纂之方法經費等之方案，同年七月特開臨時正員會，提議建築語彙編纂事業本會經營之可否，全會一致可決，爰定以本編纂爲本會之事業，同年九月，以在京正員之通信投票，於正員中，選舉委員五名，然當選者之中，有辭任者，同三十七年一月，將委員決定，委員會成立，委員會於是年二月，議編纂之準備，三月編纂着手，爾後不怠進行，稿凡數易，大正七年五月，漸漸完結，自起稿至脫稿，費十四年五個月之久。

編纂之方針　本語彙編纂之方針，明治三十六年七月，經臨時正員會議決，建築語彙編纂委員會，因之相爲終始，今記之如下。

「語彙所編，先定外國語之譯語，本邦術語，雖亦缺乏一定，但其研究，讓之後日，」「外國語用英法德三國語，」

「譯語採用向來通用者，其雖見於書籍雜誌等，而認爲甚不適當者，除外，又一語而有學術語通常語等數種時並收之，」「其最難譯者，隨其適當之外國語，但解釋其語義爲止，又外國語有轉訛者，雖屬通用語，亦必之，」委員會本此爲大綱，而議其細目，先決定今次編纂，以日英對譯辭書爲最急，而以法日對譯，德日對譯，爲本會他年之事業，其希望以此爲止，此後本書將成之頃，雖發生日英建築語彙，附加於本書英和建築彙之加識，但因從者急於完成，與其他理由，並未實行。

本書所載之原語，皆出自現代建築實地所用書籍之譯語，其所採擇，務求平易而不卑俗，本委員會新作之譯語，以此爲準。

觀本書之凡例，足知委員會之方針。

編纂之順序方法　本語彙編纂之順序方法，分爲四次，第一次起稿之準備，不外初稿之作成，其他每次性質，不無稍異，一言以蔽之，皆屬改稿事業而已，故本書四回改稿之經過，可得而言，今概述如下，第一次編纂，先從Cwilts Encyclopxdiaof Aichilccryrc 卷末建築術語解，順次抽出，約每次百語，付之印刷，爲原語之原案，委員據此，有認爲必要而信爲適當者，附以譯語，又原案以外，有覺其需要之語，亦付以適當之譯語，添加提出，將各委員之提案，合並印刷，於是本原案始得成立，委員會愼重而討議其可否，議決其存廢，以其可決之原語與譯語，揭載於每月刊行之建築雜誌，廣徵會員之意見，以決其適否，本書編纂進行上之難關，即此第一次編纂是也。第二次編纂，以第一次所定之稿爲原案，更從頭審議，議決各語之存廢，譯語之適否，將前稿分交於各委員，集合各委員之提案，其爲原案，與前次同，今次之編纂，增減修正之處，殊不爲少，第三次編纂，爲懸案之解決，及挿入圖之選擇，全稿之整理，其於既定之原語譯語，更細閱精查其當否，結果復於新舊兩語，不無取捨增減之處，第四次編纂，將全稿再三調査整理，爲出版之準備，本書於是脱稿。

本書編纂中，屢次以有益之修正案惠寄者，有會員數名，又正員工學博士佐野利器氏，及其他四氏，以所編纂關於鐵筋洋灰之譯語並記號私案相寄贈，啟發殊爲不少，皆爲委員所感謝，而委員會，亦大抵採用之。

會合　明治三十七年，二月十六日，開第一回委員會，以互選定曾禰委員爲委員長，委員例會，決定爲每月一回，最終之火曜日，而語彙編纂方法之立案，委任於中村關野兩委員，同月二十九日，開第二回委員會，議定編纂方法，同年三月二十九日，開第三回委員會，始入編纂之本議，由是繼續進行，順次編纂，同三十八年十月三十一日，開第十六回委員會，議決今後每三週間會議一次，後七年大正元年十二月十日，於第百二十一回委員會，第一次編纂告終，大正二年二月二十五日，於第百二十三回委員會，爲第二次編纂起稿之會議開始，同三年十二月八日，第百四十七回委員會議決，自明年一月，委員會日爲隔週一回，同五年十二月二十五日，第百八十七回委員會，爲第二次編纂告終，此時因謀本事業迅速完結，議決自明年一月，改爲每週開委員會一回，同六年一月十七日，在第百八十八回委員會，入第三次編纂，同六月下旬告終，同年七月，入第四次編纂，此次自始至今，委員長或委員一人，每早到本會事務所，督促編纂書記，進行其事業，自同年十一月，一面將全稿着手謄正，時時又開委員會，決其取捨，同十二月十九日於第二百十九回委員會，大略告終，入大正七年，屬於本編纂事業第四次中之主要者，全稿最後之整理，及謄正之完成，插圖之再閲，故將每週一回之委員會停止之，有必要時，隨時開會，以大正七年五月二十二日第二百二十五回之委員會，爲本編纂之告成。

委員之異動　明治三十六年九月，以在京正員之投票，中村達太郎，塚本靖，三橋四郎，大澤三之助，曾禰達藏五氏，始當選建築語彙編纂委員，此內塚本靖氏辭任，依其補缺選舉，於同三十七年一月，關野貞氏，代之就任，同三十七年十月，所謂三十七八年戰役中，當後備陸軍中尉之大澤三之助氏，應動員召集，軍務在身辭職，妻木賴黃氏，爲其補缺委員，然妻木氏，未幾又辭任，長野宇平治氏代之，大正四年十一月事業漸就終結，三橋四郎氏不幸物故，翌五年一月，其補缺選擧以大澤三之助氏，再任委員，同七年二月，關野貞氏被命海外留學，上道有日此時本語彙，將及大成，全稿既入出版準備之期，無全體委員屢次會合之必要，以故不再選代任之員，本書完成時之委員曾禰達藏，中村達太郎，長野宇平治，大澤三之助，關野貞五氏，今本書既已告成，而委員三橋四郎氏，播種耕耘，辛勞既著，而收穫之效果，竟不及見，又不勝遺憾。

購入書籍　建築語彙編纂委員會成立，前建築學會所有之書籍殆皆著者或出版者之寄贈，其出於本會購入者，指不足屈也，編纂用材料之缺乏如此，乃本委員會應役員會之請求，其參考用必要之書籍三十八種，經前後二十餘回之購入，其書名如下文所記，而委員各自藏書，及自他處借用建築書，以補其不足而資參考者，茲不復贅。

（書名略）

語數及圖數　建築語彙可編纂之建築原語，最初假定，約三千五百語，編纂進步，漸次增加，竟達四千九百九十六語，此中複語之大部分，二千七百九語，母子語之關係上，無重出者，故本書原語之實數，雖係四千九百九十六語，而全數則七千七百五語，又插圖以各稱言之，雖四百圖，而一名稱之下，有二圖以上之例，故其全數，以四百八十三圖爲算。

關於本書編纂一般雜務，松原康雄，武井邦彥二氏，插圖用寫眞，土佐林義雄氏，會議用務印刷繕用整理淨書等，木村貞吉，鈴木善夫二氏分擔之，且爲委員之幫助。

# 任啟運宮室考校記

闞鐸

禮經宮室考據之學，自宋李氏如圭儀禮釋宮之後，以任氏啓運之宮室考，爲清代學者之先河，爾後如江氏永之儀禮釋宮增注，焦氏循之羣經宮室圖，程氏瑤田之釋宮小記，金氏鶚之廟寢宮室制度考，洪氏頤煊之禮經宮室問答，雖日漸詳密，任江兩氏之書，同見採於四庫，而任氏又較江氏爲先，

任氏宮室考，四庫提要，有於宋李如圭釋宮之外，別爲論次，曰門，曰觀，曰朝，曰廟，曰寢，曰塾，曰宁，曰等威，曰名物，曰門大小廣狹，曰明堂，曰方明，曰辟雍，考據頗爲詳核，然於東西廂在房之東西，東西夾室在堂之東西，東西廂之南東西夾室之北則曰東西堂，考之經傳，全無根據，至謂宗廟在雉門外，引禮運及穀梁傳，頗爲精審云云鐸近日從事於營造叢刊之蒐輯，適任君振采，重刻其先代釣台先生遺著，乃以通行宮室考刊本，與四庫本及諸本互校，頗有異同，

此考刊本，有任泰刊（今名單行本），釣台遺書本，（今名彭本）有皇清經解續編，（今名王本），聚學軒叢書，（今名劉本），任道鎔蘇州刊本（今名蘇本）凡五本，鈔本，有四庫及武昌柯氏逵時舊藏兩本，互校之結果，以四庫本爲最詳，彭本爲最略，且少遜

論辟雍兩篇，四庫本卷首提要，係乾隆四十九年七月進上，去乾隆九年先生之卒，恰四十年，而劉本卷首，有段玉裁序，任泰跋，皆嘉慶九年，錢大昕跋，爲嘉慶三年，皆在四庫提要成書二十年之後，柯藏鈔本，與劉本全同，而柯本多目次一葉，又爲各本所無，目次前有男翙校，孫慶范曾孫廷政校字，後有曾孫泰族曾孫兆麟題銜，此卽嘉慶九年所刋之單行本，而劉本所據，卽係此本之證（劉本謂單行本後，有先生曾孫任泰跋語云，係先祖手錄，泰別加繕寫，質之竹汀先生，印可，謂宜流布，因付棗梨云云，劉氏據以入刋，即所謂單行本也，）

釣台遺書，爲嘉慶十三年，彭信刻於鄂渚，據彭信跋，謂爲張紀植所手錄，紀植少釣台二十年，釣台爲諸生時，與之往來，按釣台在康熙四十年以前，仍是諸生，則手錄此書，當在康熙四十年以前，證以跋語，有紀植弆此已數十年，彭信藏之，又垂四十年云云，今由嘉慶戊辰，逆推至康熙辛巳以前，殆及百年，其爲少作初稿，已無疑義，又復遠至長沙鄂渚，似於釣台通籍以後，暌隔消息，故於四年前嘉慶九年任泰等之刋本，亦未得見，續經解據此刋入，一字不易，幷於板心，亦加朝廟二字，蓋不獨未見四庫本，卽任泰刋本，亦仍未見也，

柯藏鈔本之目次，連圖原列十四目，四庫提要所列舉者，止十三目而無圖，四庫本劉本均有通論，而目次又不載，四庫據蘇撫採進，比各本爲最詳，當時何以不附全圖，

致止有十三目，而標題又誤爲十三卷，任泰所刊，自係家藏別本，但何以又較四庫爲略，而目次却爲十四目，連闈在內，均難索解，至彰本汪志伊序，致疑於十三卷，謂僅一卷，曲爲解釋，似不知篇誤爲卷之由來，任道鎔於光緒十四年，在蘇州重刊一本，全依釣台遺書，而不標所據何本，且以宮室考，爲肆獻祼禮之第四卷，而以田賦考附之，殊謬，

釣台先生，官至宗人府府丞，故四庫採進本，用以題銜，並無臣字，其非生時預備進呈之本可知，據任氏家譜所載，先生雍正十一年成進士，年已六十有四，乾隆元年，充三禮同纂修，八年充三禮館總裁，易簀前一日，猶手校禮經數葉，則知先生畢生精力，多萃於禮經，故於禮經宮室，卓然名家也，

劉本已視彭本爲詳，而比之四庫，仍多訛奪，四庫本亦不免有訛字，今試舉四庫本較詳於劉本者三數處，以概其餘，諸本具在，不難覆案也，

一、宁屏篇，引曲禮條注，末段，四庫本有左記四十九字「愚按諸侯屏在路門內，則大夫之朝，自不見內，天子屏在路門外，近應門，則諸侯朝於屏內，不直見寢內乎，或開路寢門乃見歟」，

二、天子殿屋以下，四庫本爲下卷

三、等威篇，引逸周書條注，四庫本作如下「四阿見上，坫堂角及坫向外也，重元，一作重亢；累，棟也，重廊，室外有廡，重常，舊注，常，累係也，未知何物，復格，疑郎重檐，藻梲，梲上畫藻，移，旅樹屏之可移者，如明堂本無屏，有事于此，則外設之，盈眘未詳，盈一作楹，舊云，藻井之飾，常畫，凡柱皆畫內階，所謂納陛也，元階以黑石為陛，堤唐，唐中高如堤，今丹墀也」，及坫，鈔本作反坫是，

四、名物篇，謂之衰條下，四庫本作「圓曰椽，方曰桷，周曰椽，魯曰桷」，屏有注如下，「柱，柱也，柱地以立楹，在堂負棟，楹四柱二十四也，節如斗而方，名櫨，又名楶，名栭，其長連兩桁者，名關，又名欂，名榠，今曰連枅棟，今名大梁，梲在梁上支穩者，餘短柱，統名株儒，今名同柱，棇，脊棟也，今名脊桁，楣，今名步桁，扆，今名簷桁，梠，侶扆以近滴水，故亦名擿，閱，欀，桷，皆椽也」柱也柱兩柱字，劉本作拄，是，

五、大門篇引鄉飲酒禮條賈曰，楣前梁之下四庫有注如下，「天子之閣，左達五，右達五，公侯伯於房中五，大夫於閣三，士於坫一，內則，孔曰，序外有夾室，天子尊，庖廚遠，諸侯卑，庖廚稍近，故降於天子，一房中為五閣，大夫卑，無嫌，故

亦於夾室而閣三，士卑不得作閣，但於室中爲坫而已，愚謂閣以庋食物之常需者，猶養老飲食從於遊耳，與庖廚何與，若閣卽庖廚，則於禽獸日見死聞聲矣，安可也，

| | 文津閣本（四庫本） | 聚學軒叢書本（劉本） | 任泰等校鐫本（柯氏藏鈔本） | 釣台遺書本（彭本） | 皇清經解續編本（王本） | 任道鎔刊本 | 摘要 |
|---|---|---|---|---|---|---|---|
| 標題 | 宮室考 | 同上 | 同上 | 朝廟宮室考 | 同上 | 同上 | 經解本板心亦多朝廟二字而與圖考又各異 |
| 題銜 | 宗人府府丞 | 宜興 | 義興釣台 | 無 | 荆溪任啓運翼聖 | 同上 | |
| 目錄 | 無 | 無 | 一頁十四項 | 無 | 無 | 無 | |
| 序 | 無 | 段玉裁嘉慶九年 | 同上 | 無 | 無 | 無 | |
| 跋 | 無 | 錢大昕 任泰 嘉慶三年 九年 | 同上 | 無 | 無 | 無 | |
| 提要 | 有年月結銜 | 無 | 無 | 無 | 無 | 無 | |
| 校刊者題銜 | 無 | 貴池劉世珩校刊 | 曾孫泰族曾孫光麟校鐫 | 彭信等校刊 | 無 | 無 | |
| 卷數 | 上下二卷 | 不分卷 | 同上 | 同上 | 同上 | 同上 | |
| 圖 | 無 | 八圖少方明壇一紙 | 同上 | 九圖 | 同上 | 同上 | |

# 展覽圓明園之聯想

天水

## 阿房宮艮嶽圓明園

阿房宮薈萃各國之宮室，而圓明園彙采天下名園；乃至歐西新式，謚爲「萬園之園」。

艮嶽以金人破汴而毀，圓明園亦毀於外人之手。

以壽命言：阿房艮嶽，皆不過數十年；而圓明園，乃有百年以上之歷史。

以面積言：阿房之百餘里，而艮嶽與圓明園，不過數里。

以制度言：阿房下地工程，冠絕千古。艮嶽樹石聚天下之菁英，圓明則視以上二者，瞠乎其後。而人主厭宮禁之爲禮法所拘，喜園居之疏野，故一切營建，務取天然，不似大內之尊崇典麗；則艮嶽與圓明園殆無二致也。

然則何以圓明園之文獻如此之豐富，蓋不僅是歷史問題，實含有種族問題。此種族問題，不僅爲外力內侵，實以歐化東漸爲重。由此一點觀之，則阿房偉略，庶幾似之；而艮嶽則不足道。

北宋李明仲立乎崇寧大觀之朝，而不與於艮嶽之役。今日以李明仲紀念日，展覽圓明園，在營造立場上，固無歧視；而以法式繩之，則艮嶽與圓明園，皆不在法式範圍以內。吾願學者於此點加以注意，亦如詩之有正變，學之有純駁也。凡談阿房者，莫不切齒於一炬之楚人；凡談艮嶽者，莫不切齒於金虜；凡談圓明園者，其對於英法聯軍之感想，更可想而知。今對此種殘燬之遺跡，則楚人金虜之暴行，如在目前。彼帝國主義之以破壞爲務者，亦可廢然返矣！

# 介紹中國營造學社彙刊第一卷第一期

錫寇克（Arnold Silcock）

中國營造學社彙刊，爲最新之藝術刊物，其第一期，已於去年七月出版，並已運來英國矣，

卷首插畫，係營造法式著者李誡之遺像，其次爲中國營造學社之緣起，及主任朱啟鈐先生開成立會時之演詞，演詞，並有英譯，其次三十頁，爲紀念李誡八百二十週年之傳記，又此刊之大部份，係影印葉慈君兩篇著作，一爲三年前亞東學會會報，所發表之營造法式評論全文，附有簡略漢譯，一爲一九二七年三月，柏林頓雜誌發表之論中國建築全文，此文極能引起一般人之注意，吾人應使葉先生知其煞費苦心之著作，中國人異常珍重，且將其翻印，以廣流傳，幸何如也，此篇亦有漢譯，

至於一九二五版營造法式勘誤表，對於有該書者，助莫大焉，無該書者，即應注意，介紹商務印書館出版，營造法式校訂本之消息也，

**Bulletin of the Society for the Research in Chinese Architecture, Vol. No. 1. Pei-p'ing, 1930.**

This is a new art journal, printed and published in Pei-p'ing (Peking), of which a copy of the first issue dated last July, has just arrived in England.

A portrait of Li Chieh, author of the *Ying isao fa shih* appropriately appears as the frontispiece. This is followed by a note on the founding of the Society and the inaugural address by the President, Chu Ch'i-ch'ien, the latter being given in English as well as Chinese. The next thirty pages are devoted to a biographical notice in memory of Li Chieh on the 820th anniversary of his death. A large part is occupied by the facsimile reproduction of two articles by W. Perceval Yetts, the first being a long bibliographical study of the *Ying tsao fa shih* which appeared three years ago in the *Bulletin of the School of Oriental Studies*. A summary of this is given in Chinese. The second of Mr. Yetts' articles, which arrests most attention, is reproduced complete with half-tone illustrations from *The Burlington Magazine* of March, 1927. This absorbingly interesting and scholarly article is entitled "Writings on Chinese Architecture". It should greatly please Mr. Yetts to find that his patient research work in this subject is so fully appreciated in China itself, even though piratical methods have been employed in order to reproduce it! The article is followed by a translation, English done into Chinese, which adds still further point to the compliment.

A list of errata to the 1925 edition of the *Ying tsao fa shih* will be useful to those who possess a copy, and to those who do not the announcement will be of interest that the far-seeing Commercial Press has recently published a revised edition of this most celebrated book written by a Chinese on chinese Architecture.

Arnold Silcock.

# 本社紀事

## （一）圓明園遺物與文獻之展覽

圓明園建築之偉麗，在歷史上，自有不可磨滅之價值，而自營造立場上觀之，尤有研究之必要，本社近年工作，專注意於北京宮殿，而圓明園工程，又與內庭小異，一則爲一朝法物，一則專備宸遊，猶風詩之有正變，畫派之有南北也，本社網羅散失，於遺物及文獻兩方面，致力有年，上年與北平圖書館，購求樣子雷之圖型，整理之結果，得屬於圓明園部分者，計圖式一千八百餘件，模型十八具，又故宮文獻館，存有愼德堂模型殘品甚多，尙待修理，復迭次派人，就現在廢址，採取斷磚碎石，記明地點，約有二百餘事，而最爲中外人注意者，爲諧奇趣西洋樓水法圖二十頁，此圖係乾隆銅版，現在已發見者，北平故宮及遼寧熱河兩行宮所藏，又北平舊家所藏原印本，與席倫氏北京皇宮考，日本世界美術全集，所載今昔對照之圖，相合，再與最近殘破狀況相較，更覺不堪寓目，本年三月二十一日，李明仲八百二十一週忌，特與北平圖書館聯合，在中山公園水榭，開會展覽，旋以學界要求延長一日，計兩日之參觀者，達萬人以上，至陳列出品，會經先期函告中外收藏家考古家集徵集，嗣承各方面援助，應徵者頗有多品，業經刋列



32107

略目，刷印分贈，并將向達氏撰趣旨之述明，及大事年表，與上年在大公報文學副刊發表之「圓明園罹劫七十年紀念述聞」，同時印行，聞大連奉天方面之外人，尙有關於圓明園之文獻，擬再設法徵集，以供繼續之硏究（向達氏論文及大事表見本期彙刊專著）

## 附徵求出品原函

敬啟者，清代圓明園，爲極有價値之營造，一瓦一椽，皆爲重要之史實，自經燹劫，迄今巳七十一年，遺跡日湮，文獻將喪，本社聯合同志，掇拾叢殘，於工程做法，燙樣模型，進呈圖樣，線法圖繪，以及繪畫題詠，中外人士之紀事雜錄等，積有數百餘品，而中山公園內，靑雲片，靑蓮朶，搴芝，繪月等太湖石，承露盤石柱，與中華門內臥地之安祐宮四望柱之一，均是圓明園故物．擬於國曆三月二十一日，李明仲先生紀念日，即在中山公園水榭，公開展覽，將來整理發刊．爲具體的硏究，惟斯園鉅麗，刼餘遺物，甄采容有未周，夙仰尊處收藏宏富，用特函達，并將徵求已得文物之大概，隨函奉閱，此外如有關繫圓明園之文獻遺物，不拘何品，均所歡迎，務祈　迅賜示知，以便接洽借陳，加入展覽，并求　轉商　同志，一同協助，出品愈多，興趣益富，鵠候玉音，不勝企禱，此致，

徵求已得文物之大概（因開會時巳將各方面應徵之出品加入重行編印故從略）

## 圓明園遺物文獻展覽之略目

### （一）遺物

甲、太湖石之屬

一、青雲片（刻有乾隆題名及御製詩八首）　二、雲片（刻有乾隆題名及御製詩一首）

三、雲片（刻有乾隆題名幷詩）　四、峯芝（刻有乾隆題字）

五、青蓮朵（同上）　六、繪月（同上）（以上現在中山公園）

乙、石刻之屬

一、清高宗蘭亭八柱詩及圖碑（現在中山公園）　二、清高宗題芳蘂怡春石額（同上）

丙、石料之屬

一、承露盤石柱及西洋樓遠瀛觀石欄杆（現在中山公園公理戰勝石牌坊前）

二、安祐宮前四望柱之一及其盤座（現臥天安門南地上）

丁、磚瓦石之屬

一、文源閣殘瓦石及碑石　二、舍衛城殘磚瓦

三、安祐宮殘磚瓦　四、西洋樓諧奇趣海宴堂方外觀等處殘瓦

戊、燙樣之屬

一、樣子雷原存燙樣殘品經北平圖書館修整屬於圓明園部分者　中路大宮門　宮門　兩捲殿　清夏堂全樣　同樂園　上下天光　恒春堂　思順堂　泉石自娛　南路勤政殿　北路課農軒　東路廓然大公　西路全碧堂　萬方安和

此種燙樣故宮尚有慎德堂等殘品在脩理中

以上遺物均就可以公開者陳列展覽其爲遠地或其他機關及私人所有者不在列

## （三）文獻

### 甲、圖樣之屬

一、樣子雷原存經北平國書館整理屬於圓明園部分者三百二十餘處一千八百八十餘件內中已經裝裱陳列者　圓明園中路各座地盤畫樣一幅　中路准底一幅　圓明園中路一幅　恒春堂全碧堂殿宇房間新式地盤畫樣二幅　萬方安和底樣三幅　安瀾園地盤畫樣一幅　同樂園殿宇房間戲臺地盤尺寸畫樣一幅　上下天光二幅　北路課農軒地盤畫樣一幅　雙鶴齋地盤畫樣二幅　清夏堂殿宇房間尺寸地盤畫樣一幅　中路天地一家春改準樣二幅　萬春園天地一家春殿宇房間地盤尺寸畫樣一幅　北路遠瀛觀尺寸一幅　北路諧奇趣一幅　北路西洋樓萬花陣諧奇趣地樣三幅　萬花陣草底二幅　內園河道泊岸全圖準樣一幅　內園河道全圖一幅　來水河道全圖一幅

二、中路全圖（有愼德堂等處）　三、長春園及西洋樓平面略圖

四、乾隆銅版諧奇趣西洋樓水法圖二十頁　諧奇趣南面　又北面　蓄水樓東面　花園門北面　花園正面　養雀籠西面　又東面　方外觀正面　竹亭北面　海晏堂西面　又北面　又東面　又南面　遠瀛觀正面　大水法正面　觀水法正面　線法山門正面　又正面　又東門　湖東線法畫

五、民國十三年金勳所繪圓明園圖　六、民國十五年陳文波所繪毀後之圓明園全圖

### 乙、工程則例之屬

一、圓明園工程做法則例五十五種　二、圓明園橋梁並欄杆則例

三、圓明園脩理船隻則例　四、圓明園內擬定舖面房裝脩拍子及招牌幌子則例

五、諧奇趣舊水法簾幌壁衣等項則例　六、圓明園增塑包紗漆莊嚴定例

七、圓明園營房定例　八、圓明園內工用鉛並玻璃料則例

九、圓明園內工琉璃活較比則例　十、圓明園內外舊裝脩及運還則例

## 丙、工程做法之屬

一、出入賢良門正大光明殿等座做法　二、清淨地牌樓做法

三、萬春園工程做法　四、清夏堂做法

五、鑑園內脩理添蓋各座房花廳點景平臺疊落遊廊樓座亭子等工做法錢糧數目清冊

## 丁、額名之屬

一、圓明園扁額清單

## 戊、繪圖題詠之屬

一、圓明園烏瞰彩圖　二、乾隆御製題詠四十景圖（一殿本）（二天津石印本）（三上海石印本）

三、沈源唐岱繪圖巴黎國家圖書館藏中華書局印本　四、大清會典禮圖四種

五、江西輓運圖一冊

## 己、紀載之屬

一、日下舊聞考國朝苑囿　二、清宣宗重修圓明園三大殿記

庚、外文之屬



## （十二）琉璃瓦料之研究

琉璃瓦料，爲建築重要用材，尤爲宮殿所專用，北平自金元以來，爲歷代之首都，以琉璃瓦料，表現特色，已有數百年之歷史，實物具在，世界注目，近年新式建築，亦多採用，考工未精，窳劣濫厠，不獨有害於營建，且於北平物產中華工藝之前途，影響滋巨，自營造立場言之，琉璃瓦料，爲各種匠作之聚，如大木斗科，內外簷裝修，以及雕鏇土石，幾無不備，而地質工藝，與理化諸學之應用，更不待言，近以搜尋所得，各種做法，綜合研究，於影壁，花門，牌樓，房座等，計算宽瓦之法，粗有端倪，而於成做瓦料之坯釉質藥，圖式模型，尚不能爲整個的研究，乃先從訪求匠師，採集實物着手，本年二月，成立琉璃瓦料研究會，與各會員迭次討論，并組織調查團，前赴宛平縣門頭溝琉璃渠村舊琉璃官窯，實地踏查，向窯主兼廠商趙雪訪氏借來現品數百餘件，在中山公園，與其他窯廠出品，同時陳列，與在平徵集所得各種現品，比較研究，雖與工部工程做法九卿物料價值，內庭圓明園內工工程做法，及其他傳本，所載之品名樣數無定例等項名件，所闕尚多，但初步工作，已具崖略，由此進行，稍有途徑，

## (三)編訂中之營造辭彙

營造辭彙之編訂，爲本社主要工作，年來徵集資料，於訓詁名物，已具端倪自上年九月起組織辭彙商定會議，准每星期二六月晚七時至九時舉行，先就辭源中已有之名詞，擇其與營造有關係者，提出會議，逐字討論，並按辭源編次法，以筆畫之多少爲次，其有注釋不足或不合用者，公同協議爲之修正，嗣因所擇名詞，易涉廣泛，乃就其編次，按字增加，如一字部之一明兩暗，一順一丁，上字部之上梯盤，上子瀝，上花架等，均係辭源所無，而營造辭彙中，萬不可少者，爲之撰說繪圖，逐語全釋，至今年二月，又因每星期會議兩次，進行太遲，乃改爲每星期三次，於一三五之晚，八時迄十時舉行，並嚴訂規約，於下次開會以前，務將上次會場所議決之工作，如查書補圖等事，一一補齊，以免耗費時間，旋又議決，採取材料，專就工部工程做法，逐條研究，以臻嚴格，并

將日本已出版之工業大辭書，工業字解，日本建築辭彙，英和建築語彙等書之例，提出研究，編成比較表，以供商榷，庶俾社員，曉然於編撰辭彙應經之程序，及應取之態度，裏與世界學者，不相隔閡，（詳見本期彙刊書評），

## （四）整理故籍之提要

整理文獻，本社之重要使命，而文獻中以圖籍爲主，凡新舊圖籍，但與營造有關者，皆應致力訪求，加以工作，或鈔存副本，或購置入藏，或以板本互較，或以印證他書，或預備編入叢刊，或設法單行發表，均分別撰具提要，以貢獻於同志，茲就整理有得者，擇其尤要，披露於左，

### 惠陵工程備要六卷 長白延昌著宣統庚戌汪桂生手鈔本

惠陵爲穆宗毅皇帝之陵，延昌充工程處總司監督，興工於光緒元年八月，告成於五年正月，光緒七年，在廣西潯州府知府任內，查舊案，錄新編，幷將檔房工次，遵辦一切次序，分爲兩門，此外全工規制，籌撥欵項，黃册卷帙，奉安禮節，諸大端，以及零星事件，一一記述，其目次，第一卷，爲全工事宜，堂諭章程，辦公次序，興修次序，第二卷，爲奏派人員，全工規制，全局丈尺，院當丈尺，券座進深，券座層次，椿朾根件，小夯做法，第三卷，爲各項工飯，土塘叚落，青白石塘，豆渣石塘，神牌高

寬，神牌漆飾，佛樓供奉，油飾次第，琉璃名色，瓦釘數目，金瓢數目，匾額尺寸，鍋台尺寸，汛撥房間，黃册卷帙，第四卷，爲初次請獎，第五卷，爲二次請獎，第六卷，爲奉移禮節，遷殿禮節，奉安禮節，升祔禮節，工竣摺件，此書編訂，條理分明，不獨於典章制度，足備史料，卽於營造立場，如第二卷內之小夯做法層次，第五卷內之琉璃瓦尺寸名目，及瓦帽釘數目等，爲向來工程專書所不詳，尤爲可貴，而請獎案內，有樣式房候選大理寺寺丞雷廷昌，監生雷廷芳等職名，可爲樣房雷子弟與修陵工之證，而算房有王雲漢，陳文煥，高務等職名，亦列獎案，

## 清內庭工程檔案一册 鉛印本

故宮博物院文獻館，於民國十九年史料旬刊之發行，其第五，十三，十四，十五，十六等期，有左列各工程檔案，今抽訂爲一册。(一)乾隆修建各處殿宇工程案一「三和等摺」二「三和等摺二」。三「內務府摺」四「三和等摺三」五「內務府摺二」六「內務府摺三」七「英廉摺」。(二)福隆安等奏估修寧壽宮摺。(三)慈寧宮改建大殿案一「三和英廉四格摺」二「三和英廉四格摺二」三「三和英廉四格摺三」。(四)成造中和樂器案一「英廉摺」二「英廉摺二」三「英廉摺三」。(五)高宗裕陵殿宇油畫見新工程案一「綿課等摺」二「綿課等摺二」三「內務府摺」四「掌儀司呈」五「綿課等摺三」

## 正陽門闉樓工程表一冊　排印本

光緒二十六年，正陽門燬於拳匪之亂，二十九年二月順天府尹陳璧估修，一時有工堅費省之目，璧兼辦工藝局，此表板心，有工藝官局印書科印字樣，卽當日官本也，首葉目錄之前有標題云，估修正陽門重簷闉樓全座，所擬做法尺寸，併大小件木質件數，又例應行取今歸商辦等件，及成做物料工作各項核實錢糧數目，區爲八類，詳繕表册，表目列左，一，做法尺寸表，二，黃梨木各件木質錢糧數目表，三，銅梨木各件木質錢糧數目表，四，樟木各件木質錢糧數目表，五，杉木各件木質錢糧數目表，六，黃花松各件木質錢糧數目表，七，例應咨戶工二部取用，今歸商辦等件，並甎瓦各項錢糧數目表，八，成做物料工作，各項錢糧數目表，表分做法尺寸，及工料錢糧，而各表所示清季物料價值，可爲最明瞭之實例，陳氏以精覈著稱，表中於各件俱列木料名色，而於用料，俱列單價，逐欵結總，並以商辦代行取，全工統共實銀十五萬五千餘兩，一洗官工朦混浮濫之舊，其列表格式，最有參考之價值，按陳氏奏議有光緒二十八年十一月呈進梨木樣木夾片一件此足補該表之闕，並可爲大工用外洋木材記事之始，

## 萬年橋志八卷　原刻本

江西建昌府萬年橋，二十三甕，爲廣昌南豐新城各河之水所匯，爲江右第一大橋，崇禎甲戌始造，至順治丁亥凡十四年而成，光緒丁亥，被洪水衝倒西岸三甕，辛卯四月，由邑紳謝甘棠等募欵重修，乙未八月工竣，乃仿撫州文昌橋誌之例，撰萬年橋誌八卷，一，凡例官師姓氏，二，繪圖，三，工程，四，公牘，五，公費，六，樂輸姓氏，七，藝文，八，橋工日記，內中工程及橋工日記，最有心得，而繪圖十六葉總圖之外，有拆墩，堰水，撈石，爬沙，裝櫃，釘樁，鑲石，砌墩，駢甕，器物，等十圖，及鐵耖，撈石船，接石船，火船水櫃沙囊，鐵錠，鐵絓，重錘，木錘，鐵钁，鐵鎗，鐵鏨，石棒頭，搖錘，鐵鏨各圖，誌不署撰人氏名，似卽謝甘棠所修，志中工程及日記兩卷，雖似瑣屑，而忠實紀事，殊有參考之價值，且爲建橋專書，迥非官工浮濫可比，其公費內列明單價，於當時物價，尤爲有用，公牘藝文兩卷中，亦多可採之點，謝氏本非工程專家，而逐事留心，據實直書，純從經驗得來，自謂花錢學乖，卽是學問，

## 京師坊巷志稿二卷　朱一新撰　拙盦叢稿本

京師坊巷志，刻本有三，一爲府志本（今名爲甲），卽順天府志十三四兩卷，署名爲朱一新纂繆荃孫覆輯，光緒乙酉刻，一爲志稿本（今名爲乙），上下兩卷，署名爲朱一新撰，光緒丁

西朱懷新刻，拙盦叢稿本，此本在甲本二十年後，一爲單行本今名爲丙，五卷，署名爲朱一新繆荃孫同撰，劉承幹重訂，民國丁巳劉氏求恕齋家刻，又在乙本十九年後，甲本刊行最早，據朱懷新跋，稱其不完，乙本爲朱氏手自補輯，比甲本完善，丙本與甲本，無甚出入，而行欵特精，乙本因與府志離立單行，故將小注內，與他門互詳或互見之處，一律删去，殊合體裁，似卽劉氏所謂重訂者，但既云互見，似應仍將與本條之有關者依類錄入，爲是，如宮禁衙署寺觀之類，今一概抹去，似嫌漏略，乙本仍用互見，但於單行本不合，

乙本較甲本詳者，例如卷上紫禁城以外條注，舊聞考，多順治十五年四月丙戌內三院覆宗人府疏一段，又盛百二柚堂續筆一段，南灣子條，多汪啓淑水曹清暇錄一段，飛虹橋條，多蕪史一段，　瑪噶喇廟條，於吳偉業詩，全錄，不似甲本，僅言詳寺觀，又多釋老傳一段，元史本作一段，　馬神廟條，多蕪史天啟元年一段，嵩祝寺衚衕條，多乾隆時章嘉胡圖克圖一段，　內府庫條蠟庫胡同條，均較詳，　地安門東夾道條，多董含蓴鄉贅筆一段，　以上僅六七頁，而詳略已如是之不同，　丙本於分卷及行欵，均較甲乙爲精，而於所引書，多詳著書人姓名，如禝銧亭集之爲祁雋藻，尙絅堂集之爲劉嗣綰，皆是，此外亦間有甲乙二本所未引，而丙本獨有者，騎河樓條，多

左文襄公盾墨餘瀋一段，棋盤街條，多昭忠錄一段，雖不如乙本之觸目皆是，亦較甲本為詳，

## 如夢錄一卷　寫夢菴排印本

不著撰人名氏，作者於有明末季，身經汴梁鼎盛，及李闖攻城掘河淹賊諸刼，乃仿東京夢華錄，取城池形勝，周府故基，文武衙署，市井貿易，祠廟古蹟，花園景物，與夫制度典章，風俗禮儀，一一開載，取名如夢錄，咸豐二年，汴人常茂徠始為序而行之，分城池紀，形勢紀，周藩紀，爵秩紀，官署紀，街市紀，關廂紀，小市紀，試院紀，節令禮儀紀，十篇，

## 長安客話八卷　明武進蔣一葵撰常州先哲遺書續編本

此書第一二卷皇都雜記，三四卷郊坰雜記，五六卷畿輔雜記，七卷關鎮雜記，八卷邊鎮雜記，盛宣懷跋，稱其官京曹日，命童子負奚囊，隨到處，走荒台破寺，斷碑殘壁，苔封蘚鎖，披拭捫摸，記載必詳，凡散見於稗官野史，若古蹟，若形勝，若奇事，若名篇，窮年累月，蔚然成帙，雖不及日下舊聞之賅博，然固先路之導也，書不易見，為重刻以傳之云云，按卷中如「都城周廻四十里，竝元舊基」「海子東滸有瓊華島亦永樂間賜名，」諸處，似於考據未免疎漏，此書外間不甚通行，而為考古家所推稱，

故記其崖略如此．

## 山西大同武州山石窟寺一册　石印本

新會陳垣氏於民國七年遊雲岡，著「記大同武州山石窟寺」載東方雜志十六卷二三號，日本伊東忠太氏，於明治三十五年，遊大同，著「支那山西雲岡寺」，載國華一九七，一九八兩期，（黃孝可譯．）陳氏專就歷史，伊東氏專就建築立言，各有獨到之點，後附修建大同武州山石窟寺施工計畫書，及圖二紙，又雲岡唱和集，卷首有民國十一年釋力宏序一首，

## 智化寺藻井照片二紙

北平祿米倉，有智化寺，係明太監王振所建，明史稱其窮極土木，淸乾隆七年，御史沈廷芳，奏請仆毀王振塑像李賢寺碑，（原摺見故宮博物院發行之史料旬刊第十二期，）該寺建築，雖已殘破而正殿藻井，現尙完好，向來外間，未有撮影，本社現已設法照成側面仰視影片各一紙，

## （五）勘驗報告紫禁城南面角樓城臺修理工程

紫禁城南面東西兩角樓，前經美僑福開森君，勸募美國柯洛齊將軍及其夫人，倡捐工欵之半額，一面由朱桂辛先生發起，向在平華方紳商及有關繫機關認捐半額，當經會同故宮博物院，歷史博物館，古物陳列所，及有關繫方面人員，組織修理城樓委員會，議決由古物陳列所勘估興修，完工以後，開會議決，委託本學社選派專家，勘驗報告，嗣經本社工程專家，依法查驗，并取具木廠分類清單報告到社，當卽據函委員會，並附加修復建築遺物意見，玆將函稿，附列於左，

敬啓者，紫禁城南面東西兩角樓，修理工程，現已完竣，前經 貴會議決，委託敝學社選派專門人員，依法查驗報告，等因當經選派工程專家，前赴工所，逐細考查，玆據覆稱，該項做法，原係參照上年故宮博物院，修葺北面東西角樓成案，據實估計，除木料琉璃板瓦，由陳列所挑選使用外，其餘工料，均歸天順木廠包工承辦，計價八千四百五十元，旋因陳列所，自備木料，及事後增加之添配銅頂窗戶鐵插，又因陳列所所存琉璃筒瓦，尺寸不合，另購筒瓦，及拆房挪用木料，修理城臺工料等項，均不在原估範圍以內，計用銀一萬三千八百七十五元，而舊有木瓦各料，尚未並計，當經按照原開做法單，依法查驗，雖在油飾粉刷，已經竣工以後，一切工料，不及逐細過目，而實地勘驗，證以近時物價，尚屬欵不虛糜，又經詳細鈎稽，此項包工總額之內，用於油飾彩畫者，二千四百二十五元，用於石作工料者，二千五百元，用於瓦作工料者，二千一百元，共占四分之三以上，而用於木作骨幹方面之工料，不過一千四百二十五元，加以陳列所自備木料，價値一千八百元，僅止三千二百餘元、尚乘

及全額之零數，當此工料騰貴之時，與角樓年久失修破壞之程度相衡，施工修葺，煥然一新，誠屬價廉工省，但細加分晰，用於油飾方面，竟占最大部分，而補救骨幹，所費甚少，木廠就款辦事，固屬格外克己，而治標重於治本，事實亦屬顯然，並取具天順木廠細帳，以資證明等語前來，查所稱各節，自屬忠實，並經會同委員，親往覆查，應即專函報告，以資結束，抑更有進者，建築遺物之復舊，表面美觀，固應講求，而內部骨幹，更屬當務之急，蓋大木之結構，如樑棟舉架角梁飛椽等類，或爲承重所關，或爲曲線所繫，不特表現法式之精神，抑且爲建築上之重要部分，故復舊工程，必須於此點多加注意，俾垂永久，至於油飾彩畫，究屬附帶作用，如果骨幹不良，必將無所附麗，皮之不存，毛將安傅，事有本末，理所宜然，此項角樓，在前淸時屬于工部，與北面之屬于內務府者不同，故南面破壞，甚於北面，此次費款，亦較北面爲鉅，以後凡復屬舊工事，務先注意於骨幹，以其餘力，從事美觀，方合保存之主旨，此本社所緦緦過慮，不能已於忠告者，謹於報告驗收之便，附陳意見，尚希查照云云，

附鈔天順木廠補開分類細帳（略）